Übungsbuch Wirtschaftsmathematik für Dummies

Niemals null im Nenner

$\frac{0}{a} = 0$, aber $\frac{a}{0}$ ist undefiniert.

Spezielle Produkte

Ausklammern: $ab + ac = a(b + c)$

1. binomische Formel:
$$(a + b)^2 = a^2 + 2ab + b^2$$

2. binomische Formel:
$$(a - b)^2 = a^2 - 2ab + b^2$$

3. binomische Formel:
$$(a + b) \cdot (a - b) = a^2 - b^2$$

Quadratformeln

✔ **abc-Formel:** Wenn $ax^2 + bx + c = 0$ ist, dann gilt: $x = \dfrac{-b \pm \sqrt{b^2 - 4ac}}{2a}$.

✔ **pq-Formel:** Wenn $x^2 + px + q = 0$ ist, dann gilt: $x = -\dfrac{p}{2} \pm \sqrt{\left(\dfrac{p}{2}\right)^2 - q}$.

Regeln für Potenzen

$x^a \cdot x^b = x^{a+b}$

$x^a / x^b = x^{a-b}$

$x^0 = 1$

$x^{-1} = \dfrac{1}{x}$

$\left(x^a\right)^b = x^{ab}$

$\sqrt[b]{x^a} = x^{a/b}$

Regeln für Wurzeln

$\sqrt[n]{ab} = \sqrt[n]{a} \cdot \sqrt[n]{b}$

$\sqrt[n]{\dfrac{a}{b}} = \dfrac{\sqrt[n]{a}}{\sqrt[n]{b}}$

$\sqrt[n]{a^m} = a^{m/n}$

Logarithmusregeln

Äquivalenzen:
$$a^x = y \iff \log_a y = x$$

Logarithmus von 1: $\log_a 1 = 0$

Logarithmus von a zur Basis a:
$$\log_a a = 1$$

Natürlicher Logarithmus:
$$\ln e = \log_e e = 1$$

Logarithmus eines Produkts:
$$\log_a xy = \log_a x + \log_a y$$

Logarithmus eines Quotienten:
$$\log_a \frac{x}{y} = \log_a x - \log_a y$$

Logarithmus einer Potenz:
$$\log_a x^n = n \cdot \log_a x$$

Logarithmus eines Kehrwerts:
$$\log_a \frac{1}{x} = -\log_a x$$

Die handliche Ableitungstabelle

Die Summenregel:
$$\frac{d}{dx}\left(u(x) + v(x)\right) = u'(x) + v'(x)$$

Die Produktregel:
$$\frac{d}{dx}\left(u(x)v(x)\right) = u'(x)v(x) + u(x)v'(x)$$

Die Quotientenregel:
$$\frac{d}{dx}\left(\frac{u(x)}{v(x)}\right) = \frac{u'(x)v(x) - u(x)v'(x)}{\left(v(x)\right)^2}$$

Die Kettenregel:
$$\frac{d}{dx}u\left(v(x)\right) = u'\left(v(x)\right) \cdot v'(x)$$

$\frac{d}{dx}c = 0$

$\frac{d}{dx}x = 1$

$\frac{d}{dx}cx = c$

$\frac{d}{dx}x^n = nx$

$\frac{d}{dx}e^x = e^x$

$\frac{d}{dx}a^x = a^x \cdot \ln(a)$

$\frac{d}{dx}\ln x = \frac{1}{x}$

$\frac{d}{dx}\log_a x = \frac{1}{x} \cdot \frac{1}{\ln(a)}$

$\frac{d}{dx}\sin x = \cos x$

$\frac{d}{dx}\cos x = -\sin x$

Übungsbuch Wirtschaftsmathematik für Dummies

Die noch handlichere Integral-Tabelle

$$\int dx = x + C$$

$$\int x^n \, dx = \frac{x^{n+1}}{n+1} + C, \; n \neq -1$$

$$\int e^x \, dx = e^x + C$$

$$\int \frac{1}{x} \, dx = \ln|x| + C$$

$$\int a^x \, dx = \frac{1}{\ln a} a^x + C$$

$$\int \ln x \, dx = x \,(\ln x - 1) + C$$

$$\int \sin x \, dx = -\cos x + C$$

$$\int \cos x \, dx = \sin x + C$$

$$\int \tan x \, dx = -\ln|\cos x| + C$$

Matrizenregeln

$$A + B = B + A$$

$$A \cdot B \neq B \cdot A \; (!!!)$$

$$A \cdot X + B \cdot X = (A + B) \cdot X$$

$$X \cdot A + X \cdot B = X \cdot (A + B)$$

$A \cdot X + X \cdot B \to X$ lässt sich nicht ausklammern

$$A \cdot B \cdot C = (A \cdot B) \cdot C = A \cdot (B \cdot C)$$

$$A \cdot A^{-1} = E = A^{-1} \cdot A$$

$$A \cdot E = A = E \cdot A$$

$$A^{-1} \cdot B^{-1} \cdot C^{-1} \cdot D^{-1} = (D \cdot C \cdot B \cdot A)^{-1}$$

$$A^T \cdot B^T \cdot C^T \cdot D^T = (D \cdot C \cdot B \cdot A)^T$$

Leontief-Modell

$$y = (E - Q) \cdot q$$

$$q = (E - Q)^{-1} \cdot y$$

Zählregeln

$$\binom{n}{k} = \frac{n!}{(n-k)! \, k!}$$

$$0! = 1$$

$$1! = 1$$

$$2! = 2 \cdot 1 = 2$$

$$n! = n \cdot (n-1) \cdot (n-2) \cdot \ldots \cdot 3 \cdot 2 \cdot 1$$

Wahrscheinlichkeitsregeln

Additionsregel:
$$P(A \cup B) = P(A) + P(B) - P(A \cap B)$$

Wenn A und B einander ausschließen:
$$P(A \cup B) = P(A) + P(B)$$

Multiplikationsregel:
$$P(A \cap B) = P(A) \cdot P(B|A)$$
$$= P(B) \cdot P(A|B)$$

Wenn A und B unabhängig sind:
$$P(A \cap B) = P(A) \cdot P(B)$$

Komplementregel: $P(A^c) = 1 - P(A)$

Wahrscheinlichkeitsdefinitionen

✔ A und B schließen einander aus, wenn $P(A \cap B) = 0$ ist.

✔ A und B sind unabhängig, wenn $P(A|B) = P(A)$ oder $P(B|A) = P(B)$ ist.

Wahrscheinlichkeitsgesetze

Gesetz der totalen Wahrscheinlichkeit:
$$P(B) = \sum_i P(A_i) \cdot P(B|A_i)$$

Bayes-Theorem:
$$P(A_i \mid B) = \frac{P(A_i) \cdot P(B \mid A_i)}{\sum_i P(A_i) \cdot P(B \mid A_i)}$$

Übungsbuch Wirtschaftsmathematik für Dummies

Diskrete Wahrscheinlichkeitsverteilungen

Verteilung von X	X zählt	$p(x)$	Werte von X	$E(X)$	$V(X)$
Diskrete Gleich-verteilung	Ergebnisse mit gleicher Wahrschein-lichkeit (endlich)	$\dfrac{1}{b-a+1}$	$x = a, a+1,$ $a+2, ...,$ $b-1, b$	$\dfrac{b+a}{2}$	$\dfrac{(b-a+2)(b-a)}{12}$
Binomial-verteilung	Erfolge bei n fixen Versu-chen	$\dbinom{n}{k} p^x (1-p)^{n-x}$ $x = 0, 1, ..., n$		np	$np(1-p)$
Poisson-verteilung	Ankünfte in einer fixen Zeitspanne	$\dfrac{e^{-\lambda}\lambda^x}{x!}$	$x = 1, 2, ...$	λ	λ

Stetige Wahrscheinlichkeitsverteilungen

Verteilung von X	X misst	$f(x)$	Werte von X	$E(X)$	$V(X)$
Stetige Gleich-verteilung	Ergebnisse mit glei-cher Dichte	$\dfrac{1}{b-a}$	$a \leq x \leq b$	$\dfrac{b+a}{2}$	$\dfrac{(b+a)^2}{12}$
Exponential-verteilung	Zeit zwischen Ereig-nissen; Zeit bis zu einem Ereignis	$\lambda e^{-\lambda x}$	$x \geq 0$	$\dfrac{1}{\lambda}$	$\dfrac{1}{\lambda^2}$
Normal-verteilung	Werte mit glocken-förmiger Verteilung	$\dfrac{1}{s\sqrt{2p}} e^{-\frac{1}{2}\left(\frac{x-}{s}\right)^2}$	$-\infty < x < \infty$		s

Zinsrechnung

Formel	Wird benutzt für
$K_n = K_0 \cdot (1 + n \cdot i)$	Berechnung des *Endkapitals* in der linearen Zinsrechnung
$K_n = K_0 \cdot (1+i)^n = K_0 \cdot q^n$	Berechnung des *Endkapitals* in der exponentiellen Verzinsung
$K_n = K_0 \cdot \left(1 + \frac{i}{m}\right)^{m \cdot n}$	Berechnung des *Endkapitals* in der unterjährigen Verzinsung
$K_n = K_0 \cdot e^{i \cdot n}$	Berechnung des *Endkapitals* in der stetigen Verzinsung
$i_{eff} = \sqrt[n]{\dfrac{K_n}{K_0}} - 1$	Berechnung des *Effektivzinssatzes*

Übungsbuch Wirtschaftsmathematik für Dummies

Rentenrechnung

Formel	Wird benutzt für
$R_n^{nach} = r \cdot \dfrac{q^n - 1}{q - 1}$	Berechnung des *nachschüssigen* Rentenendwerts
$R_n^{vor} = r \cdot q \cdot \dfrac{q^n - 1}{q - 1}$	Berechnung des *vorschüssigen* Rentenendwerts
$R_0 = R_n \cdot q^{-n}$	Beziehung zwischen Rentenendwert und Rentenbarwert
$R^{vor} = R^{nach} \cdot q$	Beziehung zwischen vorschüssigen und nachschüssigen Renten
$R_n = r \cdot \dfrac{q^n - c^n}{q - c}$ wenn $q \neq c$ oder $R_n = r \cdot n \cdot q^{n-1}$ wenn $q = c$	Berechnung des *Rentenendwerts* für eine jährlich *geometrische* wachsende Rente bei einer jährlichen Rentenzahlung

Tilgungsrechnung

Formel	Wird benutzt für
$A_t = Z_t + T_t$	Berechnung der *Annuität* in der Tilgungsrechnung
Ratentilgung	Bei der *Ratentilgung* bleiben die Tilgungsraten über die Laufzeit konstant.
Annuitätentilgung	Bei der *Annuitätentilgung* bleiben die Annuitäten über die Laufzeit konstant.

Kurs- und Renditerechnung

Formel	Wird benutzt für
$K_0 = \dfrac{N \cdot i}{q^n} \cdot \dfrac{q^n - 1}{q - 1} + \dfrac{K_n}{q^n}$	*Fairer Wert* einer Anleihe
$i_{eff}^{Praktiker} = \dfrac{N \cdot i}{K_0} + \dfrac{K_n - K_0}{n \cdot N}$	*Praktikerformel* zur Berechnung des *Effektivzinssatzes* einer Anleihe

Investitionsrechnung

Formel	Wird benutzt für
$K_0 = \displaystyle\sum_{j=0}^{n} \dfrac{P_j}{(1 + i)^j} = \sum_{j=0}^{n} \dfrac{E_j}{(1 + i)^j} - \sum_{j=0}^{n} \dfrac{A_j}{(1 + i)^j}$	*Barwert* einer Investition
$K_n = K_0 \cdot (1 + i)^n$	*Endwert* einer Investition

Der *interne Zinssatz* i_{IZF} ist der Zinssatz, bei dem der Barwert und somit auch der Endwert der Investition gleich 0 sind.

Übungsbuch Wirtschaftsmathematik
für Dummies

Sören Jensen, Christoph Mayer,
Olivia Gwinner und Marina Friedrich

Übungsbuch Wirtschaftsmathematik für Dummies

Fachkorrektur von Dominik Poß

WILEY

WILEY-VCH Verlag GmbH & Co. KGaA

Bibliografische Information der Deutschen Nationalbibliothek
Die Deutsche Nationalbibliothek verzeichnet diese Publikation
in der Deutschen Nationalbibliografie; detaillierte bibliografische
Daten sind im Internet über http://dnb.d-nb.de abrufbar.

1. Auflage 2015

© 2015 WILEY-VCH Verlag GmbH & Co. KGaA, Weinheim

Coverfoto: © Karin & Uwe Annas – Fotolia.com
Korrektur: Petra Heubach-Edmann und Jürgen Erdmann
Satz: inmedialo Digital- und Printmedien UG, Plankstadt
Druck und Bindung: CPI, Ebner & Spiegel, Ulm

Print ISBN: 978-3-527-70960-1
epub ISBN: 978-3-527-80113-8
mobi ISBN: 978-3-527-80114-5

Über die Autoren

Dr. Sören Jensen studierte Betriebswirtschaftslehre an der Universität Mannheim und promovierte dort am Lehrstuhl für ABWL, Risikotheorie, Portfoliomanagement und Versicherungswirtschaft. Er arbeitet nun im strategischen Kapitalanlagemanagement bei einer großen Versicherung. Nebenbei hält er eine Vorlesung in Einführung in die Betriebswirtschaftslehre an der VWA München und freut sich über den Verkaufserfolg des Buches *Wirtschaftsmathematik für Dummies*. Sein Spaß an der Wirtschaftsmathematik wurde ihm im ersten Semester von einem Super-Dozenten vermittelt, nämlich:

Prof. Dr. Christoph Mayer studierte Betriebswirtschaftslehre an der Universität Mannheim und promovierte am dortigen Lehrstuhl für ABWL, Risikotheorie, Portfoliomanagement und Versicherungswirtschaft. Im Anschluss war er im Konzernrisikomanagement der EnBW Energie Baden-Württemberg AG tätig. Unter anderem führte er dort als Projektleiter die wahrscheinlichkeitsbasierte Modellierung relevanter Finanzkennzahlen ein. Parallel hatte er einen Lehrauftrag für Wirtschaftsmathematik an der Hochschule Ludwigshafen am Rhein. 2013 nahm er einen Ruf der Hochschule für Technik und Wirtschaft Dresden auf die Professur für Betriebswirtschaftslehre / Investition und Finanzierung an.

Olivia Gwinner absolvierte an der Universität Mannheim und der University of the Sunshine Coast in Australien ihr Studium der Betriebswirtschaftslehre mit den Schwerpunkten Marketing und Management. Während ihres Studiums sammelte sie langjährige Lehrerfahrung als Tutorin für Finanzmathematik, Quantitative Methoden und Marketing. Mittlerweile promoviert sie am Lehrstuhl für Business-to-Business Marketing, Sales & Pricing der Universität Mannheim.

Marina Friedrich studierte Betriebswirtschaftslehre an der Universität Mannheim und der HEC Paris. Schon während ihres Studiums sammelte sie Lehrerfahrung in den Fächern Finanzmathematik, Quantitative Methoden und Management. Seit 2013 promoviert und lehrt sie ebenfalls an der Universität Mannheim im Bereich Management.

Cartoons im Überblick

von Christian Kalkert

Seite 27

Seite 71

Seite 165

Seite 217

Seite 311

Internet: www.stiftundmaus.de

Inhaltsverzeichnis

Einführung

Stellen Sie sich vor, Sie gehen in eine Wirtschaft. Sie bestellen ein kühles, erfrischendes Getränk und eine deftige Mahlzeit zur Stärkung. Im Laufe des Abends trinken Sie vielleicht noch das ein oder andere leckere Getränk Ihrer Wahl. Bevor Sie sich dann zu später Stunde auf den Heimweg machen, müssen Sie natürlich noch Ihre Rechnung begleichen. Da Sie dem etwas zwielichtigen Wirt – warum haben Sie sich eigentlich ausgerechnet so eine Spelunke ausgesucht? – nicht über den Weg trauen, rechnen Sie vorab lieber mal aus, wie viel Sie ihm eigentlich schulden und wie viel Rückgeld Sie erwarten dürfen. Und was brauchen Sie, um diese Berechnungen durchzuführen? *Wirtschafts*mathematik!

Wirtschaftsmathematische Fragestellungen begegnen Ihnen natürlich nicht nur in der Kneipe, sondern an ganz vielen Stellen im Berufsleben und auch im Alltag. Vielleicht haben Sie auch schon ein Buch darüber gelesen oder sich in der Schule oder Uni mit Wirtschaftsmathematik befasst. Wenn Ihnen das bisher zu theoretisch war und Sie auf der Suche nach anschaulichen Übungsaufgaben sind, halten Sie genau das richtige Buch in den Händen. Dieses Übungsbuch steckt voller Aufgaben aus allen Bereichen der Wirtschaftsmathematik, die darauf warten, von Ihnen gelöst zu werden – und natürlich voller Lösungen.

Über dieses Buch

Das *Übungsbuch Wirtschaftsmathematik für Dummies* richtet sich an Schüler an Wirtschaftsschulen, an Studierende der Wirtschaftswissenschaften im Haupt- oder Nebenfach in den ersten Semestern und natürlich an all diejenigen, die sich anhand von kurzweiligen Übungsaufgaben in das Thema einarbeiten möchten.

✔ Für Schüler an Wirtschaftsschulen bietet dieses Buch zahlreiche Übungsaufgaben aus den Bereichen der Wirtschaftsmathematik. Mit der zusätzlichen Vertiefung in linearer Algebra, Analysis und Finanzmathematik ist es aber auch für Schüler anderer Schulformen bestens geeignet.

✔ Wenn Sie gerade mit dem Studium der Wirtschaftswissenschaften begonnen haben und Ihnen die mathematischen Vorlesungen zu theoretisch sind, sollten Sie dieses Buch durcharbeiten. Es wiederholt die wichtigsten Inhalte der Wirtschaftsmathematik und bietet anhand von anschaulichen Aufgaben unzählige Möglichkeiten zur Anwendung Ihres theoretischen Wissens.

✔ Auch wenn Sie einen nicht-wirtschaftswissenschaftlichen Studiengang absolvieren, benötigen Sie oftmals eine betriebswirtschaftliche Grundbildung. Mit diesem Buch finden Sie die richtige Herangehensweise an Fragestellungen und lösen diese zielgerichtet.

✔ Auch wenn Ihre Schulzeit schon ein paar Tage zurückliegt, können Sie mit diesem Buch rechnen. Wirtschaftsmathematik begegnet Ihnen schließlich nicht nur in der Schule oder im Studium, sondern lauert hinter jeder Ecke, sowohl im Alltag als auch im Berufsleben. Da kann ein bisschen Übung sicherlich nicht schaden.

Bei diesem Übungsbuch handelt es sich um ein benutzerfreundliches Mathematikbuch. Wo immer es möglich ist, wurde auf Fachchinesisch verzichtet. Kurze Wiederholungen zu Beginn der Kapitel rufen Ihnen noch einmal die wichtigsten Dinge in Erinnerung, sodass Sie ohne Zusatzmaterialien gleich voll durchstarten und üben, üben, üben können. Bis Sie ein wahrer Meister der Wirtschaftsmathematik sind!

Konventionen in diesem Buch

Die folgenden Konventionen sollen Ihnen helfen, sich in diesem Buch schnell zurechtzufinden.

✔ Wichtige Begriffe werden bei ihrem ersten Auftreten in diesem Buch *kursiv* gekennzeichnet und erklärt.

✔ Die Kapitel widmen sich nach kurzen Wiederholungen den wichtigsten Grundlagen anwendungsbezogenen Übungsaufgaben.

✔ Am Ende jedes Kapitels finden Sie die Lösungen zu den Übungsaufgaben.

✔ Zwischendurch finden Sie hilfreiche Tipps, mit denen Sie in Zukunft alle Fragestellungen problemlos beantworten können.

Törichte Annahmen über den Leser

Als Leser dieses Buches sollten Sie ...

✔ ... schon einmal etwas vom Begriff Mathematik gehört haben.

✔ ... nicht ganz ohne mathematische Vorkenntnisse mit den Übungsaufgaben starten, auch wenn dieses Buch zu Beginn jedes Kapitels nochmals die wichtigsten Grundlagen wiederholt. Wenn Ihre letzte Begegnung mit der Mathematik etwas länger her ist, schauen Sie, bevor Sie mit dem Rechnen beginnen, vielleicht besser noch mal in das Hauptbuch *Wirtschaftsmathematik für Dummies*.

✔ ... bereit sein, ein wenig Zeit und Mühe aufzubringen. Obwohl wir natürlich versucht haben, den Stoff so intuitiv und simpel wie möglich darzustellen, gilt auch hier: Ohne Fleiß kein Preis. Ganz ohne etwas Zeit und Mühe in die Lösung der Aufgaben zu stecken, werden Sie in Sachen Wirtschaftsmathematik nicht viel weiterkommen.

Wie dieses Buch aufgebaut ist

Dieses Übungsbuch orientiert sich an der Struktur des Hauptbuchs *Wirtschaftsmathematik für Dummies*. Es besteht aus den fünf Teilen Algebra, Analysis, lineare Algebra, Wahrscheinlichkeitsrechnung und Finanzmathematik. Diese Teile sind wiederum in mehrere Kapitel gegliedert, in denen Übungsaufgaben mit Lösungen vorgestellt werden.

Teil I: Einfache Algebra

Die wichtigsten Grundlagen finden Sie in Teil I – von der einfachen Algebra bis hin zum Lösen von Gleichungen. Die Aufgaben in diesem Teil eignen sich wunderbar zum Warmwerden. Wenn danach das grundlegende Handwerkszeug wieder sitzt, kann in den folgenden Teilen nichts mehr schiefgehen!

Teil II: Analysis

Teil II richtet sich an den Analytiker in Ihnen – Sie werden sich hier ausschließlich mit Analysis befassen. Nachdem Sie Folgen und Reihen wiederholt haben, können Sie sich voll und ganz den Funktionen widmen. Denn diese sind nicht nur in der Schule oder Uni wichtig, sondern auch für viele wirtschaftliche Fragestellungen äußerst hilfreich. Anhand verschiedenster Aufgaben lernen Sie zunächst alle wichtigen Eigenschaften von Funktionen kennen. Dann sind Sie fit für Kurvendiskussionen: Schnittpunkte berechnen, Extrema bestimmen und Funktionen zeichnen wird nach diesem Teil ein Leichtes für Sie sein. Zum Abschluss werden Sie sich sogar mit mehrdimensionalen Funktionen beschäftigen und durch die Integralrechnung auch verstehen, wieso es der e-Funktion auf Partys schwerfällt, sich zu integrieren.

Teil III: Matrizen und Gleichungssysteme

Wenn Sie systematische Lösungen mögen, sind Sie in diesem Teil genau richtig. Denn hier dürfen Sie mit Matrizen rechnen. Komplizierte Gleichungssysteme werden mit der Matrixrechnung gleich viel überschaubarer. Mit ihr bringen Sie Ordnung in Ihre Zahlenwelt. Dies ist auch für viele ökonomische Probleme äußerst hilfreich: Sie wollen beispielsweise wissen, wie viele Rohstoffe Sie für die Produktion Ihres Endprodukts benötigen? Oder welche Preise Sie setzen sollten? All diese Fragen zu beantworten, wird nach Teil III ein Kinderspiel für Sie sein.

Teil IV: Wahrscheinlichkeitsrechnung

Sie möchten wissen, wie hoch die Wahrscheinlichkeit ist, dass Sie nach Teil III bereits aufgegeben haben? Dazu sollten Sie unbedingt mit Teil IV weitermachen, denn hier üben Sie alle wichtigen Aspekte der Wahrscheinlichkeitsrechnung. Sie wiederholen zunächst grundlegende Notationen, um dann Erwartungswerte, Varianzen und Standardabweichungen berechnen zu können. Außerdem lernen Sie verschiedene Arten von Wahrscheinlichkeitsverteilungen kennen, mit deren Hilfe Sie Entscheidungen treffen können. Die Wahrscheinlichkeit, dass es eine Fehlentscheidung wäre, nach Teil III aufzugeben? Wohl sehr hoch!

Teil V: Finanzmathematik

Welches Thema darf in einem Wirtschaftsmathematik-Buch nicht fehlen? Das liebe Geld natürlich. Teil V widmet sich diesem voll und ganz. Sie möchten die Höhe Ihrer Rente berechnen? Oder endlich wissen, wie genau die Zinsen auf Ihrem Konto eigentlich zustande kommen? Oder auch wenn Sie groß denken und gerne wissen möchten, ob Ihre geplante Millionen-Investition vorteilhaft ist, sind Sie in diesem Teil gut aufgehoben. Nachdem Sie die

Übungsaufgaben gemeistert haben, werden Sie all diese Fragen mit Leichtigkeit beantworten können.

Teil VI: Der Top-Ten-Teil

Zum Abschluss, wie in jedem ... *für Dummies*-Buch: die Top-Ten-Listen. Diesmal mit zehn hilfreichen Excel-Funktionen und zehn Orten, die sich besonders gut zum Mathelernen eignen.

Symbole, die in diesem Buch verwendet werden

Im Buch werden Sie öfter über einige Symbole stolpern. Diese sollen Sie auf Besonderheiten und wichtige Informationen aufmerksam machen.

 Neben diesem Symbol finden Sie Definitionen oder andere Informationen, die Sie sich merken sollten.

 Die Zielscheibe weist Sie auf wichtige Tipps und Tricks hin, die Ihnen das Leben leichter machen und Sie schneller zur Lösung der Aufgaben führen.

 Achtung! Dieses Symbol soll Sie auf häufig gemachte Fehler hinweisen, die Sie unbedingt vermeiden sollten.

 Sie ahnen es sicher schon – dieses Icon kündigt eine Beispielaufgabe an.

 Zu jeder Beispielaufgabe gehört natürlich auch eine Lösung, die Sie bei diesem Symbol finden.

Wie es weitergeht

Zuerst einmal sollten Sie Ihr Getränk austrinken, die Rechnung begleichen, sich dabei nicht vom zwielichtigen Wirt übers Ohr hauen lassen und dann nach Hause gehen – oder an einen anderen tollen Ort zum Mathelernen. Anregungen dafür finden Sie übrigens im letzten Kapitel dieses Buchs. Und dann geht's endlich los mit den Grundlagen in Kapitel 1. Falls Sie keine Auffrischung Ihres Grundwissens benötigen, können Sie aber auch an einer anderen Stelle einsteigen. Wenn Sie dann in ein paar Wochen nach dem Lösen ganz vieler Aufgaben wieder in der Wirtschaft sitzen und ein zwangloses Gespräch beginnen möchten, haben Sie ein Thema mehr zum Einstieg:

✔ Das Wetter

✔ Der Tatort vom letzten Sonntag

✔ Staudensellerie

✔ Politik

✔ Fußball

✔ Die Gesellschaft im Allgemeinen

✔ Hydrokulturen im Speziellen

✔ *Wirtschaftsmathematik*

Teil I

Einfache Algebra

In diesem Teil ...

Mit der Mathematik ist es wie mit dem Kochen: Wie wollen Sie ein kompliziertes Drei-Gänge-Menü kochen, wenn Sie nicht wissen, wie man ein Ei aufschlägt oder das Messer richtig hält? Genau: gar nicht! Und wie wollen Sie Tilgungsraten bestimmen, mit Matrizen hantieren oder Ihre Gewinnchancen beim Lotto ausrechnen (übrigens eine sehr ernüchternde Rechnung), wenn Sie die Grundlagen der Mathematik nicht kennen? Wieder richtig geraten: gar nicht! Aber Sie haben Glück – genau diese notwendigen Grundlagen finden Sie in Teil I dieses Buches. Los geht es mit einfacher Algebra, bevor Sie sich dem Lösen von Gleichungen widmen. Hier können Sie Ihr Basiswissen auffrischen, wenn Sie schon länger nichts mehr mit Mathematik am Hut hatten und schon seit einigen Jahren aus der Schulbank herausgewachsen sind. Nach dem Lösen der Aufgaben sollte das Jonglieren mit Brüchen, Potenzen und Wurzeln ein Kinderspiel für Sie sein. Worauf warten Sie noch?! Satteln Sie die Pferde, schärfen Sie die Messer, spitzen Sie die Bleistifte und werden Sie Wirtschaftsmathematik-Profi!

Das kleine Einmaleins der Wirtschaftsmathematik: Einfache Algebra

1

In diesem Kapitel

▶ Mit Vorzeichen und Klammern rechnen

▶ Wichtige Rechengesetze kennenlernen und anwenden

▶ Sich mit Brüchen und Prozenten anfreunden

▶ Potenzen, Wurzeln und Logarithmen berechnen

▶ Mehrere Terme ausmultiplizieren

Dieses Kapitel behandelt die Grundlagen der *Algebra* und legt damit das Fundament für die folgenden Kapitel. Vieles, was hier behandelt wird, haben Sie sicherlich schon einmal angewendet – im Alltag, im Job, im Studium oder im Mathematikunterricht. Hier haben Sie die Möglichkeit, Ihr Wissen aufzufrischen und die Grundlagen zu wiederholen.

Mit Vorzeichen rechnen

Haben Sie sich schon mal gefragt, warum eins plus eins zwei ergibt? Und wie werden eigentlich negative Zahlen addiert? Die *Addition* von zwei Zahlen wird mit dem Pluszeichen »+« gekennzeichnet:

$$a + b = c$$

Dabei nennt man a und b *Summanden*. Addiert man sie, das heißt, rechnet sie zusammen, erhält man die *Summe* c. Natürlich können auch mehr als zwei Zahlen addiert werden.

Die *Subtraktion*, auch bekannt als Minus-Rechnung, ist die Umkehroperation der Addition. Was bedeutet das? Betrachten Sie beispielsweise die Zahl 5. Wenn Sie 3 zu 5 addieren, ist das Ergebnis 8. Die Addition können Sie umkehren, indem Sie 3 wieder von 8 abziehen. Das Ergebnis ist 5 – die ursprüngliche Zahl. Die Subtraktion wird mit dem Minuszeichen »−« aufgeschrieben.

$$x - y = z$$

Man nennt x *Minuend* und y *Subtrahend*. z ist das Ergebnis der Subtraktion und wird als *Differenz* zwischen x und y bezeichnet. Die Subtraktion kann auch als Addition der Gegenzahl verstanden werden. Statt y von x abzuziehen, können Sie also auch $-y$ zu x addieren:

$$x - y = x + (-y) = z$$

Bei der *Multiplikation* und der *Division* multiplizieren oder dividieren Sie zunächst die Beträge der Zahlen. Der *Betrag* einer Zahl ist die Zahl ohne ihr Vorzeichen. Über das Vorzeichen des Ergebnisses entscheiden die Vorzeichen der Zahlen, die Sie miteinander malnehmen beziehungsweise durcheinander teilen.

 Bei der Multiplikation oder Division von zwei Zahlen ist das Ergebnis positiv, falls beide Zahlen das gleiche Vorzeichen haben. Haben die beiden Zahlen unterschiedliche Vorzeichen, dann ist das Ergebnis negativ.

Aufgabe 1.1

Führen Sie die folgenden Berechnungen durch.

a) $(-21) + (-8) + (-6)$

b) $-4 + (-6) + 13 + 4$

c) $9 \cdot (-7)$

d) $(-39)/(-3)$

e) $24 \cdot (-9) \cdot 5 \cdot 0 \cdot (-11) \cdot 3$

f) $(-3) \cdot (-5) \cdot (-2)$

Wichtige Rechengesetze und deren Anwendung

Es gibt einige wichtige Rechengesetze, die Ihnen das Leben leichter machen. Das *Kommutativgesetz* besagt, dass es egal ist, in welcher Reihenfolge Zahlen addiert oder miteinander multipliziert werden. Das Ergebnis ist immer das gleiche.

Kommutativgesetz der Addition: $a + b = b + a$

Kommutativgesetz der Multiplikation: $a \cdot b = b \cdot a$

Das *Assoziativgesetz* sagt aus, dass Sie die Gruppierungen von Operationen verändern können, ohne dass sich dadurch das Ergebnis ändert. Oder einfacher ausgedrückt: Sie können Klammern setzen, wie Sie möchten.

Assoziativgesetz der Addition: $(a + b) + c = a + (b + c)$

Assoziativgesetz der Multiplikation: $(a \cdot b) \cdot c = a \cdot (b \cdot c)$

 Das Kommutativgesetz und das Assoziativgesetz gelten für die Addition und die Multiplikation, aber NICHT für die Subtraktion und die Division.

Ein weiteres wichtiges Rechengesetz, das die Multiplikation mit der Addition beziehungsweise Subtraktion verbindet, ist das *Distributivgesetz*.

Distributive Multiplikation über die Addition: $a \cdot (b + c) = a \cdot b + a \cdot c$

Distributive Multiplikation über die Subtraktion: $a \cdot (b - c) = a \cdot b - a \cdot c$

Wie Sie sehen, können Sie nach dem Distributivgesetz jeden Term innerhalb einer Klammer mit dem Koeffizienten außerhalb der Klammer multiplizieren, ohne dass sich das Ergebnis ändert. Umgekehrt funktioniert es natürlich auch, dann spricht man vom Ausklammern.

Aufgabe 1.2

Vereinfachen Sie die folgenden Ausdrücke so weit wie möglich.

a) $\left(\dfrac{1}{2} \cdot 3\right) \cdot \dfrac{1}{7} \cdot \left(\dfrac{1}{5} \cdot 7\right) \cdot \dfrac{1}{3} \cdot 2 \cdot 5$

b) $2a \cdot (c + b) - \dfrac{1}{2}b \cdot (4a - 2)$

c) $5z \cdot (x - 2y) + (10z - x) \cdot y - x \cdot (y + 5z)$

Aufgabe 1.3

Klammern Sie aus.

a) $3{,}7 \cdot 2{,}1 + 3{,}7 \cdot 5{,}2 + 1{,}7 \cdot 3{,}7 + 3{,}7$

b) $ab + a^2 + ca - 3ad$

Mit Brüchen rechnen

In diesem Abschnitt lernen Sie, wie Sie mit Brüchen rechnen können. Ein *Bruch* besteht aus einem Zähler, einem Bruchstrich und einem Nenner. Der *Zähler* steht über dem Bruchstrich, der *Nenner* darunter. Der Zähler wird durch den Nenner geteilt, also zum Beispiel:

$$\frac{10}{5} = 2 \ \text{ oder } \ \frac{12}{4} = 3$$

 Der Nenner eines Bruchs darf nie null sein!

Vertauscht man den Zähler und den Nenner eines Bruchs, so erhält man seinen *Kehrwert*. Der Kehrwert von $\dfrac{2}{3}$ ist also $\dfrac{3}{2}$. Multipliziert man eine Zahl – außer null – mit ihrem Kehrwert, so ist das Ergebnis immer 1.

Die Multiplikation von Brüchen ist ganz einfach:

$$\frac{a}{b} \cdot \frac{c}{d} = \frac{ac}{bd}$$

Wenn Sie einen Bruch durch einen anderen Bruch teilen möchten, tun Sie dies, indem Sie den ersten Bruch unverändert lassen und mit dem Kehrwert – also der Umkehrung – des zweiten Bruchs multiplizieren:

$$\frac{a}{b} / \frac{c}{d} = \frac{a}{b} \cdot \frac{d}{c} = \frac{ad}{bc}$$

Die Addition und Subtraktion von Brüchen sind etwas komplizierter.

 Sie können Brüche nur addieren oder subtrahieren, wenn sie den gleichen Nenner haben.

Wenn zwei Brüche den gleichen Nenner haben, werden sie addiert, indem Sie die beiden Zähler addieren und den gemeinsamen Nenner beibehalten:

$$\frac{a}{c} + \frac{b}{c} = \frac{a+b}{c}$$

Wenn Sie hingegen zwei Brüche zusammenrechnen möchten, die unterschiedliche Nenner haben, so müssen Sie die beiden Brüche zunächst erweitern, sodass sie einen gemeinsamen Nenner haben. Dazu multiplizieren Sie den Zähler und den Nenner des Bruchs mit der gleichen Zahl. Der Wert des Bruchs verändert sich dadurch nicht. Nach der Erweiterung können Sie die Zähler addieren und den gemeinsamen Nenner beibehalten. Formal dargestellt sieht das so aus:

$$\frac{a}{b} + \frac{c}{d} = \frac{ad}{bd} + \frac{bc}{bd} = \frac{ad+bc}{bd}$$

Aufgabe 1.4

Führen Sie die folgenden Berechnungen durch.

a) $\dfrac{2}{3} \cdot \dfrac{5}{6} \cdot \dfrac{7}{10}$

b) $\dfrac{1}{3} + \dfrac{3}{4}$

c) $\dfrac{3}{4} - \dfrac{2}{5}$

d) $\left(\dfrac{6}{7} + \dfrac{3}{2} \right) / \dfrac{11}{7}$

e) $\dfrac{17}{19} \cdot \dfrac{0}{31} + \dfrac{7}{53}$

f) $\dfrac{3}{17} \cdot \left(\dfrac{1}{5} + 3 + \dfrac{4}{3} \right) + \dfrac{1}{20} / \dfrac{1}{4}$

Prozent und Promille

 Ein *Prozent* ist ein Hundertstel. Sie können 1 % also als $\frac{1}{100}$ ausdrücken.

Sie können jede Prozentzahl auch als Dezimalzahl ausdrücken, indem Sie den Bruch ausrechnen.

$$37\,\% = \frac{37}{100} = 0{,}37 \quad \text{oder} \quad 21{,}8\,\% = \frac{21{,}8}{100} = 0{,}218$$

Um mit Prozenten zu rechnen, sollten Sie die folgenden Formeln kennen. Hier sind die Formeln für Steuern und Rabatte aufgeschrieben, aber natürlich können Sie sie auch für alle anderen Anwendungsbereiche verwenden.

✔ Preis ohne Steuern = Preis mit Steuern / (1 + Steuersatz in %)

✔ Ermäßigter Preis = ursprünglicher Preis · (1 – Rabatt in %)

✔ Ursprünglicher Preis = ermäßigter Preis / (1 – Rabatt in %)

Der Begriff *Promille* ist Ihnen vielleicht weniger geläufig. Das Promillezeichen ist ‰. 1 % entspricht 10 ‰. Promillewerte kann man auch als Brüche darstellen. Hier steht im Nenner die Zahl 1.000.

Aufgabe 1.5

a) Wie viel Prozent sind 72,9 ‰?

b) Wie viel Promille sind 0,263 %?

c) Ein Verkäufer bietet Ihnen zwei mögliche Rabatte an: einen Rabatt in Höhe von 15 % oder einen Rabatt in Höhe von 143 ‰. Für welchen sollten Sie sich entscheiden?

Aufgabe 1.6

Sie möchten in Urlaub fahren und haben sich bereits für eine Kreuzfahrt entschieden. Nachdem Sie alle Angebote verglichen haben, nehmen Sie drei Anbieter in die engere Wahl. Die gebotenen Leistungen sind bei den drei Angeboten identisch. Das erste Angebot haben Sie online entdeckt. Es liegt bei 799 Euro. Wenn Sie heute noch buchen, bekommen Sie außerdem einen Preisnachlass von 20 Euro. Das zweite Angebot stammt von einem Reisebüro und beträgt 870 Euro. Das Reisebüro feiert diese Woche seinen elften Geburtstag. Daher gibt es gerade 11,11 % Rabatt auf alle Reisen. Schließlich haben Sie noch ein weiteres Angebot online entdeckt. Der Grundpreis der Reise ist mit 999 Euro wesentlich höher als bei den anderen beiden Angeboten. Dennoch schauen Sie sich das Angebot genauer an und stellen fest, dass es gleich zwei Rabatte gibt. Zunächst erhalten Sie 10 % Rabatt, danach auf den reduzierten Preis weitere sensationelle 13 %. Bei welchem der drei Anbieter sollten Sie Ihre Kreuzfahrt buchen?

Aufgabe 1.7

a) Sie verlassen den Elektromarkt mit einem neuen Laptop. Der Laptop hat 722 Euro gekostet. Wie viel hätte er ohne Mehrwertsteuer gekostet? Auf dem Heimweg kaufen Sie sich noch eine Bratwurst für 2,50 Euro. Wie viel hätte sie ohne Mehrwertsteuer gekostet? Der Mehrwertsteuersatz für den Laptop beträgt 19 %, für die Bratwurst gilt der ermäßigte Steuersatz von 7 %.

b) Da es sich bei dem Laptop nicht um das allerneueste Modell handelt, haben Sie 5 % Rabatt bekommen. Wie viel hätte er ohne den Rabatt gekostet?

c) Björn kauft einen Milchaufschäumer. Dieser kostet ursprünglich 75 Euro. Da der Verkäufer heute gut gelaunt ist, schenkt er Björn die Mehrwertsteuer. Der Mehrwertsteuersatz liegt bei 19 %. Wie viel Rabatt hat Björn bekommen (in Prozent und in Euro)?

Potenzrechnung

In der Analysis und anderen Teilgebieten der Mathematik werden Ihnen immer wieder *Potenzen* begegnen. Beim Rechnen mit Potenzen gibt es einige Regeln zu beachten, die hier kurz für Sie zusammengefasst sind:

✔ $x^2 = x \cdot x$

»Hoch 2« bedeutet, dass eine Zahl mit sich selbst multipliziert wird.

Die Hochzahl, in diesem Fall 2, nennt man *Exponent*.

✔ $x^3 = x \cdot x \cdot x$

»Hoch 3« bedeutet, dass eine Zahl dreimal mit sich selbst multipliziert wird.

✔ $x^0 = 1$

Das gilt für alle x außer für $x = 0$. 0^0 ist nicht definiert.

✔ $x^{-a} = \dfrac{1}{x^a}$

Ein negativer Exponent bedeutet NICHT, dass das Ergebnis negativ ist.

✔ $x^{a/b} = \left(\sqrt[b]{x}\right)^a = \sqrt[b]{x^a}$

✔ $x^a \cdot x^b = x^{a+b}$

✔ $\dfrac{x^a}{x^b} = x^{a-b}$

✔ $(x^a)^b = x^{a \cdot b}$

✔ $(xyz)^a = x^a y^a z^a$

✔ $\left(\dfrac{x}{y}\right)^a = \dfrac{x^a}{y^a}$

Es gilt NICHT: $(x + y)^a = x^a + y^a$! Wie Sie den Ausdruck berechnen, erfahren Sie im Abschnitt *Mehrere Terme ausmultiplizieren* am Ende dieses Kapitels.

Aufgabe 1.8

Berechnen Sie beziehungsweise vereinfachen Sie so weit wie möglich.

a) $\left(-\sqrt{5}\right)^4$

b) $9 \cdot 3^{m+2}$

c) $\dfrac{a^2 \cdot b^{x+2}}{b^4 \cdot a}$

d) $\dfrac{(12xy)^k}{(3y)^k}$

e) $(5^z)^4$

f) $\dfrac{\left(k^2\right)^a \cdot l \cdot (m+1)^2}{l^{-3} \cdot k^a \cdot (m+1)}$

Back to the roots: Mit Wurzeln rechnen

Das *Wurzelziehen* kann als eine Umkehrung des Potenzierens betrachtet werden. Schauen Sie sich einmal den folgenden Ausdruck an:

$$x^a = b$$

Wie würden Sie hier vorgehen, um x zu bestimmen? Richtig, Sie würden die »a-te« Wurzel ziehen. Damit berechnen Sie die Zahl, die mit a potenziert b ergibt: $x = \sqrt[a]{b}$.

 Wenn über der Wurzel keine Zahl steht, also $\sqrt{x}$, dann ist damit die zweite Wurzel gemeint, das heißt $\sqrt[2]{x}$. Die zweite Wurzel bezeichnet man auch als Quadratwurzel.

Jede Wurzel lässt sich als Potenz aufschreiben. Dabei ist der Exponent, also die Hochzahl, ein Bruch. So lässt sich $\sqrt[3]{27}$ als $27^{1/3}$ schreiben, $\sqrt[2]{x^3}$ als $x^{3/2}$ und allgemein $\sqrt[a]{x^b}$ als $x^{b/a}$. Da sich jede Wurzel als Potenz schreiben lässt, gelten für das Rechnen mit Wurzeln ebenfalls die Regeln, die Sie im vorigen Abschnitt für das Rechnen mit Potenzen kennengelernt haben.

 Unter einer Quadratwurzel oder einer anderen geradzahligen Wurzel kann keine negative Zahl stehen – zumindest nicht in der grundlegenden Algebra.

Für geradzahlige Wurzeln gilt:

$\sqrt{a^2} = |a|$, $\sqrt[4]{a^4} = |a|$, $\sqrt[6]{a^6} = |a|$ und so weiter

Bei geradzahligen Wurzeln müssen Sie immer Betragsstriche setzen. Das Ergebnis ist nämlich stets positiv, egal ob a positiv oder negativ ist. Bei ungeradzahligen Wurzeln werden hingegen keine Betragsstriche gesetzt, also:

$\sqrt[3]{a^3} = a$, $\sqrt[5]{a^5} = a$ und so weiter

Aufgabe 1.9

Berechnen Sie beziehungsweise vereinfachen Sie so weit wie möglich.

a) $\sqrt{196}$

b) $\sqrt[3]{-1/27}$

c) $\sqrt{k} \cdot \sqrt[4]{k}$

d) $\sqrt{\sqrt[3]{(a+4)}}$

e) $\sqrt[3]{\sqrt{125}}$

f) $\dfrac{\sqrt[4]{4}}{\sqrt{2}}$

g) $w\sqrt{x^2 y^2 z}$

Lassen Sie sich von Logarithmen nicht aus dem Rhythmus bringen

Logarithmus – puh, das klingt ganz schön kompliziert. Ist es aber eigentlich gar nicht! Erinnern Sie sich an den Ausdruck, den Sie sich zu Beginn des letzten Abschnitts angeschaut haben, um den Wurzelbegriff zu verstehen:

$$x^a = b$$

Wenn Sie x bestimmen wollen, ziehen Sie die a-te Wurzel. Aber was tun Sie, wenn x und b gegeben sind und Sie a bestimmen wollen? Dann hilft Ihnen der Logarithmus weiter! Sie müssen den Logarithmus von b zur Basis x bestimmen. Das schreibt man dann so auf: $\log_x b$. Das erscheint auf den ersten Blick kompliziert? Schauen Sie sich das folgende Beispiel an, danach wird Ihnen der Logarithmus bestimmt klarer.

$$2^x = 16$$

Gesucht wird hier eine Zahl, mit der man 2 potenzieren muss, um 16 zu erhalten. Einfacher ausgedrückt: 2 hoch welche Zahl ergibt 16? Die Antwort ist:

$$x = \log_2 16 = 4$$

Die Lösung muss 4 sein, denn 2^4 ergibt 16.

Die Basis eines Logarithmus kann irgendeine positive Zahl sein. Wenn die Basis 10 ist, wird die Schreibweise *log* verwendet. In diesem Fall wird die Basis nicht spezifiziert. Zum Beispiel $\log 100 = 2$, denn $10^2 = 100$. Wenn die Basis die eulersche Zahl e ist, schreibt man $\ln x$ und spricht vom natürlichen Logarithmus. Dieser Ausdruck steht für $\log_e x$. Auch für das Rechnen mit Logarithmen gibt es ein paar Regeln, die Sie kennen sollten:

✔ $\log_a 1 = 0$

Das gilt für alle a. Unabhängig von der Basis ist der Logarithmus von 1 immer 0. Das sollte Sie nicht überraschen, da Sie wissen, dass a^0 (für alle a außer 0) stets 1 ergibt.

✔ $\log_a a = 1$

✔ $\log_c(ab) = \log_c a + \log_c b$

✔ $\log_c(a/b) = \log_c a - \log_c b$

✔ $\log_c a^b = b \cdot \log_c a$

✔ $\log_a b = \dfrac{\log_c b}{\log_c a}$

Diese Eigenschaft ist besonders hilfreich, wenn Sie Logarithmen ausrechnen wollen. Auf dem Taschenrechner finden Sie nämlich nur den Zehnerlogarithmus (log) und den natürlichen Logarithmus (ln). Wenn Sie mit Ihrem Taschenrechner $\log_4 56$ ausrechnen wollen, können Sie $\dfrac{\log 56}{\log 4}$ oder $\dfrac{\ln 56}{\ln 4}$ eintippen.

✔ $\log_a a^b = b$

✔ $a^{\log_a b} = b$

Aufgabe 1.10

Berechnen Sie die folgenden Logarithmen und machen Sie die Probe.

a) $\log_3 81$

b) $\log_2 32$

c) $\log_{1/4} 1/64$

d) $\log 10.000$

e) $\ln e^6$

Aufgabe 1.11

Vereinfachen Sie so weit wie möglich.

a) $\log_m(no) + \log_m(n^3)$

b) $\log_a(x/y) + \log_a(y^2)$

c) $\log_3(z) \cdot \ln(9)$

d) $\left(\log_x(x^y) - \log_z(z)\right) \cdot y^{\log_y(x)}$

Mehrere Terme ausmultiplizieren

Am Anfang dieses Kapitels haben Sie das Distributivgesetz kennengelernt, mit dessen Hilfe Sie einen Term mit einer Reihe weiterer Terme ausmultiplizieren können. In diesem Abschnitt geht es jetzt darum, *Binome* und *Polynome* auszumultiplizieren.

Ein Polynom ist eine Summe von Vielfachen von Potenzen einer Variablen. Ein Polynom, bei dem zwei Terme addiert werden, bezeichnet man als Binom. Sind es drei Terme, spricht man von einem Trinom.

$(x^2 + 1)$ ist also ein Binom, weil es aus zwei Termen besteht. $(x^2 + 4x - 7)$ ist ein Trinom.

Beim Multiplizieren von zwei Polynomen müssen Sie jeden Term des ersten Polynoms mit jedem Term des zweiten Polynoms multiplizieren und die Produkte entsprechend ihrer Vorzeichen addieren beziehungsweise subtrahieren. Ein einfaches Beispiel mit einem Binom und einem Trinom verdeutlicht die Vorgehensweise.

$$\begin{aligned}
(x - y) \cdot (x^2 + y - 1) &= x \cdot (x^2 + y - 1) - y \cdot (x^2 + y - 1) \\
&= x \cdot x^2 + x \cdot y + x \cdot (-1) - y \cdot x^2 - y \cdot y - y \cdot (-1) \\
&= x^3 + xy - x - x^2y - y^2 + y
\end{aligned}$$

Zuerst teilen Sie das erste Binom in die beiden Terme x und $-y$ auf. Danach multiplizieren Sie jeden dieser beiden Terme mit jedem Term des Trinoms. Das ist hier sehr ausführlich dargestellt. Wie immer können Sie natürlich auch Zwischenschritte zusammenfassen. Schließlich können Sie am Ende noch Terme zusammenfassen, sofern möglich. In diesem Beispiel lässt sich nichts mehr vereinfachen.

Für einige Polynome gibt es bestimmte Regeln, mit denen das Ausmultiplizieren noch einfacher wird. Wir haben hier einige dieser Formeln aufgeschrieben, die Ihnen das Leben leichter machen werden:

✔ Die drei binomischen Formeln:

$$(a + b)^2 = a^2 + 2ab + b^2$$
$$(a - b)^2 = a^2 - 2ab + b^2$$
$$(a + b) \cdot (a - b) = a^2 - b^2$$

✔ Die Differenz zwischen zwei Kubikzahlen:

$$a^3 - b^3 = (a - b) \cdot (a^2 + ab + b^2)$$

✔ Die Summe von zwei Kubikzahlen:

$$a^3 + b^3 = (a + b) \cdot (a^2 - ab + b^2)$$

Aufgabe 1.12

Multiplizieren Sie aus und vereinfachen Sie so weit wie möglich.

a) $(a^2 - 2ab + b^2) \cdot (a^2 - b^2)$

b) $(x + 2) \cdot (x - 2) \cdot (3 + x^2)$

c) $(g + h) \cdot (g + h) \cdot (g^2 - 2gh + h^2)$

d) $(g + h) \cdot (g + h) \cdot (g^2 - gh + h^2)$

e) $(x + y + z) \cdot (2x + z - y)$

f) $(m + 3n - o)^2$

Lösungen

Lösung zu Aufgabe 1.1

a) $(-21) + (-8) + (-6) = -(21 + 8 + 6) = -35$

Alle drei Summanden sind negativ. Daher addieren Sie die Beträge der Summanden, fügen das negative Vorzeichen hinzu und kommen so auf das Ergebnis -35.

b) $-4 + (-6) + 13 + 4 = -(4 + 6) + (13 + 4) = -10 + 17 = +(17 - 10) = 7$

Wenn Sie die beiden negativen Zahlen addieren, erhalten Sie -10. Die Addition der positiven Zahlen ergibt 17. Zusammengenommen kommen Sie auf das Endergebnis 7. Natürlich können Sie die Zwischenschritte hier auch weglassen.

c) $9 \cdot (-7) = -63$

Sie multiplizieren hier eine positive und eine negative Zahl miteinander, also zwei Zahlen mit unterschiedlichen Vorzeichen. Daher wissen Sie, dass das Ergebnis negativ sein muss. Die Multiplikation der beiden Beträge der Zahlen ergibt $9 \cdot 7 = 63$. Somit ist das Ergebnis -63.

d) $(-39)/(-3) = 13$

Hier soll eine negative Zahl durch eine andere negative Zahl geteilt werden. Die beiden Zahlen haben also das gleiche Vorzeichen, weshalb ihr Quotient positiv ist. Wenn Sie die Beträge der beiden Zahlen teilen, erhalten Sie $39/3 = 13$. Das Ergebnis beträgt daher 13.

e) $24 \cdot (-9) \cdot 5 \cdot 0 \cdot (-11) \cdot 3 = 0$

Das Ergebnis dieser Multiplikation ist 0.

Ist bei einer Multiplikation mindestens einer der Faktoren 0, so ist das Ergebnis der Multiplikation immer 0, unabhängig von den anderen Faktoren.

f) $(-3) \cdot (-5) \cdot (-2) = -30$

Hier werden nicht nur zwei, sondern drei negative Zahlen miteinander multipliziert. Können Sie trotzdem sagen, welches Vorzeichen das Ergebnis haben muss? Wenn nur negative Zahlen miteinander multipliziert werden, ist das ganz einfach. Wenn es eine gerade Anzahl an Zahlen ist, ist das Ergebnis positiv. Wenn es eine ungerade Anzahl an Zahlen ist, so wie hier, ist das Ergebnis negativ. Falls Ihnen nicht sofort klar ist, warum das so ist, probieren Sie es doch einfach mal mit ein paar Zahlen aus. Wenn Sie die Beträge der Zahlen in dieser Aufgabe miteinander multiplizieren, erhalten Sie $3 \cdot 5 \cdot 2 = 30$. Das Vorzeichen muss ein Minus sein, also ist das Ergebnis -30.

Lösung zu Aufgabe 1.2

a)
$$\left(\frac{1}{2} \cdot 3\right) \cdot \frac{1}{7} \cdot \left(\frac{1}{5} \cdot 7\right) \cdot \frac{1}{3} \cdot 2 \cdot 5 = \frac{1}{2} \cdot 3 \cdot \frac{1}{7} \cdot \frac{1}{5} \cdot 7 \cdot \frac{1}{3} \cdot 2 \cdot 5$$
$$= \frac{1}{2} \cdot 2 \cdot \frac{1}{3} \cdot 3 \cdot \frac{1}{5} \cdot 5 \cdot \frac{1}{7} \cdot 7$$
$$= \left(\frac{1}{2} \cdot 2\right) \cdot \left(\frac{1}{3} \cdot 3\right) \cdot \left(\frac{1}{5} \cdot 5\right) \cdot \left(\frac{1}{7} \cdot 7\right)$$
$$= 1 \cdot 1 \cdot 1 \cdot 1 = 1$$

Wenn man Zahlen miteinander multipliziert, kann man – wie im ersten Schritt geschehen – die Klammern weglassen. Das Ergebnis ändert sich durch die Änderung der Reihenfolge, in der die Multiplikationen durchgeführt werden, nicht. Im zweiten Schritt kommt das Kommutativgesetz zur Anwendung. Demnach können Sie die Reihenfolge der Zahlen, die miteinander multipliziert werden, vertauschen. Schließlich werden die Zahlen durch das Setzen von Klammern neu gruppiert. Hier können Sie also wieder das Assoziativgesetz nutzen. Zum Schluss berechnen Sie die Ausdrücke in den Klammern und kombinieren sie miteinander. Natürlich müssen Sie diese Zwischenschritte nicht alle aufschreiben. Wenn Sie die Aufgabe im Kopf lösen können und das Ergebnis sofort aufschreiben, ist es umso besser!

b)
$$2a \cdot (c + b) - \frac{1}{2}b \cdot (4a - 2) = 2ac + 2ab - \frac{1}{2}b \cdot 4a - \frac{1}{2}b \cdot (-2)$$
$$= 2ac + 2ab - 2ab + b = 2ac + b$$

Variablen verhalten sich immer wie Zahlen.

Hier kommt im ersten Schritt das Distributivgesetz zur Anwendung, beim ersten Term über die Addition, beim zweiten Term über die Subtraktion. Danach können Sie nach dem Kommutativgesetz der Multiplikation die Reihenfolge der Zahlen und Variablen in den einzelnen Termen verändern. So lässt sich $-\frac{1}{2}b \cdot 4a$ als $-\frac{1}{2} \cdot 4ab$ und schließlich als $-2ab$ aufschreiben. Genauso kann $-\frac{1}{2}b \cdot (-2)$ zu b vereinfacht werden. Denken Sie hier daran, dass das Ergebnis der Multiplikation von zwei negativen Ausdrücken positiv ist. Nun können Sie die einzelnen Komponenten addieren beziehungsweise subtrahieren. Da $2ab - 2ab = 0$ ist, bleibt $2ac + b$ übrig. Das ist auch die Lösung, da der Ausdruck nicht weiter vereinfacht werden kann.

Übrigens: Wie Sie wissen, ist es nach dem Kommutativgesetz der Multiplikation egal, ob Sie xy oder yx schreiben, wenn Sie x mal y rechnen. Meistens werden die Buchstaben in solchen Fällen nach dem Alphabet geordnet. Sie sollten auf jeden Fall wissen, dass xy und yx das Gleiche bedeuten. $yx + 3xy$ kann also beispielsweise zu $4xy$ zusammengefasst werden.

c) $$5z \cdot (x - 2y) + (10z - x) \cdot y - x \cdot (y + 5z) = 5xz - 10yz + 10yz - xy - xy - 5xz$$
$$= 5xz - 5xz - 10yz + 10yz - xy - xy$$
$$= 0 + 0 + 2 \cdot (-xy) = -2xy$$

Das Lösen dieser Aufgabe funktioniert genauso wie das Lösen von Aufgabenteil b), weshalb es nicht so ausführlich beschrieben wird. Neu ist hier, dass beim Term $(10z - x) \cdot y$ im Vergleich zu den vorherigen Aufgaben und Beispielen die Reihenfolge vertauscht ist. Jetzt steht zuerst die Klammer und dann die Variable, mit der die Klammer multipliziert wird. Aber Sie wissen, dass Sie diesen Ausdruck nach dem Assoziativgesetz der Multiplikation auch als $y \cdot (10z - x)$ schreiben können. Dann können Sie das Distributivgesetz wie gewohnt anwenden und die Aufgabe lösen.

Lösung zu Aufgabe 1.3

a) $3{,}7 \cdot 2{,}1 + 3{,}7 \cdot 5{,}2 + 1{,}7 \cdot 3{,}7 + 3{,}7 = 3{,}7 \cdot (2{,}1 + 5{,}2 + 1{,}7 + 1) = 3{,}7 \cdot 10 = 37$

Zunächst müssen Sie sich immer die Frage stellen, was Sie überhaupt ausklammern können. Durch welche Zahl können Sie jeden Teil der Summe teilen? In diesem Fall ist das natürlich 3,7. Also können Sie 3,7 schon mal vor die Klammer schreiben. In die Klammer schreiben Sie, was übrig bleibt, wenn Sie die einzelnen Summanden durch 3,7 teilen. Der letzte Summand ist 3,7. Das ist ja gerade die Zahl, die Sie ausklammern. Dann müssen Sie $3{,}7/3{,}7 = 1$ in die Klammer schreiben. Wenn Sie die Zahlen in der Klammer addieren, kommt 10 raus. $3{,}7 \cdot 10$ können Sie ganz einfach ausrechnen, indem Sie das Komma um eine Stelle nach rechts verschieben. So können Sie diese Aufgabe schnell berechnen, ohne die Zahlen in den Taschenrechner einzutippen.

b) $ab + a^2 + ca - 3ad = a \cdot (b + a + c - 3d)$

Natürlich können Sie nicht nur Zahlen, sondern auch Variablen ausklammern. Welche Variable kommt hier in jedem Summanden vor? Das haben Sie wahrscheinlich schon auf den ersten Blick erkannt: a. Also schreiben Sie a vor die Klammer und in die Klammer das, was übrig bleibt, wenn Sie den jeweiligen Term durch a teilen. Wenn Sie a^2 durch a teilen, bleibt a übrig. Wenn Sie $-3ad$ durch a teilen, bleibt $-3d$ übrig. Sie müssen hier auf das Vorzeichen achten und das Minus mit in die Klammer schreiben.

Lösung zu Aufgabe 1.4

a) $\dfrac{2}{3} \cdot \dfrac{5}{6} \cdot \dfrac{7}{10} = \dfrac{2 \cdot 5 \cdot 7}{3 \cdot 6 \cdot 10} = \dfrac{70}{180} = \dfrac{7}{18}$

Natürlich können Sie nicht nur zwei Brüche miteinander multiplizieren, sondern auch mehrere. Dazu multiplizieren Sie einfach die Zähler aller Brüche miteinander und teilen dies durch das Produkt aller Nenner. Wenn Sie das hier tun, ergibt sich $\dfrac{70}{180}$. Diesen Bruch können Sie noch kürzen. Das bedeutet, dass Sie den Zähler und den Nenner durch die gleiche Zahl teilen. In diesem Fall können Sie durch 10 teilen und erhalten dann das Ergebnis $\dfrac{7}{18}$. Alternativ können Sie auch direkt im Produkt der Brüche kürzen: $\dfrac{\cancel{2}}{3} \cdot \dfrac{\cancel{5}}{6} \cdot \dfrac{7}{\cancel{10}} = \dfrac{7}{3 \cdot 6} = \dfrac{7}{18}$. Hier werden die 2 im Zähler des ersten Bruchs und die 5 im Zähler des zweiten Bruchs mit der 10 im Nenner des dritten Bruchs gekürzt, da $\dfrac{2 \cdot 5}{10} = \dfrac{10}{10} = 1$ ergibt. Da die Multiplikation mit 1 das Ergebnis nicht verändert, kann sie auch weggelassen werden.

b) $\dfrac{1}{3} + \dfrac{3}{4} = \dfrac{4}{12} + \dfrac{9}{12} = \dfrac{4+9}{12} = \dfrac{13}{12}$

Zunächst müssen beide Brüche auf einen gemeinsamen Nenner gebracht werden. In diesem Fall ist der kleinste gemeinsame Nenner 12. Sie können auch einen anderen gemeinsamen Nenner verwenden, dann werden die Zahlen allerdings größer und das Rechnen damit schwieriger. Das Ergebnis ist aber das gleiche. Um den Nenner 12 zu erhalten, wird der erste Bruch mit 4 erweitert, das heißt, sowohl der Zähler als auch der Nenner werden mit 4 multipliziert. Der zweite Bruch wird mit 3 erweitert. Anschließend werden die Zähler der beiden Brüche addiert, der Nenner bleibt unverändert. So ergibt sich die Lösung $\dfrac{13}{12}$. Das können Sie entweder so stehen lassen oder alternativ als $1\dfrac{1}{12}$ aufschreiben. Diese Schreibweise bedeutet $1 + \dfrac{1}{12}$. Wenn Sie das ausrechnen, erhalten Sie $1 + \dfrac{1}{12} = \dfrac{12}{12} + \dfrac{1}{12} = \dfrac{13}{12}$. Die beiden Schreibweisen bedeuten also das Gleiche.

c) $\dfrac{3}{4} - \dfrac{2}{5} = \dfrac{15}{20} - \dfrac{8}{20} = \dfrac{15-8}{20} = \dfrac{7}{20}$

Die Subtraktion von Brüchen funktioniert genauso wie die Addition. Zunächst müssen Sie einen gemeinsamen Nenner finden, in diesem Fall 20. Danach führen Sie im Zähler die Subtraktion durch: $15 - 8 = 7$ und behalten den gemeinsamen Nenner bei.

d) $\left(\dfrac{6}{7} + \dfrac{3}{2}\right) / \dfrac{11}{7} = \left(\dfrac{12}{14} + \dfrac{21}{14}\right) / \dfrac{11}{7} = \dfrac{33}{14} / \dfrac{11}{7} = \dfrac{33}{14} \cdot \dfrac{7}{11} = \dfrac{3}{2}$

Hier müssen Sie zunächst die beiden Brüche in der Klammer addieren. Dazu bringen Sie die beiden Brüche auf einen gemeinsamen Nenner. Hier ist der kleinste gemeinsame Nenner 14. Die Addition der beiden Brüche ergibt $\frac{33}{14}$. Dies soll nun durch $\frac{11}{7}$ geteilt werden. Um diese Division durchzuführen, müssen Sie $\frac{33}{14}$ mit dem Kehrwert von $\frac{11}{7}$ multiplizieren, also mit $\frac{7}{11}$. Bei dieser Multiplikation können Sie wieder kürzen:

$$\frac{33}{14} \cdot \frac{7}{11} = \frac{3 \cdot \cancel{11}}{2 \cdot \cancel{7}} \cdot \frac{\cancel{7}}{\cancel{11}} = \frac{3}{2} \cdot \frac{1}{1} = \frac{3}{2}.$$

Natürlich können Sie hier auch das Distributivgesetz anwenden. Dann müssen Sie $\frac{6}{7} \cdot \frac{7}{11} + \frac{3}{2} \cdot \frac{7}{11}$ ausrechnen. Das Ergebnis muss ebenfalls $\frac{3}{2}$ betragen. Probieren Sie es aus!

e) $\quad \frac{17}{19} \cdot \frac{0}{31} + \frac{7}{53} = 0 + \frac{7}{53} = \frac{7}{53}$

Sie wissen bereits, dass im Nenner eines Bruchs nie 0 stehen darf, da die Division durch 0 nicht definiert ist. Ein Bruch, in dessen Zähler 0 steht, ist hingegen definiert. Wenn oben 0 steht, ist das also okay. Dann ist die Rechnung ganz einfach. Jeder Bruch, dessen Zähler 0 ist, hat den Wert 0. So also auch für $\frac{0}{31} = 0$. Wenn Sie nun einen anderen Bruch damit multiplizieren, gilt wie immer: Irgendwas mal null ist gleich null. Das Produkt der beiden Brüche ist damit 0. Und $0 + \frac{7}{53}$ ergibt $\frac{7}{53}$. Übrigens: Man nennt 0 das neutrale Element der Addition, für jede Zahl a gilt: $a + 0 = a$. Wenn man also 0 zu einer Zahl addiert, ist das Ergebnis immer die Zahl selbst. Kennen Sie auch das neutrale Element der Multiplikation? Womit können Sie jede Zahl multiplizieren und erhalten die Zahl selbst als Ergebnis? Die Antwort ist die Lösung der nächsten Teilaufgabe.

f) $\quad \frac{3}{17} \cdot \left(\frac{1}{5} + 3 + \frac{4}{3} \right) + \frac{1}{20} / \frac{1}{4} = \frac{3}{17} \cdot \left(\frac{3}{15} + \frac{45}{15} + \frac{20}{15} \right) + \frac{1}{20} \cdot 4 = \frac{3}{17} \cdot \frac{68}{15} + \frac{1}{5} = \frac{4}{5} + \frac{1}{5} = \frac{5}{5} = 1$

Jede ganze Zahl kann als Bruch dargestellt werden. Dazu schreibt man einfach die Zahl in den Zähler und 1 in den Nenner, zum Beispiel: $3 = \frac{3}{1}$, $8 = \frac{8}{1}$ und so weiter.

Hier kommt alles zusammen! Kein Problem für Sie, denn alles, was Sie hier brauchen, haben Sie schon in den vorigen Aufgabenteilen angewendet. Zunächst addieren Sie die Ausdrücke in der Klammer. Dafür finden Sie den gemeinsamen Nenner 15 und es ergibt sich $\frac{68}{15}$. Dies multiplizieren Sie mit der Zahl, die vor der Klammer steht:

$\frac{3}{17} \cdot \frac{68}{15} = \frac{\cancel{3}}{\cancel{17}} \cdot \frac{4 \cdot \cancel{17}}{5 \cdot \cancel{3}} = \frac{1}{1} \cdot \frac{4}{5} = \frac{4}{5}$. Damit haben Sie den ersten Teil schon gelöst. Als Nächstes teilen Sie $\frac{1}{20}$ durch $\frac{1}{4}$. Dafür rechnen Sie $\frac{1}{20} / \frac{1}{4} = \frac{1}{20} \cdot \frac{4}{1} = \frac{1}{5}$. Zum Schluss addieren Sie $\frac{4}{5} + \frac{1}{5} = \frac{5}{5} = 1$ und sind damit fertig. War doch gar nicht so schwierig, wie es auf den ersten Blick aussieht, oder?!

Lösung zu Aufgabe 1.5

a) $72,9 = \dfrac{72,9}{1000} = 0,0729 = \dfrac{7,29}{100} = 7,29\,\%$

Wie Sie sehen, müssen Sie das Komma nur um eine Stelle nach links verschieben, wenn Sie einen Promillewert in Prozent umrechnen wollen.

b) $0,263\,\% = \dfrac{0,263}{100} = 0,00263 = \dfrac{2,63}{1000} = 2,63$

Wenn Sie in die andere Richtung umrechnen möchten, also von Prozent in Promille, müssen Sie das Komma dementsprechend um eine Stelle nach rechts verschieben.

c) Da Sie wissen, wie man Prozent in Promille umrechnet und umgekehrt, ist diese Frage kein Problem für Sie. Sie verschieben das Komma bei 15 % um eine Stelle nach rechts. Da hier gar kein Komma steht, stellen Sie es sich am Ende vor, also 15,0 %. Es ergeben sich 150 ‰, also mehr als 143 ‰. Für Sie als Kunde ist mehr Rabatt natürlich besser. Daher sollten Sie sich für die 15 % entscheiden.

Lösung zu Aufgabe 1.6

Angebot 1: $799 - 20 = 779$

Angebot 2: $870 \cdot (1 - 0,1111) = 870 \cdot 0,8889 = 773,34$

Angebot 3: $999 \cdot (1 - 0,1) = 999 \cdot 0,9 = 899,10$. Auf diesen reduzierten Preis bekommen Sie weitere 13 % Rabatt. Der endgültige Preis liegt also bei $899,10 \cdot (1 - 0,13) = 899,10 \cdot 0,87 = 782,22$. Alternativ können Sie die beiden Rechenschritte auch kombinieren: $999 \cdot (1 - 0,1) \cdot (1 - 0,13) = 782,22$.

Angebot 2 ist das beste. Sie sollten Ihre Kreuzfahrt also im Reisebüro buchen.

Drücken Sie Prozentzahlen immer als Dezimalzahlen aus. Damit können Sie leichter rechnen.

Lösung zu Aufgabe 1.7

a) Hier brauchen Sie die Formel: Preis ohne Steuern = Preis mit Steuern / (1 + Steuersatz). Zu beachten ist außerdem, dass hier zwei verschiedene Steuersätze zur Anwendung kommen. Der Laptop wird mit 19 % besteuert. Für die Bratwurst gilt der ermäßigte Mehrwertsteuersatz von 7 %. Nun müssen Sie die Zahlen nur noch in die Formel einsetzen:

Laptop: $\dfrac{722}{1 + 0,19} = \dfrac{722}{1,19} = 606,72$

Bratwurst: $2,5/(1 + 0,07) = 2,5/1,07 = 2,34$

b) Sie müssen hier die folgende Formel verwenden:

ursprünglicher Preis = ermäßigter Preis / (1 − Rabatt in Prozent):

$722/(1 − 0{,}05) = 722/0{,}95 = 760$

c) Der ursprüngliche Preis setzt sich zusammen aus Nettopreis zuzüglich Mehrwertsteuer. Björn muss somit nur den Nettopreis zahlen. Doch Vorsicht, dieser berechnet sich nicht einfach als Verkaufspreis minus 19 %. Denn die 19 % Mehrwertsteuer, die man an den Staat abführen muss, berechnen sich auf den Nettopreis und nicht auf den Verkaufspreis! Es gilt:

Verkaufspreis = Nettopreis · (1 + 19 %)

Durch Umformen können Sie den Nettopreis berechnen als:

Nettopreis = Verkaufspreis / (1 + 19 %) = 75/1,19 = 63.

Björn erhält somit 75 − 63 = 12 Euro Rabatt. Bezogen auf den Verkaufspreis sind dies $12/75 = 0{,}16 = 16\,\%$.

Lösung zu Aufgabe 1.8

Wenden Sie hier die Rechenregeln für Potenzen an. Die Lösungswege sind sehr detailliert dargestellt. Natürlich müssen Sie nicht alle Zwischenschritte angeben.

a) $\left(-\sqrt{5}\right)^4 = \left((-5)^{1/2}\right)^4 = (-5)^{1/2 \cdot 4} = (-5)^{4/2} = (-5)^2 = (-5) \cdot (-5) = 25$

b) $9 \cdot 3^{m+2} = 3^2 \cdot 3^{m+2} = 3^{2+(m+2)} = 3^{2+m+2} = 3^{m+4}$

c) $\dfrac{a^2 \cdot b^{x+2}}{b^4 \cdot a} = \dfrac{a^2 \cdot b^{x+2}}{a \cdot b^4} = \dfrac{a^2}{a} \cdot \dfrac{b^{x+2}}{b^4} = \dfrac{a^2}{a^1} \cdot \dfrac{b^{x+2}}{b^4} = a^{2-1} \cdot b^{(x+2)-4} = a^1 \cdot b^{x-2} = a \cdot b^{x-2}$

d) $\dfrac{(12xy)^k}{(3y)^k} = \left(\dfrac{12xy}{3y}\right)^k = (4x)^k$

e) $(5^z)^4 = 5^{z \cdot 4} = (5^4)^z = 625^z$

f) $\dfrac{(k^2)^a \cdot l \cdot (m+1)^2}{l^{-3} \cdot k^a \cdot (m+1)} = \dfrac{k^{2a} \cdot l \cdot (m+1)^2}{k^a \cdot l^{-3} \cdot (m+1)} = \dfrac{k^{2a}}{k^a} \cdot \dfrac{l^1}{l^{-3}} \cdot \dfrac{(m+1)^2}{(m+1)^1}$

$= k^{2a-a} \cdot l^{1-(-3)} \cdot (m+1)^{2-1} = k^a \cdot l^4 \cdot (m+1)$

Lösung zu Aufgabe 1.9

a) $\sqrt{196} = 14$

Hierbei handelt es sich um die zweite Wurzel, da keine Zahl über der Wurzel steht. Das Ergebnis ist somit positiv, da für geradzahlige Wurzeln $\sqrt{a^2} = |a|$ gilt. In diesem Fall ist das a entweder 14 oder −14. In beiden Fällen ist das Quadrat 196 und der Betrag der Zahl, also die Lösung, 14.

b) $\sqrt[3]{-\dfrac{1}{27}} = -\dfrac{1}{3}$

Denken Sie daran, dass unter einer geradzahligen Wurzel keine negative Zahl stehen kann. Hier handelt es sich aber um eine ungeradzahlige Wurzel, daher können Sie das Ergebnis ausrechnen. Steht unter einer ungeradzahligen Wurzel eine negative Zahl, so ist das Ergebnis auch negativ.

c) $\sqrt{k} \cdot \sqrt[4]{k} = k^{1/2} \cdot k^{1/4} = k^{1/2+1/4} = k^{3/4} = \sqrt[4]{k^3}$

Hier brauchen Sie wieder die Potenzgesetze. Schreiben Sie die Wurzeln als Potenzen und wenden Sie die Potenzgesetze an. Ob Sie das Ergebnis $k^{3/4}$ noch einmal als $\sqrt[4]{k^3}$ aufschreiben oder nicht, ist Ihnen überlassen. Beides sagt das Gleiche aus. Es ist Geschmackssache, welche Schreibweise Sie bevorzugen.

d) $\sqrt{\sqrt[3]{(a+4)}} = (a+4)^{1/6} = \sqrt[6]{a+4}$

Wie immer können Sie hier natürlich auch einige Zwischenschritte überspringen. Wichtig ist, dass das Ergebnis hier nicht weiter vereinfacht werden kann, insbesondere NICHT zu $\sqrt[6]{a} + \sqrt[6]{4}$.

e) $\sqrt[3]{\sqrt{125}} = \sqrt{\sqrt[3]{125}} = \sqrt{5}$

Wie Sie hier sehen, ist es egal, in welcher Reihenfolge Sie die Wurzeln ziehen. Das wird in der Potenzschreibweise schnell deutlich: $\sqrt[3]{\sqrt{125}} = \left(125^{1/2}\right)^{1/3} = 125^{1/6} = \left(125^{1/3}\right)^{1/2} = \sqrt{\sqrt[3]{125}}$. Das Ergebnis ist also in beiden Fällen das gleiche, unabhängig davon, welche Wurzel man zuerst zieht. Das können Sie hier ausnutzen und die beiden Wurzeln vertauschen.

f) $\dfrac{\sqrt[4]{4}}{\sqrt{2}} = \dfrac{4^{1/4}}{2^{1/2}} = \dfrac{\left(4^{1/2}\right)^{1/2}}{2^{1/2}} = \dfrac{2^{1/2}}{2^{1/2}} = 1$

Entscheidend ist hier, dass Sie $4^{1/4}$ schreiben können als $4^{1/4} = 4^{1/2 \cdot 1/2} = \left(4^{1/2}\right)^{1/2} = 2^{1/2}$. Dann stehen im Zähler und im Nenner des Bruchs das Gleiche und das Ergebnis ist folglich 1.

g) $w\sqrt{x^2 y^2 z} = w\left(x^2 y^2 z\right)^{1/2} = w\left(x^2\right)^{1/2}\left(y^2\right)^{1/2} z^{1/2} = wx^{2 \cdot 1/2} y^{2 \cdot 1/2} z^{1/2} = wxyz^{1/2} = wxy\sqrt{z}$

Hier können Sie teilweise die Wurzel ziehen. Das heißt, dass Sie einige Faktoren vor die Wurzel schreiben können. Das geht aber nur, wenn die Zahlen oder Variablen unter der Wurzel miteinander multipliziert werden. Wenn sie addiert oder subtrahiert werden, kann man nicht teilweise die Wurzel ziehen.

Lösung zu Aufgabe 1.10

Hier müssen Sie sich immer die gleiche Frage stellen: Womit müssen Sie die Zahl in der Basis potenzieren, damit die andere Zahl rauskommt? In der Probe überprüfen Sie dann, ob Sie richtig gerechnet haben.

a) $\log_3 81 = 4$ Probe: $3^4 = 81$

b) $\log_2 32 = 5$ Probe: $2^5 = 32$

c) $\log_{1/4} 1/64 = 3$ Probe: $(1/4)^3 = 1/64$

d) $\log 10.000 = 4$ Probe: $10^4 = 10.000$

e) $\ln e^6 = \log_e e^6 = 6$ Probe: $e^6 = e^6$

Lösung zu Aufgabe 1.11

In dieser Aufgabe wenden Sie die Rechenregeln für Logarithmen an. Haben Sie sich an alle Regeln erinnert oder mussten Sie nachlesen?

a) $\log_m(no) + \log_m(n^3) = \log_m n + \log_m o + 3 \cdot \log_m n = 4 \cdot \log_m n + \log_m o = \log_m(n^4 o)$

b) $\log_a(x/y) + \log_a(y^2) = \log_a x - \log_a y + 2 \cdot \log_a y = \log_a x + \log_a y = \log_a(xy)$

c) $\log_3(z) \cdot \ln(9) = \dfrac{\ln z}{\ln 3} \cdot \ln(3^2) = \dfrac{\ln z}{\ln 3} \cdot 2 \cdot \ln 3 = 2 \cdot \ln z$

d) $\left(\log_x(x^y) - \log_z(z)\right) \cdot y^{\log_y(x)} = (y - 1) \cdot y^{\log_y(x)} = (y - 1) \cdot x$

Lösung zu Aufgabe 1.12

a) $(a^2 - 2ab + b^2) \cdot (a^2 - b^2) = (a^2 - 2ab + b^2) \cdot a^2 - (a^2 - 2ab + b^2) \cdot b^2$

$$= a^4 - 2a^3 b + a^2 b^2 - a^2 b^2 + 2ab^3 - b^4$$

$$= a^4 - 2a^3 b + 2ab^3 - b^4$$

Diese Aufgabe sieht der Beispielaufgabe sehr ähnlich. Im Unterschied zu dieser besteht hier die erste Klammer aus drei Termen und die zweite aus zwei Termen. Falls es für Sie einfacher ist, können Sie das Trinom und das Binom nach dem Kommulativgesetz der Multiplikation natürlich auch vertauschen und $(a^2 - b^2) \cdot (a^2 - 2ab + b^2)$ bestimmen. Wie auch immer Sie vorgehen möchten, Sie müssen jeden Term des ersten Ausdrucks mit jedem Term des zweiten Ausdrucks multiplizieren. Achten Sie dabei auf die Vorzeichen!

b) $(x + 2) \cdot (x - 2) \cdot (3 + x^2) = (x^2 - 4) \cdot (3 + x^2)$

$$= x^2 \cdot (3 + x^2) - 4 \cdot (3 + x^2)$$

$$= 3x^2 + x^4 - 12 - 4x^2$$

$$= x^4 - x^2 - 12$$

Natürlich können Sie auch mehr als zwei Polynome miteinander multiplizieren. In diesem Fall sind es drei Binome. In welcher Reihenfolge Sie die Binome miteinander multiplizieren, ist nach dem Assoziativgesetz der Multiplikation egal. Multiplizieren Sie erst zwei Binome miteinander. Danach können Sie das Ergebnis mit dem dritten Binom multiplizieren und schon haben Sie das Endergebnis. Haben Sie erkannt, dass Sie die ersten beiden Binome mithilfe der dritten binomischen Formel einfacher miteinander multiplizieren können? Nein? Auch kein Problem. Dann haben Sie sich nur etwas mehr Arbeit als nötig gemacht.

c)
$$(g + h) \cdot (g + h) \cdot \left(g^2 - 2gh + h^2\right) = (g + h) \cdot (g + h) \cdot (g - h)^2$$
$$= (g + h) \cdot (g - h) \cdot (g + h) \cdot (g - h)$$
$$= (g^2 - h^2) \cdot (g^2 - h^2)$$
$$= \left(g^2 - h^2\right)^2$$
$$= g^4 - 2g^2h^2 - h^4$$

Haben Sie es erkannt? Hier können Sie die binomischen Formeln verwenden. Das Trinom kann mithilfe der zweiten binomischen Formel zu $(g - h)^2$ zusammengefasst werden. Dann können Sie umsortieren und die dritte binomische Formel anwenden. Danach kann man $(g + h) \cdot (g - h)$ als $(g^2 - h^2)$ aufschreiben. Das können Sie hier gleich zweimal machen. Übrig bleibt dann $\left(g^2 - h^2\right)^2$, worauf Sie die zweite binomische Formel anwenden können und dann das Endergebnis erhalten.

d) $(g + h) \cdot (g + h) \cdot (g^2 - gh + h^2) = (g + h) \cdot (g^3 + h^3) = g^4 + gh^3 + g^3h + h^4$

Im Vergleich zum vorherigen Aufgabenteil hat sich nur eine einzige Zahl geändert. Das führt dazu, dass Sie hier einen anderen Trick verwenden können, um die Aufgabe zu lösen. Sie müssen die Polynome nicht immer von links nach rechts miteinander multiplizieren. Hier ersparen Sie sich viel Arbeit, wenn Sie zuerst $(g + h) \cdot (g^2 - gh + h^2)$ ausrechnen und das Ergebnis dann noch mal mit $(g + h)$ multiplizieren. Das Produkt $(g + h) \cdot (g^2 - gh + h^2)$ ergibt nämlich $g^3 + h^3$. Das ist so nach der Formel, die mit »Die Summe von zwei Kubikzahlen« beschrieben ist.

e)
$$(x + y + z) \cdot (2x + z - y) = x \cdot (2x + z - y) + y \cdot (2x + z - y) + z \cdot (2x + z - y)$$
$$= 2x^2 + xz - xy + 2xy + yz - y^2 + 2xz + z^2 - yz$$
$$= 2x^2 + xy + 3xz - y^2 + z^2$$

Bei den bisherigen Aufgaben war mindestens einer der Ausdrücke ein Binom. Hier sollen Sie nun zwei Trinome miteinander multiplizieren. Kein Problem! Wie immer gilt: Jeder Term der ersten Klammer muss mit jedem Term der zweiten Klammer multipliziert werden.

f)
$$(m + 3n - o)^2 = (m + 3n - o) \cdot (m + 3n - o)$$
$$= m \cdot (m + 3n - o) + 3n \cdot (m + 3n - o) - o \cdot (m + 3n - o)$$
$$= m^2 + 3mn - mo + 3mn + 9n^2 - 3no - mo - 3no + o^2$$
$$= m^2 + 6mn - 2mo + 9n^2 - 6no + o^2$$

 Eine Summe, die in Klammern steht, wird NICHT quadriert, indem jeder Summand quadriert wird. Stattdessen wird die Klammer mit sich selbst multipliziert.

Wenn Sie a^2 ausrechnen wollen, bedeutet das, dass Sie $a \cdot a$ ausrechnen müssen. Hier ist das a eine Klammer, in der eine Summe aus mehreren Termen steht. Trotzdem gehen Sie genauso vor: Sie multiplizieren die Klammer mit sich selbst, also $(m + 3n - o) \cdot (m + 3n - o)$. Und dann gehen Sie so vor wie immer und schon ist die Aufgabe gelöst!

Gleichungen lösen

In diesem Kapitel

- Sich mithilfe von linearen Gleichungen an das Lösen von Gleichungen gewöhnen
- Quadratische Gleichungen lösen
- Mit Brüchen und Wurzeln in Gleichungen umgehen
- Exponentialgleichungen lösen

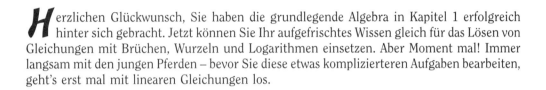

Herzlichen Glückwunsch, Sie haben die grundlegende Algebra in Kapitel 1 erfolgreich hinter sich gebracht. Jetzt können Sie Ihr aufgefrischtes Wissen gleich für das Lösen von Gleichungen mit Brüchen, Wurzeln und Logarithmen einsetzen. Aber Moment mal! Immer langsam mit den jungen Pferden – bevor Sie diese etwas komplizierteren Aufgaben bearbeiten, geht's erst mal mit linearen Gleichungen los.

Lineare Gleichungen

Ein paar Worte zu *Gleichungen* vorab, bevor Sie sich dem Lösen von linearen Gleichungen zuwenden. Eine Gleichung ist eine Aussage, bei der die Terme rechts und links vom Gleichheitszeichen den gleichen Wert haben. In Gleichungen tauchen häufig *Variablen* auf. Um den Wert der Variablen zu bestimmen, müssen Sie die Gleichung umformen.

 Zwei Gleichungen sind *äquivalent*, wenn sie dieselbe Lösung haben. Führen Sie bei einer Gleichung auf beiden Seiten dieselbe Rechnung durch, so ist die neue Gleichung äquivalent zu der ursprünglichen Gleichung. Diese Form der Umformung nennt man Äquivalenzumformung.

Und was ist eine *lineare Gleichung*?

 Eine lineare Gleichung ist eine Gleichung, bei der die höchste Potenz der Variablen 1 ist. In einer linearen Gleichung tauchen weder Exponenten noch Wurzeln auf.

Jetzt aber genug der einführenden Worte. Weiter geht's mit dem Lösen von linearen Gleichungen.

 Um eine lineare Gleichung zu lösen, müssen Sie zunächst alle Terme mit Variablen auf eine Seite des Gleichheitszeichens bringen und alle Terme mit Zahlen auf die andere Seite. Dann teilen Sie beide Seiten der Gleichung durch die Zahl, die vor der Variablen steht und schon haben Sie das Ergebnis.

Betrachten Sie beispielsweise die folgende lineare Gleichung:

$$3 \cdot (2x - 1) = 2x + 5$$

Im ersten Schritt vereinfachen Sie die Gleichung so weit wie möglich. Hier können Sie die Klammer auf der linken Seite ausmultiplizieren. Danach führen Sie Äquivalenzumformungen durch, um alle Variablen auf eine Seite zu bringen und alle Zahlen auf die andere Seite.

$$
\begin{aligned}
6x - 3 &= 2x + 5 \quad &| -2x \\
4x - 3 &= 5 \quad &| +3 \\
4x &= 8 \quad &| : 4
\end{aligned}
$$

Nun teilen Sie beide Seiten der Gleichung durch die Zahl, die vor der Variablen steht, in diesem Fall also durch 4, und erhalten damit das Ergebnis:

$$x = 2$$

Haben Sie die Gleichung richtig gelöst? Um das zu überprüfen, setzen Sie das Ergebnis in die ursprüngliche Gleichung ein und schauen, ob auf beiden Seiten des Gleichheitszeichens dasselbe rauskommt.

$$
\begin{aligned}
3 \cdot (2 \cdot 2 - 1) &= 2 \cdot 2 + 5 \quad &| \text{vereinfachen} \\
3 \cdot 3 &= 4 + 5 \quad &| \text{vereinfachen} \\
9 &= 9
\end{aligned}
$$

 Machen Sie nach dem Lösen einer Gleichung immer die *Probe*! So verhindern Sie, dass sich irrelevante Lösungen einschleichen.

Aufgabe 2.1

Lösen Sie die folgenden linearen Gleichungen und überprüfen Sie Ihr Ergebnis anschließend.

a) $5x + 16 = 10x - 3x + 10$

b) $4 \cdot (3x + 6) = 12x + 30 - 3x$

c) $(13 + 9a) \cdot 2 - 10 = 8a + 3 \cdot (3 + a)$

d) $\frac{1}{4} \cdot (6m + 1) - 2m = \frac{2}{3} - \frac{4}{3}m$

Aufgabe 2.2

a) Sie haben nach der ganzen Rechnerei Lust auf etwas Süßes und machen sich auf den Weg in den Supermarkt. Da Sie gleich fünf Tafeln Schokolade auf einmal kaufen, bekommen Sie 5 Cent Rabatt pro Tafel. Insgesamt zahlen Sie 2,85 Euro. Wie viel hätte eine Tafel ohne Rabatt gekostet?

b) Wie viel hätte eine Tafel ursprünglich gekostet, wenn Sie keine 5 Cent Rabatt pro Tafel bekommen, sondern 5 % pro Tafel?

Quadratische Gleichungen

Nachdem Sie sich im ersten Abschnitt mithilfe von linearen Gleichungen an das Lösen von Gleichungen herangetastet haben, geht es nun weiter mit *quadratischen Gleichungen*.

Eine quadratische Gleichung ist eine Gleichung, bei der die höchste Potenz der Variablen 2 ist. Ein Beispiel für eine quadratische Gleichung ist $3x - x^2 + 9 = 16$.

Es gibt verschiedene Möglichkeiten, um quadratische Gleichungen zu lösen. Dazu zählen die *Quadrateformeln*. Damit lassen sich quadratische Gleichungen am schnellsten und einfachsten lösen. Die beiden Quadrateformeln sind die *abc-Formel* (wird manchmal auch Mitternachtsformel genannt) und die *pq-Formel*. Es ist egal, welche der beiden Formeln Sie verwenden. Sie basieren beide auf dem Prinzip der quadratischen Ergänzung und führen zum gleichen Ergebnis.

abc-Formel

Wenn Sie eine quadratische Gleichung mithilfe der abc-Formel lösen möchten, müssen Sie sie zunächst in die folgende Form bringen: $ax^2 + bc + c = 0$.

Jede quadratische Gleichung lässt sich in der Form $ax^2 + bc + c = 0$ darstellen. Dabei ist $a \neq 0$. b und/oder c können aber den Wert null annehmen.

Die Lösung oder die Lösungen der Gleichung erhalten Sie, indem Sie a, b und c einsetzen:

$$x = \frac{-b \pm \sqrt{b^2 - 4ac}}{2a}$$

Das Symbol $\pm$ bedeutet dabei, dass es zwei mögliche Lösungen für x geben wird: Bei der einen Lösung addieren Sie den Ausdruck unter der Wurzel, bei der anderen subtrahieren Sie ihn.

pq-Formel

Wenn Sie die pq-Formel anwenden möchten, müssen Sie die quadratische Gleichung zunächst umformen, sodass sie die Form $x^2 + px + q = 0$ hat. Im Unterschied zur abc-Formel steht vor dem x^2 keine beliebige Zahl, sondern eine 1. Um die Lösung beziehungsweise die Lösungen der Gleichung zu bestimmen, berechnen Sie:

$$x = -\frac{p}{2} \pm \sqrt{\left(\frac{p}{2}\right)^2 - q}$$

Aufgabe 2.3

Lösen Sie die folgenden Gleichungen.

a) $x^2 + 14x + 13 = 0$

b) $2x^2 + 4x - 6 = 0$

c) $3a^2 - 6a = 2 \cdot (a^2 - 4)$

d) $\dfrac{5}{2} + 4x^2 = x^2 + \dfrac{1}{4} \cdot (30x - 8)$

e) $4z^2 - 100 = 0$

f) $4 \cdot \left(b^2 + \dfrac{5}{9}\right) = 20 - 24b$

Aufgabe 2.4

Finden Sie die gesuchten Zahlen.

a) Die Summe aus dieser Zahl und ihrer Quadratzahl beträgt 56.

b) Eine Zahl ist um 5 größer als eine andere Zahl. Multipliziert man die beiden Zahlen, so erhält man 374.

c) Die Summe von zwei Zahlen beträgt 12. Das Produkt der beiden Zahlen ist 32.

Bruchgleichungen?! Immer schön rational bleiben

Eine *rationale Gleichung* ist eine Gleichung, die einen oder mehrere rationale Terme – also Brüche – enthält.

Wenn Sie eine rationale Gleichung lösen möchten, sollten Sie zuerst den Bruch oder die Brüche loswerden. Dazu wandeln Sie die Gleichung in eine äquivalente Form um, die dieselbe Lösung hat.

Zwei der gebräuchlichsten Methoden, um die Gleichung frei von Brüchen zu machen, sind die Kreuzmultiplikation der Verhältnisse und die Multiplikation mit dem kleinsten gemeinsamen Nenner (kgN).

Wenn Sie eine Gleichung mit der Kreuzmultiplikation der Verhältnisse lösen möchten, müssen Sie sie zunächst zu einer Proportion umformen. Eine Proportion ist eine Gleichung der Form $\dfrac{a}{b} = \dfrac{c}{d}$, also eine Gleichung, in der zwei Brüche gleichgesetzt werden. Für eine Proportion gilt dann:

$$ad = bc$$

Diese Gleichung lösen Sie dann wie gewohnt.

Eine weitere Möglichkeit zum Lösen von Bruchgleichungen ist die Multiplikation der Gleichung mit dem kleinsten gemeinsamen Nenner der Brüche, die in der Gleichung vorkommen. So entsteht eine Gleichung ohne Brüche, die Sie weiter vereinfachen und lösen können.

Aufgabe 2.5

Lösen Sie die folgenden Bruchgleichungen.

a) $\dfrac{1}{x} + \dfrac{2}{x-2} = 0$

b) $\dfrac{5x-5}{x+1} + 2 = \dfrac{6x-3}{2x-1} + 4$

c) $\dfrac{x^2 + 4x + 3}{x+3} = x - 2$

d) $\dfrac{5}{2x+6} = \dfrac{1}{4} + \dfrac{1 - 1/4x^2}{x^2 + 3x}$

Aufgabe 2.6

Zu Beginn der Übung zur Veranstaltung »Wirtschaftsmathematik« an der FH Buxtehude beträgt das Verhältnis von Studenten zu Studentinnen 2 zu 3. Eine Studentin kommt ein paar Minuten zu spät, weil ihr Hund ihre Unterlagen aufgefressen hat. Zwei Studenten merken im Laufe der Übung, dass sie sowieso schon alle Aufgaben lösen können, weil sie regelmäßig in dem Buch *Wirtschaftsmathematik für Dummies* lesen und Aufgaben in dem dazugehörigen Übungsbuch lösen. Daher beschließen sie, die Übung zu verlassen und stattdessen lieber Lotto spielen zu gehen – das Kapitel zu Wahrscheinlichkeitsrechnung haben die beiden nämlich noch nicht durchgearbeitet. Am Ende der Veranstaltung beträgt das Verhältnis von Studenten zu Studentinnen 1 zu 2. Wie viele Studierende sitzen am Ende insgesamt in der Übung?

Wurzelgleichungen lösen

Eine *Wurzelgleichung* ist eine Gleichung, bei der mindestens eine Variable unter einer (Quadrat-)Wurzel steht.

Um eine solche Gleichung zu lösen, müssen Sie zunächst einmal die Wurzeln darin loswerden. Dafür müssen Sie die Gleichung quadrieren. Aber Achtung!

Das Quadrieren einer Gleichung ist keine Äquivalenzumformung. Dabei können sich irrelevante Lösungen ergeben. Machen Sie deshalb unbedingt die Probe, um irrelevante Lösungen zu erkennen.

Die Lösung der Gleichung $-x = 7$ können Sie beispielsweise ganz einfach bestimmen, indem Sie mit -1 multiplizieren: $x = -7$. Wenn Sie die Gleichung auf beiden Seiten quadrieren, erhalten Sie $x^2 = 49$. Die neue Gleichung hat die beiden Lösungen $x = 7$ und $x = -7$, was nicht mit der Lösung der ursprünglichen Gleichung übereinstimmt. An diesem kleinen Beispiel erkennen Sie, dass das Quadrieren von Gleichungen die Lösung verändern kann.

Manchmal kommen auch nach dem Quadrieren noch Wurzeln in der Gleichung vor. In diesen Fällen vereinfachen Sie die Gleichung so weit wie möglich und quadrieren dann erneut. Diese Schritte wiederholen Sie so lange, bis Sie alle Wurzeln los sind. Jetzt hat die Gleichung eine Form, die Sie kennen, und Sie können sie wie gewohnt lösen.

Aufgabe 2.7

Lösen Sie die folgenden Wurzelgleichungen.

a) $\sqrt{x + 6} + 1 = 10$

b) $1 + \sqrt{x} = \sqrt{x + 2}$

c) $\sqrt{3x + 4} + \sqrt{4x - 7} = 7$

d) $\sqrt{2x - 4} = 2 + \sqrt{2x + 8}$

Exponentialgleichungen lösen

Von einer *Exponentialgleichung* spricht man, wenn eine Variable im Exponenten einer Potenz steht, zum Beispiel $8 + 4^{2x-1} = 20$. Solche Gleichungen können Sie lösen, indem Sie die Gleichung auf beiden Seiten logarithmieren. Anschließend vereinfachen Sie die Gleichung mithilfe der Logarithmusgesetze so lange, bis Sie die Lösung erhalten.

Lösen Sie die Gleichung $8 + 4^{2x-1} = 20$ nach x auf.

Lösung

$$8 + 4^{2x-1} = 20 \qquad | -8$$
$$4^{2x-1} = 12 \qquad | \log$$
$$\log(4^{2x-1}) = \log(12) \qquad | \text{vereinfachen}$$
$$(2x - 1) \cdot \log(4) = \log(12) \qquad | : \log(4)$$
$$2x - 1 = \frac{\log(12)}{\log(4)} \qquad | +1$$
$$2x = \frac{\log(12)}{\log(4)} - 1 \qquad | : 2$$
$$x = \frac{1}{2} \cdot \left(\frac{\log(12)}{\log(4)} - 1 \right) \approx 1{,}40$$

Haben Sie die Rechenregeln für Logarithmen noch alle parat? Falls nicht, können Sie diese in Kapitel 1 Abschnitt *Lassen Sie sich von Logarithmen nicht aus dem Rhythmus bringen* nachlesen.

Wenn bei einem Logarithmus keine Basis angegeben ist, dann handelt es sich um den Zehnerlogarithmus. $\log x$ ist also kurz für $\log_{10} x$.

Aufgabe 2.8

Lösen Sie die folgenden Exponentialgleichungen.

a) $5^{x+2} = 16$

b) $4 \cdot 3^{x-2} = 11^{x+2}$

c) $7^{4a-5} = 7^{-(1-a)}$

d) $\dfrac{7^x}{\sqrt{5}} = 3^{2x-4}$

e) $2^{5+x} + 2^{x-2} = 129$

Aufgabe 2.9

Dem bärtigen Bauern Bernd fällt nach einer durchzechten Nacht versehentlich seine Schnapsflasche in die Viehtränke. Der Bauer muss beim Gedanken an betrunkene Kühe kurz lachen. Dann überwiegt jedoch der Ärger darüber, dass er die Flasche gerade erst geöffnet hat und noch keinen einzigen Schluck trinken konnte, bevor sie ihm aus der Hand gerutscht ist. So befindet sich nun ein Liter Schnaps mit 45 Vol. % Alkohol in der Viehtränke. Diese umfasst 200 Liter, von denen 6 Liter pro Minute durch frisches, alkoholfreies Quellwasser ersetzt werden.

a) Wie viel Alkohol ist nach 1, nach 5 und nach 15 Minuten noch in der Viehtränke?

b) Wie lange dauert es, bis nur noch halb so viel Alkohol im Wasser ist wie nach dem kleinen Zwischenfall?

Lösungen

Lösung zu Aufgabe 2.1

Das Vorgehen beim Lösen der Gleichungen ist immer das gleiche:

1. Vereinfachen Sie so weit wie möglich und fassen Sie ähnliche Terme zusammen.

2. Bringen Sie alle Variablen auf eine Seite und alle Zahlen auf die andere Seite.

3. Teilen Sie beide Seiten der Gleichung durch die Zahl, die vor der Variablen steht.

4. Überprüfen Sie Ihre Lösung: Setzen Sie die Lösung in die Ausgangsgleichung ein.

a) $5x + 16 = 10x - 3x + 10$

$\qquad 5x + 16 = 7x + 10 \qquad\qquad | -5x - 10$

$\qquad\qquad 6 = 2x \qquad\qquad\quad | : 2$

$\qquad\qquad 3 = x$

Probe:

$\qquad 5 \cdot 3 + 16 = 10 \cdot 3 - 3 \cdot 3 + 10 \qquad |\,\text{vereinfachen}$

$\qquad\quad 15 + 16 = 30 - 9 + 10 \qquad\qquad |\,\text{vereinfachen}$

$\qquad\qquad\quad 31 = 31$

Spätestens jetzt sehen Sie, dass hier eine wahre Aussage steht. Die Lösung $x = 3$ ist daher richtig.

b) $4 \cdot (3x + 6) = 12x + 30 - 3x$

$\qquad 12x + 24 = 12x + 30 - 3x \qquad |\,\text{vereinfachen}$

$\qquad 12x + 24 = 9x + 30 \qquad\qquad | -9x - 24$

$\qquad\qquad 3x = 6 \qquad\qquad\qquad | : 3$

$\qquad\qquad\; x = 2$

Probe:

$\qquad 4 \cdot (3 \cdot 2 + 6) = 12 \cdot 2 + 30 - 3 \cdot 2 \qquad |\,\text{vereinfachen}$

$\qquad\; 4 \cdot (6 + 6) = 24 + 30 - 6 \qquad\qquad |\,\text{vereinfachen}$

$\qquad\qquad 48 = 48$

c) $(13 + 9a) \cdot 2 - 10 = 8a + 3 \cdot (3 + a)$

$\qquad 26 + 18a - 10 = 8a + 9 + 3a \qquad\quad |\,\text{vereinfachen}$

$\qquad\quad 16 + 18a = 11a + 9 \qquad\qquad\quad | -11a - 16$

$\qquad\qquad\quad 7a = -7 \qquad\qquad\qquad | : 7$

$\qquad\qquad\quad\; a = -1$

Probe:

$$\big(13 + 9 \cdot (-1)\big) \cdot 2 - 10 = 8 \cdot (-1) + 3 \cdot \big(3 + (-1)\big) \qquad |\,\text{vereinfachen}$$

$$4 \cdot 2 - 10 = -8 + 6 \qquad\qquad\qquad\quad |\,\text{vereinfachen}$$

$$-2 = -2$$

d) $\quad \frac{1}{4} \cdot (6m + 1) - 2m = \frac{2}{3} - \frac{4}{3}m$

$$\frac{3}{2}m + \frac{1}{4} - 2m = \frac{2}{3} - \frac{4}{3}m \qquad | \text{ vereinfachen}$$

$$\frac{1}{4} - \frac{1}{2}m = \frac{2}{3} - \frac{4}{3}m \qquad | + \frac{4}{3}m - \frac{1}{4}$$

$$\frac{4}{3}m - \frac{1}{2}m = \frac{2}{3} - \frac{1}{4} \qquad | \text{ vereinfachen}$$

$$\frac{5}{6}m = \frac{5}{12} \qquad | : \frac{5}{6}$$

$$m = \frac{5}{12} \cdot \frac{6}{5} = \frac{6}{12} = \frac{1}{2}$$

Probe:

$$\frac{1}{4} \cdot \left(6 \cdot \frac{1}{2} + 1 \right) - 2 \cdot \frac{1}{2} = \frac{2}{3} - \frac{4}{3} \cdot \frac{1}{2} \qquad | \text{ vereinfachen}$$

$$\frac{1}{4} \cdot 4 - 1 = \frac{2}{3} - \frac{2}{3} \qquad | \text{ vereinfachen}$$

$$0 = 0$$

Lösung zu Aufgabe 2.2

a) Um diese Frage zu beantworten, können Sie eine Gleichung aufstellen und diese dann lösen. Die Variable ist dabei der ursprüngliche Preis einer Tafel Schokolade. Wie Sie die Variable nennen, ist Ihnen überlassen: x oder a oder *Hanspeter* oder was auch immer Ihnen einfällt. x ist am gebräuchlichsten und wird daher auch hier verwendet. Mit Rabatt kostet eine Tafel $(x - 0{,}05)$ Euro. Für 5 Tafeln müssen Sie daher $5 \cdot (x - 0{,}05)$ Euro bezahlen. Dies muss mit den 2,85 Euro, die Sie tatsächlich bezahlen, übereinstimmen. Voilà – Sie haben soeben eine Gleichung aufgestellt: $5 \cdot (x - 0{,}05) = 2{,}85$. Diese lösen Sie wie gewohnt.

$$5 \cdot (x - 0{,}05) = 2{,}85 \qquad | : 5$$
$$x - 0{,}05 = 0{,}57 \qquad | + 0{.}05$$
$$x = 0{,}62$$

Ohne den Mengenrabatt hätte eine Tafel Schokolade 62 Cent gekostet.

b) Wenn Sie keine 5 Cent, sondern 5 % Rabatt bekommen, verändert sich die Gleichung. Eine Tafel kostet dann nach Abzug des Rabatts $(x \cdot (1 - 0{,}05))$. Die neue Gleichung sieht dann so aus: $5 \cdot (x \cdot (1 - 0{,}05)) = 2{,}85$. Das Lösen der Gleichung führt zu dem folgenden Ergebnis:

$$5 \cdot (x \cdot (1 - 0{,}05)) = 2{,}85 \qquad | : 5$$
$$x \cdot (1 - 0{,}05) = 0{,}57 \qquad | \text{ vereinfachen}$$
$$x \cdot 0{,}95 = 0{,}57 \qquad | : 0{,}95$$
$$x = 0{,}57 : 0{,}95 = 0{,}60$$

Bei einem Rabatt von 5 % pro Tafel kostet eine Tafel Schokolade ohne Rabatt ursprünglich 60 Cent.

Lösung zu Aufgabe 2.3

a) Die Gleichung hat bereits die Form $x^2 + px + q = 0$, sodass Sie die pq-Formel verwenden können, ohne vorher irgendwelche Umformungen durchführen zu müssen. In diesem Fall sind $p = 14$ und $q = 13$. Die beiden Zahlen setzen Sie in die Formel zur Bestimmung von x ein, vereinfachen den Ausdruck und schon haben Sie die quadratische Gleichung gelöst.

$$x = -\frac{p}{2} \pm \sqrt{\left(\frac{p}{2}\right)^2 - q} = -\frac{14}{2} \pm \sqrt{\left(\frac{14}{2}\right)^2 - 13} = -7 \pm \sqrt{49 - 13} = -7 \pm 6$$

Mithilfe der pq-Formel erhalten Sie die Ergebnisse $x = -13$ und $x = -1$. Vergessen Sie nicht, die Probe durchzuführen. Wenn Sie $x = -13$ in die Gleichung einsetzen, erhalten Sie: $(-13)^2 + 14 \cdot (-13) + 13 = 169 - 182 + 13 = 0$. Die erste Lösung funktioniert. Und wie sieht es mit $x = -1$ aus? $(-1)^2 + 14 \cdot (-1) + 13 = 1 - 14 + 13 = 0$. Auch die zweite Lösung ist richtig.

b) Es ist Ihnen überlassen, ob Sie die Aufgabe mit der abc-Formel oder mit der pq-Formel lösen möchten. Hier bietet sich die abc-Formel an, da die Gleichung schon in der richtigen Form ist: $2x^2 + 4x - 6 = 0$. Damit ist $a = 2$, $b = 4$ und $c = -6$. Die beiden Lösungen ergeben sich dann durch Einsetzen:

$$x = \frac{-b \pm \sqrt{b^2 - 4ac}}{2a} = \frac{-4 \pm \sqrt{4^2 - 4 \cdot 2 \cdot (-6)}}{2 \cdot 2} = \frac{-4 \pm \sqrt{64}}{4}$$

Die beiden Lösungen sind $x = -3$ und $x = 1$. Das Einsetzen der Ergebnisse zur Probe ergibt für $x = -3$: $\quad 2 \cdot 9 + 4 \cdot (-3) - 6 = 18 - 12 - 6 = 0$

und für $x = 1$: $\quad 2 \cdot 1 + 4 \cdot 1 - 6 = 2 + 4 - 6 = 0$.

Wie erwartet: Beide Lösungen funktionieren.

Falls Sie die Aufgabe lieber mit der pq-Formel lösen möchten, müssen Sie die Gleichung zunächst entsprechend umformen. Dafür teilen Sie beide Seiten durch die Zahl, die vor dem x^2 steht, also durch 2 und erhalten $x^2 + 2x - 3 = 0$. p ist hier 2 und q ist 3. Wenn Sie das in die pq-Formel einsetzen, bekommen Sie ebenfalls die beiden Ergebnisse $x = -3$ und $x = 1$.

c) Formen Sie die Gleichung zunächst in die übliche Form um:

$$3a^2 - 6a = 2 \cdot (a^2 - 4) \qquad | \text{vereinfachen}$$
$$3a^2 - 6a = 2a^2 - 8 \qquad | -2a^2 + 8$$
$$a^2 - 6a + 8 = 0$$

Nun können Sie wie gewohnt die *pq*-Formel anwenden mit $p = -6$ und $q = 8$.

$$a = -\frac{p}{2} \pm \sqrt{\left(\frac{p}{2}\right)^2 - q} = -\frac{-6}{2} \pm \sqrt{\left(\frac{-6}{2}\right)^2 - 8} = 3 \pm \sqrt{9 - 8} = 3 \pm 1$$

Die beiden Lösungen sind $a = 2$ und $a = 4$.

Probe für $a = 2$: $\quad 3 \cdot 2^2 - 6 \cdot 2 = 2 \cdot (2^2 - 4) \Leftrightarrow 12 - 12 = 2 \cdot 0$

Probe für $a = 4$: $\quad 3 \cdot 4^2 - 6 \cdot 4 = 2 \cdot (4^2 - 4) \Leftrightarrow 48 - 24 = 2 \cdot 12$

Beide Lösungen funktionieren.

d) $\dfrac{5}{2} + 4x^2 = x^2 + \dfrac{1}{4} \cdot (30x - 8)$

$$\dfrac{5}{2} + 4x^2 = x^2 + \dfrac{15}{2}x - 2 \quad\Big| -x^2 - \dfrac{15}{2}x + 2$$

$$3x^2 - \dfrac{15}{2}x + \dfrac{9}{2} = 0$$

Verwenden Sie die abc-Formel mit $a = 3$, $b = -\dfrac{15}{2}$ und $c = \dfrac{9}{2}$:

$$x = \dfrac{-b \pm \sqrt{b^2 - 4ac}}{2a} = \dfrac{\dfrac{15}{2} \pm \sqrt{\left(-\dfrac{15}{2}\right)^2 - 4 \cdot 3 \cdot \dfrac{9}{2}}}{2 \cdot 3} = \dfrac{\dfrac{15}{2} \pm \sqrt{\dfrac{225}{4} - \dfrac{108}{2}}}{6}$$

$$= \dfrac{\dfrac{15}{2} \pm \sqrt{\dfrac{9}{4}}}{6} = \dfrac{\dfrac{15}{2} \pm \dfrac{3}{2}}{6}$$

Sie erhalten die beiden Lösungen $x = \dfrac{15 + 3}{2 \cdot 6} = \dfrac{18}{12} = \dfrac{3}{2}$ und $x = \dfrac{15 - 3}{2 \cdot 6} = \dfrac{12}{12} = 1$.

Natürlich können Sie auch die Gleichung durch 3 teilen und die pq-Formel mit $p = -\dfrac{5}{2}$ und $q = \dfrac{3}{2}$ verwenden.

Probe für $x = \dfrac{3}{2}$: $\dfrac{5}{2} + 4 \cdot \left(\dfrac{3}{2}\right)^2 = \left(\dfrac{3}{2}\right)^2 + \dfrac{1}{4} \cdot \left(30 \cdot \dfrac{3}{2} - 8\right) \Leftrightarrow \dfrac{5}{2} + 9 = \dfrac{9}{4} + \dfrac{37}{4} \Leftrightarrow \dfrac{23}{2} = \dfrac{23}{2}$;

sprich eine wahre Aussage. $x = \dfrac{3}{2}$ ist also eine Lösung.

Probe für $x = 1$: $\dfrac{5}{2} + 4 \cdot 1^2 = 1^2 + \dfrac{1}{4} \cdot (30 \cdot 1 - 8) \Leftrightarrow \dfrac{5}{2} + 4 = 1 + \dfrac{22}{4} \Leftrightarrow \dfrac{13}{2} = \dfrac{13}{2}$

e) Diese Aufgabe könnten Sie mithilfe der abc-Formel mit $a = 4$, $b = 0$ und $c = -100$ lösen. Das wäre allerdings mit Kanonen auf Spatzen geschossen. Aufgaben dieser Art, das heißt mit $b = 0$, können Sie mit wenigen, einfachen Umformungen lösen.

$$\begin{aligned} 4z^2 - 100 &= 0 \quad &&| +100 \\ 4z^2 &= 100 \quad &&| :4 \\ z^2 &= 25 \quad &&| \sqrt{} \\ \sqrt{z} &= -5 \lor z = 5 \end{aligned}$$

Beim Einsetzen von $x = -5$ und $x = 5$ ergibt sich in beiden Fällen $4 \cdot 25 - 100 = 0$, was bekanntlich eine wahre Aussage ist. Das bedeutet, dass beide Lösungen korrekt sind.

f) Hier müssen Sie zunächst ein paar Umformungen durchführen, bevor Sie eine der Quadrateformeln anwenden können.

$$4 \cdot \left(b^2 + \frac{5}{9} \right) = 20 - 24b \qquad | : 4$$

$$b^2 + \frac{5}{9} = 5 - 6b \qquad |+6b - 5$$

$$b^2 + 6b - \frac{40}{9} = 0$$

Da vor b^2 kein Faktor steht, bietet sich in diesem Fall die pq-Formel an. Dabei sind $p = 6$ und $q = -\frac{40}{9}$.

$$b = -\frac{p}{2} \pm \sqrt{\left(\frac{p}{2} \right)^2 - q} = -\frac{6}{2} \pm \sqrt{\left(\frac{6}{2} \right)^2 + \frac{40}{9}} = -3 \pm \sqrt{\frac{121}{9}} = -3 \pm \frac{11}{3}$$

Es ergibt sich $b = -\frac{20}{3}$ oder $b = \frac{2}{3}$. Wenn Sie $b = -\frac{20}{3}$ in die Gleichung einsetzen, erhalten Sie:

$$4 \cdot \left(\left(-\frac{20}{3} \right)^2 + \frac{5}{9} \right) = 20 - 24 \cdot \left(-\frac{20}{3} \right) \iff 4 \cdot \frac{405}{9} = 20 + \frac{480}{3} \iff 180 = 180$$

Auch die andere Lösung, $x = \frac{2}{3}$, funktioniert:

$$4 \cdot \left(\left(\frac{2}{3} \right)^2 + \frac{5}{9} \right) = 20 - 24 \cdot \frac{2}{3} \iff 4 \cdot 1 = 20 - 16 \iff 4 = 4.$$

Lösung zu Aufgabe 2.4

Sie fragen sich vielleicht, was diese Zahlenrätsel mit quadratischen Gleichungen zu tun haben?! Die Aussagen lassen sich alle in quadratische Gleichungen überführen, mit deren Hilfe Sie die gesuchten Zahlen bestimmen können.

a) Die Summe aus dieser Zahl und ihrer Quadratzahl beträgt 56. In eine Gleichung übersetzt bedeutet das: $x^2 + x = 56$, wobei x die gesuchte Zahl ist. Diese Gleichung lösen Sie dann wie gewohnt und schon ist das erste Rätsel gelöst.

$$x^2 + x = 56 \qquad |-56$$

$$x^2 + x - 56 = 0$$

Folglich ist $p = 1$ und $q = -56$.

$$x = -\frac{p}{2} \pm \sqrt{\left(\frac{p}{2} \right)^2 - q} = -\frac{1}{2} \pm \sqrt{\left(\frac{1}{2} \right)^2 - (-56)} = -\frac{1}{2} \pm \sqrt{\frac{225}{4}} = -\frac{1}{2} \pm \frac{15}{2}$$

Daraus ergeben sich die beiden Lösungen $x = -8$ und $x = 7$. Wenn Sie die Probe machen, werden Sie feststellen, dass beide Lösungen funktionieren.

b) Eine Zahl ist um 5 größer als eine andere Zahl. Multipliziert man die beiden Zahlen, so erhält man 374. Als Gleichung dargestellt sieht das dann so aus:

$$x \cdot (x + 5) = 374 \qquad | \text{vereinfachen}$$
$$x^2 + 5x - 374 = 0$$

Mit $p = 5$ und $q = -374$ bestimmen Sie die folgenden Lösungen:

$$x = -\frac{p}{2} \pm \sqrt{\left(\frac{p}{2}\right)^2 - q} = -\frac{5}{2} \pm \sqrt{\left(\frac{5}{2}\right)^2 - (-374)} = -\frac{5}{2} \pm \sqrt{\frac{1521}{4}} = -\frac{5}{2} \pm \frac{39}{2}$$

x ist damit entweder -22 oder 17. Die zweite gesuchte Zahl ist um 5 größer als x, formal aufgeschrieben: $y = x + 5$. Die Lösung des Rätsels sind damit die beiden Zahlenpaare $(-22, -17)$ und $(17, 22)$.

Übrigens: Die Gleichung wurde hier mit der Annahme aufgestellt, dass x die kleinere der beiden Zahlen ist. Sie können auch annehmen, dass x die größere Zahl ist und die Gleichung $(x - 5) \cdot x = 374$ lösen. Das Ergebnis ist das gleiche. Probieren Sie es aus!

c) Die Summe von zwei Zahlen beträgt 12. Das Produkt der beiden Zahlen ist 32. Wenn Sie die beiden Zahlen x und y nennen, können Sie das so aufschreiben:

$$x + y = 12$$
$$x \cdot y = 32$$

Das sieht bisher noch nicht nach einer quadratischen Gleichung aus. Das wird sich aber gleich ändern. Die erste Gleichung können Sie auch so schreiben: $y = 12 - x$. Das können Sie in der zweiten Gleichung für y einsetzen und schon haben Sie eine quadratische Gleichung, die Sie wie gewohnt lösen können.

$$x \cdot (12 - x) = 32 \qquad | \text{vereinfachen}$$
$$12x - x^2 = 32 \qquad | +x^2 - 12x$$
$$x^2 - 12x + 32 = 0$$

Mit $p = -12$ und $q = 32$ kommen Sie auf die Lösungen:

$$x = -\frac{p}{2} \pm \sqrt{\left(\frac{p}{2}\right)^2 - q} = -\frac{-12}{2} \pm \sqrt{\left(\frac{-12}{2}\right)^2 - 32} = 6 \pm \sqrt{4} = 6 \pm 2$$

x ist entweder 8 oder 4. Wenn $x = 8$ ist, ist $y = 12 - 8 = 4$. Ist $x = 4$, dann ist $y = 12 - 4 = 8$. Die beiden gesuchten Zahlen sind 8 und 4.

Lösung zu Aufgabe 2.5

a) Diese Gleichung eignet sich sehr gut zur Anwendung der Kreuzmultiplikation. Es ist nur eine kleine Umformung nötig und schon hat die Gleichung die gewünschte Form $\frac{a}{b} = \frac{c}{d}$. Da dann gilt $ad = bc$, ergibt sich $1 \cdot (x - 2) = x \cdot (-2)$. Und diese Gleichung ist doch sicherlich kein Problem für Sie?! Die Probe zeigt, dass die Lösung funktioniert.

$$
\begin{aligned}
\frac{1}{x} + \frac{2}{x - 2} &= 0 &&\left| -\frac{2}{x - 2} \right. \\
\frac{1}{x} &= \frac{-2}{x - 2} &&\left| \cdot x(x - 2) \right. \\
1 \cdot (x - 2) &= x \cdot (-2) &&\left| \text{vereinfachen} \right. \\
x - 2 &= -2x &&\left| +2x + 2 \right. \\
3x &= 2 &&\left| : 3 \right. \\
x &= \frac{2}{3}
\end{aligned}
$$

Die Probe zeigt, dass $x = \frac{2}{3}$ das Problem löst. Es gilt nämlich:

$$
\frac{3}{2} + \frac{2}{2/3 - 1} = \frac{3}{2} + \frac{2}{-4/3} = \frac{3}{2} - \frac{3}{2} = 0
$$

b) Hier können Sie den Bruch rechts vom Gleichheitszeichen kürzen.

$$
\begin{aligned}
\frac{5x - 5}{x + 1} + 2 &= \frac{6x - 3}{2x - 1} + 4 &&\left| \text{vereinfachen} \right. \\
\frac{5x - 5}{x + 1} + 2 &= 3 + 4 &&\left| -2 \right. \\
\frac{5x - 5}{x + 1} &= 5 &&\left| \cdot (x + 1) \right. \\
5x - 5 &= 5x + 5 &&\left| -5x \right. \\
-5 &= 5
\end{aligned}
$$

Bei dem Bruch $\frac{6x - 3}{2x - 1}$ ist der Zähler ein Vielfaches des Nenners. Daher können Sie kürzen: $\frac{3 \cdot (2x - 1)}{2x - 1} = 3$. Nach diesem Schritt kommt nur noch ein Bruch in der Gleichung vor. Das sieht doch gleich viel einfacher aus! Nachdem Sie die Gleichung mit dem Nenner multipliziert haben, haben Sie eine lineare Gleichung vor sich, die Sie problemlos lösen können. Aber was ist das?!

 Wenn in einer Gleichung ein Widerspruch auftaucht, nachdem Sie Äquivalenzumformungen durchgeführt haben, dann hat die Gleichung keine Lösung.

Somit hat diese Gleichung keine Lösung.

c) Hier gibt es nur einen Bruch, sodass der Hauptnenner der Nenner dieses einen Bruchs ist.

$$\frac{x^2 + 4x + 3}{x + 3} = x - 2 \qquad | \cdot (x + 3)$$

$$\frac{(x^2 + 4x + 3) \cdot (x + 3)}{x + 3} = (x - 2) \cdot (x + 3) \qquad | \text{vereinfachen}$$

$$x^2 + 4x + 3 = x^2 + x - 6 \qquad | -x^2$$

$$4x + 3 = x - 6 \qquad | -3 - x$$

$$3x = -9 \qquad | : 3$$

$$x = -3$$

Für die Probe setzen Sie $x = -3$ in die Ursprungsgleichung ein und errechnen:

$$\frac{9 - 12 + 3}{-3 + 3}$$

Hier steht 0 im Nenner. Der Bruch ist also nicht definiert. Das bedeutet, dass die Lösung $x = -3$ nicht funktioniert und die Gleichung daher keine Lösung hat. Warum Sie dennoch $x = -3$ als vermeintliche Lösung erhalten haben? Sie haben mit $(x + 3)$ multipliziert. Das ist nur zulässig, falls x nicht -3 ist. Sonst würden Sie die Gleichung mit null multiplizieren. Sie erhalten also $x = -3$ als Ergebnis an einer Stelle, an der Sie vorher schon ausgeschlossen haben, dass $x = -3$ ist.

Bei Bruchgleichungen ist es besonders wichtig, die Probe durchzuführen, damit sich keine falschen Lösungen einschleichen.

d) Bei dieser Gleichung können Sie im Nenner des ersten Bruchs 2 ausklammern und im Nenner des zweiten Bruchs ein x. Nachdem Sie das getan haben, ist der Hauptnenner leichter zu erkennen.

$$\frac{5}{2x + 6} = \frac{1}{4} + \frac{1 - \frac{1}{4}x^2}{x^2 + 3x} \qquad | \text{vereinfachen}$$

$$\frac{5}{2 \cdot (x + 3)} = \frac{1}{4} + \frac{1 - 1/4x^2}{x \cdot (x + 3)}$$

Der kleinste gemeinsame Nenner der in drei in der Gleichung auftauchenden Brüche ist $4x \cdot (x + 3)$. Damit multiplizieren Sie beide Seiten der Gleichung und erhalten:

$$\frac{5 \cdot 4x \cdot (x+3)}{2 \cdot (x+3)} = \frac{1 \cdot 4x \cdot (x+3)}{4} + \frac{\left(1 - \frac{1}{4}x^2\right) \cdot 4x \cdot (x+3)}{x \cdot (x+3)} \qquad | \text{ vereinfachen}$$

$$10x = x \cdot (x+3) + 4 \cdot \left(1 - \frac{1}{4}x^2\right) \qquad | \text{ vereinfachen}$$

$$10x = x^2 + 3x + 4 - x^2 \qquad | -3x$$

$$7x = 4 \qquad | : 7$$

$$x = \frac{4}{7}$$

Diese Lösung müssen Sie nun noch überprüfen:

$$\frac{5}{2 \cdot \frac{4}{7} + 6} = \frac{1}{4} + \frac{1 - \frac{1}{4} \cdot \left(\frac{4}{7}\right)^2}{\left(\frac{4}{7}\right)^2 + 3 \cdot \frac{4}{7}} \qquad | \text{ vereinfachen}$$

$$\frac{5}{\frac{50}{7}} = \frac{1}{4} + \frac{\frac{45}{49}}{\frac{100}{49}} \qquad | \text{ vereinfachen}$$

$$\frac{7}{10} = \frac{1}{4} + \frac{9}{20} \qquad | \text{ vereinfachen}$$

$$\frac{7}{10} = \frac{7}{10}$$

Die Lösung $x = \frac{4}{7}$ funktioniert und ist damit die einzige Lösung der Bruchgleichung.

Lösung zu Aufgabe 2.6

Die Herausforderung bei dieser Aufgabe ist das Aufstellen der Gleichung. Das Lösen ist danach sicherlich ein Klacks für Sie. Definieren Sie zunächst zwei Variablen: m ist die Anzahl der Studenten in der Übung und f ist die Anzahl der Studentinnen jeweils am Ende der Veranstaltung. Damit gilt: $\frac{m}{f} = \frac{1}{2}$. Zwei Studenten haben die Übung verlassen, eine Studentin kam später hinzu. Also betrug die Anzahl der männlichen Teilnehmer zu Beginn der Veranstaltung $m + 2$. Die Anzahl der Studentinnen betrug $f - 1$. Für das Verhältnis von männlichen zu weiblichen Studierenden zu Beginn der Übung können Sie damit die folgende Gleichung aufstellen: $\frac{m+2}{f-1} = \frac{2}{3}$. Nun müssen Sie irgendwie noch eine der beiden Variablen loswerden, damit Sie die Gleichung lösen können. Das können Sie zum Beispiel tun, indem Sie die erste

Gleichung nach einer Variablen auflösen und in die zweite einsetzen. Sie setzen also $m = \dfrac{1}{2}f$ in die zweite Gleichung ein und erhalten eine Bruchgleichung, die Sie wie gewohnt lösen können.

$$\frac{\frac{1}{2}f + 2}{f - 1} = \frac{2}{3} \qquad \left| \cdot 3(f - 1) \right.$$

$$3 \cdot \left(\frac{1}{2}f + 2 \right) = 2 \cdot (f - 1) \qquad \left| \text{vereinfachen} \right.$$

$$\frac{3}{2}f + 6 = 2f - 2 \qquad \left| +2 - \frac{3}{2}f \right.$$

$$8 = \frac{1}{2}f \qquad \left| \cdot 2 \right.$$

$$f = 16$$

Wenn Sie dies in $m = \dfrac{1}{2}f$ einsetzen, erhalten Sie $m = 8$. Somit sitzen am Ende der Veranstaltung $16 + 8 = 24$ Studierende in der Übung.

Lösung zu Aufgabe 2.7

a) Sie können die Gleichung zunächst vereinfachen, indem Sie auf beiden Seiten -1 rechnen. Anschließend quadrieren Sie beide Seiten der Gleichung und lösen die entstehende lineare Gleichung.

$$\sqrt{x + 6} + 1 = 10 \qquad \left| -1 \right.$$

$$\sqrt{x + 6} = 9 \qquad \left| (\ )^2 \right.$$

$$\left(\sqrt{x + 6} \right)^2 = 9^2 \qquad \left| \text{vereinfachen} \right.$$

$$x + 6 = 81 \qquad \left| -6 \right.$$

$$x = 75$$

Probe:

$$\sqrt{75 + 6} + 1 = 10 \qquad \left| \text{vereinfachen} \right.$$

$$\sqrt{81} + 1 = 10 \qquad \left| \text{vereinfachen} \right.$$

$$9 + 1 = 10$$

Die Probe der Gleichung geht auf und somit ist die Lösung der Gleichung $x = 75$.

b) In dieser Aufgabe müssen Sie die Gleichung zweimal quadrieren, um alle Wurzeln loszuwerden.

$$1 + \sqrt{x} = \sqrt{x + 2} \qquad | (\ )^2$$
$$\left(1 + \sqrt{x}\right)^2 = x + 2 \qquad | \text{1. Binomische Formel}$$
$$1 + 2\sqrt{x} + x = x + 2 \qquad | -x - 1$$
$$2\sqrt{x} = 1 \qquad | : 2$$
$$\sqrt{x} = \frac{1}{2} \qquad | (\ )^2$$
$$x = \frac{1}{4}$$

 Denken Sie daran, beim Quadrieren von Summen die binomischen Formeln zu verwenden.

Überprüfen Sie, ob die Lösung auch funktioniert oder ob sich durch das Quadrieren eine falsche Lösung eingeschlichen hat:

$$1 + \sqrt{1/4} = \sqrt{1/4 + 2} \qquad | \text{vereinfachen}$$
$$1 + \frac{1}{2} = \frac{3}{2}$$

Die Lösung $x = \dfrac{1}{4}$ funktioniert.

c) Auch hier müssen Sie wieder zweimal quadrieren, bis alle Wurzeln verschwinden. Danach erhalten Sie eine quadratische Gleichung, die Sie zum Beispiel mithilfe der pq-Formel lösen können.

$$\sqrt{3x + 4} + \sqrt{4x - 7} = 7 \qquad | -\sqrt{4x - 7}$$
$$\sqrt{3x + 4} = 7 - \sqrt{4x - 7} \qquad | (\ )^2$$
$$3x + 4 = (7 - \sqrt{4x - 7})^2 \qquad | \text{2. Binomische Formel}$$
$$3x + 4 = 49 - 14\sqrt{4x - 7} + (4x - 7) \qquad | +14\sqrt{4x - 7} - 3x - 4$$
$$14\sqrt{4x - 7} = x + 38 \qquad | (\ )^2$$
$$(14\sqrt{4x - 7})^2 = (x + 38)^2 \qquad | \text{vereinfachen}$$
$$\text{(1. Binomische Formel)}$$
$$196 \cdot (4x - 7) = x^2 + 76x + 1444 \qquad | \text{vereinfachen}$$
$$784x - 1372 = x^2 + 76x + 1444 \qquad | -784x + 1372$$
$$x^2 - 708x + 2816 = 0$$
$$x = 354 \pm \sqrt{354^2 - 2816}$$

$x = 704$ oder $x = 4$.

Wenn in einer Wurzelgleichung zwei Wurzeln auftauchen, formen Sie die Gleichung vor dem Quadrieren so um, dass eine Wurzel auf der linken und eine auf der rechten Seite steht.

Probe:

Für $x = 704$ ergibt sich:

$$\sqrt{3 \cdot 704 + 4} + \sqrt{4 \cdot 704 - 7} = 7 \qquad | \text{vereinfachen}$$
$$\sqrt{2116} + \sqrt{2809} = 7 \qquad | \text{vereinfachen}$$
$$46 + 53 = 7$$

Es ergibt sich ein Widerspruch. Die Lösung $x = 704$ funktioniert also nicht.

Für $x = 4$ gilt:

$$\sqrt{3 \cdot 4 + 4} + \sqrt{4 \cdot 4 - 7} = 7 \qquad | \text{vereinfachen}$$
$$\sqrt{16} + \sqrt{9} = 7 \qquad | \text{vereinfachen}$$
$$4 + 3 = 7$$

$x = 4$ funktioniert und ist somit die einzige Lösung der Gleichung.

$$\sqrt{2x - 4} = 2 + \sqrt{2x + 8}$$
$$2x - 4 = \left(2 + \sqrt{2x + 8}\right)^2 \qquad | \text{vereinfachen (1. Binomische Formel)}$$
$$2x - 4 = 4 + 4 \cdot \sqrt{2x + 8} + (2x + 8) \qquad | \text{vereinfachen}$$
$$2x - 4 = 2x + 12 + 4 \cdot \sqrt{2x + 8} \qquad | \text{vereinfachen}$$
$$4 \cdot \sqrt{2x + 8} = -16 \qquad | : 4$$
$$\sqrt{2x + 8} = -4 \qquad | (\;)^2$$
$$2x + 8 = 16 \qquad | -8$$
$$2x = 8 \qquad | : 2$$
$$x = 4$$

Probe:

$$\sqrt{8 - 4} = 2 + \sqrt{8 + 8} \qquad | \text{vereinfachen}$$
$$\sqrt{4} = 2 + \sqrt{16} \qquad | \text{vereinfachen}$$
$$2 = 2 + 4$$

Ein Widerspruch! Die Lösung $x = 4$ funktioniert also nicht. Die Gleichung hat keine Lösung. Das hätten Sie übrigens auch schon früher erkennen können. An der Stelle $\sqrt{2x + 8} = -4$ taucht bereits ein offensichtlicher Widerspruch auf: Eine Quadratwurzel kann nie negativ sein. Ist es Ihnen aufgefallen oder haben Sie erst bei der Probe gemerkt, dass die Gleichung keine Lösung hat?

Lösung zu Aufgabe 2.8

Das Vorgehen ist bei allen Aufgaben gleich:

1. Vereinfachen Sie die Gleichung zunächst, sofern es möglich ist.

2. Wenden Sie auf beiden Seiten der Gleichung den Logarithmus an. Die Basis des Logarithmus ist dabei egal.

3. Lösen Sie die Gleichung mithilfe der Rechenregeln für Logarithmen auf.

 Die Basis des Logarithmus ist zwar grundsätzlich egal, jedoch sollten Sie entweder den Zehnerlogarithmus $\log x$ oder den natürlichen Logarithmus $\ln x$ verwenden. Das sind nämlich die einzigen Logarithmen, die Sie auf Ihrem Taschenrechner finden können.

a) Hier können Sie direkt logarithmieren, ohne vorher umformen zu müssen.

$$
\begin{aligned}
5^{x+2} &= 16 && \vert \log \\
\log\left(5^{x+2}\right) &= \log(16) && \vert \text{vereinfachen} \\
(x+2)\cdot\log(5) &= \log(16) && \vert : \log(5) \\
x+2 &= \frac{\log(16)}{\log(5)} && \vert -2 \\
x &= \frac{\log(16)}{\log(5)} - 2 \approx -0{,}28
\end{aligned}
$$

b) Auch hier können Sie direkt den Logarithmus anwenden und danach mithilfe der Logarithmusgesetze vereinfachen.

$$
\begin{aligned}
4\cdot 3^{x-2} &= 11^{x+2} && \vert \log \\
\log(4\cdot 3^{x-2}) &= \log\left(11^{x+2}\right) && \vert \text{vereinfachen} \\
\log(4)+\log\left(3^{x-2}\right) &= \log\left(11^{x+2}\right) && \vert \text{vereinfachen} \\
\log(4)+(x-2)\cdot\log(3) &= (x+2)\cdot\log(11) && \vert \text{vereinfachen} \\
\log(4)+x\cdot\log(3)-2\cdot\log(3) &= x\cdot\log(11)+2\cdot\log(11) && \vert -x\cdot\log(11)-\log(4)+2\cdot\log(3) \\
x\cdot\log(3)-x\cdot\log(11) &= 2\cdot\log(11)-\log(4)+2\cdot\log(3) && \vert \text{vereinfachen} \\
x\cdot\left(\log(3)-\log(11)\right) &= 2\cdot\log(11)-\log(4)+2\cdot\log(3) && \vert :\left(\log(3)-\log(11)\right) \\
x &= \frac{2\cdot\log(11)-\log(4)+2\cdot\log(3)}{\log(3)-\log(11)} \\
&\approx -4{,}32
\end{aligned}
$$

c) Da die Basis auf beiden Seiten gleich ist, können Sie diese Aufgabe durch Gleichsetzen der Exponenten lösen. Falls Sie das nicht glauben, können Sie auch wie gewohnt logarithmieren und dann umformen. Dabei werden Sie sehen, dass $\log(7)$ auf beiden Seiten auftaucht, sodass sie es loswerden können, indem Sie beide Seiten der Gleichung durch log(7) teilen.

$$
\begin{aligned}
7^{4a-5} &= 7^{-(1-a)} & &| \log_7 \\
4a - 5 &= -(1 - a) & &| \text{vereinfachen} \\
4a - 5 &= -1 + a & &| -a + 53 \\
a &= 4 & &| : 3 \\
a &= \frac{4}{3}
\end{aligned}
$$

d) Auch bei dieser Aufgabe gilt: Logarithmieren und dann vereinfachen.

$$
\frac{7^x}{\sqrt{5}} = 3^{2x-4} \qquad\qquad | \log
$$

$$
\log\left(\frac{7^x}{\sqrt{5}}\right) = \log(3^{2x-4}) \qquad\qquad | \text{vereinfachen}
$$

$$
\log(7^x) - \log\left(\sqrt{5}\right) = \log(3^{2x-4}) \qquad\qquad | \text{vereinfachen}
$$

$$
\log(7^x) - \log\left(5^{0,5}\right) = \log(3^{2x-4}) \qquad\qquad | \text{vereinfachen}
$$

$$
x \cdot \log(7) - 0{,}5 \cdot \log(5) = (2x - 4) \cdot \log(3) \qquad | \text{vereinfachen}
$$

$$
x \cdot \log(7) - 0{,}5 \cdot \log(5) = 2x \cdot \log(3) - 4 \cdot \log(3) \qquad | -2x \cdot \log(3) + 0{,}5 \cdot \log(5)
$$

$$
x \cdot \log(7) - 2x \cdot \log(3) = 0{,}5 \cdot \log(5) - 4 \cdot \log(3) \qquad | \text{vereinfachen}
$$

$$
x \cdot \left(\log(7) - 2 \cdot \log(3)\right) = 0{,}5 \cdot \log(5) - 4 \cdot \log(3) \qquad | : \left(\log(7) - 2 \cdot \log(3)\right)
$$

$$
x = \frac{0{,}5 \cdot \log(5) - 4 \cdot \log(3)}{\log(7) - 2 \cdot \log(3)}
$$

$$
\approx 14{,}28
$$

e) Bei dieser Aufgabe ist es besser, zunächst ein paar Umformungen durchzuführen und Ordnung zu schaffen, bevor Sie den Logarithmus anwenden.

$$
\begin{aligned}
2^{5+x} + 2^{x-2} &= 129 & &| \text{vereinfachen} \\
2^5 \cdot 2^x + 2^x \cdot 2^{-2} &= 129 & &| \text{vereinfachen} \\
2^x \cdot \left(2^5 + 2^{-2}\right) &= 129 & &| \text{vereinfachen} \\
2^x \cdot \frac{129}{4} &= 129 & &| : \frac{129}{4} \\
2^x &= 4 & &| \log \\
\log\left(2^x\right) &= \log(4) & &| \text{vereinfachen} \\
x \cdot \log(2) &= \log(4) & &| : \log(2) \\
x = \frac{\log(4)}{\log(2)} &= 2
\end{aligned}
$$

Lösung zu Aufgabe 2.9

a) Zunächst stellen Sie eine Gleichung auf, mit deren Hilfe Sie die Alkoholmenge in der Viehtränke bestimmen können. Zu Beginn befinden sich 45 % von einem Liter, also 450 ml Alkohol darin. Die Alkoholmenge nach einer Minute berechnen Sie folgendermaßen:

$$450 \cdot \left(\frac{200 - 6}{200} \right) = 450 \cdot 0,97 = 436,5$$

In der gleichen Art und Weise berechnen Sie die Alkoholmenge nach 2 Minuten:

$$436,5 \cdot \left(\frac{200 - 6}{200} \right) = 436,5 \cdot 0,97 = 450 \cdot 0,97 \cdot 0,97 = 450 \cdot 0,97^2 = 423,41$$

Dieser Vorgehensweise folgend können Sie eine allgemeine Formel für die Alkoholmenge nach t Minuten aufstellen:

$$450 \cdot 0,97^t$$

Mit dieser Formel können Sie die Alkoholmenge nach 5 beziehungsweise 15 Minuten ausrechnen.

Nach 5 Minuten: $450 \cdot 0,97^5 = 386,43$

Nach 15 Minuten: $450 \cdot 0,97^{15} = 284,96$

b) Um diese Frage zu beantworten, lösen Sie die Gleichung $450 \cdot 0,97^t = 225$ nach t auf.

$$
\begin{array}{ll}
450 \cdot 0,97^t = 225 & \mid : 450 \\
0,97^t = 0,5 & \mid \log \\
\log(0,97^t) = \log(0,5) & \mid \text{vereinfachen} \\
t \cdot \log(0,97) = \log(0,5) & \mid : \log(0,97) \\
t = \dfrac{\log(0,5)}{\log(0,97)} = 22,76 \, \text{min} &
\end{array}
$$

Nach 22,76 Minuten ist nur noch halb so viel Alkohol in der Viehtränke.

Teil II

Analysis

In diesem Teil ...

Teil II dieses Übungsbuches für angehende Wirtschaftsmathe-Profis widmet sich der Analysis. Zuerst einmal bringen Sie Ordnung in Ihr Leben – mit Folgen und Reihen. Danach dreht sich alles um Funktionen. Mit Funktionen haben Sie sicherlich schon in der Schule oder an der Uni gearbeitet. Aber nicht nur dort begegnen sie Ihnen ständig, sondern sie spielen auch im Wirtschaftsleben eine wichtige Rolle. Deshalb können Sie in den folgenden Kapiteln alle wichtigen Eigenschaften von Funktionen kennenlernen und Ihr Wissen mithilfe von anschaulichen Aufgaben testen und ausbauen. Sie werden Funktionen zeichnen, Schnittpunkte mit den Achsen ausrechnen, Extrema bestimmen und noch vieles mehr. Wenn Sie das alles beherrschen, geht es in Kapitel 7 *Mehrdimensionale Funktionen* »to the next level«. Zum Schluss müssen Sie alles, was Sie zum Thema Ableiten wissen, in Ihrem Kopf umdrehen und Funktionen »aufleiten«. Neben all den mathematischen Fertigkeiten, die Sie sich in diesem Teil des Buches aneignen können, lernen Sie natürlich auch was fürs Leben – Schafe zählen oder mittelmäßige Mathematikerwitze verstehen zum Beispiel.

Folgen und Reihen

In diesem Kapitel

▷ Sich mit den relevanten Begriffen zu Folgen vertraut machen

▷ Mit arithmetischen und geometrischen Folgen arbeiten

▷ Terme einer Folge addieren: Reihen kennenlernen

In diesem Kapitel dreht sich alles um Folgen und Reihen. Eine Folge ist eine geordnete Liste von Dingen, Personen oder Zahlen. Da es in diesem Buch um Wirtschafts*mathematik* geht, werden Folgen von Zahlen betrachtet. Auch im Alltag finden Sie immer wieder Folgen, zum Beispiel in den Top-Ten-Listen am Ende dieses Buches oder bei der Nummerierung der Sitze im Theater. Anschließend geht es weiter mit Reihen, den Summen von Folgen.

Grundlagen der Folgen

Formal aufgeschrieben ist eine *Folge* eine Funktion, deren Definitionsbereich aus positiven ganzen Zahlen ($n = 1, 2, 3, \ldots$) besteht. Etwas weniger formal ausgedrückt gilt:

Eine Folge ist eine Liste von Termen oder Zahlen, die nach irgendeiner mathematischen Regel erzeugt werden.

Ein Beispiel für eine Folge ist $\{5 + 2n\}$. Die geschweiften Klammern zeigen Ihnen, dass Sie es hier mit einer Liste von Elementen zu tun haben, sogenannten *Termen*. Sie können entweder die Regel aufschreiben, nach der die Terme der Folge erstellt werden, oder stattdessen so viele Terme auflisten, dass das Muster daraus ersichtlich wird, in diesem Fall: $\{7, 9, 11, 13, \ldots\}$. Wenn $n = 1$ ist, ergibt sich $5 + 2 \cdot 1 = 7$, für $n = 2$ erhalten Sie $5 + 2 \cdot 2 = 9$ und so weiter.

Die drei Punkte (...) hinter einer kurzen Liste von Termen oder Zahlen werden als *Ellipse* bezeichnet. Die Ellipse steht für »und so weiter« oder »et cetera«.

Allgemein können Sie eine Folge als $\{a_n\}$ aufschreiben. Dann ist a_1 der erste Term, a_2 der zweite Term und a_n der n-te Term der Folge. Sie können die Terme einer Folge anhand ihrer Position bestimmen.

Beispiel

Bestimmen Sie den 12. Term der Folge $\{29, 26, 23, 20, \ldots\}$.

Lösung

Sie können die Folge bis zum 12. Term fortführen und ihn so bestimmen, also $\{29,\ 26,\ 23,\ 20,\ 17,\ 14,\ 11,\ 8,\ 5,\ 2, -1, -4, \ldots\}$

Alternativ können Sie die Regel, die hinter dieser Folge steckt, aufschreiben. In diesem Fall erhalten Sie $\{32 - 3n\}$. Um den 12. Term zu bestimmen, setzen Sie $n = 12$ ein und erhalten ebenfalls $32 - 3 \cdot 12 = -4$.

Diese Folgennotation kann Ihnen enorm viel Zeit sparen, da Sie nicht immer erst alle Terme aufschreiben müssen, wenn Sie nur einen bestimmten wissen möchten. Stellen Sie sich mal vor, Sie wollen nicht den 12., sondern den 112. Term einer Folge bestimmen.

Aufgabe 3.1

Geben Sie die Regel an, nach der die Terme der folgenden Folgen bestimmt werden.

a) $\{3,\ 5,\ 7,\ 9,\ \ldots\}$

b) $\{35,\ 42,\ 49,\ 56,\ \ldots\}$

c) $\{2,\ 4,\ 8,\ 16,\ \ldots\}$

d) $\{-1,\ 2,\ -3,\ 4,\ \ldots\}$

e) $\{-1,\ 2,\ 7,\ 14,\ \ldots\}$

Aufgabe 3.2

Bestimmen Sie jeweils das 6. und das 10. Element der Folge.

a) $\{a_n\} = \left\{ \dfrac{8}{3n^2 - 5} \right\}$

b) $\{b_n\} = \left\{ n! - n^3 \right\}$

c) $\{c_n\} = \{1,\ 4,\ 7,\ 10,\ \ldots\}$

Arithmetische und geometrische Folgen

Arithmetische und geometrische Folgen sind besondere Folgen, die Sie – ohne es zu wissen – in den bisherigen Aufgaben schon kennengelernt haben.

Arithmetische Folgen sind Folgen, bei denen der Abstand zwischen den Termen immer gleich groß ist – unabhängig davon, wie viele Elemente die Liste hat.

Arithmetische Folgen können allgemein folgendermaßen aufgeschrieben werden:

$$a_n = a_{n-1} + d$$

Dabei steht d für die konstante Differenz zwischen den Termen. Alternativ können Sie auch schreiben:

$$a_n = a_1 + (n - 1) \cdot d$$

Welche der beiden Formeln Sie verwenden, hängt davon ab, was Sie darstellen wollen und welche Informationen gegeben sind.

 Geometrische Folgen sind Folgen, bei denen sich jeder Term von dem nachfolgenden Term durch ein konstantes Verhältnis unterscheidet.

Auch für geometrische Folgen gibt es zwei allgemeine Formeln:

$$g_n = r g_{n-1}$$
$$g_n = g_1 r^{n-1}$$

r ist dabei das konstante Verhältnis, mit dem jeder Term multipliziert wird, um den nächsten Term auszurechnen.

Aufgabe 3.3

Handelt es sich um eine arithmetische oder um eine geometrische Folge? Schreiben Sie die Folge in Folgennotation auf.

a) $\{a_n\} = \{4,\ 20,\ 100,\ 500,\ ...\}$

b) $\{b_n\} = \{26,\ 33,\ 40,\ 47,\ ...\}$

c) $\{c_n\} = \left\{ 12,\ 3,\ \dfrac{3}{4},\ \dfrac{3}{16},\ ... \right\}$

Aufgabe 3.4

Der Hobbygärtner Didi Daumengrün fällt beim Versuch, seinen Buchsbaum in der Form eines Engelchens zurechtzuschneiden, von der Leiter und bricht sich das Bein. Daher kann er seinen normalerweise perfekt getrimmten englischen Rasen vier Wochen lang nicht mähen. Nach vier Tagen ist der Rasen 15,8 cm hoch, nach neun Tagen bereits 18,8 cm. Das Wachstum des Rasens wird durch eine arithmetische Folge der Form $\{a_n = a_1 + (n - 1) \cdot d\}$ beschrieben.

Schreiben Sie die Folge in Folgennotation auf.

Wie hoch sind die Grashalme, wenn Didi seinen geliebten Rasen endlich wieder mähen kann?

Aufgabe 3.5

a) Der siebte Term einer geometrischen Folge mit dem Verhältnis $\dfrac{1}{4}$ ist $\dfrac{1}{16}$. Wie lautet der achte Term?

b) Der fünfte Term einer geometrischen Folge lautet 48, der sechste Term ist 32. Bestimmen Sie r.

c) Der siebte Term einer geometrischen Folge ist 16 und der achte Term ist 32. Bestimmen Sie den ersten Term.

Aufgabe 3.6

Die Kaninchen im Stadtpark vermehren sich wie die Karnickel. Jedes Jahr verdreifacht sich ihre Population im Vergleich zum Vorjahr. Im fünften Jahr haben sie die Herrschaft über den Park übernommen: Es gibt 405 Kaninchen! Wie viele gab es im ersten Jahr?

Immer der Reihe nach …

In diesem Abschnitt wenden Sie sich den *Reihen* zu.

 Eine Reihe ist die Summe der Terme einer Folge. Wenn man eine endliche Anzahl von Termen addiert, spricht man von einer endlichen Reihe. Bei unendlichen Reihen werden unendlich viele Terme addiert.

Für arithmetische und geometrische Folgen gibt es allgemeine Formeln zur Berechnung von Reihen. Ganz schön praktisch, oder?

Eine arithmetische Reihe ist die Summe von Termen, die aus einer arithmetischen Folge stammen. Es gibt zwei Formeln zur Berechnung von endlichen arithmetischen Reihen. Welche Sie verwenden, hängt davon ab, welche Angaben gegeben sind.

 Die Summe der ersten n Terme einer arithmetischen Folge S_n wird berechnet als:

$$S_n = \frac{n}{2}\left[2a_1 + (n-1)d\right] = \frac{n}{2}(a_1 + a_n)$$

Eine geometrische Reihe ist die Summe von Termen einer geometrischen Folge der Form $g_n = g_1 r^{n-1}$. Zur Berechnung von geometrischen Reihen gibt es ebenfalls zwei Formeln: eine zur Addition der ersten n Terme und eine zur Addition aller Terme bis unendlich. Die Formel für unendlich viele Terme gilt nur dann, wenn das Verhältnis r zwischen 0 und 1 liegt.

 Sie können die Summe der ersten n Terme einer geometrischen Folge mit der folgenden Formel berechnen: $S_n = \dfrac{g_1(1 - r^n)}{1 - r}$

Für $0 < r < 1$ lautet die Formel zur Berechnung der Summe aller (unendlich vieler) Terme: $S_n \to \dfrac{g_1}{1 - r}$.

Der Pfeil, der bei unendlichen geometrischen Reihen statt eines Gleichheitszeichens auftaucht, bedeutet, dass sich das Ergebnis immer näher an $\frac{g_1}{1-r}$ annähert, wenn n gegen unendlich geht, diesen Wert aber nie ganz erreicht. Die Differenz wird aber irgendwann so klein, dass Sie sie vernachlässigen können.

Aufgabe 3.7

Feinschmecker Felix isst immer am ersten Samstag im Monat eine Currywurst bei der Pommesbude seines Vertrauens. Eine Currywurst kostet 3 Euro. Weil Felix so ein treuer Kunde ist, zahlt er aber nicht direkt, sondern bekommt eine Rechnung am Jahresende.

Nachdem es im letzten Jahr finanziell gesehen alles andere als rosig für Felix gelaufen ist, überlegt er, wie er Geld sparen kann. Deshalb schlägt er dem Inhaber der Pommesbude bei seinem ersten Besuch im neuen Jahr einen Deal vor: Für seine heutige Currywurst zahlt er einen Cent. Für die Currywurst im Februar zahlt er zwei Cent. So verdoppelt sich der Preis bis zum Jahresende bei jedem Besuch. Felix hat zwar nicht nachgerechnet, vermutet aber, dass er so bestimmt ein paar Euro sparen kann. Sollte der Chef der Pommesbude sich auf den Deal einlassen?

Aufgabe 3.8

a) Die Summe einer endlichen arithmetischen Folge beträgt 344,25. Sie wissen, dass der erste Term der Folge 6 ist. Der letzte Term ist 14,25. Wie viele Terme hat die Folge?

b) Der erste Term einer unendlichen geometrischen Folge der Form $\left\{g_n = g_1 r^{n-1}\right\}$ ist 6. Der zweite Term ist 2. Bestimmen Sie die Summe aller Terme bis unendlich.

c) Die ersten beiden Terme einer arithmetischen Folge der Form $\left\{a_n = a_1 + (n-1)d\right\}$ lauten ebenfalls 6 und 2. Berechnen Sie die Summe der ersten 25 Terme der Folge.

Lösungen

Lösung zu Aufgabe 3.1

a) $\{3, 5, 7, 9, \ldots\}$

Hier sehen Sie auf den ersten Blick, dass die Differenz zwischen den Termen immer 2 ist. Somit muss $2n$ in der Regel auftauchen. Wenn Sie $n = 1$ einsetzen, muss allerdings 3 rauskommen. Sie müssen dafür zu jeder Zahl 1 addieren und erhalten die Lösung $\{1 + 2n\}$.

b) $\{35, 42, 49, 56, \ldots\}$

Alle Terme sind Vielfache von 7. Allerdings fängt die Folge nicht mit 7 an, sondern erst mit 35. Daher müssen Sie eine entsprechende Konstante addieren und erhalten die Regel $\{28 + 7n\}$. Alternativ können Sie auch $\{7 \cdot (n + 4)\}$ schreiben.

c) $\{2, 4, 8, 16, \ldots\}$

Bei dieser Folge ist die Differenz zwischen den Termen nicht konstant. Wahrscheinlich war es trotzdem kein Problem für Sie, die Folgennotation aufzuschreiben, weil Sie die Zweierpotenzen sofort erkannt haben. Die Lösung ist $\left\{2^n\right\}$.

d) $\{-1, 2, -3, 4, \ldots\}$

Diese Folge ist eine alternierende Folge.

Eine *alternierende Folge* enthält Terme, die von Term zu Term das Vorzeichen wechseln. Alternierende Folgen enthalten einen Multiplikator von −1, der in irgendeiner Potenz erhoben wird.

Hier hat der erste Term ein negatives Vorzeichen, der zweite ein positives, der dritte wieder ein negatives und so weiter. Da die Terme an den ungeraden Positionen negativ und die geraden Terme positiv sind, ist der Multiplikator $(-1)^n$. Multiplizieren Sie diesen mit n, erhalten Sie das Ergebnis $\{(-1)^n \cdot n\}$.

e) $\{-1, 2, 7, 14, \ldots\}$

Bei dieser Folge sind die Differenzen nicht konstant und es lässt sich auch keine andere offensichtliche Regel erkennen. Aber schauen Sie sich mal die sogenannten zweiten Differenzen – die Differenzen der Differenzen – an.

```
-1      2      7      2
  \__/   \__/   \__/
   3      5      7
    \___/  \___/
     2      2
```

Wenn die zweiten Differenzen bei einer Folge konstant sind, ist die Vorschrift der Folge normalerweise quadratisch.

In der vorliegenden Folge taucht folglich n^2 auf. Damit sich für $n = 1$ der Term -1 ergibt, müssen Sie 2 subtrahieren. Es zeigt sich, dass Sie so auch die anderen Terme errechnen können. Die Regel lautet also $n^2 - 2$.

Lösung zu Aufgabe 3.2

a) $\{a_n\} = \left\{ \dfrac{8}{3n^2 - 5} \right\}$

Sie bestimmen den 6. Term der Folge, indem Sie $n = 6$ einsetzen:

$$a_6 = \frac{8}{3 \cdot 6^2 - 5} = \frac{8}{103}$$

Zur Bestimmung des 10. Terms gehen Sie analog vor und erhalten:

$$a_{10} = \frac{8}{3 \cdot 10^2 - 5} = \frac{8}{295}$$

b) $\{b_n\} = \{n! - n^3\}$

Um diese Aufgabe zu lösen, müssen Sie sich zunächst fragen, was es mit dem Ausrufezeichen in der Aufgabe auf sich hat. Das Ausrufezeichen steht für die sogenannte *Fakultät*.

Die Formel zur Berechnung der Fakultät lautet:

$$n! = n \cdot (n-1) \cdot (n-2) \cdot (n-3) \cdot \ldots \cdot 3 \cdot 2 \cdot 1$$

Wenn Sie die Fakultät von 6 bestimmen wollen, rechnen Sie also $6! = 6 \cdot 5 \cdot 4 \cdot 3 \cdot 2 \cdot 1$ $= 720$. Nun können Sie ganz einfach den 6. Term der Folge ausrechnen: $b_6 = 720 - 6^3$ $= 720 - 216 = 504$.

Und der zehnte Term lautet: $b_{10} = 10! - 10^3 = 3.628.800 - 1000 = 3.627.800$

c) $\{c_n\} = \{1, \ 4, \ 7, \ 10, \ \ldots\}$

Hier stellen Sie zunächst die Regel auf, anhand derer die Terme der Folge bestimmt werden. Darin haben Sie nach der Bearbeitung von Aufgabe 3.1 schon einige Übung. Also fällt es Ihnen sicherlich nicht schwer zu erkennen, dass die Differenz zwischen den Zahlen immer 3 ist. Die Folge fängt aber nicht mit 3, sondern mit 1 an, sodass Sie 2 abziehen müssen. Insgesamt können Sie die Folge also als $\{3n - 2\}$ aufschreiben. Jetzt setzen Sie einfach wieder $n = 6$ und $n = 10$ ein et voilà: $c_6 = 3 \cdot 6 - 2 = 16$ und $c_{10} = 3 \cdot 10 - 2 = 28$.

Lösung zu Aufgabe 3.3

a) $\{a_n\} = \{4, \ 20, \ 100, \ 500, \ \ldots\}$

Die Differenz zwischen den Zahlen ist nicht immer dieselbe. Es handelt sich also um keine arithmetische Folge. Stattdessen liegt das Verhältnis zwischen einem Term und dem vorangehenden Term konstant bei 5. Es handelt sich also um eine geometrische Folge, deren Vorschrift sich allgemein als $g_n = g_1 \cdot r^{n-1}$ aufschreiben lässt. Der erste Term der Folge ist $g_1 = 4$ und der konstante Faktor beträgt 5. Die Folge lässt sich also mit $\{4 \cdot 5^{n-1}\}$ beschreiben.

b) $\{b_n\} = \{26, \ 33, \ 40, \ 47, \ \ldots\}$

Hier ist die Differenz zwischen den Termen konstant, das heißt, es ist eine arithmetische Folge. Arithmetische Folgen lassen sich allgemein so aufschreiben: $a_n = a_1 + (n-1) \cdot d$. d ist die konstante Differenz zwischen den Termen, hier 7. Mit $a_1 = 26$ ergibt sich die Folge $\{26 + (n-1) \cdot 7\}$. Das lässt sich vereinfachen zu: $\{26 + 7n - 7\} = \{19 + 7n\}$.

c) $\{c_n\} = \left\{ 12, \ 3, \ \dfrac{3}{4}, \ \dfrac{3}{16}, \ \ldots \right\}$

Es liegt eine geometrische Folge vor, weil das Verhältnis zwischen zwei Termen konstant ist. Bei einer geometrischen Folge kann der Quotient zwischen einem Term und dem vorangehenden Term auch kleiner als 1 sein. Hier beträgt er $\dfrac{1}{4}$. Damit ergibt sich:

$$\{g_n\} = \{g_1 \cdot r^{n-1}\} = \left\{ 12 \cdot \left(\frac{1}{4} \right)^{n-1} \right\}$$

Lösung zu Aufgabe 3.4

a) Wenn Sie die gegebenen Angaben in die Formen $a_n = a_1 + (n-1) \cdot d$ einsetzen, erhalten Sie die beiden Gleichungen. Nach vier beziehungsweise neun Tagen gilt:

$$15{,}8 = a_1 + 3d$$
$$18{,}8 = a_1 + 8d$$

In fünf Tagen ist der Rasen $18{,}8 - 15{,}8 = 3$ cm gewachsen. Da die Grashalme jeden Tag gleich viel wachsen, können Sie das konstante Wachstum pro Tag berechnen, indem Sie das gesamte Wachstum durch die Anzahl der Tage teilen: $d = 5/3 = 0{,}6$ cm.

Jetzt fehlt nur noch a_1, die Länge der Grashalme am ersten Tag. Dafür setzen Sie $d = 0{,}6$ in eine der beiden obigen Gleichungen ein und lösen die Gleichung nach a_1 auf:

$$15{,}8 = a_1 + 3 \cdot 0{,}6 \quad | \text{vereinfachen}$$
$$15{,}8 = a_1 + 1{,}8 \quad | -1.8$$
$$a_1 = 14$$

Sie setzen $a_1 = 14$ und $d = 0{,}6$ in die allgemeine Gleichung ein und schon ist die Aufgabe gelöst!

$$a_n = a_1 + (n-1) \cdot d$$
$$a_n = 14 + (n-1) \cdot 0{,}6$$
$$a_n = 14 + 0{,}6n - 0{,}6$$
$$a_n = 13{,}4 + 0{,}6n$$

In Folgenschreibweise lässt sich die arithmetische Folge als $\{a_n\} = \{13{,}4 + 0{,}6n\}$ darstellen.

b) Didi Daumengrün kann 28 Tage lang nicht den Rasen mähen. Um die Länge der Grashalme nach 4 Wochen zu bestimmen, setzen Sie $n = 28$ in die eben ermittelte Formel zur Berechnung der Terme der Folge ein:

$$a_{28} = 13{,}4 + 0{,}6 \cdot 28 = 30{,}2$$

Die Grashalme sind nach vier Wochen 30,2 cm hoch. Höchste Zeit, endlich mal wieder den Rasenmäher anzuwerfen!

Lösung zu Aufgabe 3.5

a) Hier verwenden Sie die Formel $g_n = r g_{n-1}$ für geometrische Folgen. Schließlich wollen Sie g_8 ausrechnen und haben sowohl $g_7 = \frac{1}{16}$ als auch $r = \frac{1}{4}$ gegeben. Die beiden Zahlen multiplizieren Sie miteinander und erkennen die Lösung:

$$g_8 = \frac{1}{4} \cdot \frac{1}{16} = \frac{1}{64}$$

b) Wenn Sie zwei aufeinanderfolgende Terme einer geometrischen Folge kennen und r bestimmen möchten, müssen Sie den zweiten Term durch den unmittelbar vorhergehenden Term teilen.

Achten Sie bei der Bestimmung des Verhältnisses r in geometrischen Folgen darauf, den zweiten Term durch den ersten zu teilen und nicht umgekehrt.

Hier rechnen Sie $r = \dfrac{g_n}{g_{n-1}} = \dfrac{g_6}{g_5} = \dfrac{32}{48} = \dfrac{2}{3}$.

c) Zunächst berechnen Sie wieder r auf die gleiche Art und Weise, wie Sie es in Aufgabenteil b) gemacht haben: $r = \dfrac{g_n}{g_{n-1}} = \dfrac{g_8}{g_7} = \dfrac{32}{16} = 2$. Anschließend setzen Sie einen der beiden gegebenen Terme sowie das berechnete r in die Gleichung $g_n = g_1 r^{n-1}$ ein und lösen die Gleichung nach dem ersten Term der Folge g_1 auf. Wenn Sie den siebten Term verwenden, sieht das Ganze so aus:

$$g_7 = g_1 r^{7-1}$$
$$16 = g_1 \cdot 2^6 \qquad |\text{ vereinfachen}$$
$$16 = g_1 \cdot 64 \qquad |:64$$
$$g_1 = \frac{16}{64} = \frac{1}{4}$$

Wenn Sie stattdessen lieber den achten Term verwenden, kommen Sie ebenfalls auf das Ergebnis, dass der erste Term der Folge $\dfrac{1}{4}$ ist. Probieren Sie es aus!

Lösung zu Aufgabe 3.6

Hier müssen Sie sich zunächst überlegen, welche Angaben gegeben sind und was die gesuchte Größe ist. Die Kaninchenpopulation verdreifacht sich jährlich. Es handelt sich also um eine geometrische Folge, die die Größe der Kaninchenpopulation in jedem Jahr beschreibt. Dabei ist $r = 3$. Im fünften Jahr gibt es 405 Kaninchen, das heißt $g_5 = 405$. Gesucht ist die Anzahl der Kaninchen im ersten Jahr, also g_1. Sie bestimmen g_1, indem Sie die Formel $g_n = g_1 r^{n-1}$ nach g_1 auflösen und die Werte einsetzen:

$$g_1 = \frac{g_n}{r^{n-1}}$$
$$g_1 = \frac{g_5}{3^{5-1}}$$
$$g_1 = \frac{405}{81} = 5$$

Im ersten Jahr gab es 5 Kaninchen im Stadtpark. Wie die wohl dahin gekommen sind?

Lösung zu Aufgabe 3.7

Wenn der Inhaber sich nicht auf den Deal einlässt, schreibt er Felix am Ende des Jahres eine Rechnung über $12 \cdot 3 = 36$ Euro.

Wenn er sich aber auf Felix' Vorschlag einlässt, ist der Rechnungsbetrag ein bisschen schwieriger zu bestimmen. Sie können hier die Formel für endliche geometrische Reihen verwenden. Felix besucht die Pommesbude einmal im Monat, also zwölfmal im Jahr, das heißt $n = 12$. Die erste Zahlung beträgt einen Cent: $g_1 = 1$. Da die Zahlungen sich von Currywurst zu Currywurst verdoppeln, beträgt das Verhältnis $r = 2$. Diese Angaben setzen Sie in die Formel zur Summenbildung geometrischer Folgen ein:

$$S_n = \frac{g_1(1 - r^n)}{1 - r}$$

$$S_{12} = \frac{1 \cdot (1 - 2^{12})}{1 - 2} = 4.095$$

Dabei handelt es sich allerdings um das Ergebnis in Cent. Die Rechnungssumme am Ende des Jahres beträgt bei dieser Variante 4.095/100 = 40,95 Euro. Der Chef der Pommesbude, der sich vor ein paar Tagen erst durch die Lektüre von *Wirtschaftsmathematik für Dummies* weitergebildet hat, stimmt Felix' Vorschlag nach kurzer Überlegung zu.

Lösung zu Aufgabe 3.8

a) Hier ist n gesucht. Die folgenden Angaben sind gegeben:

$S_n = 344{,}25$, $a_1 = 6$ und $a_n = 14{,}25$

Es gibt zwei Formeln zur Berechnung von arithmetischen Reihen. Hier verwenden Sie die Formel: $S_n = \frac{n}{2}(a_1 + a_n)$.

Warum verwenden Sie hier diese Formel und nicht die andere? In der anderen Formel taucht d auf. Diese Variable ist hier allerdings nicht gegeben. Für die hier verwendete Formel liegen hingegen alle Angaben vor – außer eben n. Deshalb lösen Sie die Formel jetzt nach n auf. Falls Sie sich nicht mehr sicher sind, wie das geht, können Sie in Kapitel 2 *Gleichungen lösen* nachlesen.

$$S_n = \frac{n}{2}(a_1 + a_n) \qquad | \cdot 2$$
$$2S_n = n(a_1 + a_n) \qquad | : (a_1 + a_n)$$
$$n = \frac{2S_n}{a_1 + a_n}$$

Jetzt müssen Sie nur noch die Zahlen einsetzen, um herauszufinden, wie lang die Folge ist.

$$n = \frac{2S_n}{a_1 + a_n} = \frac{2 \cdot 344{,}25}{6 + 14{,}25} = 34$$

b) Die Formel zur Berechnung unendlicher geometrischer Reihen lautet $S_n \to \frac{g_1}{1 - r}$. Um sie anwenden zu können, müssen Sie zunächst das Verhältnis r ausrechnen. Da zwei aufeinanderfolgende Terme angegeben sind, berechnen Sie: $r = \frac{g_n}{g_{n-1}} = \frac{g_2}{g_1} = \frac{2}{6} = \frac{1}{3}$

Da r zwischen 0 und 1 liegt, können Sie die Formel verwenden und die Reihe ausrechnen.

$$S_n \to \frac{g_1}{1-r} = \frac{6}{1-\dfrac{1}{3}} = \frac{6}{\dfrac{2}{3}} = 6 \cdot \frac{3}{2} = 9$$

Um die Summe von unendlich vielen Termen der geometrischen Folge auszurechnen, brauchen Sie noch nicht mal einen Taschenrechner!

c) Sie wissen, dass $a_1 = 6$ und $a_2 = 2$. Damit können Sie die konstante Differenz zwischen den Termen ausrechnen: $d = a_n - a_{n-1} = a_2 - a_1 = 2 - 6 = -4$.

 Achten Sie bei der Berechnung von d darauf, die Terme in der richtigen Reihenfolge voneinander abzuziehen. In diesem Fall ergibt sich ein negatives d. Lassen Sie sich davon nicht verwirren.

Jetzt, wo Sie a_1, n und d kennen, haben Sie alle Angaben, die Sie brauchen, um die arithmetische Reihe auszurechnen:

$$S_{25} = \frac{n}{2}\left[2a_1 + (n-1)d\right] = \frac{25}{2} \cdot \left[2 \cdot 6 + 24 \cdot (-4)\right] = -1.050$$

Die Funktion der Funktionen

In diesem Kapitel

▷ Definitionsbereich und Wertebereich einer Funktion bestimmen

▷ Geraden, Polynome und rationale Funktionen

▷ Der Wunsch eines jeden Start-up-Unternehmens: Exponentielles Wachstum

▷ Wirtschaftszyklen mit trigonometrischen Funktionen beschreiben

▷ Alles hat ein Ende: Beschränktes Wachstum

Funktionen machen einem das Leben einfach leichter. Sie stellen Zusammenhänge zwischen verschiedenen Dingen her und ermöglichen es, diese Zusammenhänge grafisch zu veranschaulichen. Im Wirtschaftsleben haben Funktionen vielfältige Anwendungsbereiche. So kann eine Funktion beispielsweise die Herstellungskosten in Abhängigkeit der hergestellten Menge beschreiben. Ein anderes Anwendungsbeispiel: Der Zusammenhang zwischen der Anzahl der Zentrallager einer Supermarktkette in einem bestimmten Gebiet und der benötigten Anzahl an LKW, um alle Filialen in diesem Gebiet pünktlich zu beliefern.

Die Grundlagen der Funktionen

Eine *Funktion* ist grundsätzlich eine Beziehung zwischen zwei Dingen, wobei das eine vom anderen abhängig ist. Jede Funktion hat einen *Definitionsbereich* und einen *Wertebereich*. Der Definitionsbereich der Funktion f gibt an, welche Werte Sie für x in die Funktion einsetzen können, sodass die Funktion einen eindeutigen *Funktionswert* $f(x)$ annimmt. Der Wertebereich gibt an, welche Funktionswerte die Funktion $f(x)$ annehmen kann. Manchmal wird der Funktionswert $f(x)$ auch mit y abgekürzt.

Geraden

Mithilfe von *Geraden* lassen sich lineare Zusammenhänge abbilden.

 Geraden haben generell die Form $f(x) = a \cdot x + k$. Dabei beschreibt k den Y-Achsenabschnitt und a die Steigung der Funktion.

Viel mehr gibt es zu Geraden auch nicht zu erwähnen, am besten Sie legen direkt mit den Aufgaben los.

Aufgabe 4.1

Für Ihren Mobilfunkvertrag bezahlen Sie eine Grundgebühr in Höhe von 10 Euro pro Monat. Für jede telefonierte Minute werden Ihnen zusätzlich 19 Cent berechnet. Dabei sei x die Anzahl der telefonierten Minuten pro Monat.

a) Stellen Sie eine Funktion in Abhängigkeit von x auf, die die Gesamtkosten pro Monat beschreibt.

b) Wie hoch sind die Kosten pro Monat, wenn Sie 3 Stunden 5 Minuten telefonieren?

c) Die Rechnung des nächsten Monats beträgt 238,95 Euro. Wie lange haben Sie telefoniert?

Alternativ können Sie eine Flatrate für 19,99 Euro pro Monat wählen. Hätten Sie das mal früher gewusst …

d) Stellen Sie erneut eine Funktion in Abhängigkeit der telefonierten Minuten auf, die die Kosten pro Monat beschreibt.

Polynome

Polynome haben die allgemeine Form $f(x) = a_n x^n + a_{n-1} x^{n-1} + \ldots + a_1 x^1 + a_0$. Spezialfälle von Polynomen sind Parabeln, Geraden oder auch Konstanten.

Aufgabe 4.2

Andreas vertreibt hausgemachte, leckere Tomatensoße, natürlich frei von jeglichen Geschmacksverstärkern. Die Produktionskosten für ein Kilogramm der Tomatensoße belaufen sich auf 2,38 Euro, verkauft wird sie in beschichteten säulenförmigen Pappverpackungen. Die Grundfläche der Verpackung ist quadratisch, die Höhe entspricht immer der doppelten Seitenlänge der Grundfläche. Die Produktionskosten der Verpackung sind abhängig von ihrer Oberfläche und belaufen sich auf 60 Cent pro Quadratmeter. Zusätzlich entstehen pro Verpackung Kosten in Höhe von 12 Cent für den Verarbeitungsprozess. Die Dichte der Tomatensoße ist 1,2 kg pro Liter.

Stellen Sie die Produktionskosten (Inhalt und Verpackung) für eine Einheit Tomatensoße in Abhängigkeit der Seitenlänge (in cm) des Quadrats dar und berechnen Sie die Produktionskosten für eine Packung mit einer Seitenlänge von 5 cm.

Diese Aufgabe ist etwas schwerer als die restlichen Aufgaben, weil sie relativ umfangreich ist. Nehmen Sie sich Zeit und verlieren Sie nicht die Geduld. Ach ja und bedenken Sie: Ein Liter sind tausend Kubikzentimeter. Ein Quadratmeter sind zehntausend Quadratzentimeter. Auf geht's!

Rationale Funktionen

Rationale Funktionen sind Quotienten zweier Polynome. Sie sind oftmals durch einen eingeschränkten Definitionsbereich charakterisiert.

Aufgabe 4.3

Bestimmen Sie die Definitionsbereiche folgender rationaler Funktionen.

a) $f(x) = \dfrac{3x^2 + 4}{x - 3}$

b) $g(x) = \dfrac{(3x^2 + 4)(x - 2)}{(x - 3)(x - 2)}$

c) $h(x) = \dfrac{(2x + 2)(x - 1)}{x^2 - 6x + 9}$

Exponentialfunktionen

Exponentialfunktionen haben die Form $f(x) = a \cdot b^x$. Typische Anwendungen sind die Zinsrechnung (siehe Kapitel 18) und generell die Bestimmung von Wachstum.

Aufgabe 4.4

Jana gründet das Start-up-Unternehmen »Nails and Shoes«. Dieses vertreibt eine breite Palette verschiedenster Nagellacke in den ungewöhnlichsten Farben. Als speziellen Service hat das Unternehmen zusätzlich zu jedem Nagellack ein modisch abgestimmtes Paar Turnschuhe im Sortiment. Diese Kombination erfreut sich natürlich großer Beliebtheit und das Unternehmen wächst rasant. Es verdoppelt seinen Umsatz jeden Monat, wobei der Umsatz im ersten Monat 900 Euro beträgt.

a) Stellen Sie eine Funktion auf, die den Umsatz in Abhängigkeit der Betriebsdauer (in Monaten) beschreibt.

b) Wie hoch ist der Umsatz im achten Monat?

c) Wie lange dauert es, bis Jana ihren Umsatz vertausendfacht hat?

Trigonometrische Funktionen

Trigonometrische Funktionen sind zyklische Funktionen. Die Graphen von Sinus, Kosinus und Tangens haben beispielsweise eine grundlegende Form, die sich nach links und rechts unendlich oft wiederholt.

Aufgabe 4.5

Die Eisdiele Eis Diehl verkauft das beste Speiseeis der Stadt. Die täglich nachgefragte Menge schwankt mit der Jahreszeit und wird durch die folgende Funktion beschrieben:

$$f(x) = 50 \cdot \sin(x - 90) + 60$$

Die Funktion gibt die verkaufte Eismenge in Kilogramm an. Nehmen Sie an, dass das Jahr 360 Tage hat und x der Anzahl an verstrichenen Tagen im Jahr entspricht. Der 1. Januar ist $x = 1$, der 1. Februar $x = 31$ und so weiter. Ein Zyklus der Funktion geht somit 360 Tage beziehungsweise bei $x = 360$ ist ein Jahr vergangen. Die Funktion $f(x)$ ist in Abbildung 4.1 dargestellt.

Stellen Sie Ihren Taschenrechner auf das Gradmaß ein (»DEG«). Dies ist notwendig, damit die 360 Tage des Jahres einem vollen Zyklus entsprechen. Interpretieren Sie die Werte in der Klammer der Funktion folglich als Gradzahlen.

a) Bestimmen Sie den Wertebereich der Funktion.

b) An welchem Tag im Jahr wird das meiste Eis verkauft? Wie hoch ist die Verkaufsmenge an diesem Tag?

c) An welchem Tag wird am wenigsten Eis verkauft? Wie viel Eis wird an diesem Tag verkauft?

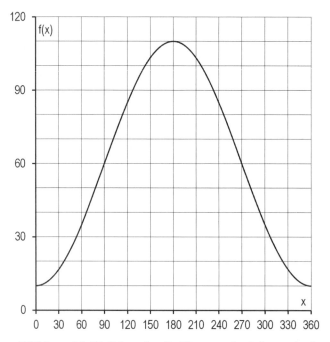

Abbildung 4.1: Täglich verkaufte Eismenge im Jahresverlauf

Beschränktes Wachstum

Beschränktes Wachstum wird allgemein durch die folgende Funktion beschrieben:

$$B(t) = [B(0) - S] \cdot e^{-rt} + S$$

Die Variable t beschreibt die verstrichene Zeit. Der Anfangsbestand wird mit $B(0)$ gekennzeichnet, die Schranke des Wachstums mit S. Die Variable r gibt den Wachstumsfaktor an, sozusagen die Geschwindigkeit des Wachstums. Der Buchstabe e steht für die eulersche Zahl. Es ist $e \approx 2{,}718$.

Aufgabe 4.6

Das Café Blue bietet ein breites Spektrum an Getränken und Speisen und dient sowohl zum abendlichen Feierabendbier als auch als idealer Ort, um ein Buch zu schreiben. Als das Café vor vier Jahren seine Pforten öffnete, hatte es fünf Stammkunden. Heute sind es 28. Der jährliche Wachstumsfaktor wurde aufgrund des Zuwachses auf $r = 0,1$ geschätzt.

a) Bestimmen Sie die obere Grenze der Anzahl an Stammkunden.

b) Stellen Sie eine Funktion zur Bestimmung der Anzahl der Stammkunden in Abhängigkeit der Zeit t (in Jahren) auf.

c) Wie viele Stammkunden hat das Café in drei Jahren?

Lösungen

Lösung zu Aufgabe 4.1

a) Unabhängig davon, wie viele Minuten Sie telefonieren, müssen Sie jeden Monat 10 Euro Grundgebühr zahlen. Im Extremfall telefonieren Sie gar nicht, bezahlen aber trotzdem 10 Euro. Der Y-Achsenabschnitt – also der Wert für $x = 0$ – ist somit 10. Zusätzlich bezahlen Sie für jede telefonierte Minute – also für jedes x – 19 Cent. Die Kosten pro Monat (in Euro) belaufen sich somit auf $f(x) = 10 + 0,19x$. Die Gerade ist in Abbildung 4.2 dargestellt.

b) Um die Kosten für 3 Stunden 5 Minuten Gesprächszeit zu berechnen, verwenden Sie die Funktion $f(x)$ aus dem ersten Aufgabenteil. Im ersten Schritt müssen Sie zunächst die Zeitdauer in Minuten umrechnen. Drei Stunden und fünf Minuten entsprechen $x = 3 \cdot 60 + 5 = 185$ Minuten. Die Telefonkosten für drei Stunden und fünf Minuten belaufen sich somit auf $f(185) = 10 + 0,19 \cdot 185 = 45,15$ Euro. Den Wert können Sie auf der Geraden in Abbildung 4.2 ablesen.

c) Hier ist der Funktionswert (die Kosten pro Monat) gegeben und es wird nach dem x (der Anzahl der telefonierten Minuten) gefragt. Es gilt:

$$f(x) = 238,95$$

beziehungsweise

$$10 + 0,19x = 238,95$$

Durch Auflösen der Gleichung nach x folgt:

$$x = \frac{238,95 - 10}{0,19} = 1205$$

Somit haben Sie zwanzig Stunden und fünf Minuten telefoniert.

d) Unabhängig davon, wie viele Minuten Sie telefonieren, zahlen Sie jeden Monat 19,99 Euro. Die gesuchte Funktion ist somit eine Konstante. Die Lösung ist $g(x) = 19,99$. Richtig, diese Funktion enthält kein x. Dies ist auch genau richtig, da die telefonierten Minuten (das x) bei einer Flatrate keinen Einfluss auf die monatlichen Kosten haben. Die Funktion $g(x)$ entspricht der waagerechten Linie in Abbildung 4.2.

Eine *Konstante* ist ein Spezialfall einer Geraden. Sie können sich die Funktion als $g(x) = 19,99 + 0 \cdot x$ denken.

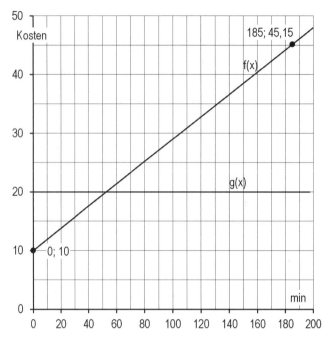

Abbildung 4.2: Kosten in Abhängigkeit der telefonierten Minuten

Lösung zu Aufgabe 4.2

Die Aufgabe fragt nach den Produktionskosten in Abhängigkeit der Seitenlänge der Grundfläche. Die Seitenlänge des Quadrats ist somit x (gemessen in cm). Die Produktionskosten für ein Päckchen Tomatensoße setzen sich zusammen aus den Kosten für die Verpackung sowie den Kosten für den Inhalt. Es gilt:

Gesamte Produktionskosten = Kosten für Inhalt + Kosten für Verpackung

Kosten für Inhalt

Sie wissen, dass ein Kilogramm Tomatensoße 2,38 Euro kostet. Die Kosten für den Inhalt eines Päckchens belaufen sich daher auf:

Kosten für Inhalt = Masse des Päckchens [kg] · 2,38 [Euro/kg]

Die Masse des Päckchens hängt wiederum vom Volumen sowie der Dichte der Tomatensoße ab. Es gilt:

Masse des Päckchens [kg] = Volumen der Verpackung [Liter] · 1,2 [kg/Liter]

Sie erahnen schon, dass Sie jetzt das Volumen der Verpackung bestimmen müssen. Dies können Sie in Abhängigkeit von x machen. Vergessen Sie nicht, dass x in cm gemessen wird.

Volumen der Verpackung [Liter]

= kurze Seite [cm] · kurze Seite [cm] · lange Seite [cm] / 1000

$$= \frac{x \cdot x \cdot 2x}{1000}$$

$$= \frac{x^3}{500}$$

Die Division durch tausend ist notwendig, um die Kubikzentimeterangabe (cm · cm · cm) in Liter umzurechnen (ein Liter entspricht 1.000 Kubikzentimeter).

Setzen Sie nun alle Komponenten zusammen. Die Kosten des Inhalts in Abhängigkeit von x belaufen sich auf:

Kosten für Inhalt

= Masse des Päckchens [kg] · 2,38 [Euro/kg]

= Volumen der Verpackung [Liter] · 1,2 [kg/Liter] · 2,38 [Euro/kg]

$$= \frac{x^3}{500} \text{ [Liter]} \cdot 1{,}2 \text{ [kg/Liter]} \cdot 2{,}38 \text{ [Euro/kg]}$$

$$= \frac{2{,}856 x^3}{500}$$

Kosten für Verpackung

Zur Berechnung der Kosten der Verpackung benötigen Sie die Größe der Verpackungsoberfläche. Diese entspricht zweimal der Grundfläche des Quadrats und viermal der Seitenfläche. Mathematisch ausgedrückt heißt das

Oberfläche der Verpackung [m^2]

$$= (2 \cdot x \cdot x + 4 \cdot x \cdot 2x) / 10.000$$

$$= x^2/1.000.$$

Hier ist die Division durch 10.000 notwendig, um die Quadratzentimeterangabe in Quadratmeter umzuwandeln (10.000 cm^2 = 1 m^2).

Die Kosten für die Verpackung setzen sich schließlich aus den Materialkosten und den Verarbeitungskosten zusammen und belaufen sich auf:

Kosten für Verpackung

= Verarbeitungskosten + Materialkosten

= 0,12 [Euro] + 0,6 [Euro/m^2] · Oberfläche der Verpackung [m^2]

$$= 0{,}12 + 0{,}6 \cdot x^2/1.000$$

Gesamtkosten

Die Gesamtkosten folgen schließlich aus der Summe von Verpackungskosten und Kosten für den Inhalt:

$$f(x) = 0{,}12 + 0{,}6 \cdot \frac{x^2}{1.000} + \frac{2{,}856x^3}{500}$$

Die Kosten für eine Verpackung mit einer Seitenlänge des Quadrats von 5 cm belaufen sich auf:

$$f(5) = 0{,}12 + 0{,}6 \cdot \frac{5^2}{1.000} + \frac{2{,}856 \cdot 5^3}{500} = 0{,}849.$$

Lösung zu Aufgabe 4.3

Der Nenner eines Bruchs darf nicht 0 sein. Somit muss alles aus dem Definitionsbereich entfernt werden, das den Nenner 0 werden lässt.

a) $f(x) = \dfrac{3x^2 + 4}{x - 3}$

Der Definitionsbereich von $f(x)$ besteht aus allen reellen Zahlen außer der 3.

b) $g(x) = \dfrac{(3x^2 + 4)(x - 2)}{(x - 3)(x - 2)}$

Ihnen ist bestimmt aufgefallen, dass Sie den Term $(x - 2)$ aus dem Bruch kürzen können und die Funktion $g(x)$ somit der Funktion $f(x)$ aus dem ersten Aufgabenteil entsprechen würde.

Aber Vorsicht! Der Definitionsbereich der Funktion $g(x)$ ist nicht der gleiche wie der Definitionsbereich der Funktion $f(x)$. Der Nenner der Funktion $g(x)$ ist nicht nur 0 für $x = 3$, sondern auch für $x = 2$. Da Sie nicht durch null teilen dürfen, kürzt sich der Term nur für $x \neq 2$ raus.

Der Definitionsbereich von $g(x)$ besteht somit aus allen reellen Zahlen außer der 2 und außer der 3.

c) $h(x) = \dfrac{(2x + 2)(x - 1)}{x^2 - 6x + 9}$

Bei dieser Aufgabe stellt sich erneut die Frage, für welche x der Nenner 0 ist. Also für welche x gilt $x^2 - 6x + 9 = 0$? Diese Gleichung können Sie mithilfe der zweiten binomischen Formel lösen. Durch Umformen der Gleichung erhalten Sie:

$$x^2 - 6x + 9 = 0 \qquad | \text{2. Binomische Formel}$$
$$(x - 3)^2 = 0$$

Diese Gleichung ist für $x = 3$ erfüllt. Der Nenner der Funktion $h(x)$ ist somit 0 für $x = 3$. Der Definitionsbereich von $h(x)$ besteht aus allen reellen Zahlen außer der 3.

Alternativ zur zweiten binomischen Formel hätten Sie natürlich auch die *pq*-Formel oder die abc-Formel verwenden können, um die quadratische Gleichung zu lösen. Mehr Informationen zum Lösen von quadratischen Formeln erhalten Sie in Kapitel 2 *Gleichungen lösen*.

Lösung zu Aufgabe 4.4

a) Jana setzt im ersten Monat 900 Euro um. Der Umsatz verdoppelt sich jeden Monat. Somit beträgt der Umsatz im zweiten Monat $900 \cdot 2 = 1.800$ Euro, im dritten Monat $900 \cdot 2 \cdot 2 = 3.600$ Euro und so weiter. Für jeden weiteren Monat muss einmal mehr mit 2 multipliziert werden.

Der Umsatz soll als Funktion in Abhängigkeit der Monate beschrieben werden, x beschreibt dabei die Anzahl der Monate. Die gesuchte Funktion ist:

$$f(x) = 900 \cdot \underbrace{2 \cdot 2 \cdot \ldots \cdot 2}_{x-1 \text{ mal}}$$
$$= 900 \cdot 2^{x-1}$$

Im ersten Monat wird nicht mit zwei multipliziert, weil sich der Umsatz das erste Mal erst im zweiten Monat verdoppelt. Daher ist die Lösung nicht $900 \cdot 2^x$, sondern $900 \cdot 2^{x-1}$.

b) Nach acht Monaten hat sich der Umsatz siebenmal verdoppelt. Der Umsatz nach acht Monaten ist:

$$f(8) = 900 \cdot 2^{8-1}$$
$$= 900 \cdot 2^7$$
$$= 115.200$$

Das Geschäft läuft ja ganz gut.

c) Der Umsatz hat sich in dem Monat vertausendfacht, in dem Jana das erste Mal über 900.000 Euro umsetzt. Die Frage lautet somit, was müssen Sie für x einsetzen, damit die Funktion den Wert 900.000 annimmt. Sie erhalten die folgende Gleichung, die Sie auflösen müssen:

$$
\begin{aligned}
900.000 &= 900 \cdot 2^{x-1} & &| : 900 \\
1.000 &= 2^{x-1} & &| \ln \\
\ln(1.000) &= \ln\left(2^{x-1}\right) & &| \text{vereinfachen} \\
\ln(1.000) &= (x-1) \cdot \ln(2) & &| : \ln(2),\ +1
\end{aligned}
$$

$$\frac{\ln(1.000)}{\ln(2)} + 1 = x$$
$$x = \frac{\ln(1.000)}{\ln(2)} + 1$$
$$= 10{,}0 + 1$$
$$= 11{,}0$$

Das Ergebnis ist gerundet. Nach elf Monaten hat sich der Umsatz zehn Mal verdoppelt. Dies entspricht ungefähr einer Vertausendfachung des ursprünglichen Umsatzes.

Ein wirklich gutes Geschäft.

Lösung zu Aufgabe 4.5

a) Die Sinusfunktion $\sin(x - 90)$ nimmt Werte zwischen 1 und -1 an. Der maximale Wert, den die Funktion $f(x) = 50 \cdot \sin(x - 90) + 60$ annehmen kann, ist somit

$50 \cdot 1 + 60 = 110.$

Der minimale Wert beläuft sich auf

$50 \cdot (-1) + 60 = 10.$

Der Wertebereich der Funktion ist somit das Intervall $[10, \ 110]$.

b) Der maximale tägliche Umsatz entspricht der oberen Grenze des Wertebereichs. Die Eisdiele verkauft 110 kg am umsatzstärksten Tag im Jahr.

Die Vermutung liegt nahe, dass dieser Tag irgendwann im Sommer sein wird. Um dies zu überprüfen, müssen Sie herausfinden, für welches x die Sinusfunktion $\sin(x - 90)$ den Wert 1 annimmt.

Die Funktion $\sin x$ nimmt den maximalen Wert bei 90° an. Somit nimmt $\sin(x - 90)$ den maximalen Wert für $x = 180$ an, denn $\sin(180 - 90) = \sin(90) = 1$. Der verkaufsstärkste Tag ist damit am 180. Tag im Jahr. Dies ist der 30. Juni.

c) Die Frage nach dem umsatzschwächsten Tag ist relativ einfach zu beantworten, weil Sie den umsatzstärksten Tag kennen. Der Verkaufszyklus geht über ein Jahr. Das Minimum der Sinusfunktion fällt genau in die Mitte der Maxima. Da der verkaufsstärkste Tag der 30. Juni ist, ist der verkaufsschwächste Tag genau ein halbes Jahr früher beziehungsweise später. Es handelt sich dabei also um den 30. Dezember ($x = 0$ beziehungsweise $x = 360$).

Die Frage nach der Verkaufsmenge an diesem Tag haben Sie bereits ebenfalls beantwortet. Es ist die untere Grenze des Wertebereichs. Die Eisdiele verkauft 10 kg Eis am umsatzschwächsten Tag im Jahr.

Lösung zu Aufgabe 4.6

a) Sammeln Sie zunächst die im Aufgabentext gegebenen Informationen. Zu Anfang hatte das Café fünf Stammkunden. Der Anfangsbestand $B(0)$ ist somit fünf. Vier Jahre später hat das Café 28 Stammkunden. Somit gilt $B(4) = 28$ für $t = 4$. Zudem ist der Wachstumsfaktor als $r = 0{,}1$ definiert.

Setzen Sie zunächst den Wachstumsfaktor und den Anfangsbestand in die allgemeine Funktion des beschränkten Wachstums ein. Es folgt

$B(t) = [5 - S] \cdot e^{-0{,}1 \cdot t} + S.$

Somit ist

$$B(4) = [5 - S] \cdot e^{-0,1\cdot 4} + S.$$

Setzten Sie diesen Ausdruck mit $B(4) = 28$ gleich, können Sie nach der Wachstumsschranke S auflösen:

$$[5 - S] \cdot e^{-0,1\cdot 4} + S = 28 \qquad | \text{vereinfachen}$$
$$5 \cdot e^{-0,1\cdot 4} - S \cdot e^{-0,1\cdot 4} + S = 28$$
$$S \cdot \left[-e^{-0,1\cdot 4} + 1\right] = 28 - 5 \cdot e^{-0,1\cdot 4} \qquad | \left[-e^{-0,1\cdot 4} + 1\right]$$
$$S = \frac{28 - 5 \cdot e^{-0,1\cdot 4}}{1 - e^{-0,1\cdot 4}}$$
$$= 75$$

Das Ergebnis wurde gerundet, da die Anzahl an Stammgästen eine ganze Zahl sein sollte. Alles andere wäre etwas komisch ...

b) Durch Einsetzen der Schranke $S = 75$ erhalten Sie die vollständige Funktion

$$B(t) = [5 - 75] \cdot e^{-0,1\cdot t} + 75$$
$$= -70 \cdot e^{-0,1\cdot t} + 75.$$

c) In drei Jahren sind sieben Jahre seit der Gründung vergangen. Somit ist $t = 7$. Durch Einsetzen in die Funktion erhalten Sie

$$B(7) = -70 \cdot e^{-0,1\cdot 7} + 75$$
$$= 40.$$

Das Café Blue wird in drei Jahren insgesamt vierzig Stammkunden bewirten. Auch hier ist die Zahl wieder gerundet.

Eigenschaften von Funktionen

In diesem Kapitel

▶ Schnittpunkte mit den Achsen berechnen

▶ Grenzwerte kennenlernen

▶ Funktionen auf Stetigkeit überprüfen

Nachdem Sie die Funktion der Funktionen kennengelernt haben, geht es weiter mit den Eigenschaften von Funktionen. Dabei geht es von Achsenschnittpunkten über Grenzwerte bis hin zur Verknüpfung von Grenzwerten mit der Stetigkeit von Funktionen. Außerdem werden Sie im Laufe des Kapitels besondere Kompetenzen im Zählen von Schäfchen erlangen.

Schnittpunkte mit den Achsen

Wenn Sie Funktionen in ein Koordinatensystem einzeichnen, kann die Funktion andere Funktionen, die x-Achse und/oder die y-Achse schneiden. Eine Funktion kann *Schnittpunkte* mit keiner, einer oder beiden Achsen haben. Wenn 0 im Definitionsbereich einer Funktion liegt, hat die Funktion auf jeden Fall einen y-Schnittpunkt.

 Der Punkt $(0,b)$ ist der Schnittpunkt einer Funktion mit der y-Achse. Sie können b berechnen, indem Sie 0 für x in die Funktionsgleichung einsetzen.

Um den x-Schnittpunkt $(a, 0)$ einer Funktion zu bestimmen, setzen Sie $y = f(x)$ gleich 0 und lösen die Gleichung nach x auf.

Falls Sie nicht mehr genau wissen, wie Gleichungen (auf)gelöst werden, schauen Sie sich Kapitel 2 *Gleichungen lösen* an.

Aufgabe 5.1

Bestimmen Sie für die folgenden Funktionen die Schnittpunkte mit den Achsen.

a) $y = 2x + 3$

b) $y = 6 + 6x^2 + 13x$

c) $y = \dfrac{x^2 + x - 20}{3x - x^2}$

Aufgabe 5.2

Die Brüder Fritz und Karl haben genug von ihrem Hobby Hallen-Halma und beschließen, ab sofort erfolgreiche Unternehmer zu sein. Der kreative Kopf Karl entwickelt ein einmalig tolles Produkt – ein GPS-System für süße Kätzlein – und Finanzgenie Fritz beschäftigt sich mit den Zahlen. Er rechnet die Gewinnfunktion des neu gegründeten Unternehmens aus: $y = 130\sqrt{x} - 1.950$, wobei y der Gewinn und x die Anzahl der verkauften GPS-Systeme ist. Berechnen Sie die Schnittpunkte mit den Achsen. Was ist die Bedeutung der beiden Punkte?

Aufgabe 5.3

Sie liegen nach einem anstrengenden Tag voller Wirtschaftsmathematik im Bett und können nicht einschlafen. Daher fangen Sie an, Schäfchen zu zählen. Zu Beginn befinden sich alle Schafe auf einer Weide. Alle fünf Sekunden nimmt ein Schaf Anlauf und springt voller Schwung und Elan in die Freiheit. Nach zwei Minuten befinden sich noch 72 Schafe auf der Weide.

a) Geben Sie die Anzahl der Schafe auf der Weide als Funktion der verstrichenen Zeit in Minuten an.

b) Wie viele Schafe waren am Anfang auf der Weide?

c) Wann haben alle Schafe den Weg in die Freiheit gefunden, sodass Sie endlich schlafen können?

Grenzwerte

Ein *Grenzwert* ist der y-Wert, den eine Funktion annimmt oder dem sie sich annähert, wenn der x-Wert gegen eine Grenze läuft. Man schreibt $\lim_{x \to a} f(x)$, wobei x eine reelle Zahl ist. Möchten Sie beispielsweise den Grenzwert der Funktion $f(x) = 2x$ bestimmen, wenn x gegen 0 strebt, schreiben Sie $\lim_{x \to 0} 2x$. Diesen Grenzwert können Sie ganz einfach bestimmen, indem Sie $x = 0$ in die Gleichung einsetzen: $\lim_{x \to 0} 2x = 0$. Was ist aber, wenn Sie die Gleichung $f(x) = \dfrac{1}{x}$ betrachten?!

Die formale Definition des Grenzwerts sieht so aus:

Der Grenzwert $\lim_{x \to a} f(x)$ existiert dann und nur dann, wenn

✔ $\lim_{x \to a^-} f(x)$ existiert,

✔ $\lim_{x \to a^+} f(x)$ existiert und

✔ $\lim_{x \to a^-} f(x) = \lim_{x \to a^+} f(x)$ ist.

Beispiel

Wenden Sie die formale Definition des Grenzwerts an, um $\lim\limits_{x \to 0} \dfrac{1}{x}$ zu bestimmen. Dafür gehen Sie die drei Bedingungen der Reihe nach durch. An dieser Stelle hilft Ihnen der Funktionsgraph von $f(x) = \dfrac{1}{x}$, den Sie in Abbildung 5.1 finden.

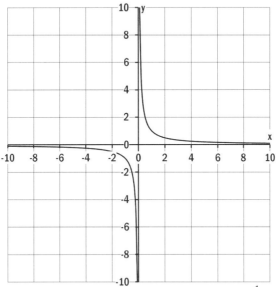

Abbildung 5.1: Der Graph der Funktion $f(x) = \dfrac{1}{x}$

Lösung

Der Unterschied zwischen der ersten und der zweiten Bedingung der Definition des Grenzwerts besteht darin, von welcher Seite Sie sich a – in diesem Fall 0 – annähern. Bei der ersten Bedingung $\lim\limits_{x \to a^-} f(x)$ nähert sich x von links, bei $x \to a^+$ hingegen von rechts dem Wert a an.

Das wenden Sie nun auf den Grenzwert $\lim\limits_{x \to 0} \dfrac{1}{x}$ an. Die Annäherung von x von links an 0 ist im linken, unteren Quadraten des Koordinatensystems dargestellt. Sie sehen, dass die Funktion gegen $-\infty$ geht. Wenn Sie sich von rechts annähern, müssen Sie sich den rechten, oberen Quadraten des Koordinatensystems anschauen und stellen fest, dass die Funktion gegen ∞ strebt.

Ein Grenzwert existiert nur dann, wenn Sie bei Annäherung von rechts und links das gleiche Ergebnis erhalten. Außerdem muss dieses Ergebnis eine endliche Zahl sein. Da es sich sowohl bei $\lim\limits_{x \to 0^-} \dfrac{1}{x} = -\infty$ als auch bei $\lim\limits_{x \to 0^+} \dfrac{1}{x} = \infty$ um keine endlichen Zahlen handelt, besitzt die Funktion $\dfrac{1}{x}$ für x gegen 0 keinen Grenzwert.

Sie müssten die dritte Bedingung folglich gar nicht erst überprüfen, da 1. und 2. nicht erfüllt sind.

Wenn Sie einen Grenzwert bestimmen möchten, sollten Sie zunächst versuchen, die Zahl, gegen die x strebt, in die Funktionsvorschrift einzusetzen. Das funktioniert aber nur, wenn die Funktion an dieser Stelle definiert ist. Ist sie es nicht, können Ihnen die folgenden Grenzwerte helfen:

✔ $\lim\limits_{x \to a} c = c$

✔ $\lim\limits_{x \to \infty} \dfrac{1}{x} = 0$

✔ $\lim\limits_{x \to -\infty} \dfrac{1}{x} = 0$

✔ $\lim\limits_{x \to 0} \dfrac{\sin x}{x} = 1$

✔ $\lim\limits_{x \to 0} \dfrac{\cos x - 1}{x} = 0$

✔ $\lim\limits_{x \to \infty} \left(1 + \dfrac{1}{x}\right)^x = e$

Diese Grenzwerte sollten Sie sich merken. Sie können Ihnen helfen, andere Grenzwerte zu bestimmen – auch wenn das nicht immer auf den ersten Blick ersichtlich ist.

Beispiel

Bestimmen Sie den Grenzwert $\lim\limits_{x \to \infty} \dfrac{3x}{x - 4}$. Vielleicht ist nicht sofort klar, wie die gerade aufgezählten Grenzwerte Ihnen hier weiterhelfen können – aber durch eine einfache Umformung wird es sichtbar.

Lösung

$$\lim_{x \to \infty} \frac{3x}{x - 4} = \lim_{x \to \infty} \frac{3x}{x \cdot \left(1 - \dfrac{4}{x}\right)} = \lim_{x \to \infty} \frac{3x}{x \cdot \left(1 - 4 \cdot \dfrac{1}{x}\right)} = \lim_{x \to \infty} \frac{3}{1 - 4 \cdot \dfrac{1}{x}}$$

Durch das Ausklammern von x im Nenner des Bruchs wird sichtbar, dass der Bruch durch x gekürzt werden kann. Nun können Sie Ihr Wissen nutzen, dass $\lim\limits_{x \to \infty} \dfrac{1}{x} = 0$ ist.

$$\lim_{x \to \infty} \frac{3}{1 - 4 \cdot \dfrac{1}{x}} = \frac{3}{1 - 4 \cdot 0} = \frac{3}{1} = 3$$

Das hätten Sie sogar noch ein bisschen einfacher haben können. Denn es gibt drei Regeln für die Berechnung von Grenzwerten rationaler Funktionen bei unendlich, die das Rechnen noch einfacher machen.

✔ Wenn der Grad des Polynoms im Zähler größer ist als der Grad des Polynoms im Nenner, dann geht $f(x)$ für x gegen ∞ (oder $-\infty$) entweder gegen $+\infty$ oder gegen $-\infty$. Egal, welcher Fall eintritt, der betreffende Grenzwert existiert also nicht. Ein Beispiel für eine solche rationale Funktion ist $f(x) = \dfrac{5x^4 - x^2 + 3}{x - 5}$, bei der der Grad des Zählers 4 und der des Nenners 1 ist.

✔ Ist der Grad des Nenners größer als der Grad des Zählers, wie zum Beispiel bei der Funktion $f(x) = \dfrac{3x^2 - 4}{7x^3 + 2x - 1}$, dann sind die Grenzwerte für x gegen ∞ beziehungsweise $-\infty$ gleich null: $\lim\limits_{x \to \infty} f(x) = \lim\limits_{x \to -\infty} f(x) = 0$.

✔ Sind die Grade des Zählers und des Nenners gleich groß – so wie bei der im Beispiel angegebenen Funktion $f(x) = \dfrac{3x}{x - 4}$ – dann existieren die Grenzwerte bei ∞ und $-\infty$. Sie werden berechnet, indem der Koeffizient der höchsten Potenz von x im Zähler durch den Koeffizienten der höchsten Potenz von x im Nenner geteilt wird, hier: $\lim\limits_{x \to \infty} \dfrac{3x}{x - 4} = \lim\limits_{x \to -\infty} \dfrac{3x}{x - 4} = \dfrac{3}{1} = 3$.

Aufgabe 5.4

Bestimmen Sie die folgenden Grenzwerte – sofern sie denn existieren.

a) $\lim\limits_{x \to -2} x^2 - 4$

b) $\lim\limits_{x \to \infty} 4x + 6$

c) $\lim\limits_{x \to -3} \dfrac{x^2 + x - 6}{x^2 - x - 12}$

d) $\lim\limits_{x \to 0} \dfrac{\tan x \cdot \cos x}{x}$

e) $\lim\limits_{x \to \infty} \left(\dfrac{x + 1}{x} \right)^{x/3} \cdot \left(\dfrac{x + 1}{x} \right)^{2x/3}$

f) $\lim\limits_{x \to \infty} 4x \cdot \ln \left(e^{1/2x} \right)$

g) $\lim\limits_{x \to \infty} \sqrt{4x^2 + x} - 2x$

Aufgabe 5.5

Sie liegen nach einem anstrengenden Tag voller Grenzwerte, Schnittpunkte und allerlei anderer spaßiger Erfahrungen mal wieder im Bett und können nicht schlafen. Deshalb fangen Sie auch diesmal an, süße kleine Schäfchen zu zählen, die auf einer Weide stehen und nach und nach durch einen Sprung über den Zaun den Weg in die Freiheit finden. Aber plötzlich fangen die Schafe, die gestern noch alle ganz brav eins nach dem anderen über den Zaun gesprungen sind, an, total verrückte Sachen zu machen: Einige Schafe springen wieder zurück auf die Weide! Es ist ein riesiges Durcheinander! Nach einigen Minuten können Sie aber eine gewisse Regelmäßigkeit feststellen. Sie wissen nun, dass sich die Anzahl der Schafe auf der Weide durch folgende Funktion darstellen lässt: $s(t) = \dfrac{9 - t}{3 - \sqrt{t}}$, wobei s die Anzahl der

Schafe auf der Weide und t die Zeit in Minuten ist. Dass dabei auch seltsame »krumme« Zahlen – das heißt nicht ganzzahlige Werte – rauskommen, finden Sie gar nicht verwunderlich. Schließlich befinden sich ständig Schafe im Sprung und sind dann zu einem gewissen Teil auf der Weide und zu einem gewissen Teil draußen. Sie sind sich ziemlich sicher, dass Sie nach 9 Minuten einschlafen werden. Allerdings wissen Sie nicht, wie viele Schafe dann auf der Weide stehen werden. Berechnen Sie daher den Grenzwert, wenn t gegen 9 geht.

Aufgabe 5.6

Bestimmen Sie die folgenden Grenzwerte. Machen Sie sich dabei das Leben nicht zu schwer – verwenden Sie die Regeln für die Berechnung von Grenzwerten rationaler Funktionen bei unendlich.

a) $\displaystyle\lim_{x\to\infty} \frac{2x^2 + 4x - 7}{3 + x^3}$

b) $\displaystyle\lim_{x\to\infty} \frac{3 + x^3}{2x^2 + 4x - 7}$

c) $\displaystyle\lim_{x\to-\infty} \frac{3 + 4x - x^3}{5x^3 - x^2}$

d) $\displaystyle\lim_{x\to\infty} \frac{7x^4 + 31 - 17x + 6x^3}{9x^2 + 13x^3 - 11 + 14x^4}$

e) $\displaystyle\lim_{x\to-\infty} \frac{(x - 3)^2}{x^3 + 6x^2 - (9 + x^3)}$

f) $\displaystyle\lim_{x\to\infty} \frac{3x \cdot (x + 2)^2}{6x^4 - 3x \cdot (x - 5 + 2x^3)}$

Stetige Funktionen

Vereinfacht ausgedrückt gilt: Eine Funktion, die Sie zeichnen können, ohne den Stift vom Papier abzuheben, ist eine *stetige Funktion*. Und was hat das mit Grenzwerten zu tun? Betrachten Sie hierzu die formale Definition der Stetigkeit. Dann erkennen Sie, dass eine Funktion in einem Punkt nur dann stetig ist, wenn sie einen Grenzwert hat. Und nicht nur dass, dieser Grenzwert muss auch noch mit dem Funktionswert übereinstimmen.

Eine Funktion $f(x)$ ist stetig an der Stelle $x = a$, wenn diese drei Bedingungen erfüllt sind:

✔ $f(a)$ ist definiert

✔ $\lim\limits_{x \to a} f(x)$ existiert

✔ $f(a) = \lim\limits_{x \to a} f(x)$

Wenn eine Funktion überall dort, wo sie definiert ist, stetig ist, bezeichnet man sie als stetig im gesamten Definitionsbereich.

Aufgabe 5.7

Ist die Funktion $f(x)$ im gesamten Definitionsbereich stetig?

$$f(x) = \begin{cases} \dfrac{x^2 - 4}{2x - 4} & \text{für } x \neq 2 \\ 2 & \text{für } x = 2 \end{cases}$$

Aufgabe 5.8

Bestimmen Sie $b \in \mathbb{R}$ so, dass $f(x)$ in $x = 2$ stetig ist.

$$f(x) = \begin{cases} 8b + 16x & \text{für } x \leq 2 \\ b^2 \cdot (x + 2) & \text{für } x > 2 \end{cases}$$

Lösungen

Lösung zu Aufgabe 5.1

Das Vorgehen zur Bestimmung der Schnittpunkte ist immer gleich:

1. y-Schnittpunkt: $x = 0$ in die Funktionsgleichung einsetzen und so die y-Koordinate von $(0, b)$ ausrechnen

2. x-Schnittpunkt: $y = 0$ setzen und die Funktionsgleichung nach x auflösen, um die x-Koordinate von $(a, 0)$ zu bestimmen

a) $y = 2x + 3$

y-Schnittpunkt:

$y = 2 \cdot 0 + 3 = 3$

Die Funktion schneidet die y-Achse im Punkt $(0, 3)$.

x-Schnittpunkt:

$$2x + 3 = 0 \qquad |-3$$
$$2x = -3 \qquad |:2$$
$$x = -\frac{3}{2}$$

Die Funktion schneidet die x-Achse im Punkt $\left(-\dfrac{3}{2}, 0\right)$.

b) $y = 6 + 6x^2 + 13x$

y-Schnittpunkt:

$$y = 6 + 6 \cdot 0^2 + 13 \cdot 0 = 6$$

Der y-Schnittpunkt liegt bei $(0,6)$.

x-Schnittpunkt: Hier müssen Sie die Gleichung $6 + 6x^2 + 13x = 0$ lösen. Dazu können Sie beispielsweise die abc-Formel verwenden mit $a = 6$, $b = 13$ und $c = 6$. Das erkennen Sie am einfachsten, indem Sie die Gleichung umstellen zu $6x^2 + 13x + 6 = 0$.

$$x = \frac{-b \pm \sqrt{b^2 - 4ac}}{2a} = \frac{-13 \pm \sqrt{13^2 - 4 \cdot 6 \cdot 6}}{2 \cdot 6} = \frac{-13 \pm \sqrt{25}}{12} = \frac{-13 \pm 5}{12}$$
$$x = \frac{-18}{12} = -\frac{3}{2} \ \vee \ x = \frac{-8}{12} = -\frac{2}{3}$$

Durch das Auflösen der Gleichung erhalten Sie die beiden x-Schnittpunkte $\left(-\dfrac{3}{2}, 0\right)$ und $\left(-\dfrac{2}{3}, 0\right)$.

 Eine Funktion hat maximal einen y-Schnittpunkt. Sie kann aber mehrere x-Schnittpunkte haben. Anders ausgedrückt: Eine Funktion hat keinen oder einen Schnittpunkt mit der y-Achse und keinen, einen oder mehrere Schnittpunkte mit der x-Achse.

c) $y = \dfrac{x^2 + x - 20}{3x - x^2}$

y-Schnittpunkt:

$$y = \frac{0^2 + 0 - 20}{3 \cdot 0 - 0^2}$$

Im Nenner des Bruchs steht 0, das heißt, der Bruch ist nicht definiert. Die Funktion hat keinen Schnittpunkt mit der y-Achse.

Um den x-Schnittpunkt der rationalen Funktion $y = \dfrac{x^2 + x - 20}{3x - x^2}$ zu berechnen, setzen Sie den Zähler des Bruchs gleich 0. Den Nenner können Sie ignorieren.

x-Schnittpunkt:

$$x^2 + x - 20 = 0 \qquad\qquad |\text{ vereinfachen}$$
$$(x + 5) \cdot (x - 4) = 0$$
$$x + 5 = 0 \vee x - 4 = 0$$
$$x = -5 \vee x = 4$$

Die Funktion hat zwei x-Schnittpunkte: $(-5, 0)$ und $(4, 0)$.

Lösung zu Aufgabe 5.2

y-Schnittpunkt:

$$y = 130 \cdot \sqrt{0} - 1.950 = -1.950$$

Der y-Schnittpunkt liegt bei $(0, -1.950)$. Wenn Karl und Fritz kein einziges Katzen-GPS verkaufen, machen Sie einen Verlust von 1.950 Euro.

x-Schnittpunkt:

$$130\sqrt{x} - 1.950 = 0 \qquad | +1.950$$
$$130\sqrt{x} = 1.950 \qquad | : 130$$
$$\sqrt{x} = 15 \qquad | (\ )^2$$
$$x = 225$$

Der x-Schnittpunkt liegt bei $(225, 0)$. Wenn 225 Kätzchen mit GPS-Systemen ausgestattet werden, machen Karl und Fritz weder einen Gewinn noch einen Verlust – sie »verdienen« genau 0 Euro mit ihrem Unternehmen. Man nennt diesen Punkt auch Gewinnschwelle oder Break-even-Punkt.

Lösung zu Aufgabe 5.3

a) Sie sollen die Anzahl der Schafe auf der Weide in Abhängigkeit von der Zeit in Minuten darstellen. Daher sind die beiden relevanten Variablen y : *Anzahl der Schafe auf der Weide* und x : *Zeit in Minuten*. Sie können den Variablen natürlich auch andere Buchstaben zuordnen, das ist Ihnen überlassen.

Da die Schafe ganz regelmäßig immer im gleichen Abstand über den Zaun springen, erkennen Sie, dass es sich um eine lineare Funktion handelt. Eine lineare Gleichung hat allgemein die Form $y = a + bx$. Ihre Aufgabe ist es nun, a und b zu bestimmen.

Fangen wir mit b an. Sie wissen, dass alle 5 Sekunden ein Schaf über den Zaun hüpft. Daher sind es pro Minute 12 Schafe, die den Sprung in die Freiheit schaffen. Es werden immer weniger Schafe, deshalb muss b negativ sein. So ergibt sich: $b = -12$.

Da Sie nun b kennen, können Sie es benutzen, um a zu berechnen. Sie wissen weiterhin, dass nach zwei Minuten noch 72 Schafe auf der Weide stehen. In Funktionsschreibweise übersetzt heißt das: $f(2) = 72$. Sie können $b = -12$, $x = 2$ und $y = 72$ in die allgemeine Formel für lineare Gleichungen einsetzen. Dann ist a die einzige Unbekannte in der Gleichung, die Sie durch Auflösen der Gleichung nach a bestimmen können:

$$y = a + bx$$
$$72 = a + (-12) \cdot 2$$
$$a = 72 - (-12) \cdot 2 = 72 + 24 = 96$$

Zum Schluss setzen Sie a und b in die Formel ein und erhalten die Funktion $f(x) = 96 - 12x$, wobei x die verstrichene Zeit in Minuten und $y = f(x)$ die Anzahl der Schafe auf der Weide ist.

b) Hier ist nach der Anzahl der Schafe nach 0 Minuten gefragt, also der Punkt $(0, b)$ – auch bekannt als y-Schnittpunkt. Den bestimmen Sie wie immer, indem Sie $x = 0$ einsetzen:

$$f(0) = 96 - 12 \cdot 0 = 96$$

Es ist kein Zufall, dass beim y-Schnittpunkt $(0, b)$ und der allgemeinen Formel für lineare Gleichungen $y = b + ax$ die Variable b gleich bezeichnet wird.

 Eine lineare Gleichung der Form $y = b + ax$ schneidet die y-Achse immer im Punkt $(0, b)$.

c) Um zu wissen, wann Sie Ihren wohlverdienten Schlaf finden werden, müssen Sie den x-Schnittpunkt berechnen. Setzen Sie dazu $y = 0$:

$$96 - 12x = 0 \qquad |+12x$$
$$12x = 96 \qquad |:12$$
$$x = \frac{96}{12} = 8$$

Nach acht Minuten Schäfchen zählen dürfen Sie schlafen.

Lösung zu Aufgabe 5.4

a) $\lim_{x \to -2} x^2 - 4 = 0$

Die einfachste Möglichkeit, einen Grenzwert auszurechnen: den x-Wert in die Funktionsvorschrift einsetzen. Wenn Sie das bei dieser Aufgabe tun, erhalten Sie $\lim_{x \to -2} x^2 - 4 = (-2)^2 - 4 = 4 - 4 = 0$. Der Haken an der Sache ist, dass das leider nicht immer so einfach funktioniert. Das werden Sie in den folgenden Aufgabenteilen merken. Aber das ist ja gerade der erste Aufgabenteil – hier ist die Welt noch in Ordnung und die Aufgaben lösen sich fast von alleine!

b) $\lim\limits_{x\to\infty} 4x + 6$ existiert nicht.

Auch hier kommen Sie mit Einsetzen weiter: $\lim\limits_{x\to\infty} 4x + 6 = \infty$. Haben Sie sich erinnert, dass der Grenzwert in einem solchen Fall nicht existiert? Ein Grenzwert existiert nur dann, wenn er einen endlichen Wert annimmt. In diesem Fall ist das Ergebnis aber unendlich.

c) $\lim\limits_{x\to-3} \dfrac{x^2 + x - 6}{x^2 - x - 12} = \dfrac{5}{7}$

Auch hier können Sie es zunächst mit Einsetzen probieren – werden damit allerdings nicht weiterkommen: $\dfrac{9 - 3 - 6}{9 + 3 - 12} = \dfrac{0}{0}$. Das Ergebnis ist nicht definiert. Somit können Sie keine Aussage über den Grenzwert treffen.

 Wenn Sie durch Einsetzen das Ergebnis $\dfrac{0}{0}$ erhalten, bedeutet das *nicht*, dass der Grenzwert 0 oder 1 ist. Stattdessen können Sie keine Aussage über den Grenzwert treffen und müssen versuchen, ihn auf eine andere Weise zu bestimmen. Gleiches gilt beispielsweise für die Ergebnisse $\dfrac{\infty}{\infty}$ und $\dfrac{-\infty}{-\infty}$.

Formen Sie so lange um, bis Sie einsetzen können oder auf einen Grenzwert stoßen, der Ihnen bekannt vorkommt. Bei dieser Aufgabe können Sie den Zähler und den Nenner des Bruchs faktorisieren und dann kürzen.

$$\lim_{x\to-3} \frac{x^2 + x - 6}{x^2 - x - 12} = \lim_{x\to-3} \frac{(x + 3) \cdot (x - 2)}{(x + 3) \cdot (x - 4)} = \lim_{x\to-3} \frac{(x - 2)}{(x - 4)} = \frac{-3 - 2}{-3 - 4} = \frac{-5}{-7} = \frac{5}{7}$$

d) $\lim\limits_{x\to0} \dfrac{\tan x \cdot \cos x}{x} = 1$

Bei dieser Aufgabe kommen Sie durch Einsetzen ebenfalls nicht ans Ziel. Es ergibt sich wieder $\dfrac{0}{0}$. Sie wissen aber, dass des Tangens als Quotient aus dem Sinus und dem Kosinus berechnet werden kann. Falls Sie es nicht wussten, wissen Sie es jetzt! Ersetzen Sie $\tan x$ durch $\dfrac{\sin x}{\cos x}$ und Sie haben es schon fast geschafft. Danach müssen Sie sich nur noch daran erinnern, dass $\lim\limits_{x\to0} \dfrac{\sin x}{x} = 1$ ist. Fertig!

$$\lim_{x\to0} \frac{\tan x \cdot \cos x}{x} = \lim_{x\to0} \frac{\dfrac{\sin x}{\cos x} \cdot \cos x}{x} = \lim_{x\to0} \frac{\sin x}{x} = 1$$

e) $\lim\limits_{x\to\infty} \left(\dfrac{x + 1}{x}\right)^{x/3} \cdot \left(\dfrac{x + 1}{x}\right)^{2x/3} = e$

Hier ergibt sich durch Einsetzen ein ganz wüster Ausdruck. Also machen Sie sich wieder ans Umformen. Dabei helfen Ihnen die Rechenregeln für Potenzen weiter. Falls Sie sich nicht mehr genau daran erinnern, können Sie in Kapitel 1 im Abschnitt *Potenzrechnung* nachschauen. Wie schon bei der vorherigen Aufgabe werden Sie hier im letzten Schritt auf einen Grenzwert treffen, den Sie sich merken sollten.

$$\lim_{x \to \infty} \left(\frac{x+1}{x} \right)^{x/3} \cdot \left(\frac{x+1}{x} \right)^{2x/3} = \lim_{x \to \infty} \left(\frac{x+1}{x} \right)^{x/3+2x/3} = \lim_{x \to \infty} \left(\frac{x+1}{x} \right)^{3x/3}$$

$$= \lim_{x \to \infty} \left(\frac{x+1}{x} \right)^{x} = \lim_{x \to \infty} \left(1 + \frac{1}{x} \right)^{x} = e$$

f) $\lim\limits_{x \to \infty} 4x \cdot \ln(e^{1/2x}) = 2$

Hier hilft das Einsetzen wieder nicht – wir hatten Ihnen ja im ersten Aufgabenteil versprochen, dass Sie damit nicht immer weiterkommen werden. Also heißt es wieder umformen und vereinfachen. In diesem Fall benötigen Sie dafür die Rechenregeln für Logarithmen. Falls Sie sich nicht mehr ganz sicher sind, ob Sie die Regeln noch parat haben, können Sie zurück zu Kapitel 1 blättern.

$$\lim_{x \to \infty} 4x \cdot \ln\left(e^{1/(2x)} \right) = \lim_{x \to \infty} 4x \cdot \frac{1}{2x} \cdot \ln(e) = \lim_{x \to \infty} 2 \cdot \ln(e) = \lim_{x \to \infty} 2 \cdot 1 = \lim_{x \to \infty} 2 = 2$$

g) $\lim\limits_{x \to \infty} \sqrt{4x^2 + x} - 2x = \frac{1}{4}$

Auch hier bringt das Einsetzen nichts: $\infty - \infty$ sagt nichts über den tatsächlichen Grenzwert aus. Daher formen Sie so lange um, bis das Einsetzen klappt. Bei dieser Aufgabe werden Sie auf den Grenzwert $\lim\limits_{x \to \infty} \frac{1}{x} = 0$ stoßen. Das ist einer der Grenzwerte, die Sie sich auf jeden Fall merken sollten. Sie starten, indem Sie geschickt mit 1 multiplizieren, in diesem Fall mit $\dfrac{\sqrt{4x^2 + x} + 2x}{\sqrt{4x^2 + x} + 2x}$. Dann können Sie die dritte binomische Formel anwenden und kürzen, bis Sie auf einen bekannten Grenzwert stoßen.

$$\lim_{x \to \infty} \sqrt{4x^2+x} - 2x = \lim_{x \to \infty} \frac{\sqrt{4x^2+x}-2x}{1} \cdot \frac{\sqrt{4x^2+x}+2x}{\sqrt{4x^2+x}+2x}$$

$$= \lim_{x \to \infty} \frac{\left(\sqrt{4x^2+x}-2x \right) \cdot \left(\sqrt{4x^2+x}+2x \right)}{\sqrt{4x^2+x}+2x} = \lim_{x \to \infty} \frac{\left(\sqrt{4x^2+x} \right)^2 - (2x)^2}{\sqrt{4x^2+x}+2x}$$

$$= \lim_{x \to \infty} \frac{4x^2+x-4x^2}{\sqrt{4x^2+x}+2x} = \lim_{x \to \infty} \frac{x}{\sqrt{4x^2+x}+2x} = \lim_{x \to \infty} \frac{x}{x \cdot \left(\sqrt{4+\frac{1}{x}}+2 \right)}$$

$$= \lim_{x \to \infty} \frac{1}{\sqrt{4+\frac{1}{x}}+2} = \frac{1}{\sqrt{4+\frac{1}{\text{»}\infty\text{«}}}+2} = \frac{1}{\sqrt{4+0}+2} = \frac{1}{2+2} = \frac{1}{4}$$

Lösung zu Aufgabe 5.5

Gesucht ist hier der Grenzwert $\lim\limits_{t \to 9} \dfrac{9 - t}{3 - \sqrt{t}}$. Sie stellen schnell fest, dass Einsetzen hier nicht

funktioniert. Es ergibt sich $\dfrac{0}{0}$, was Ihnen nicht weiterhilft. Daher vereinfachen Sie die Gleichung so lange, bis Sie $t = 9$ einsetzen können. Das tun Sie hier, indem Sie »geschickt« mit 1 multiplizieren. Damit ist gemeint, dass Sie mit $\dfrac{3 + \sqrt{x}}{3 + \sqrt{x}}$ multiplizieren. Wenn Sie den Bruch kürzen, ist er 1. Sie multiplizieren also mit 1, was das Ergebnis nicht verändert – den Bruch aber gleich viel schöner aussehen lässt. Na ja, vielleicht nicht gleich, denn zuerst müssen Sie noch die dritte binomische Formel anwenden.

$$\lim_{t \to 9} \frac{9 - t}{3 - \sqrt{t}} = \lim_{t \to 9} \frac{9 - t}{3 - \sqrt{t}} \cdot \frac{3 + \sqrt{t}}{3 + \sqrt{t}}$$

$$= \lim_{t \to 9} \frac{(9 - t) \cdot (3 + \sqrt{t})}{(3^2 - (\sqrt{t})^2)}$$

$$= \lim_{t \to 9} \frac{(9 - t) \cdot (3 + \sqrt{t})}{(9 - t)}$$

$$= \lim_{t \to 9} 3 + \sqrt{t}$$

$$= 3 + \sqrt{9} = 3 + 3 = 6$$

Sie können die Funktion $s\,(t) = \dfrac{9 - t}{3 - \sqrt{t}}$ also auch schreiben als $s\,(t) = 3 + \sqrt{t}$. Wie ärgerlich,

dass Ihnen das nicht gleich aufgefallen ist. Dann hätten Sie sich den Grenzwert einfach sparen und $t = 9$ direkt einsetzen können. Aber seien Sie nicht zu streng mit sich – es ist ja schließlich schon spät! Und Sie dürfen nach 9 Minuten mit nun 6 Schafen auf der Weide auch endlich schlafen.

Lösung zu Aufgabe 5.6

a) $\lim\limits_{x \to \infty} \dfrac{2x^2 + 4x - 7}{3 + x^3} = 0$

Der Grad des Zählers ist 2, der des Nenners ist 3. Ist der Grad des Nenners bei einer rationalen Funktion größer als der des Zählers, so ist der Grenzwert bei unendlich gleich null.

b) $\lim\limits_{x \to \infty} \dfrac{3 + x^3}{2x^2 + 4x - 7}$ existiert nicht

Ist hingegen der Grad des Zählers größer als der des Nenners, so schreibt man $\lim\limits_{x \to \infty} \dfrac{3 + x^3}{2x^2 + 4x - 7} = \infty$. Das Ergebnis ist unendlich, sodass der Grenzwert nicht existiert.

c) $\lim\limits_{x \to -\infty} \dfrac{3 + 4x - x^3}{5x^3 - x^2} = -\dfrac{1}{5}$

Hier sind der Grad des Zählers und der des Nenners gleich groß, nämlich 3. Dann müssen Sie die Koeffizienten der höchsten Potenzen von x betrachten. In diesem Fall heißt das: Schauen Sie sich die Zahlen an, die vor x^3 stehen. Im Zähler ist das −1, im Nenner 5. Diese teilen Sie durcheinander und schon haben Sie das Ergebnis.

d) $\lim\limits_{x \to \infty} \dfrac{7x^4 + 31 - 17x + 6x^3}{9x^2 + 13x^3 - 11 + 14x^4} = \dfrac{1}{2}$

Hier müssen Sie erst mal den Überblick behalten. Sieht kompliziert aus, ist es aber gar nicht. Der Grad von Zähler und Nenner ist 4. Also müssen Sie die Zahlen betrachten, die jeweils vor dem x^4 stehen und können alles andere getrost ignorieren. Die relevanten Zahlen sind 7 und 14. Die teilen Sie durcheinander und erhalten $\dfrac{7}{14} = \dfrac{1}{2}$.

e) $\lim\limits_{x \to -\infty} \dfrac{(x - 3)^2}{x^3 + 6x^2 - (9 + x^3)} = \dfrac{1}{6}$

Das ist ja gemein! Hier können Sie den Grad von Zähler und Nenner gar nicht so einfach ablesen. Also erst einmal umformen! Anders als es auf den ersten Blick vielleicht scheint, sind die Grade von Zähler und Nenner gleich groß:

$$\lim\limits_{x \to -\infty} \dfrac{(x - 3)^2}{x^3 + 6x^2 - (9 + x^3)} = \lim\limits_{x \to -\infty} \dfrac{x^2 - 6x + 9}{x^3 + 6x^2 - 9 - x^3} = \lim\limits_{x \to -\infty} \dfrac{x^2 - 6x + 9}{6x^2 - 9} = \dfrac{1}{6}$$

f) $\lim\limits_{x \to \infty} \dfrac{3x \cdot (x + 2)^2}{6x^4 - 3x \cdot (x - 5 + 2x^3)}$ existiert nicht.

Auch hier heißt es zunächst umformen. Und dann werden Sie feststellen, dass der Grad des Zählers größer ist als der des Nenners – auch wenn es auf den ersten Blick genau andersherum ausgesehen hat. Der Grenzwert ist folglich unendlich und existiert damit nicht.

$$\lim\limits_{x \to \infty} \dfrac{3x \cdot (x + 2)^2}{6x^4 - 3x \cdot (x - 5 + 2x^3)} = \lim\limits_{x \to \infty} \dfrac{3x \cdot (x^2 + 4x + 4)}{6x^4 - 3x^2 + 15x - 6x^4} = \lim\limits_{x \to \infty} \dfrac{3x^3 + 12x^2 + 12x}{-3x^2 + 15x} = \infty$$

Lösung zu Aufgabe 5.7

Die Funktion ist definiert für $D = \mathbb{R}$. Ein Problem könnte an der Stelle $x = 2$ bestehen. Dieser Fall wird aber in der Funktionsvorschrift besonders berücksichtigt und es wird der Funktionswert $f(2) = 2$ zugewiesen.

 Polynomfunktionen sind an jeder Stelle stetig. Rationale Funktionen – das bedeutet Quotienten aus zwei Polynomfunktionen – sind auf ihrem gesamten Definitionsbereich stetig.

Der Teil von $f(x)$, der für $x \neq 2$ gilt, ist eine rationale Funktion und damit stetig. Um zu wissen, ob die Funktion auf dem gesamten Definitionsbereich stetig ist, müssen Sie nun noch überprüfen, ob sie auch für $x = 2$ stetig ist. Dafür müssen Sie die drei Kriterien der Stetigkeit überprüfen. Sie wissen, dass die Funktion für $x = 2$ definiert ist und dass $f(2) = 2$ ist. Folglich gilt es, zu überprüfen, ob der Funktionswert mit dem Grenzwert übereinstimmt.

$$\lim_{x \to 2} \frac{x^2 - 4}{2x - 4} = \lim_{x \to 2} \frac{(x - 2) \cdot (x + 2)}{2 \cdot (x - 2)} = \lim_{x \to 2} \frac{x + 2}{2} = \frac{2 + 2}{2} = 2$$

Der Funktionswert und der Grenzwert stimmen überein: $f(2) = \lim_{x \to 2} f(x) = 2$. Die Funktion ist an der Stelle $x = 2$ und damit im gesamten Definitionsbereich stetig.

Lösung zu Aufgabe 5.8

Der Funktionswert an der Stelle $x = 2$ beträgt:

$$f(2) = 8b + 16 \cdot 2 = 8b + 32$$

Um zu überprüfen, ob der Grenzwert $\lim_{x \to 2} f(x)$ existiert, müssen Sie sowohl den Grenzwert von links als auch den Grenzwert von rechts betrachten.

$$\lim_{x \to 2^-} 8b + 16x = 8b + 16 \cdot 2 = 8b + 32$$

$$\lim_{x \to 2^+} b^2 \cdot (x + 2) = b^2 \cdot (2 + 2) = 4b^2$$

Beide Grenzwerte müssen übereinstimmen. Daher setzen Sie den Grenzwert von rechts und den Grenzwert von links im nächsten Schritt gleich und lösen nach b auf. Es ergibt sich eine quadratische Gleichung. Sie können natürlich auch einen anderen Lösungsweg wählen, zum Beispiel die *pq*-Formel. Das Ergebnis sollte das gleiche sein. Probieren Sie es aus!

$$
\begin{aligned}
8b + 32 &= 4b^2 && |-8b - 32 \\
4b^2 - 8b - 32 &= 0 && |:4 \\
b^2 - 2b - 8 &= 0 && |\text{vereinfachen} \\
(b - 4) \cdot (b + 2) &= 0 && \\
b = 4 &\vee b = -2 &&
\end{aligned}
$$

Für $b = 4$ und $b = -2$ existiert der Grenzwert $\lim_{x \to 2} f(x)$. Abschließend bleibt noch zu überprüfen, ob der Grenzwert mit dem Funktionswert übereinstimmt.

Für $b = 4$ gilt:

$$f(2) = 8b + 32 = 8 \cdot 4 + 32 = 64$$

$$\lim_{x \to 2} f(x) = 8b + 32 = 4b^2 = 64$$

Für $b = -2$ gilt:

$$f(2) = 8b + 32 = 8 \cdot (-2) + 32 = 16$$

$$\lim_{x \to 2} f(x) = 8b + 32 = 4b^2 = 16$$

Grenzwert und Funktionswert stimmen jeweils überein. Damit ist die Funktion $f(x)$ für $b = -2$ und $b = 4$ an der Stelle $x = 2$ stetig.

Testen Sie Ihr Fahrverhalten: Kurvendiskussion

In diesem Kapitel

▶ Wie Sie verschiedene Funktionen ableiten

▶ Wie Sie die Extremwerte einer Funktion bestimmen

▶ Wie Sie den Gewinn eines Unternehmens maximieren

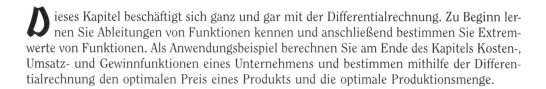

Dieses Kapitel beschäftigt sich ganz und gar mit der Differentialrechnung. Zu Beginn lernen Sie Ableitungen von Funktionen kennen und anschließend bestimmen Sie Extremwerte von Funktionen. Als Anwendungsbeispiel berechnen Sie am Ende des Kapitels Kosten-, Umsatz- und Gewinnfunktionen eines Unternehmens und bestimmen mithilfe der Differentialrechnung den optimalen Preis eines Produkts und die optimale Produktionsmenge.

Ableitungen bestimmen

Die Ableitung einer Funktion $f(x)$ gibt die Steigung des Graphen der Funktion in Abhängigkeit von x an. Die *erste Ableitung* (meistens einfach als *Ableitung* bezeichnet) wird als $f'(x)$ gekennzeichnet. Im Folgenden werden Ableitungsregeln verschiedener Funktionen vorgestellt und angewendet.

Eine Konstante im Leben: Die Konstantenregel

Die Ableitung einer Konstanten ist null. So ist die Ableitung der Funktion $f(x) = 45$ gleich $f'(x) = 0$. Dies ist ersichtlich, da die Funktion $f(x)$ einer waagerechten Linie mit Y-Achsenabschnitt bei $y = 45$ entspricht. Ein Anwendungsbeispiel sind die monatlichen Kosten einer Handyflatrate in Abhängigkeit der telefonierten Minuten. Unabhängig davon, wie viele Minuten telefoniert wurden, liegen die Kosten bei 45 Euro. Jede weitere zusätzlich telefonierte Minute kostet nichts.

Aufgabe 6.1

Leiten Sie die Funktion $f(x) = 7$ nach x ab.

Die Potenzregel

Die Potenzregel regelt – wie der Name erahnen lässt – die Ableitung von Potenzfunktionen.

Die Ableitung der Funktion $f(x) = x^n$ ist $f'(x) = n \cdot x^{n-1}$.

Die Ableitung der Funktion $f(x) = x^5$ ist somit $f'(x) = 5 \cdot x^{5-1} = 5 \cdot x^4$. Für die Ableitung von $g(x) = \sqrt[7]{x} = x^{\frac{1}{7}}$ folgt $g'(x) = \frac{1}{7} \cdot x^{\frac{1}{7}-1} = \frac{1}{7} \cdot x^{-\frac{6}{7}} = \frac{1}{7} \cdot \frac{1}{x^{\frac{6}{7}}} = \frac{1}{7} \cdot \frac{1}{\sqrt[7]{x^6}}$.

Aufgabe 6.2

Leiten Sie die folgenden Funktionen nach x ab.

a) $f(x) = x^2$

b) $f(x) = \sqrt{x}$

c) $f(x) = \sqrt[5]{x}$

d) $f(x) = \sqrt[5]{x^3}$

Das Vielfache von Konstanten

Ein Koeffizient a am Anfang der zu differenzierenden Funktion hat keine Auswirkungen auf den Prozess der Differentiation. Er wird sozusagen mitgeschleppt und auf den Rest der Funktion werden wie gewohnt die passenden Ableitungsregeln angewandt. So ist die Ableitung von $f(x) = 5x^3$ beispielsweise »5 · *die Ableitung von* x^3« und somit $f'(x) = 5 \cdot 3 \cdot x^{3-1} = 15x^2$.

Summenregel und Differenzregel

Besteht eine Funktion $f(x)$ aus mehreren Termen, die addiert oder subtrahiert werden, so ergibt sich $f'(x)$ durch die Addition beziehungsweise Subtraktion der Ableitungen ihrer Terme. Schauen Sie sich die Summenregel mal an einem Beispiel an. Für

$$f(x) = 2x^4 - 0{,}5x^3 - 3x^2 + 4x + 2{,}5$$

folgt

$$f'(x) = 2 \cdot 4x^{4-1} - 0{,}5 \cdot 3x^{3-1} - 2 \cdot 3x^{2-1} + 4 \cdot 1x^{1-1} + 0 = 8x^3 - 1{,}5x^2 - 6x + 4.$$

Eine Gerade ist ein Spezialfall dieser Regel. Die Ableitung der Funktion $c(x) = 10 + 0{,}19x$ ist $c'(x) = 0 + 1 \cdot 0{,}19x^{1-1} = 0{,}19x^0 = 0{,}19$.

Aufgabe 6.3

Leiten Sie die folgenden Funktionen nach x ab.

a) $f(x) = x + 8$

b) $f(x) = 5x + 9$

c) $f(x) = 6x^2 - 2x + 3$

d) $f(x) = 6x^{0,6} + 3\sqrt[3]{x} + 3x^4 + 166$

Besondere Funktionen

Die folgenden Ableitungsregeln für besondere Funktionen sollten Sie sich merken. Die Schreibweise $\dfrac{d}{dx}$ bedeutet dabei »die Ableitung von ...«.

$\dfrac{d}{dx}e^x = e^x$	$\dfrac{d}{dx}a^x = a^x \cdot \ln(a)$	$\dfrac{d}{dx}\sin x = \cos x$
$\dfrac{d}{dx}\ln x = \dfrac{1}{x}$	$\dfrac{d}{dx}\log_a x = \dfrac{1}{x} \cdot \dfrac{1}{\ln(a)}$	$\dfrac{d}{dx}\cos x = -\sin x$

Produkt, Quotient oder Kette? Regeln für Fortgeschrittene

Die *Produktregel* wird verwendet, um die Ableitung eines Produkts von zwei Funktionen zu bestimmen. Hier ist sie:

$$\frac{d}{dx}(u(x) \cdot v(x)) = u'(x) \cdot v(x) + u(x) \cdot v'(x)$$

Die Produktregel benötigt man zum Beispiel zur Bestimmung der Ableitung von $f(x) = \cos x \cdot \ln(x)$. Hier ist $u(x) = \cos x$ und $v(x) = \ln(x)$. Es folgt $f'(x) = -\sin x \cdot \ln(x) + \cos x \cdot \dfrac{1}{x}$.

Die *Quotientenregel* verwenden Sie – wer hätte es gedacht – bei Quotienten von zwei Funktionen:

$$\frac{d}{dx}\left(\frac{u(x)}{v(x)}\right) = \frac{u'(x) \cdot v(x) - u(x) \cdot v'(x)}{v(x)^2}$$

Ein Anwendungsbeispiel ist

$$f(x) = \frac{a^x}{x^2}.$$

Mit $u(x) = a^x$ und $v(x) = x^2$ ergibt sich die Ableitung von $f(x) = \dfrac{u(x)}{v(x)}$ zu

$$f'(x) = \frac{a^x \cdot \ln(a) \cdot x^2 - a^x \cdot 2x}{\left(x^2\right)^2} = \frac{a^x \cdot \ln(a) \cdot x - 2a^x}{x^3}.$$

Die *Kettenregel* kommt bei zusammengesetzten Funktionen zur Anwendung, und zwar als

$$\frac{d}{dx} f\big(g(x)\big) = f'\big(g(x)\big) \cdot g'(x).$$

Veranschaulichen Sie sich die Regel mit diesem Anwendungsbeispiel:

$$f(x) = \cos\left(x^3\right)$$

Hier ist $g(x) = x^3$ die »innere« Funktion und $\cos(x)$ die äußere Funktion. Somit gilt:

$$f'(x) = -\sin\left(x^3\right) \cdot 3 \cdot x^2$$

Aufgabe 6.4

Leiten Sie die Funktionen nach x ab.

a) $f(x) = 3x^2 - 6x - 8 - \sin(x)$

b) $f(x) = x^{-4,5} \cdot \ln(x)$

c) $f(x) = \dfrac{\log_a x}{3\sqrt{x}}$

d) $f(x) = -e^x \cdot \cos(x)$

e) $f(x) = -\cos\left(2e^x\right)$

Auf zu Höherem: Ableitungen höherer Ordnung

Die zweite Ableitung $f''(x)$ ist die Ableitung der ersten Ableitung $f'(x)$. Sie gibt die Krümmung der Funktion $f(x)$ an der Stelle x wieder. Wir werden diese später bei der Bestimmung von Minima und Maxima verwenden. Die dritte Ableitung $f'''(x)$ wird zur Überprüfung von Wendepunkten verwendet. Wer hätte es gedacht, sie ist die Ableitung der zweiten Ableitung. Alle weiteren höheren Ableitungen können nach dem gleichen Vorgehen berechnet werden. Ein Beispiel:

$$f(x) = 5\sqrt{x} + \frac{7}{8}x^8 + 6$$
$$= 5x^{\frac{1}{2}} + \frac{7}{8}x^8 + 6$$

Erste Ableitung:

$$f'(x) = \frac{1}{2} \cdot 5x^{\frac{1}{2}-1} + 8 \cdot \frac{7}{8}x^{8-1} + 0$$
$$= \frac{5}{2}x^{-\frac{1}{2}} + 7x^7$$

Zweite Ableitung:

$$f''(x) = -\frac{1}{2} \cdot \frac{5}{2} x^{-\frac{1}{2}-1} + 7 \cdot 7 x^{7-1}$$
$$= -\frac{5}{4} x^{-\frac{3}{2}} + 49 x^6$$

Dritte Ableitung:

$$f'''(x) = -\frac{3}{2} \cdot \left(-\frac{5}{4}\right) \cdot x^{-\frac{3}{2}-1} + 6 \cdot 49 x^{6-1}$$
$$= \frac{15}{8} x^{-\frac{5}{2}} + 294 x^5$$

Vierte Ableitung:

$$f''''(x) = \dots$$

Aufgabe 6.5

Bestimmen Sie die erste, zweite und dritte Ableitung der folgenden Funktionen.

a) $f(x) = x^{-0{,}8}$

b) $f(x) = 9x^5 + 6x^3 - x + 3$

c) $f(x) = \ln(5)$

d) $f(x) = \frac{1}{8}(2x)^4 + [\cos(x)]^3 - 1{,}32x$

Die Höhen und Tiefen des Lebens: Extrema finden

Merken Sie sich folgendes Vorgehen zur Bestimmung der Extrema einer Funktion.

 Zur Bestimmung von lokalen Extremwerten einer stetig differenzierbaren Funktion gehen Sie wie folgt vor:

1. Erste Ableitung bestimmen

2. Zweite Ableitung bestimmen

3. Erste Ableitung 0 setzen und nach x auflösen

4. Berechnete x-Werte (x^*) in zweite Ableitung einsetzen

   Falls $f''(x^*) < 0$, ist $f(x^*)$ ein lokales Maximum

   Falls $f''(x^*) > 0$, ist $f(x^*)$ ein lokales Minimum

Falls $f''(x^*) = 0$, kann keine Aussage getroffen werden. Bei der Stelle kann es sich um ein Extremum oder auch um einen Sattelpunkt handeln. Entsprechende Beispiele sind die Funktionen x^4 oder x^3 jeweils an der Stelle $x = 0$. Gewissheit erhalten Sie in solch einem Fall anhand der ersten Ableitung durch Prüfung eines Vorzeichenwechsels. Dieser Test wird im Hauptbuch *Wirtschaftsmathematik für Dummies* ausführlich beschrieben.

5. x-Werte in Funktion einsetzen

Die nach dieser Vorgehensweise gefundenen Extremwerte sind lokale Extremwerte. Um zu überprüfen, ob diese ebenfalls globale Extremwerte sind, muss das Verhalten der Funktion für x gegen plus/minus unendlich beziehungsweise bei eingeschränktem Definitionsbereich das Verhalten am Rand des Definitionsbereichs untersucht werden.

Sollte die Funktion nicht stetig differenzierbar sein (beispielsweise die Betragsfunktion), muss ebenfalls an den kritischen Stellen anhand der ersten Ableitung durch Prüfung eines Vorzeichenwechsels untersucht werden, ob es sich um einen Extremwert handelt. Sie betrachten in diesem Kapitel ausschließlich Funktionen, die auf ihrem Definitionsbereich stetig differenzierbar sind.

Ein Anwendungsbeispiel

Bestimmen Sie die lokalen Extremwerte der Funktion $f(x) = \dfrac{2}{3}x^3 + 3x^2 - 20x + 10$.

Schritt 1: Erste Ableitung bestimmen

$$f'(x) = 3 \cdot \frac{2}{3}x^{3-1} + 2 \cdot 3x^{2-1} - 20x^{1-1} + 0$$

$$= 2x^2 + 6x - 20$$

Schritt 2: Zweite Ableitung bestimmen

$$f''(x) = 4x + 6$$

Schritt 3: Erste Ableitung 0 setzen und nach x auflösen

$$0 = 2x^2 + 6x - 20$$

$$0 = x^2 + 3x - 10$$

Anwendung der pq-Formel ergibt dann die beiden Kandidaten x_1 beziehungsweise x_2:

$$x_{1,2} = -\frac{3}{2} \pm \sqrt{\left(\frac{3}{2}\right)^2 - (-10)} \qquad |\text{vereinfachen}$$

$$x_{1,2} = -\frac{3}{2} \pm \sqrt{\frac{49}{4}}$$

$$x_{1,2} = -\frac{3}{2} \pm \frac{7}{2}$$

Somit ergibt sich $x_1 = -5$ sowie $x_2 = 2$.

Schritt 4: Berechnete x-Werte in zweite Ableitung einsetzen

✔ Für $x_1 = -5$ folgt $f''(-5) = 4 \cdot (-5) + 6 = -14$. Da $f''(-5) < 0$, handelt es sich bei der Stelle $x_1 = 5$ um ein lokales Maximum.

✔ Für $x_2 = 2$ folgt $f''(2) = 4 \cdot 2 + 6 = 14$. Da $f''(2) > 0$, ist an der Stelle $x_2 = 2$ ein lokales Minimum.

Schritt 5: x-Werte in die Funktion einsetzen

✔ Für $x_1 = -5$ folgt $f(-5) = \frac{2}{3}(-5)^3 + 3(-5)^2 - 20(-5) + 10 = 101{,}67$

✔ Für $x_2 = 2$ folgt $f(2) = \frac{2}{3}(2)^3 + 3(2)^2 - 20(2) + 10 = -12{,}67$.

Somit ergibt sich ein lokales Maximum an der Stelle $x = -5$ mit $f(-5) = 101{,}67$ und ein lokales Minimum an der Stelle $x = 2$ mit $f(2) = -12{,}67$.

Aufgabe 6.6

Bestimmen Sie die lokalen Extremwerte der Funktionen.

a) $f(x) = 6x^2 + 5x - 3$

b) $f(x) = x^3 + 2x^2 - 15x + 6$

c) $f(x) = 2x^3 - 150x + 9$

Aufgabenstellung aus der Wirtschaft

Die Analysis findet vielseitige Anwendungsmöglichkeiten in der Wirtschaft. Bei den folgenden Aufgaben werden Sie den Gewinn eines Unternehmens maximieren.

Aufgabe 6.7

Die Glasbläserei Cheti ist weltweit bekannt für ihre kunstvoll gestalteten Wodkagläser. Um die angebotene Produktpalette zu erweitern, soll in Kürze ein relativ günstiges Glas auf den Markt gebracht werden. Die Herstellungskosten dieser Serie werden durch folgende Kostenfunktion beschrieben:

$$C(x) = 2x + 500\sqrt{x} + 5.000$$

Dabei ist x die hergestellte Menge. Die Glasbläserei antizipiert zudem eine gewisse Nachfrage nach dem Produkt. Die Marketingabteilung hat dazu die folgende Nachfragefunktion geschätzt:

$$p = 1.000 \cdot x^{-0,5}$$

Die Nachfragefunktion beschreibt den Zusammenhang zwischen dem Verkaufspreis p und der verkauften Menge x. Gehen Sie im Folgenden davon aus, dass die hergestellte Stückzahl komplett verkauft wird.

Wie sollte der Preis für eine Einheit gewählt werden, um einen möglichst hohen Gewinn zu erzielen? Wie hoch ist dieser Gewinn?

Grenzkosten und Grenzerlös berechnen

Die Grenzkosten beziehungsweise der Grenzerlös ist die lineare Approximation der zusätzlichen Kosten beziehungsweise des zusätzlichen Erlöses für jede weitere produzierte beziehungsweise verkaufte Einheit. (Erkennen Sie die Parallele zum Grenzsteuersatz aus Ihrem Lohnsteuerbescheid?)

Aufgabe 6.8

Bestimmen Sie die Grenzkosten und den Grenzerlös für 2.000 produzierte und verkaufte Wodkagläser. Verwenden Sie die Angaben aus Aufgabe 6.7.

Aufgabe 6.9

Die Schänke Schmiddtt ist eine alte, etablierte und ebenso traditionsreiche Currywurstbude im angesagtesten Stadtviertel des Dorfes. In Kürze wird sie ein neues Premiumprodukt am Markt platzieren: ein Schnitzel. Nach jahrelanger Marktbeobachtung haben die Eigentümer die Nachfragefunktion geschätzt und kamen auf wahnsinnige $p = 600 \cdot x^{-0,5}$. Aufgrund der stabilen Kostenstruktur kann die Kostenfunktion für das neue Produkt sehr genau angegeben werden. In Abhängigkeit der hergestellten Menge belaufen sich die Gesamtkosten auf $C(x) = 3x + 322x^{\frac{1}{2}} + 547$. Nehmen Sie an, dass alle hergestellten Schnitzel auch verkauft werden, und bestimmen Sie bitte

a) die Grenzkosten an der Stelle $x = 4.000$.

b) die Erlösfunktion in Abhängigkeit der Menge x.

c) die Grenzerträge an der Stelle $x = 4.000$.

d) die Gewinnfunktion in Abhängigkeit der Menge x.

e) die Ableitung der Gewinnfunktion.

f) die optimale Menge.

g) den optimalen Preis.

h) den maximalen Gewinn.

Lösungen

Lösung zu Aufgabe 6.1

$$f'(x) = 0$$

Lösung zu Aufgabe 6.2

a) $f(x) = x^2$

$$f'(x) = 2 \cdot x^{2-1} = 2x$$

b) $f(x) = \sqrt{x} = x^{\frac{1}{2}}$

$$f'(x) = \frac{1}{2}x^{\frac{1}{2}-1} = \frac{1}{2}x^{-\frac{1}{2}} = \frac{1}{2\sqrt{x}}$$

c) $f(x) = \sqrt[5]{x} = x^{\frac{1}{5}}$

$$f'(x) = \frac{1}{5}x^{\frac{1}{5}-1} = \frac{1}{5}x^{-\frac{4}{5}} = \frac{1}{5\sqrt[5]{x^4}}$$

d) $f(x) = \sqrt[5]{x^3} = x^{\frac{3}{5}}$

$$f'(x) = \frac{3}{5} \cdot x^{\frac{3}{5}-1} = \frac{3}{5}x^{-\frac{2}{5}} = \frac{3}{5\sqrt[5]{x^2}}$$

Lösung zu Aufgabe 6.3

a) $f(x) = x + 8$

$$f'(x) = 1 \cdot x^{1-1} + 0 = 1$$

b) $f(x) = 5x + 9$

$$f'(x) = 5$$

c) $f(x) = 6x^2 - 2x + 3$

$$f'(x) = 2 \cdot 6x^{2-1} - 2 + 0 = 12x - 2$$

d) $f(x) = 6x^{0,6} + 3\sqrt[3]{x} + 3x^4 + 166 = 6x^{0,6} + 3x^{\frac{1}{3}} + 3x^4 + 166$

$$f'(x) = 0,6 \cdot 6x^{0,6-1} + \frac{1}{3} \cdot 3x^{\frac{1}{3}-1} + 4 \cdot 3x^{4-1} = 3,6x^{-0,4} + x^{-\frac{2}{3}} + 12x^3$$

Lösung zu Aufgabe 6.4

a) Hier ergibt sich $f'(x) = 6x - 6 - \cos x$.

b) Die Funktion $f(x) = x^{-4,5} \cdot \ln(x)$ ist ein Produkt der Funktionen $x^{-4,5}$ und $\ln(x)$. Somit kommt die Produktregel zur Anwendung.

$$f'(x) = -4,5 \cdot x^{-5,5} \cdot \ln(x) + x^{-4,5} \cdot \frac{1}{x}$$

$$= -4,5 \cdot x^{-5,5} \cdot \ln(x) + x^{-5,5}$$

c) Die Funktion $f(x) = \dfrac{\log_a x}{3\sqrt{x}}$ ist ein Quotient mit dem Zähler $\log_a x$ und dem Nenner $3\sqrt{x}$.

Zur Bestimmung der Ableitung der Funktion ziehen Sie die Quotientenregel heran (die Klammern im Zähler der ersten Zeile sind mathematisch nicht notwendig, Sie veranschaulichen die Quotientenregel):

$$f'(x) = \frac{\left(\dfrac{1}{x} \cdot \dfrac{1}{\ln(a)}\right) \cdot \left(3\sqrt{x}\right) - (\log_a x) \cdot \left(3 \cdot \dfrac{1}{2} \cdot x^{-\frac{1}{2}}\right)}{\left(3\sqrt{x}\right)^2}$$

$$= \frac{3 \cdot \dfrac{1}{\sqrt{x}} \left(\dfrac{1}{\ln(a)} - \dfrac{1}{2} \log_a x\right)}{3^2 x}$$

$$= \frac{\dfrac{1}{\ln(a)} - \dfrac{1}{2} \log_a x}{3x^{\frac{3}{2}}}$$

d) Die Ableitung von $f(x) = -e^x \cdot \cos(x)$? Einmal mehr die Produktregel:

$$f'(x) = -e^x \cdot \cos(x) + \left(-e^x\right) \cdot \left(-\sin(x)\right)$$

$$= e^x(\sin x - \cos x)$$

e) Die Funktion $f(x) = -\cos\left(2e^x\right)$ ist eine zusammengesetzte Funktion. Verwenden Sie die Kettenregel. Die äußere Funktion ist der Kosinus mal -1, die innere Funktion $2e^x$. Somit ist die Ableitung der Funktion $f'(x) = \sin\left(2e^x\right) \cdot 2e^x$.

Lösung zu Aufgabe 6.5

a) $f(x) = x^{-0,8}$

$$f'(x) = -0,8 \cdot x^{-0,8-1}$$

$$= -0,8 \cdot x^{-1,8}$$

$$f''(x) = -0,8 \cdot (-1,8) \cdot x^{-2,8}$$
$$= 1,44 \cdot x^{-2,8}$$
$$f'''(x) = 1,44 \cdot (-2,8) \cdot x^{-3,8}$$
$$= -4,032 \cdot x^{-3,8}$$

b) $f(x) = 9x^5 + 6x^3 - x + 3$

$$f'(x) = 45x^4 + 18x^2 - 1$$
$$f''(x) = 180x^3 + 36x$$
$$f'''(x) = 540x^2 + 36$$

c) $f(x) = \ln(5) = 1,61$, somit ist die Funktion eine Konstante. Die erste und alle weiteren Ableitungen sind null.

d) $\quad f(x) = \dfrac{1}{8}(2x)^4 + [\cos(x)]^3 - 1,32x$

$$= 2x^4 + [\cos(x)]^3 - 1,32x$$
$$f'(x) = 8x^3 + 3 \cdot [\cos(x)]^2 \cdot [-\sin(x)] - 1,32$$
$$f''(x) = 24x^2 + 3 \cdot 2 \cdot \cos(x) \cdot [-\sin(x)] \cdot [-\sin(x)] + 3 \cdot [\cos(x)]^2 \cdot [-\cos(x)]$$
$$= 24x^2 + 6 \cdot \cos(x) \cdot [\sin(x)]^2 - 3 \cdot [\cos(x)]^3$$
$$f'''(x) = 48x + 6 \cdot [-\sin(x)] \cdot [\sin(x)]^2 + 6 \cdot \cos(x) \cdot 2 \cdot \sin(x) \cdot \cos(x) - 3 \cdot 3 \cdot [\cos(x)]^2 \cdot [-\sin(x)]$$
$$= 48x - 6 \cdot [\sin(x)]^3 + 12 \cdot [\cos(x)]^2 \cdot \sin(x) + 9 \cdot [\cos(x)]^2 \cdot [\sin(x)]$$
$$= 48x - 6 \cdot [\sin(x)]^3 + 21 \cdot [\cos(x)]^2 \cdot \sin(x)$$

Lösung zu Aufgabe 6.6

a) Gegeben ist die Funktion $f(x) = 6x^2 + 5x - 3$.

Schritt 1: Erste Ableitung bestimmen

$$f'(x) = 12x + 5$$

Schritt 2: Zweite Ableitung bestimmen

$$f''(x) = 12$$

Schritt 3: Erste Ableitung 0 setzen und nach x auflösen

$$0 = 12x + 5$$
$$x = -\frac{5}{12}$$

Schritt 4: Werte in zweite Ableitung einsetzen

$$f''\left(-\frac{5}{12}\right) = 12$$

Da $f''\left(-\frac{5}{12}\right) > 0$, ist der Extremwert an der Stelle $x = -\frac{5}{12}$ ein lokales Minimum.

Schritt 5: Werte in Funktion einsetzen

$$f\left(-\frac{5}{12}\right) = 6\left(-\frac{5}{12}\right)^2 + 5 \cdot \left(-\frac{5}{12}\right) - 3 = -4{,}04$$

Das Minimum an der Stelle $x = -\frac{5}{12}$ ist $f\left(-\frac{5}{12}\right) = -4{,}04$.

b) Gegeben ist die Funktion $f(x) = x^3 + 2x^2 - 15x + 6$.

Schritt 1: Erste Ableitung bestimmen

$$f'(x) = 3x^2 + 4x - 15$$

Schritt 2: Zweite Ableitung bestimmen

$$f''(x) = 6x + 4$$

Schritt 3: Erste Ableitung 0 setzen und nach x auflösen

$$0 = 3x^2 + 4x - 15$$

Es folgt mithilfe der pq-Formel $x_1 = -3$ und $x_2 = \frac{5}{3}$.

Schritt 4: Werte in zweite Ableitung einsetzen

$$f''(-3) = 6(-3) + 4 = -14$$

Da $f''(-3) < 0$, ist der Extremwert an der Stelle $x = -3$ ein Maximum.

$$f''\left(\frac{5}{3}\right) = 6 \cdot \frac{5}{3} + 4 = 14$$

Da $f''\left(\frac{5}{3}\right) > 0$, ist der Extremwert an der Stelle $x = \frac{5}{3}$ ein Minimum.

Schritt 5: Werte in Funktion einsetzen

$$f(-3) = (-3)^3 + 2(-3)^2 - 15(-3) + 6 = 42$$

Es ergibt sich ein Maximum an der Stelle $x = -3$ mit $f(-3) = 42$.

$$f\left(\frac{5}{3}\right) = \left(\frac{5}{3}\right)^3 + 2\left(\frac{5}{3}\right)^2 - 15\left(\frac{5}{3}\right) + 6 = -8{,}81$$

Das Minimum an der Stelle $x = \frac{5}{3}$ ist $f\left(\frac{5}{3}\right) = -8{,}81$.

c) Die Funktion $f(x) = 2x^3 - 150x + 9$ ist gegeben.

Schritt 1: Erste Ableitung bestimmen

$$f'(x) = 6x^2 - 150$$

Schritt 2: Zweite Ableitung bestimmen

$$f''(x) = 12x$$

Schritt 3: Erste Ableitung 0 setzen und nach x auflösen

$$0 = 6x^2 - 150$$

Es folgt $x_1 = -5$ und $x_2 = 5$.

Schritt 4: Werte in zweite Ableitung einsetzen

$$f''(-5) = 12 \cdot (-5) = -60$$

Da $f''(-5) < 0$, ist der Extremwert an der Stelle $x = -5$ ein Maximum.

$$f''(5) = 12 \cdot 5 = 60$$

Da $f''(5) > 0$, ist der Extremwert an der Stelle $x = 5$ ein Minimum.

Schritt 5: Werte in Funktion einsetzen

$$f(-5) = 2(-5)^3 - 150 \cdot (-5) + 9 = 509$$

Das Maximum an der Stelle $x = -5$ ist $f(-5) = 509$.

$$f(5) = 2(5)^3 - 150 \cdot 5 + 9 = -491$$

Das Minimum an der Stelle $x = 5$ ist $f(5) = -491$.

Lösung zu Aufgabe 6.7

Zur Beantwortung dieser Frage müssen Sie wissen, welchen Gewinn die Glasbläserei bei welchem Preis erzielt. Bei einem niedrigen Stückpreis werden zwar relativ viele Wodkagläser verkauft, aber eben nur zu einem geringen Preis. Bei einem hohen Stückpreis verkaufen Sie hingegen nur wenige Gläser. Der optimale Preis liegt irgendwo in der Mitte.

Um die Fragen zu beantworten, benötigen Sie eine Gewinnfunktion in Abhängigkeit des gewählten Preises.

Dazu berechnen Sie zunächst den Verkaufserlös $R(x)$, von englisch *revenue*, in Abhängigkeit der verkauften Menge. Der Erlös (beziehungsweise Umsatz) ist das Produkt aus Verkaufspreis p und verkaufter Menge x. Durch Einsetzen der Nachfragefunktion folgt:

$$
\begin{aligned}
R(x) &= x \cdot p && |\text{ Nachfragefunktion für } p \text{ einsetzen} \\
&= x \cdot 1.000 \cdot x^{-0,5} && |\text{ vereinfachen} \\
&= 1.000 \cdot x^{0,5} \\
&= 1.000 \cdot \sqrt{x}
\end{aligned}
$$

Der Gewinn (englisch *profit*) ist schließlich der Umsatz minus die Kosten.

$$
\begin{aligned}
P(x) &= R(x) - C(x) \\
&= 1.000 \cdot \sqrt{x} - \left(2x + 500\sqrt{x} + 5.000 \right) \\
&= -2x + 500\sqrt{x} - 5.000
\end{aligned}
$$

Die Gewinnfunktion $P(x)$ gibt den Gewinn in Abhängigkeit der verkauften Menge x an. Die Stelle, an der die Funktion ihr Maximum annimmt, gibt die optimale Produktionsmenge wieder, bei dieser Menge wird also der höchstmögliche Gewinn erzielt. Um die entsprechende Stelle zu bestimmen, untersuchen Sie die Funktion nun auf ihre Extremwerte. Dazu verwenden Sie das vorhin vorgestellte Vorgehen und bestimmen zunächst die erste Ableitung der Gewinnfunktion:

$$
\begin{aligned}
P'(x) &= -2 + 500 \cdot \frac{1}{2} \cdot x^{-0,5} \\
&= -2 + 250 \cdot x^{-0,5}
\end{aligned}
$$

Bitte beachten Sie, dass die Gewinnfunktion für $x < 0$ nicht definiert ist (wie übrigens auch die Funktionen für Verkaufserlös und Kosten). Dies stellt allerdings kein Problem dar, da die verkaufte Menge hoffentlich positiv sein wird. Läuft das Geschäft einmal sehr schlecht, werden vielleicht keine (also 0) Gläser verkauft. Eine negative Stückzahl kann es jedoch niemals geben.

Um die Extremwerte dieser Funktion zu finden, wird die Ableitung gleich 0 gesetzt. Es folgt

$$0 = -2 + 250 \cdot x^{-0,5} \qquad |+2$$
$$2 = 250 \cdot \frac{1}{x^{0,5}} \qquad |\cdot x^{0,5}$$
$$2x^{0,5} = 250 \qquad |:2$$
$$x^{0,5} = 125 \qquad |( )^2$$
$$x = 125^2$$
$$x = 15.625.$$

Handelt es sich hierbei um ein Minimum oder ein Maximum? Zur Überprüfung betrachten Sie die zweite Ableitung der Gewinnfunktion an der Stelle $x = 15.625$.

$$P''(x) = 250 \cdot \left(-\frac{1}{2} \cdot\right) x^{-0,5-1}$$
$$= -125 \cdot x^{-1,5}$$

Für $x = 15.625$ gilt:

$$P''(15.625) = -125 \cdot 15.625^{-1,5} < 0$$

Somit handelt es sich um ein Maximum. Nun kann die erste Frage beantwortet werden. Der Preis sollte bei

$$p(15.625) = 1.000 \cdot 15.625^{-0,5} = 8$$

gewählt werden, um den maximalen Gewinn zu erzielen. Zur Bestimmung des größtmöglichen Gewinns berechnen Sie den Funktionswert der Gewinnfunktion an der Stelle $x = 15.625$. Es ergibt sich ein maximaler Gewinn in Höhe von

$$P_{\max}(15.625) = -2 \cdot 15.625 + 500\sqrt{15.625} - 5.000 = 26.250.$$

Es kann durchaus passieren, dass der maximale Gewinn negativ ist. Dies bedeutet, dass Sie unabhängig von der verkauften Menge immer einen Verlust machen werden. In solch einem Fall sollten Sie das Geschäft lieber bleiben lassen.

Lösung zu Aufgabe 6.8

Die Grenzkosten entsprechen der ersten Ableitung der Kostenfunktion und somit für die Kostenfunktion aus Aufgabe 6.7:

$$C'(x) = 2 + 250x^{-\frac{1}{2}}$$

An der Stelle $x = 2.000$ nehmen die Grenzkosten den folgenden Wert an:

$$C'(2.000) = 2 + 250 \cdot 2.000^{-\frac{1}{2}}$$
$$= 7,59$$

Die 2001. Einheit verursacht somit zusätzliche Kosten in Höhe von 7.59.

Der Grenzerlös ergibt sich als Ableitung der Erlösfunktion zu

$$R'(x) = 1.000 \cdot 0,5 \cdot x^{0,5-1}$$
$$= 500 \cdot x^{-0,5}.$$

Der Grenzerlös an der Stelle $x = 2.000$ ist

$$R'(2.000) = 500 \cdot 2.000^{-0,5}$$
$$= 11.18.$$

Mit der 2001. Einheit erzeugen Sie einen zusätzlichen Umsatz in Höhe von 11.18. Dies ist mehr als die Grenzkosten, also mehr, als eine zusätzliche Einheit kostet. Es ist also sinnvoll, die 2001. Einheit zu produzieren und zu verkaufen, da Sie damit einen Gewinn erzielen. Die Frage, wie viel Stück Sie verkaufen sollen, damit Sie den maximalen Gewinn erzielen, haben Sie in der vorherigen Aufgabe beantwortet. An dieser Stelle sind die Grenzkosten und der Grenzerlös gleich. Bei einer Stückzahl, die über der optimalen Menge liegt, sind die Grenzkosten größer als der Grenzerlös. Dann lohnt es sich nicht mehr, den Preis zu senken, um so die Verkaufsmenge zu erhöhen, weil der zusätzliche Erlös durch die zusätzlichen Kosten mehr als aufgefressen wird.

Lösung zu Aufgabe 6.9

Gegeben ist $C(x) = 3x + 322x^{\frac{1}{2}} + 547$ und $p = 600 \cdot x^{-0,5}$.

a) Die Grenzkosten an der Stelle $x = 4.000$ ergeben sich durch Einsetzen in die Ableitung der Kostenfunktion zu

$$C'(x) = 3 + 161x^{-\frac{1}{2}}$$
$$C'(4.000) = 3 + 161 \cdot (4.000)^{-\frac{1}{2}} = 5,55.$$

b) Die Erlösfunktion in Abhängigkeit der Menge folgt durch Einsetzen der Nachfragefunktion in $R(x)$:

$$R(x) = x \cdot p = x \cdot 600 \cdot x^{-0,5} = 600x^{0,5}$$

c) Zur Berechnung der Grenzerlöse an der Stelle $x = 4.000$ benötigen Sie die Ableitung der Erlösfunktion. Anschließend können Sie einsetzen.

$$R'(x) = 300x^{-0,5}$$
$$R'(4.000) = 300(4.000)^{-0,5} = 4,74$$

Der aufmerksame Leser – und dazu gehören Sie bestimmt – wird sicherlich bemerkt haben, dass die Grenzkosten für 4.000 hergestellte Stück größer sind als der Grenzerlös. Die optimale Menge, also die Menge, bei der Sie den größtmöglichen Gewinn erzielen, wird daher wohl kleiner sein. Lassen Sie es uns im Folgenden überprüfen!

d) Die Gewinnfunktion in Abhängigkeit der Menge x ist gegeben als Erlös minus Kosten. Es folgt

$$P(x) = R(x) - C(x)$$

$$= 600x^{0,5} - \left(3x + 322x^{\frac{1}{2}} + 547\right)$$

$$= 600x^{0,5} - 3x - 322x^{0,5} - 547$$

$$= 278x^{0,5} - 3x - 547.$$

e) Die erste Ableitung der Gewinnfunktion ist

$$P'(x) = 139x^{-0,5} - 3.$$

f) Die optimale Menge ergibt sich schließlich durch Maximierung der Gewinnfunktion. Dazu wird deren Ableitung gleich null gesetzt.

$$P'(x) = 0$$

Dies gilt, falls

$$
\begin{array}{ll}
0 = 139x^{-0,5} - 3 & |+3 \\
3 = 139x^{-0,5} & |\cdot x^{0,5} \\
3x^{0,5} = 139 & |:3 \\
x^{0,5} = \dfrac{139}{3} & |(\,)^2 \\
x = \left(\dfrac{139}{3}\right)^2 & \\
= 2.146{,}78. &
\end{array}
$$

Anhand der zweiten Ableitung der Gewinnfunktion überprüfen Sie, ob tatsächlich ein Maximum an der Stelle $x = 2.146{,}78$ der Gewinnfunktion ist:

$$P''(x) = -69{,}5x^{-1,5}$$

an der Stelle $x = 2.146{,}78$ folgt

$$P''(2.146{,}78) < 0.$$

Somit ist an der Stelle $x = 2.146{,}78$ der Gewinnfunktion ein Maximum.

Sehen Sie, Sie haben in Aufgabenteil c) richtig getippt. Die optimale Menge ist kleiner als 4.000.

g) Der optimale Preis kann durch Einsetzen der optimalen Menge in die Nachfragefunktion berechnet werden als

$$p = 600 \cdot x^{-0,5}.$$

Mit $x = 2.146{,}78$ somit

$$p = 600 \cdot (2.146{,}78)^{-0,5} = 12{,}95.$$

h) Der maximale Gewinn ergibt sich schließlich durch Einsetzen in die Gewinnfunktion zu

$$P(x) = 278x^{0,5} - 3x - 547.$$

Für $x = 2.146,78$ also

$$P(2146,78) = 278 \cdot 2.146,78^{0,5} - 3 \cdot 2.146,78 - 547$$
$$= 5.893,33.$$

Mehrdimensionale Funktionen

In diesem Kapitel

▷ Partielle Ableitungen bilden

▷ Ableitungen höherer Ordnung bestimmen

▷ Minima und Maxima mehrdimensionaler Funktionen bestimmen

I n den bisherigen Kapiteln zum Thema *Analysis* haben Sie sich mit *eindimensionalen Funktionen* befasst – auch wenn Ihnen das vielleicht gar nicht bewusst war. Eindimensional bedeutet, dass es eine unabhängige Variable gibt. Das ist beispielsweise bei der Funktion $f(x) = x^2 + 3x + 4$ der Fall. Hier ist x die einzige unabhängige Variable. Spätestens jetzt ahnen Sie bestimmt, was es mit den *mehrdimensionalen Funktionen* auf sich hat. Das sind Funktionen mit mehreren unabhängigen Variablen, zum Beispiel $f(x_1, x_2, x_3) = 2x_1 + 5x_2 - x_3^2$. Dieses Kapitel widmet sich dieser Art von Funktionen. Es wird zunächst darum gehen, Funktionen mit mehreren Variablen partiell abzuleiten. Los geht's mit Ableitungen erster Ordnung, bevor Sie sich Ableitungen höherer Ordnungen widmen. Anschließend werden Sie die Minima und Maxima mehrdimensionaler Funktionen ausrechnen. Beim Lösen der Aufgaben können Sie Ihr Wissen aus Kapitel 6 anwenden und wiederholen. Außerdem dürfen Sie sich auf ein Wiedersehen mit den erfolgreichen Jungunternehmern Fritz und Karl freuen.

Lassen Sie sich kein x für ein u vormachen – partielle Ableitungen bilden

Bei mehrdimensionalen Funktionen gibt es mehrere unabhängige Variablen – und damit auch mehrere Möglichkeiten, nach welcher Variablen abgeleitet werden soll.

Eine *partielle Ableitung* ist die Ableitung einer mehrdimensionalen Funktion nach einer der unabhängigen Variablen.

Dabei sollten Sie immer angeben, nach welcher Variablen Sie ableiten. Möchten Sie beispielsweise die Funktion $f(x_1, x_2, x_3)$ nach x_1 ableiten, schreiben Sie $\dfrac{\partial f(x_1, x_2, x_3)}{\partial x_1}$.

Und wie funktioniert nun das partielle Ableiten? Genauso wie das Differenzieren eindimensionaler Funktionen! Sie müssen nur einen Trick beachten.

Beim partiellen Ableiten einer mehrdimensionalen Funktion nach einer unabhängigen Variablen werden alle anderen Variablen wie Konstanten behandelt.

Aufgabe 7.1

Bestimmen Sie die partiellen Ableitungen.

a) $f(x_1, x_2, x_3) = 3x_1 - x_2^4 + 5x_3^2$

b) $g(x_1, x_2, x_3) = \frac{1}{2}x_1 x_3^2 - \frac{1}{3}\sqrt{x_2}$

c) $h(x, y) = e^{xy^4}$

d) $f(x, y) = 7\dfrac{x}{y^a}$

e) $k(a, b) = \ln\left(2a + \dfrac{4}{b}\right)$

f) $g(x_1, x_2) = \sin(x_1^2 - x_2) \cdot 3x_2^2$

Für alle, die höher hinaus wollen – Ableitungen höherer Ordnung

Auch bei mehrdimensionalen Funktionen können Sie nicht nur die erste Ableitung bestimmen, sondern auch *Ableitungen höherer Ordnung* bilden. Die zweite Ableitung erhalten Sie, indem Sie die erste Ableitung erneut ableiten. Auch diese können Sie dann noch einmal ableiten, um die dritte Ableitung zu bestimmen und so weiter und so weiter. Bei mehrdimensionalen Funktionen stellt sich die Frage, nach welcher Variablen jeweils abgeleitet wird. Wird eine Funktion f mit zwei Variablen x_1 und x_2 zweimal abgeleitet, so ergeben sich vier mögliche Ableitungen:

✔ $\dfrac{\partial^2 f(x_1, x_2)}{\partial x_1^2}$, wenn die Funktion f zweimal nach x_1 abgeleitet wurde.

✔ $\dfrac{\partial^2 f(x_1, x_2)}{\partial x_2^2}$, wenn die Funktion f zweimal nach x_2 abgeleitet wurde.

✔ $\dfrac{\partial^2 f(x_1, x_2)}{\partial x_1 \partial x_2}$, wenn die Funktion f zunächst nach x_1 und dann nach x_2 abgeleitet wurde.

✔ $\dfrac{\partial^2 f(x_1, x_2)}{\partial x_2 \partial x_1}$, wenn die Funktion f zunächst nach x_2 und dann nach x_1 abgeleitet wurde.

$\dfrac{\partial^2 f(x_1, x_2)}{\partial x_1 \partial x_2}$ und $\dfrac{\partial^2 f(x_1, x_2)}{\partial x_1 \partial x_2}$ werden auch als *Kreuzableitungen* bezeichnet.

Die zweiten Ableitungen einer mehrdimensionalen Funktion können Sie in einer Matrix festhalten, der sogenannten *Hessematrix*. Für eine zweidimensionale Funktion f mit den Variablen x_1 und x_2 sieht die Hessematrix so aus:

$$H_f(x_1, x_2) = \begin{pmatrix} \dfrac{\partial^2 f(x_1, x_2)}{\partial x_1^2} & \dfrac{\partial^2 f(x_1, x_2)}{\partial x_2 \partial x_1} \\[3mm] \dfrac{\partial^2 f(x_1, x_2)}{\partial x_1 \partial x_2} & \dfrac{\partial^2 f(x_1, x_2)}{\partial x_2^2} \end{pmatrix}$$

Mehr zum Thema Matrizen erfahren Sie in Teil III dieses Buches. Für dieses Kapitel ist eine bestimmte Kennzahl relevant, die Determinante der Hessematrix. Details zur Berechnung einer Determinante erfahren Sie in Kapitel 11 *Noch mehr Möglichkeiten mit Matrizen*. Die Determinante der Hessematrix wird berechnet als:

$$\det(H_f(x_1, x_2)) = \frac{\partial^2 f(x_1, x_2)}{\partial x_1^2} \cdot \frac{\partial^2 f(x_1, x_2)}{\partial x_2^2} - \frac{\partial^2 f(x_1, x_2)}{\partial x_1 \partial x_2} \cdot \frac{\partial^2 f(x_1, x_2)}{\partial x_2 \partial x_1}$$

Aufgabe 7.2

Bestimmen Sie $\dfrac{\partial^3 f(x, y)}{\partial y \partial x^2}$ der Funktion $f(x, y) = \dfrac{e^{x^2}}{y}$.

Aufgabe 7.3

Bestimmen Sie alle zweiten Ableitungen der Funktion $g(x_1, x_2, x_3) = \sqrt{x_2} \cdot \sin\left(x_1 x_3^2\right)$.

Aufgabe 7.4

Bestimmen Sie die Hessematrix der Funktion $h(x_1, x_2) = 5 \ln\left(2 x_1^2 x_2^3\right)$.

Aufgabe 7.5

Gegeben ist die Funktion $f(x, y) = x^2 y^a$.

a) Bestimmen Sie die Hessematrix von $f(x, y)$.

b) Berechnen Sie die Determinante der Hessematrix für $a = 3$.

Minima und Maxima bestimmen

Wie eindimensionale Funktionen haben auch mehrdimensionale Funktionen *Extrema*. Das Vorgehen zur Bestimmung minimaler und maximaler Funktionswerte einer zweidimensionalen Funktion ähnelt dem bei eindimensionalen Funktionen. Möchten Sie beispielsweise die Extrema von $f(x_1, x_2) = 2x_1^2 + 3x_2^2$ bestimmen, müssen Sie zunächst eine Kandidatenliste für mögliche Extrema aufstellen, indem die erste Ableitung gleich null gesetzt wird. Aber Moment mal – welche erste Ableitung eigentlich? Beide! Setzen Sie die beiden partiellen Ableitungen nach x_1 und nach x_2 gleich null und lösen Sie das entstehende Gleichungssystem.

$$\frac{\partial f(x_1, x_2)}{\partial x_1} = 4x_1 = 0 \iff x_1 = 0$$

$$\frac{\partial f(x_1, x_2)}{\partial x_2} = 6x_2 = 0 \iff x_2 = 0$$

Als Ergebnis erhalten Sie Zahlenpaare (x_1^*, x_2^*), die als Extremstellen in Betracht kommen. In diesem Fall ist das nur ein Zahlenpaar, nämlich $\left(x_1^*, x_2^*\right) = (0, 0)$.

Im nächsten Schritt überprüfen Sie alle Kandidaten (x_1^*, x_2^*) Ihrer Liste daraufhin, ob es sich wirklich um Extrema handelt und wenn ja, ob ein Minimum oder ein Maximum vorliegt. Dabei gelten die folgenden Entscheidungsregeln:

✔ (x_1^*, x_2^*) ist eine lokale Minimalstelle, wenn $\det(H_f(x_1^*, x_2^*)) > 0$ und $\dfrac{\partial^2 f}{\partial x_1^2}(x_1^*, x_2^*) > 0$ ist.

✔ (x_1^*, x_2^*) ist eine lokale Maximalstelle, wenn $\det(H_f(x_1^*, x_2^*)) > 0$ und $\dfrac{\partial^2 f}{\partial x_1^2}(x_1^*, x_2^*) < 0$ ist.

✔ (x_1^*, x_2^*) ist weder eine Minimal- noch eine Maximalstelle, wenn $\det(H_f(x_1^*, x_2^*)) < 0$ ist.

Im Fall von $f(x_1, x_2)$ sind die Hessematrix und ihre Determinante problemlos zu bestimmen.

$$H_f(x_1, x_2) = \begin{pmatrix} \dfrac{\partial^2 f(x_1, x_2)}{\partial x_1^2} & \dfrac{\partial^2 f(x_1, x_2)}{\partial x_2 \partial x_1} \\[2ex] \dfrac{\partial^2 f(x_1, x_2)}{\partial x_1 \partial x_2} & \dfrac{\partial^2 f(x_1, x_2)}{\partial x_2^2} \end{pmatrix} = \begin{pmatrix} 4 & 0 \\ 0 & 6 \end{pmatrix}$$

$$\det\left(H_f(0,0)\right) = \frac{\partial^2 f(0,0)}{\partial x_1^2} \cdot \frac{\partial^2 f(0,0)}{\partial x_2^2} - \frac{\partial^2 f(0,0)}{\partial x_1 \partial x_2} \cdot \frac{\partial^2 f(0,0)}{\partial x_2 \partial x_1} = 4 \cdot 6 - 0 \cdot 0 = 24$$

Sowohl die Determinante der Hessematrix als auch $\dfrac{\partial^2 f}{\partial x_1^2}$ sind an der Stelle $(x_1^*, x_2^*) = (0,0)$ positiv, sodass Sie wissen, dass es sich um ein Minimum handelt.

Aufgabe 7.6

Die Show des jungen Jongleurs Jonas besteht aus zwei Elementen: dem klassischen Jonglieren mit bunten Bällen und dem Jonglieren mit Fackeln. Seine Praktikantin Paula, die nicht nur hervorragend mit bunten Bällen, sondern auch mit Zahlen jonglieren kann, hat eine Zufriedenheitsumfrage unter den Zuschauern durchgeführt. Sie möchte herausfinden, wie oft Jonas welches Element in seiner Show verwenden sollte. Sie hat festgestellt, dass die Zufriedenheit $z(x, y)$ durch die folgende Gleichung berechnet werden kann:

$$z(x, y) = 6 - 5x^2 + 2x + 4xy - y^2$$

Dabei ist x die Häufigkeit, mit der Jonas das klassische Showelement einsetzt. Er jongliert y-mal mit Fackeln. Berechnen Sie, wie häufig der Jongleur Jonas mit bunten Bällen und mit Fackeln jonglieren sollte, sodass die Zufriedenheit der Zuschauer maximiert wird.

Aufgabe 7.7

Die beiden erfolgreichen Unternehmer-Brüder Fritz und Karl erweitern ihr Produktangebot und stellen nun neben Katzen-GPS auch Halsbänder für Goldfische her. Das war die sensationell gute Idee von Karl, dem kreativen Kopf der Firma. Finanzgenie Fritz bestimmt daraufhin die neue Kostenfunktion des Unternehmens. Dabei ist g die Anzahl der GPS-Systeme und h die Anzahl der Halsbänder.

$$K(g, h) = g^2 - 60g + h^2 - gh + 5.000$$

Bestimmen Sie die Anzahl der GPS-Systeme für Kätzchen und der Halsbänder für Goldfische so, dass die Kosten minimal sind.

Aufgabe 7.8

Der kreative Karl misstraut den Berechnungen seines Bruders Fritz. Finanzgenie hin oder her – wie kann es sein, dass die Kosten bei der Produktion von $(g^*, h^*) = (40,20)$ geringer sind, als wenn gar nichts produziert würde? Und was soll das überhaupt mit der Kostenminimierung? Fritz scheint nicht an den Erfolg von Karls Ideen zu glauben und möchte daher lieber Kosten minimieren, als den Gewinn zu maximieren. So ein Quatsch! Haben Sie schon mal einen Goldfisch mit Halsband gesehen? Nein – also eine absolute Marktlücke!

Karl stellt daraufhin eigene Nachforschungen an und ist sich absolut sicher, dass die Gewinnfunktion des Unternehmens so aussieht:

$$G(g, h) = 3gh - g^3 - h^3$$

Leider kennt Karl sich nicht weiter mit Zahlen aus und ist zu stolz, um seinen Bruder Fritz um Hilfe zu bitten. Er möchte die Produktionsmengen so bestimmen, dass der Gewinn maximiert wird. Helfen Sie ihm?

Lösungen

Lösung zu Aufgabe 7.1

Beim partiellen Ableiten nach einer Variablen betrachten Sie alle anderen Variablen wie Konstanten. Ansonsten gelten alle Ableitungsregeln, die Sie in Kapitel 6 *Eine Diskussion der Kurven: Testen Sie Ihr Fahrverhalten* kennengelernt haben, auch für mehrdimensionale Funktionen. Daher ist diese Aufgabe eigentlich eine Wiederholung für Sie – kein Problem, oder?!

a) Ausgangspunkt ist die Funktion $f(x_1, x_2, x_3) = 3x_1 - x_2^4 + 5x_3^2$. Wenn Sie die Funktion nach x_1 ableiten möchten, behandeln Sie x_2 und x_3 wie Konstanten. In diesem Fall werden die »Konstanten« addiert. Sie können sie damit getrost ignorieren.

$$\frac{\partial f(x_1, x_2, x_3)}{\partial x_1} = 3 - 0 + 0 = 3$$

$$\frac{\partial f(x_1, x_2, x_3)}{\partial x_2} = 0 - 4x_2^3 + 0 = -4x_2^3$$

$$\frac{\partial f(x_1, x_2, x_3)}{\partial x_3} = 0 - 0 + 10x_3 = 10x_3$$

b) Sie betrachten die Funktion $g(x_1, x_2, x_3) = \frac{1}{2}x_1 x_3^2 - \frac{1}{3}\sqrt{x_2}$. Hier werden die Variablen nicht nur addiert, sondern x_1 und x_3 werden miteinander multipliziert. Das ändert aber nichts an Ihrem Vorgehen. Sie betrachten die anderen Variablen als Konstanten, wenn Sie nach einer Variablen ableiten.

$$\frac{\partial g(x_1, x_2, x_3)}{\partial x_1} = \frac{1}{2}x_3^2 - 0 = \frac{1}{2}x_3^2$$

$$\frac{\partial g(x_1, x_2, x_3)}{\partial x_2} = 0 - \frac{1}{3} \cdot \frac{1}{2} \cdot \frac{1}{\sqrt{x_2}} = -\frac{1}{6\sqrt{x_2}}$$

$$\frac{\partial g(x_1, x_2, x_3)}{\partial x_3} = \frac{1}{2}x_1 \cdot 2x_3 - 0 = x_1 x_3$$

c) Nun ist $h(x, y) = e^{xy^4}$. Auch beim partiellen Ableiten gilt die Kettenregel: äußere Ableitung mal innere Ableitung! Sie erhalten die beiden partiellen Ableitungen:

$$\frac{\partial h(x, y)}{\partial x} = y^4 e^{xy^4}$$

$$\frac{\partial h(x, y)}{\partial y} = x \cdot 4y^3 \cdot e^{xy^4} = 4xy^3 e^{xy^4}$$

d) Achtung, bei $f(x, y) = 7\frac{x}{y^a}$ müssen Sie genau hinschauen. Die beiden unabhängigen Variablen sind x und y. a ist hingegen eine Konstante. Sie müssen daher die partiellen Ableitungen nach x und y, nicht aber nach a bestimmen.

$$\frac{\partial f(x, y)}{\partial x} = 7 \cdot \frac{1}{y^a} = \frac{7}{y^a}$$

$$\frac{\partial f(x, y)}{\partial y} = 7 \cdot (-a) \cdot \frac{x}{y^{a+1}} = -\frac{7ax}{y^{a+1}}$$

e) Auch hier bei der Ableitung der Funktion $k(a, b) = \ln\left(2a + \frac{4}{b}\right)$ findet die Kettenregel Anwendung. Die Ableitung von $\ln x$ ist $\frac{1}{x}$. Die äußere Ableitung von $\ln\left(2a + \frac{4}{b}\right)$ ist somit $\frac{1}{2a + \frac{4}{b}}$. Da dieser Bruch nicht sonderlich hübsch aussieht, können Sie ihn durch die Multiplikation mit $\frac{b}{b}$ etwas ansehnlicher machen. Die hübsch gemachte äußere Ableitung müssen Sie dann nur noch mit der inneren Ableitung multiplizieren.

$$\frac{\partial k(a, b)}{\partial a} = \frac{1}{2a + \frac{4}{b}} \cdot 2 = \frac{1}{a + \frac{2}{b}} = \frac{b}{b} \cdot \frac{1}{a + \frac{2}{b}} = \frac{b}{b \cdot \left(a + \frac{2}{b}\right)} = \frac{b}{ab + 2}$$

$$\frac{\partial k(a, b)}{\partial b} = \frac{1}{2a + \frac{4}{b}} \cdot \left(\frac{-4}{b^2}\right) = -\frac{4}{b^2 \cdot \left(2a + \frac{4}{b}\right)} = -\frac{4}{2ab^2 + 4b} = -\frac{2}{ab^2 + 2b}$$

f) Zum Schluss kommt's noch mal richtig dick! Bei den partiellen Ableitungen von $g(x_1, x_2) = \sin(x_1^2 - x_2) \cdot 3x_2^2$ kommen verschiedene Dinge zusammen. Wenn Sie einen kühlen Kopf bewahren und Ihre Gedanken etwas sortieren, sollte das aber kein Problem sein. Schließlich sind Sie nach den vielen Aufgaben schon Profi im Ableiten.

Zunächst einmal müssen Sie sich daran erinnern, dass die Ableitung einer Sinusfunktion die Kosinusfunktion ist. Auch bei dieser Aufgabe kommt die Kettenregel zum Einsatz, aber mittlerweile wissen Sie wahrscheinlich im Schlaf, dass Sie die äußere mit der inneren Ableitung multiplizieren müssen.

So richtig kompliziert wird es dann bei der Ableitung nach x_2. Denn hier kommt auch noch die Produktregel zum Einsatz. Die gilt immer dann, wenn eine Funktion aus dem Produkt von zwei Einzelfunktionen besteht: $f(x) = u(x) \cdot v(x)$. Die Ableitung berechnen Sie dann als $f'(x) = u'(x) \cdot v(x) + u(x) \cdot v'(x)$. Wenn Sie all das im Kopf haben, sind Sie bestens gewappnet für die partiellen Ableitungen von $g(x_1, x_2)$ – auch wenn das Ergebnis nicht sonderlich hübsch ist.

$$\frac{\partial g(x_1, x_2)}{\partial x_1} = \cos(x_1^2 - x_2) \cdot 2x_1 \cdot 3x_2^2 = 6x_1 x_2^2 \cos(x_1^2 - x_2)$$

$$\frac{\partial g(x_1, x_2)}{\partial x_2} = \cos(x_1^2 - x_2) \cdot (-1) \cdot 3x_2^2 + \sin(x_1^2 - x_2) \cdot 6x_2$$

$$= -3x_2^2 \cos(x_1^2 - x_2) + 6x_2 \sin(x_1^2 - x_2)$$

Lösung zu Aufgabe 7.2

Im Zähler steht $\partial^3 f$, weshalb Sie wissen, dass die dritte Ableitung gesucht ist. Um zu erfahren, nach welchen Variablen Sie ableiten sollen, betrachten Sie den Nenner des Bruchs von links nach rechts: $\partial y \partial x^2$. Sie leiten demnach zuerst nach y und dann zweimal nach x ab. Sie beginnen mit der partiellen Ableitung von $f(x, y) = \dfrac{e^{x^2}}{y}$ nach y.

$$\frac{\partial f(x, y)}{\partial y} = (-1) \cdot \frac{e^{x^2}}{y^2} = -\frac{e^{x^2}}{y^2}$$

Im nächsten Schritt leiten Sie diese Funktion nun nach x ab. Bei der Ableitung des Zählers des Bruchs kommt die Kettenregel zum Einsatz. Im Nenner taucht x nicht auf, weshalb er sich beim Ableiten auch nicht ändert.

$$\frac{\partial^2 f(x, y)}{\partial y \partial x} = -\frac{e^{x^2} \cdot 2x}{y^2} = -\frac{2x e^{x^2}}{y^2}$$

Zum Schluss leiten Sie noch einmal nach x ab. Der Nenner bleibt erneut unverändert. Bei der Ableitung des Zählers brauchen Sie nun neben der Kettenregel auch die Produktregel.

$$\frac{\partial^3 f(x, y)}{\partial y \partial x^2} = -\frac{2e^{x^2} + 2x \cdot e^{x^2} \cdot 2x}{y^2} = -\frac{2e^{x^2} + 4x^2 e^{x^2}}{y^2} = -\frac{2e^{x^2}}{y^2} \cdot (1 + 2x^2)$$

Lösung zu Aufgabe 7.3

Die dreidimensionale Funktion $g(x_1, x_2, x_3) = \sqrt{x_2} \cdot \sin(x_1 x_3^2)$ hat $3^2 = 9$ zweite Ableitungen. Um diese zu bestimmen, müssen Sie natürlich zunächst alle ersten Ableitungen kennen.

$$\frac{\partial g(x_1, x_2, x_3)}{\partial x_1} = \sqrt{x_2} \cdot \cos(x_1 x_3^2) \cdot x_3^2 = \sqrt{x_2} x_3^2 \cdot \cos(x_1 x_3^2)$$

$$\frac{\partial g(x_1, x_2, x_3)}{\partial x_2} = \frac{1}{2\sqrt{x_2}} \cdot \sin(x_1 x_3^2)$$

$$\frac{\partial g(x_1, x_2, x_3)}{\partial x_3} = \sqrt{x_2} \cdot \cos(x_1 x_3^2) \cdot 2x_1 x_3 = 2x_1 x_3 \sqrt{x_2} \cdot \cos(x_1 x_3^2)$$

Und weiter geht's mit den zweiten Ableitungen!

$$\frac{\partial^2 g(x_1, x_2, x_3)}{\partial x_1^2} = \sqrt{x_2} x_3^2 \cdot \left(-\sin(x_1 x_3^2)\right) \cdot x_3^2 = -\sqrt{x_2} x_3^4 \cdot \sin(x_1 x_3^2)$$

$$\frac{\partial^2 g(x_1, x_2, x_3)}{\partial x_1 \partial x_2} = \frac{x_3^2}{2\sqrt{x_2}} \cdot \cos(x_1 x_3^2)$$

$$\frac{\partial^2 g(x_1, x_2, x_3)}{\partial x_1 \partial x_3} = 2\sqrt{x_2} x_3 \cdot \cos(x_1 x_3^2) + \sqrt{x_2} x_3^2 \cdot \left(-\sin(x_1 x_3^2)\right) \cdot 2x_1 x_3$$

$$= 2\sqrt{x_2} x_3 \cdot \cos(x_1 x_3^2) - 2x_1 x_3^3 \sqrt{x_2} \cdot \sin(x_1 x_3^2)$$

$$= 2\sqrt{x_2} x_3 \cdot \left(\cos(x_1 x_3^2) - x_1 x_3^2 \cdot \sin(x_1 x_3^2)\right)$$

$$\frac{\partial^2 g(x_1, x_2, x_3)}{\partial x_2 \partial x_1} = \frac{1}{2\sqrt{x_2}} \cdot \cos(x_1 x_3^2) \cdot x_3^2 = \frac{x_3^2}{2\sqrt{x_2}} \cdot \cos(x_1 x_3^2)$$

$$\frac{\partial^2 g(x_1, x_2, x_3)}{\partial x_2^2} = -\frac{1}{4\sqrt{x_3^2}} \cdot \sin(x_1 x_3^2)$$

$$\frac{\partial^2 g(x_1, x_2, x_3)}{\partial x_2 \partial x_3} = \frac{1}{2\sqrt{x_2}} \cdot \cos(x_1 x_3^2) \cdot 2x_1 x_3 = \frac{x_1 x_3}{\sqrt{x_2}} \cdot \cos(x_1 x_3^2)$$

$$\frac{\partial^2 g(x_1, x_2, x_3)}{\partial x_3 \partial x_1} = 2x_3 \sqrt{x_2} \cdot \cos(x_1 x_3^2) + 2x_1 x_3 \sqrt{x_2} \cdot \left(-\sin(x_1 x_3^2)\right) \cdot x_3^2$$

$$= 2\sqrt{x_2} x_3 \cdot \left(\cos(x_1 x_3^2) - x_1 x_3^2 \cdot \sin(x_1 x_3^2)\right)$$

$$\frac{\partial^2 g(x_1, x_2, x_3)}{\partial x_3 \partial x_2} = \frac{2x_1 x_3}{2\sqrt{x_2}} \cdot \cos(x_1 x_3^2) = \frac{x_1 x_3}{\sqrt{x_2}} \cdot \cos(x_1 x_3^2)$$

$$\frac{\partial^2 g(x_1, x_2, x_3)}{\partial x_3^2} = 2x_1 \sqrt{x_2} \cdot \cos(x_1 x_3^2) + 2x_1 x_3 \sqrt{x_2} \cdot \left(-\sin(x_1 x_3^2)\right) \cdot 2x_1 x_3$$

$$= 2x_1 \sqrt{x_2} \cdot \cos(x_1 x_3^2) - 4x_1^2 x_3^2 \sqrt{x_2} \cdot \sin(x_1 x_3^2)$$

$$= 2x_1 \sqrt{x_2} \cdot \left(\cos(x_1 x_3^2) - 2x_1 x_3^2 \cdot \sin(x_1 x_3^2)\right)$$

Puh, das waren ganz schön viele … Wenn Sie diese Aufgabe gemeistert haben, sind Sie ein richtiger Profi im Ableiten von Sinus- und Kosinusfunktionen.

Lösung zu Aufgabe 7.4

Die Hessematrix enthält alle zweiten Ableitungen einer Funktion. Aber Sie haben Glück, bei dieser Aufgabe sind das nur $2^2 = 4$ Stück. Los geht's wieder mit den ersten Ableitungen.

$$\frac{\partial h\,(x_1, x_2)}{\partial x_1} = 5 \cdot \frac{1}{2x_1^2 x_2^3} \cdot 4x_1 x_2^3 = \frac{10}{x_1}$$

$$\frac{\partial h\,(x_1, x_2)}{\partial x_2} = 5 \cdot \frac{1}{2x_1^2 x_2^3} \cdot 6x_1^2 x_2^2 = \frac{15}{x_3}$$

Die beiden ersten Ableitungen leiten Sie nun noch jeweils einmal nach x_1 und x_2 ab und schon haben Sie alle Ableitungen für die Hessematrix.

$$\frac{\partial^2 h\,(x_1, x_2)}{\partial x_1^2} = -\frac{10}{x_1^2}$$

$$\frac{\partial^2 h\,(x_1, x_2)}{\partial x_1 \partial x_2} = 0$$

$$\frac{\partial^2 h\,(x_1, x_2)}{\partial x_2 \partial x_1} = 0$$

$$\frac{\partial^2 h\,(x_1, x_2)}{\partial x_2^2} = -\frac{15}{x_2^2}$$

Diese vier Ableitungen schreiben Sie nun in der richtigen Ordnung in die Hessematrix und schon ist die Aufgabe gelöst.

$$H_h\,(x_1, x_2) = \begin{pmatrix} \dfrac{\partial^2 h\,(x_1, x_2)}{\partial x_1^2} & \dfrac{\partial^2 h\,(x_1, x_2)}{\partial x_2 \partial x_1} \\[2ex] \dfrac{\partial^2 h\,(x_1, x_2)}{\partial x_1 \partial x_2} & \dfrac{\partial^2 h\,(x_1, x_2)}{\partial x_2^2} \end{pmatrix} = \begin{pmatrix} -\dfrac{10}{x_1^2} & 0 \\[2ex] 0 & -\dfrac{15}{x_2^2} \end{pmatrix}$$

Ist Ihnen aufgefallen, dass die beiden Kreuzableitungen gleich sind. Ein Zufall? Nein, natürlich nicht!

Die Kreuzableitungen sind normalerweise gleich. Wenn Sie verschiedene Ergebnisse für die Kreuzableitungen erhalten, sollten Sie also besser noch mal nachrechnen.

Lösung zu Aufgabe 7.5

a) Zunächst bestimmen Sie die Ableitungen erster Ordnung von $f(x, y) = x^2 y^a$. Lassen Sie sich nicht davon verwirren, dass hier y^a auftaucht. Den Ausdruck leiten Sie genauso ab, als wenn im Exponenten statt a eine Zahl stehen würde. Sie schreiben die Potenz nach vorne und berechnen die neue Potenz, indem Sie von der alten 1 abziehen. Wenn Sie y^a

nach y ableiten, erhalten Sie also ay^{a-1}. Damit sollte der Bestimmung der Ableitungen erster Ordnung nichts mehr im Weg stehen.

$$\frac{\partial f(x, y)}{\partial x} = 2xy^a$$

$$\frac{\partial f(x, y)}{\partial y} = x^2 \cdot a \cdot y^{a-1} = ax^2 y^{a-1}$$

Im nächsten Schritt leiten Sie beide Ableitungen noch einmal – jeweils nach x und y – ab, um alle vier Ableitungen zweiter Ordnung zu bestimmen.

$$\frac{\partial^2 f(x, y)}{\partial x^2} = 2y^a$$

$$\frac{\partial^2 f(x, y)}{\partial y^2} = a \cdot x^2 \cdot (a-1) \cdot y^{a-2} = a(a-1)x^2 y^{a-2}$$

$$\frac{\partial^2 f(x, y)}{\partial x \partial y} = 2 \cdot x \cdot a \cdot y^{a-1} = 2axy^{a-1}$$

$$\frac{\partial^2 f(x, y)}{\partial y \partial x} = 2axy^{a-1}$$

Die beiden Kreuzableitungen stimmen überein. Zum Schluss müssen Sie die vier Ableitungen zweiter Ordnung nur noch in die richtige Reihenfolge bringen.

$$H_f(x, y) = \begin{pmatrix} \dfrac{\partial^2 f(x, y)}{\partial x^2} & \dfrac{\partial^2 f(x, y)}{\partial y \partial x} \\ \dfrac{\partial^2 f(x, y)}{\partial x \partial y} & \dfrac{\partial^2 f(x, y)}{\partial y^2} \end{pmatrix} = \begin{pmatrix} 2y^a & 2axy^{a-1} \\ 2axy^{a-1} & a(a-1)x^2 y^{a-2} \end{pmatrix}$$

b) Wenn Sie $a = 3$ einsetzen, sieht die Hessematrix schon gleich viel ansehnlicher aus.

$$H_f(x, y) = \begin{pmatrix} 2y^a & 2axy^{a-1} \\ 2axy^{a-1} & a(a-1)x^2 y^{a-2} \end{pmatrix} = \begin{pmatrix} 2y^3 & 6xy^2 \\ 6xy^2 & 6x^2 y \end{pmatrix}$$

Nun müssen Sie sich nur noch daran erinnern, welche Elemente der Matrix Sie wie miteinander verknüpfen müssen, um die Determinante zu bestimmen. Die Determinante einer Matrix der Form $A = \begin{pmatrix} a & b \\ c & d \end{pmatrix}$ wird berechnet als $\det(A) = ad - cb$.

$$\det\left(H_f(x, y)\right) = 2y^3 \cdot 6x^2 y - 6xy^2 \cdot 6xy^2 = 12x^2 y^4 - 36x^2 y^4 = -24x^2 y^4$$

Lösung zu Aufgabe 7.6

Zunächst bestimmen Sie die Ableitungen erster Ordnung von $z(x, y) = 6 - 5x^2 + 2x + 4xy - y^2$ nach x und y.

$$\frac{\partial z(x, y)}{\partial x} = -10x + 2 + 4y$$

$$\frac{\partial z(x, y)}{\partial y} = 4x - 2y$$

Sie setzen beide Ableitungen gleich null und lösen das entstehende Gleichungssystem. In diesem Fall können Sie das beispielsweise tun, indem Sie die zweite Gleichung nach y auflösen und dann in die erste Gleichung einsetzen.

$$\begin{cases} -10x + 2 + 4y = 0 \\ 4x - 2y = 0 \end{cases}$$

$$\begin{cases} -10x + 4y = -2 \\ y = 2x \end{cases}$$

$$\begin{cases} -10x + 4 \cdot 2x = -2 \\ y = 2x \end{cases}$$

$$\begin{cases} -2x = -2 \\ y = 2x \end{cases}$$

$$\begin{cases} x = 1 \\ y = 2 \end{cases}$$

Das Ergebnis ist $(x^*, y^*) = (1,2)$. Nun müssen Sie überprüfen, ob es sich dabei wirklich um ein Maximum handelt. Dazu bestimmen Sie die Ableitungen zweiter Ordnung und fassen sie in der Hessematrix zusammen.

$$\frac{\partial^2 z(x, y)}{\partial x^2} = -10$$

$$\frac{\partial^2 z(x, y)}{\partial y^2} = -2$$

$$\frac{\partial^2 z(x, y)}{\partial x \partial y} = 4$$

$$\frac{\partial^2 z(x, y)}{\partial y \partial x} = 4$$

$$H_z(x, y) = \begin{pmatrix} \dfrac{\partial^2 z(x, y)}{\partial x^2} & \dfrac{\partial^2 z(x, y)}{\partial y \partial x} \\ \dfrac{\partial^2 z(x, y)}{\partial x \partial y} & \dfrac{\partial^2 z(x, y)}{\partial y^2} \end{pmatrix} = \begin{pmatrix} -10 & 4 \\ 4 & -2 \end{pmatrix}$$

Um zu wissen, ob es sich bei $(x^*, y^*) = (1,2)$ wirklich um ein Maximum handelt, berechnen Sie die Determinante der Hessematrix an der Stelle $(1,2)$.

$$\det\left(H_z(1,2)\right) = \frac{\partial^2 z\,(1,2)}{\partial x^2} \cdot \frac{\partial^2 z\,(1,2)}{\partial y^2} - \frac{\partial^2 z\,(1,2)}{\partial x \partial y} \cdot \frac{\partial^2 z\,(1,2)}{\partial y \partial x}$$

$$= -10 \cdot (-2) - 4 \cdot 4 = 20 - 16 = 4$$

Die Determinante der Hessematrix ist positiv. Gleichzeitig ist $\frac{\partial^2 z}{\partial x^2}$ an der Stelle $(1,2)$ negativ.

Daher wissen Sie, dass es sich bei $(x^*, y^*) = (1,2)$ um ein Maximum handelt. Die Zuschauer sind am zufriedensten, wenn Jongleur Jonas in seiner Show einmal mit Bällen und zweimal mit Fackeln jongliert.

Lösung zu Aufgabe 7.7

Um das Minimum von $K(g, h) = g^2 - 60g + h^2 - gh + 5.000$ zu berechnen, müssen Sie zunächst die partiellen Ableitungen nach g und h bestimmen.

$$\frac{\partial K(g, h)}{\partial g} = 2g - 60 - h$$

$$\frac{\partial K(g, h)}{\partial h} = 2h - g$$

Im nächsten Schritt setzen Sie die beiden ersten Ableitungen gleich null und lösen das Gleichungssystem. Das können Sie zum Beispiel tun, indem Sie eine der beiden Gleichungen nach einer Variablen auflösen und in die andere Gleichung einsetzen. Aber auch andere Lösungswege sind denkbar.

$$\begin{cases} 2g - 60 - h = 0 \\ 2h - g = 0 \end{cases}$$

$$\begin{cases} 2g - 60 - h = 0 \\ g = 2h \end{cases}$$

$$\begin{cases} 2 \cdot 2h - 60 - h = 0 \\ g = 2h \end{cases}$$

$$\begin{cases} 3h - 60 = 0 \\ g = 2h \end{cases}$$

$$\begin{cases} h = 20 \\ g = 2h \end{cases}$$

$$\begin{cases} h = 20 \\ g = 40 \end{cases}$$

Sie erhalten $(g^*, h^*) = (40,20)$ als Ergebnis. Als Nächstes gilt es zu überprüfen, ob es sich dabei wirklich um ein Minimum handelt. Dazu bestimmen Sie die Hessematrix von $K(g, h)$.

Diese enthält alle zweiten Ableitungen der Funktion.

$$\frac{\partial^2 K(g, h)}{\partial g^2} = 2$$

$$\frac{\partial^2 K(g, h)}{\partial h^2} = 2$$

$$\frac{\partial^2 K(g, h)}{\partial g \partial h} = -1$$

$$\frac{\partial^2 K(g, h)}{\partial h \partial g} = -1$$

Die vier zweiten Ableitungen fassen Sie in der Hessematrix H_K zusammen.

$$H_K(g, h) = \begin{pmatrix} \dfrac{\partial^2 K(g, h)}{\partial g^2} & \dfrac{\partial^2 K(g, h)}{\partial h \partial g} \\ \dfrac{\partial^2 K(g, h)}{\partial g \partial h} & \dfrac{\partial^2 K(g, h)}{\partial h^2} \end{pmatrix} = \begin{pmatrix} 2 & -1 \\ -1 & 2 \end{pmatrix}$$

Anschließend berechnen Sie die Determinante der Hessematrix an der Stelle (40,20).

$$\det\left(H_K(40,20)\right) = \frac{\partial^2 K(40,20)}{\partial g^2} \cdot \frac{\partial^2 K(40,20)}{\partial h^2} - \frac{\partial^2 K(40,20)}{\partial g \partial h} \cdot \frac{\partial^2 K(40,20)}{\partial h \partial g}$$

$$= 2 \cdot 2 - (-1) \cdot (-1) = 3$$

Eigentlich müssen Sie die Determinante an der Stelle $\left(g^*, h^*\right) = (40,20)$ bestimmen. Da aber g und h in keiner der zweiten Ableitungen auftauchen, ist die Determinante unabhängig von der Stelle gleich 3. Da 3 größer als null ist, liegt eine Extremstelle vor. Zum Schluss müssen Sie noch überprüfen, ob es sich dabei um ein Minimum oder ein Maximum handelt. Dazu betrachten Sie die Ableitung zweiter Ordnung nach g. Sie wissen bereits, dass $\dfrac{\partial^2 K(g, h)}{\partial g^2} = 2$ an der Stelle (40,20) positiv ist, sodass es sich bei $\left(g^*, h^*\right) = (40,20)$ um ein Minimum handelt.

Fritz schlägt seinem Bruder Karl daher vor, 40 GPS-Geräte für Katzen und 20 Halsbänder für Goldfische zu produzieren. Und wie hoch sind dann die Kosten?

$$K(40,20) = 40^2 - 60 \cdot 40 + 20^2 - 40 \cdot 20 + 5.000 = 3.800$$

Lösung zu Aufgabe 7.8

Das Vorgehen ist hier genauso wie bei Aufgabe 7.5. Sie beginnen auch hier mit dem Aufstellen der ersten Ableitungen von $G(g, h) = 3gh - g^3 - h^3$.

$$\frac{\partial G(g, h)}{\partial g} = 3h - 3g^2$$

$$\frac{\partial G(g, h)}{\partial h} = 3g - 3h^2$$

Im nächsten Schritt setzen Sie die beiden Ableitungen gleich null. Das Gleichungssystem können Sie beispielsweise durch Einsetzen lösen, aber es sind auch andere Lösungswege möglich.

$$\begin{cases} 3h - 3g^2 = 0 \\ 3g - 3h^2 = 0 \end{cases}$$

$$\begin{cases} h - g^2 = 0 \\ g - h^2 = 0 \end{cases}$$

$$\begin{cases} h - g^2 = 0 \\ \quad g = h^2 \end{cases}$$

$$\begin{cases} h - h^4 = 0 \\ \quad g = h^2 \end{cases}$$

$$\begin{cases} h \cdot \left(1 - h^3\right) = 0 \\ \quad g = h^2 \end{cases}$$

$$\begin{cases} h = 0 \ \vee \ h^3 = 1 \\ \quad g = h^2 \end{cases}$$

$$\begin{cases} h = 0 \ \vee h = \sqrt[3]{1} = 1 \\ \quad g = h^2 \end{cases}$$

Wenn $h = 0$ ist, ergibt sich $g = h^2 = 0^2 = 0$. Für $h = 1$ erhalten Sie $g = h^2 = 1^2 = 1$. Daher schreiben Sie die Punkte $(0,0)$ und $(1,1)$ auf die Kandidatenliste für mögliche Extrema.

Um zu überprüfen, ob es sich wirklich um Extrema handelt, bestimmen Sie die Hessematrix H_G.

$$\frac{\partial^2 G\,(g,h)}{\partial g^2} = -6g$$

$$\frac{\partial^2 G\,(g,h)}{\partial h^2} = -6h$$

$$\frac{\partial^2 G\,(g,h)}{\partial g \partial h} = 3$$

$$\frac{\partial^2 G\,(g,h)}{\partial h \partial g} = 3$$

$$H_G(g,h) = \begin{pmatrix} \dfrac{\partial^2 G\,(g,h)}{\partial g^2} & \dfrac{\partial^2 G\,(g,h)}{\partial h \partial g} \\[2ex] \dfrac{\partial^2 G\,(g,h)}{\partial g \partial h} & \dfrac{\partial^2 G\,(g,h)}{\partial h^2} \end{pmatrix} = \begin{pmatrix} -6g & 3 \\ 3 & -6h \end{pmatrix}$$

Die Determinante der Hessematrix beträgt:

$$\det\left(H_G(g,h)\right) = \frac{\partial^2 G(g,h)}{\partial g^2} \cdot \frac{\partial^2 G(g,h)}{\partial h^2} - \frac{\partial^2 G(g,h)}{\partial g \partial h} \cdot \frac{\partial^2 G(g,h)}{\partial h \partial g} = -6g \cdot (-6h) - 3 \cdot 3 = 36gh - 9$$

An der Stelle (0,0) ist die Determinante $\det(H_G(0,0)) = 36 \cdot 0 \cdot 0 - 9 = -9$. Da die Determinante negativ ist, liegt an dieser Stelle kein Extremum vor.

Und wie sieht es bei (1,1) aus? $\det(H_G(1,1)) = 36 \cdot 1 \cdot 1 - 9 = 27$ ist positiv, sodass ein Extrempunkt vorliegt. Die letzte Frage ist nun, ob es ein Minimum oder ein Maximum ist.

$$\frac{\partial^2 G(g,h)}{\partial g^2} = -6g = -6 \cdot 1 = -6$$

Die Ableitung zweiter Ordnung nach g ist an der Stelle (1,1) negativ, sodass es sich um ein Maximum handelt. Sollte Karls Gewinnfunktion tatsächlich stimmen, ist der Gewinn am größten, wenn die Brüder ein Katzen-GPS und ein Halsband für Goldfische verkaufen. Der Gewinn beträgt dann:

$$G(1,1) = 3 \cdot 1 \cdot 1 - 1^3 - 1^3 = 3 - 1 - 1 = 1$$

Vielleicht sollten die beiden Brüder ihre Berufswahl noch mal überdenken ...

Und jetzt andersherum – Integralrechnung

8

In diesem Kapitel

▷ Stammfunktionen suchen

▷ Integrale vereinfachen

▷ Flächen unter Funktionen bestimmen

*I*n Kapitel 6 haben Sie die Ableitung von Funktionen kennen und sicherlich auch lieben gelernt. Auch in Kapitel 7 haben Sie Funktionen abgeleitet – nur diesmal eben welche mit mehreren Variablen. Bei der Integralrechnung geht es jetzt genau andersherum: Sie bestimmen die »Aufleitung« einer Funktion. Los geht's mit der Frage, wie Sie diese »Aufleitung«, die sogenannte *Stammfunktion*, bestimmen können. Anschließend lernen Sie ein paar Rechenregeln für Integrale kennen, bevor Sie mithilfe von Integralen die Flächen unter Funktionen bestimmen werden. In diesem Kapitel geht es vor allem darum, das Arbeiten mit Stammfunktionen und Integralen zu üben. Falls Sie mehr über die zugrunde liegenden Konzepte und Zusammenhänge lernen möchten, können Sie in *Wirtschaftsmathematik für Dummies* oder *Analysis für Dummies* nachlesen.

Wie so oft lernen Sie in diesem Kapitel auch etwas fürs Leben, nämlich das Verstehen von Mathematikerwitzen der folgenden Art: *Die mathematischen Funktionen machen eine Party. Sinus tanzt ausgelassen auf der Tanzfläche und auch die Logarithmusfunktion ist gut drauf, nur die e-Funktion steht etwas traurig in der Ecke. Als Kosinus vorbeikommt, fragt er: »Was ist denn los mit dir, gefällt dir die Party nicht?« Darauf die e-Funktion: »Ach, ich kann mich irgendwie nicht richtig integrieren.«* Nun ja, zugegebenermaßen gibt es bessere Witze. Aber nach der Lektüre dieses Kapitels mit dem mittelmäßigen Witz im Hinterkopf werden Sie bestimmt nicht mehr vergessen, wie man *e*-Funktionen integriert.

Stammfunktionen – die Rückwärts-Differentiation

»Aufleitung« oder *Stammfunktion*?! Was ist das überhaupt?

Eine Stammfunktion $F(x)$ der Funktion $f(x)$ ist eine differenzierbare Funktion, deren Ableitung wiederum die ursprüngliche Funktion $f(x)$ ergibt: $F'(x) = f(x)$.

Zur Bestimmung einer Stammfunktion müssen Sie umdenken und die Ableitungsregeln quasi umgekehrt anwenden. Das klingt eigentlich ganz einfach, kann aber mitunter auch ziemlich kompliziert werden.

Beispiel

Bestimmen Sie die Stammfunktion von $f(x) = 8x^3$. Wie gehen Sie hier am besten vor, um die gesuchte Stammfunktion zu bestimmen?

Lösung

Zunächst einmal wissen Sie, dass sich der Exponent beim Ableiten um 1 verringert. Folglich muss er sich beim »Aufleiten« – richtig heißt das übrigens *Integrieren* – um 1 erhöhen. Die Stammfunktion von $f(x) = 8x^3$ ist also eine Funktion vierten Grades, das heißt, in der Funktion taucht x^4 auf. Wenn Sie x^4 ableiten, erhalten Sie $4x^3$. Das ist noch nicht die gegebene Funktion $f(x)$, aber Sie sind schon ganz nah dran.

Wie müssen Sie x^4 verändern, damit die Ableitung nicht $4x^3$, sondern $8x^3$ ergibt? Sie müssen es mit 2 multiplizieren! Eine Stammfunktion lautet $F(x) = 2x^4$. Darauf kommen Sie entweder, indem Sie überlegen, verschiedene Varianten ausprobieren und ihre Ableitungen bestimmen. Oder indem Sie die Zahl, die in der ursprünglichen Funktion vor x^3 steht, durch den Exponenten, der in der Stammfunktion auftaucht, teilen. Kurz: $\frac{8}{4} = 2$.

Ist $F(x) = 2x^4$ die einzige Stammfunktion von $f(x) = 8x^3$? Was ist zum Beispiel mit der Funktion $G(x) = 2x^4 + 3$? Die Ableitung dieser Funktion ist ebenfalls $8x^3$. Und wie sieht es mit $H(x) = 2x^4 - \frac{11}{5}$ aus? Sowohl $F(x)$ als auch $G(x)$ und $H(x)$ sind Stammfunktionen von $f(x)$. Wenn Sie all diese Stammfunktionen in einem Ausdruck zusammenfassen möchten, schreiben Sie $2x^4 + C$, wobei C irgendeine konstante Zahl ist. Die Konstante C kann null, eine positive oder eine negative Zahl sein.

Genauer formuliert müsste die Frage hier also lauten: Bestimmen Sie die Stammfunktion*en* von $f(x) = 8x^3$. Schließlich hat die Funktion $f(x)$ mehrere Stammfunktionen – und zwar unendlich viele.

Wenn Sie auf der Suche nach einer Stammfunktion sind, können Sie entweder alles, was Sie über das Ableiten von Funktionen gelernt haben, in Ihrem Kopf umdrehen. Oder Sie schauen sich Tabelle 8.1 an. Sie fasst grundlegende Formeln für das Bilden von Stammfunktionen zusammen. Es wird Ihnen das Suchen und Finden von Stammfunktionen erleichtern, wenn Sie sich ein paar dieser Regeln merken.

Funktion	Stammfunktion
$f(x) = a$	$F(x) = ax + C$
$f(x) = x^n$	$F(x) = \dfrac{x^{n+1}}{n+1} + C, \quad n \neq -1$
$f(x) = e^x$	$F(x) = e^x + C$
$f(x) = \dfrac{1}{x}$	$F(x) = \ln|x| + C$
$f(x) = a^x$	$F(x) = \dfrac{a^x}{\ln a} + C$
$f(x) = \sin x$	$F(x) = -\cos x + C$
$f(x) = \cos x$	$F(x) = \sin x + C$

Tabelle 8.1: Formeln zur Bestimmung von Stammfunktionen

Aufgabe 8.1

Zeigen Sie, dass $h(x) = \dfrac{(3x+1)^2}{(3x-1)^2}$ eine Stammfunktion von $g(x) = -\dfrac{12 \cdot (3x+1)}{(3x-1)^3}$ ist.

Aufgabe 8.2

Bestimmen Sie die Stammfunktionen der folgenden Funktionen.

a) $f(x) = 0$

b) $g(x) = x$

c) $h(x) = \frac{3}{x}$

d) $g(a) = e^a$

e) $f(x) = 4^x$

f) $h(x) = x^2 + 2$

g) $f(b) = 4b^3 - 3b^2 + 7b$

h) $h(x) = \sin x + 2 \cos x$

Aufgabe 8.3

Betrachten Sie die Funktion $f(x) = \dfrac{1}{x^{a-3}}$. Bestimmen Sie die Stammfunktion von $f(x)$ in Abhängigkeit von a. Für welche Zahl $a \in \mathbb{N}$ können Sie keine Stammfunktion angeben?

Flächen unter Funktionskurven bestimmen

Manchmal kann es hilfreich sein, den Flächeninhalt einer *Fläche* zwischen der Kurve einer Funktion und der x-Achse auszurechnen. Bei linearen Funktionen ist das kein Problem. Da helfen die Regeln zur Berechnung des Flächeninhalts von Dreiecken und Rechtecken weiter.

Wie sieht es aber mit Funktionen aus, die nicht in geraden Linien verlaufen, wie beispielsweise $f(x) = 4 - x^2$? Hier hilft die Integralrechnung weiter.

Der Funktionsgraph von $f(x) = 4 - x^2$ ist in Abbildung 8.1 dargestellt. Wie müssen Sie vorgehen, wenn Sie den Inhalt der Fläche bestimmen möchten, die Funktionsgraph und x-Achse einschließen?

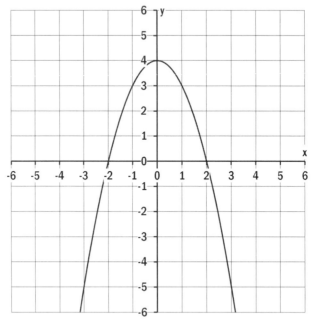

Abbildung 8.1: Graph von $f(x) = 4 - x^2$

Zunächst einmal müssen Sie wissen, in welchen Punkten die Funktion die x-Achse schneidet. Hier können Sie das relativ leicht an der Abbildung erkennen: Die beiden Schnittpunkte sind $(-2,0)$ und $(2,0)$. Alternativ können Sie auch die Gleichung $4 - x^2 = 0$ nach x auflösen, um die Schnittpunkte zu bestimmen.

Integrale werden so aufgeschrieben: $\int f(x)\, dx$. Dieses Integral ist ein *unbestimmtes Integral*, weil keine Integralgrenzen angegeben sind. Das erkennen Sie daran, dass oberhalb und unterhalb des Integralzeichens nichts steht. Die Integrationsgrenzen geben die x-Werte an, von wo bis wo eine Fläche berechnet werden soll. Wenn diese Grenzen angegeben sind, spricht man von einem *bestimmten Integral*. Ein bestimmtes Integral ordnet einer Funktion einen Zahlenwert zu. Bei der Funktion $f(x) = 4 - x^2$ möchten Sie die Fläche ausrechnen, die von der Funktion und der x-Achse gebildet wird. Die Integralgrenzen sind daher durch die Schnittpunkte mit der x-Achse beschrieben und liegen bei -2 und 2: $\int_{-2}^{2} f(x)\, dx$. Die kleine Grenze steht unten, die größere oben am Integralzeichen.

Die zu integrierende Funktion $f(x)$ wird als *Integrand* bezeichnet. In diesem Fall ist das $f(x) = 4 - x^2$. Der Bestandteil dx wird *Differenzial* genannt. Um den Inhalt der gesuchten Fläche bestimmen, müssen Sie das Integral $\int_{-2}^{2} 4 - x^2\, dx$ ausrechnen. Und wie können Sie das Integral ausrechnen? Dabei hilft Ihnen der *Hauptsatz der Analysis*.

Nach dem Hauptsatz der Analysis können Integrale mithilfe von Stammfunktionen berechnet werden. Sei F eine Stammfunktion der Funktion f, dann gilt:

$$\int_a^b f(x)\,dx = F(b) - F(a)$$

Sie können eine beliebige Stammfunktion verwenden. Daher bietet es sich an, die am einfachsten mögliche zu verwenden mit $C = 0$. Eine Stammfunktion von $f(x) = 4 - x^2$ ist die Funktion $F(x) = 4x - \frac{1}{3}x^3$. Nach der gängigen Notation schreiben Sie die Stammfunktion in eckige Klammern und schreiben die Integralgrenzen neben die rechte Klammer. Dann setzen Sie die Grenzen in die Stammfunktion ein und können das Integral ausrechnen.

$$\int_{-2}^2 4 - x^2\,dx = \left[4x - \frac{1}{3}x^3\right]_{-2}^2 = 4 \cdot 2 - \frac{1}{3} \cdot 2^3 - \left(4 \cdot (-2) - \frac{1}{3} \cdot (-2)^3\right) = 8 - \frac{8}{3} + 8 - \frac{8}{3} = \frac{32}{3}$$

Die eingeschlossene Fläche hat einen Flächeninhalt von $\frac{32}{3}$ Flächeneinheiten.

Für bestimmte Integrale gibt es einige Rechenregeln, die Ihnen das Leben leichter machen:

✔ $\int_a^a f(x)\,dx = 0$: Das macht Sinn. Denn wenn die obere und die untere Integralgrenze gleich sind, gibt es gar keine Fläche.

✔ $\int_b^a f(x)\,dx = -\int_a^b f(x)\,dx$: Hier erkennen Sie, dass es wichtig ist, dass Sie die beiden Integralgrenzen nicht einfach vertauschen.

✔ $\int_a^b f(x)\,dx = \int_a^c f(x)\,dx + \int_c^b f(x)\,dx$: Man bezeichnet diese Eigenschaft als Integraladditivität. Dabei liegt c zwischen a und b.

✔ $\int_a^b k f(x)\,dx = k \int_a^b f(x)\,dx$: Hier ist k eine Konstante. Konstanten können aus Integralen herausgezogen und davor geschrieben werden.

✔ $\int_a^b \left[f(x) + g(x)\right]\,dx = \int_a^b f(x)\,dx + \int_a^b g(x)\,dx$: Diese Eigenschaft hilft Ihnen unter anderem dann weiter, wenn Sie die Fläche zwischen zwei Funktionsgraphen ausrechnen möchten.

Aufgabe 8.4

Vereinfachen Sie die folgenden Ausdrücke so weit wie möglich.

a) $\int_1^{2,5} e^{2x} - 6x\,dx + \int_{2,5}^4 e^{2x} - 6x\,dx + \int_4^7 e^{2x} - 6x\,dx$

b) $\int_3^5 2^x\,dx + \int_5^7 2^x\,dx + \int_7^3 2^x\,dx$

c) $\int_6^8 4x^2\,dx - \int_6^8 x^2\,dx$

d) $\int_{0,7}^{0,7} \left(6x^2 - e^{5x}\right)^{3x}\,dx$

Aufgabe 8.5

Der Graph der Funktion $f(x) = 4 - \frac{1}{2}x^3$ begrenzt zusammen mit beiden Achsen des Koordinatensystems eine Fläche. Berechnen Sie den Inhalt dieser Fläche.

Aufgabe 8.6

Auch die Funktion $g(x) = e^x - 3$ bildet gemeinsam mit der x- und der y-Achse eine Fläche. Berechnen Sie den Flächeninhalt.

Aufgabe 8.7

Gegeben ist die Funktion $f(x) = x^2 - \frac{4}{3}x - 1$. Betrachten Sie die in Abbildung 8.2 illustrierte Fläche, die zwischen dem Funktionsgraphen und der x-Achse liegt. Sie beginnt bei 2 und endet bei $a \in \mathbb{R}$, wobei a größer als 2 ist. Bestimmen Sie a so, dass der Flächeninhalt der betrachteten Fläche genau 2 Flächeneinheiten beträgt.

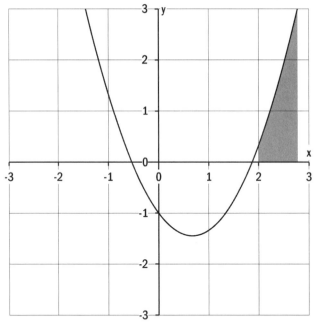

Abbildung 8.2: Graph von $f(x) = x^2 - \frac{4}{3}x - 1$

Aufgabe 8.8

In der schönen Stadt Entrepreneurheim leben und arbeiten zahlreiche erfolgreiche Unternehmer. Deshalb hat die Stadtverwaltung jetzt beschlossen, ein neues Gewerbegebiet zu erschließen. Die Kosten für die Erschließung des Gebiets liegen durchschnittlich bei 31,50 Euro pro Quadratmeter. Die Stadtverwaltung rechnet damit, das Land für 43 Euro pro Quadratmeter an die Unternehmen verkaufen zu können.

Ein Gewerbegebiet sollte natürlich gut erreichbar sein. Paul Plangenie, der zuständige Mitarbeiter des Baudezernats, hat an alles gedacht. Das Gewerbegebiet liegt an einem Fluss, ist an die Autobahn angeschlossen und ist auch für Güterzüge anfahrbar. So kommt es, dass die Fläche für das Gewerbegebiet von einem Fluss, einer Autobahn und Gleisen begrenzt wird. Abbildung 8.3 zeigt die Lage des Gewerbegebiets. Eine Einheit entspricht dabei einem Kilometer.

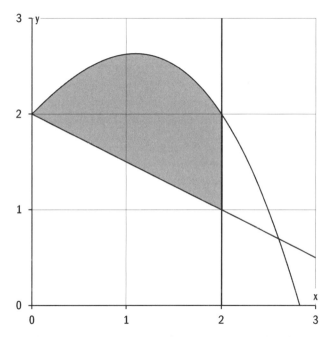

Abbildung 8.3: Entrepreneurheims neues Gewerbegebiet

Der Verlauf des Flusses kann durch die Gleichung $f(x) = -\frac{1}{8}x^3 - \frac{1}{4}x^2 + x + 2$ beschrieben werden. Die Autobahn verläuft annäherungsweise gerade an der Linie $x = 2$. Die Gleichung, mit der der Verlauf der ebenfalls gerade verlaufenden Gleise beschrieben werden kann, ist nicht bekannt.

a) Geben Sie die Gleichung der Gerade an, die den Verlauf der Gleise beschreibt.

b) Berechnen Sie die Fläche des neuen Gewerbegebiets in Quadratkilometern.

c) Wie viel Gewinn macht die Stadt Entrepreneurheim, wenn das komplette Gewerbegebiet nach Erschließung an Unternehmen verkauft werden kann?

Lösungen

Lösung zu Aufgabe 8.1

Rufen Sie sich noch einmal in Erinnerung, wie der Zusammenhang zwischen einer Funktion und ihrer Stammfunktion ist. Wenn man die Funktion integriert, das heißt »aufleitet«, erhält man ihre Stammfunktion. Oder andersherum: Wenn man die Stammfunktion ableitet, ist das Ergebnis die ursprüngliche Funktion. Somit gibt es auch zwei Möglichkeiten, diese Aufgabe zu lösen. Da Sie im Ableiten wahrscheinlich wesentlich geübter sind als im Integrieren, sollten Sie $h(x)$ ableiten und umformen, bis sich $g(x)$ ergibt: $h'(x) = g(x)$. Damit zeigen Sie, dass $h(x)$ eine Stammfunktion von $g(x)$ ist.

Eigentlich ist die Aufgabe damit eine Wiederholung von dem, was Sie bisher gelernt haben. Wenn Sie sich im Umgang mit den Ableitungsregeln nicht mehr ganz sicher fühlen, finden Sie in Kapitel 6 *Eine Diskussion der Kurven: Testen Sie Ihr Fahrverhalten* Aufgaben zum Üben.

Bei dieser Aufgabe müssen Sie zunächst die Quotientenregel anwenden. Nach dieser Regel ist die Ableitung einer Funktion der Form $f(x) = \dfrac{u(x)}{v(x)}$ gleich $f'(x) = \dfrac{u'(x) \cdot v(x) - u(x) \cdot v'(x)}{(v(x))^2}$.

Wenn Sie das auf $h(x)$ übertragen, entspricht $u(x) = (3x + 1)^2$ und $v(x) = (3x - 1)^2$. Beim Ableiten der beiden Funktionen kommt wiederum die Kettenregel zum Einsatz: äußere Ableitung mal innere Ableitung.

$$u'(x) = 2 \cdot (3x + 1) \cdot 3 = 6 \cdot (3x + 1)$$
$$v'(x) = 2 \cdot (3x - 1) \cdot 3 = 6 \cdot (3x - 1)$$

Das setzen Sie nun zusammen und erhalten $h'(x)$.

$$h'(x) = \frac{6 \cdot (3x + 1) \cdot (3x - 1)^2 - (3x + 1)^2 \cdot 6 \cdot (3x - 1)}{\left((3x - 1)^2\right)^2}$$

Das sieht jetzt noch nicht unbedingt aus wie $g(x)$ ... Deshalb geht's jetzt ans Vereinfachen, um zu zeigen, dass dieser komplizierte Bruch eben doch der gleiche ist wie $g(x)$. Alle Rechenregeln, die Sie hierfür brauchen, können Sie noch mal in Kapitel 1 nachlesen. Hier können Sie zunächst im Zähler des Bruchs $6 \cdot (3x - 1)$ ausklammern und dann mit $(3x - 1)$ kürzen.

$$h'(x) = \frac{6 \cdot (3x - 1) \cdot \left((3x + 1) \cdot (3x - 1) - (3x + 1)^2\right)}{(3x - 1)^4}$$
$$= \frac{6 \cdot \left((3x + 1) \cdot (3x - 1) - (3x + 1)^2\right)}{(3x - 1)^3}$$

Jetzt stimmt zumindest der Nenner von $h'(x)$ mit dem von $g(x)$ überein. Die Zähler hingegen unterscheiden sich noch sichtlich. Das ändern Sie im nächsten Schritt. Dabei kommen die erste und die dritte binomische Formel zum Einsatz. Zum Schluss können Sie im Zähler -2 ausklammern.

$$h'(x) = \frac{6 \cdot (9x^2 - 1 - (9x^2 + 6x + 1))}{(3x - 1)^3} = \frac{6 \cdot (9x^2 - 1 - 9x^2 - 6x - 1)}{(3x - 1)^3}$$

$$= \frac{6 \cdot (-6x - 2)}{(3x - 1)^3} = -\frac{12 \cdot (3x + 1)}{(3x - 1)^3} = g(x)$$

Nach all den Umformungen ist nun offensichtlich, dass $h'(x)$ mit $g(x)$ übereinstimmt. Damit haben Sie gezeigt, dass $h(x)$ eine Stammfunktion von $g(x)$ ist.

Lösung zu Aufgabe 8.2

Hier geht es darum, eine gewisse Routine beim Bestimmen von Stammfunktionen zu entwickeln. Um die Aufgaben zu lösen, müssen Sie die Integrationsregeln aus Tabelle 8.1 anwenden, teilweise leicht abgeändert und miteinander kombiniert.

a) $f(x) = 0$

Vielleicht ist es Ihnen schon einmal passiert, dass Sie von einer Null in einer Aufgabenstellung verwirrt wurden?

Behandeln Sie null so, wie Sie jede andere konstante Zahl auch behandeln würden.

Für diese Aufgabe bedeutet das, dass Sie die erste Regel zur Bestimmung von Stammfunktionen aus Tabelle 8.1 anwenden können.

$$F(x) = 0 \cdot x + C = C$$

b) $g(x) = x$

Hier können Sie die Regel anwenden, die in Tabelle 8.1 als Zweites genannt wird. In diesem Fall ist $n = 1$.

$$G(x) = \frac{x^{1+1}}{1+1} + C = \frac{1}{2}x^2 + C$$

Wenn Sie auch ohne die Anwendung der Regel durch »umgekehrtes Ableiten« in Ihrem Kopf auf die richtige Lösung gekommen ist, ist das umso besser. Dann haben Sie sicherlich schon eine gewisse Übung im Integrieren.

c) $h(x) = \dfrac{3}{x}$

Hier können Sie ebenfalls eine der Integrationsregeln verwenden. Die Stammfunktion von $f(x) = \dfrac{1}{x}$ ist $F(x) = \ln|x| + C$. Ein konstanter Faktor vor der »eigentlichen Funktion« bleibt sowohl beim Ableiten als auch beim Integrieren einfach stehen.

$$H(x) = 3 \cdot \ln|x| + C$$

d) $g(a) = e^a$

Lassen Sie sich von der geänderten Bezeichnung der Variablen nicht verwirren. Ob eine Variable x oder a oder *Klaus-Dieter* heißt, ist vollkommen unerheblich. Sie müssen bei der Notation nur einheitlich bleiben und dürfen die Variable im Laufe der Aufgabe nicht (aus Versehen) umbenennen. Hier können Sie ganz einfach die dritte Regel aus Tabelle 8.1 anwenden. Denn Sie wissen: Wenn Sie eine e-Funktion ableiten oder integrieren, erhalten Sie wieder eine e-Funktion.

$$G(a) = e^a + C$$

e) $f(x) = 4^x$

Hier findet die Regel für a^x mit $a = 4$ Anwendung.

$$F(x) = \frac{4^x}{\ln 4} + C$$

Die Lösung mag erst mal etwas sperrig aussehen.

Wenn Sie sich unsicher sind, ob die Stammfunktion, die Sie bestimmt haben, richtig ist, können Sie Ihre Lösung ganz einfach überprüfen: Leiten Sie die Stammfunktion ab. Ergibt sich wieder die ursprüngliche Funktion, dann ist Ihre Lösung korrekt. Ergibt sich eine andere Funktion, die sich auch nicht zu der ursprünglichen Funktion umformen lässt, müssen Sie sich auf Fehlersuche begeben.

f) $h(x) = x^2 + 2$

$h(x)$ ist eine Polynomfunktion zweiten Grades.

Wenn Sie eine Polynomfunktion integrieren möchten, tun Sie das abschnittsweise. Das bedeutet, dass Sie jedes Glied des Polynoms einzeln integrieren und die einzelnen Stammfunktionen dann wieder addieren, um die gesamte Stammfunktion zu erhalten.

$$H(x) = \frac{1}{2+1}x^{2+1} + C + 2x + C = \frac{1}{3}x^3 + 2x + 2C = \frac{1}{3}x^3 + 2x + Z$$

Z ist genauso wie C eine Konstante. Da C irgendeine, nicht weiter bestimmte Konstante sein kann, ist auch $2C$ irgendeine Konstante. Daher können Sie statt $2C$ auch eine Konstante einmal (und nicht zweimal) addieren. Wie Sie diese Konstante nennen, ist dabei vollkommen egal.

g) $f(b) = 4b^3 - 3b^2 + 7b$

Die Summenregel gilt natürlich auch für Differenzen. Bei dieser Aufgabe müssen Sie die ersten beiden Regeln aus Tabelle 8.1 kombinieren. Wenn Sie $4b^3$ »aufleiten«, bleibt die 4 stehen. Für b^3 verwenden Sie die Ihnen bekannte Regel. Damit ergibt sich als Stammfunktion für das erste Glied des Polynoms:

$$4 \cdot \frac{b^{3+1}}{3+1} + C = 4 \cdot \frac{b^4}{4} + C = b^4 + C$$

Analog gehen Sie bei $-3b^2$ und $7b$ vor und bestimmen auf die Weise $F(b)$. Mit $Z = 3C$ findet man:

$$F(b) = 4 \cdot \frac{b^{3+1}}{3+1} + C - \left(3 \cdot \frac{b^{2+1}}{2+1} + C \right) + 7 \cdot \frac{b^{1+1}}{1+1} + C = b^4 - b^3 + \frac{7}{2}b^2 + Z$$

h) $h(x) = \sin x + 2 \cos x$

Die Summenregel gilt nicht nur für Polynomfunktionen, sondern auch für andere Funktionen, die sich durch Addition aus mehreren Funktionen zusammensetzen. Daher kann die Summenregel der Integration auch allgemein formuliert werden.

Betrachten Sie eine Funktion der Form $f(x) = u(x) + v(x)$. Ihre Stammfunktion $F(x)$ setzt sich zusammen aus der Summe der Stammfunktionen von $u(x)$ und $v(x)$: $F(x) = U(x) + V(x)$.

Diese Regel wenden Sie nun auch für diese Aufgabe an. Zudem sollten Sie die Stammfunktionen von Sinus und Kosinus kennen.

$$H(x) = -\cos x + C + 2 \cdot \sin x + C = 2 \sin x - \cos x + 2C = 2 \sin x - \cos x + Z$$

Lösung zu Aufgabe 8.3

Hier müssen Sie $f(x)$ zunächst ein bisschen anders schreiben, damit Sie eine der Integrationsregeln aus Tabelle 8.1 anwenden können. Sie wissen, dass Sie $\frac{1}{x}$ als x^{-1} aufschreiben können, $\frac{1}{x^2}$ als x^{-2} und so weiter. Dementsprechend können Sie $f(x)$ schreiben als:

$$f(x) = \frac{1}{x^{a-3}} = x^{-(a-3)} = x^{3-a}$$

Nun können Sie die zweite Regel aus der Tabelle zur Bestimmung von Stammfunktionen anwenden. Diese besagt, dass die Stammfunktion von x^n gleich $\frac{x^{n+1}}{n+1} + C$ ist. In dieser Aufgabe entspricht $3 - a$ dem n aus der Regel. Damit können Sie die Stammfunktion von $f(x)$ bestimmen.

$$F(x) = \frac{x^{(3-a)+1}}{(3-a)+1} + C = \frac{x^{4-a}}{4-a} + C$$

Die Stammfunktion von x^n ist nur dann gleich $\frac{x^{n+1}}{n+1} + C$, wenn n nicht -1 ist. Warum? Weil der Bruch des Nenners sonst null wird und der gesamte Ausdruck damit nicht definiert ist.

Im Nenner eines Bruchs darf nie null stehen! Im Zähler, das heißt über dem Bruchstrich, ist die Null hingegen kein Problem.

Für diese Aufgabe heißt das, dass $F(x) = \dfrac{x^{4-a}}{4-a} + C$ nur dann die Stammfunktion von $f(x)$ ist, wenn der Nenner des Bruchs nicht null ist: $4 - a \neq 0$. Das ist erfüllt, wenn a nicht 4 ist. Für $a = 4$ können Sie keine Stammfunktion von $f(x)$ angeben. Für alle anderen a lautet die Stammfunktion $F(x) = \dfrac{x^{4-a}}{4-a} + C$.

Lösung zu Aufgabe 8.4

a) $\int_1^{2,5} e^{2x} - 6x \, dx + \int_{2,5}^4 e^{2x} - 6x \, dx + \int_4^7 e^{2x} - 6x \, dx = \int_1^7 e^{2x} - 6x \, dx = \int_1^7 e^{2x} \, dx - \int_1^7 6x \, dx$

Die Integraladditivität gilt natürlich nicht nur für zwei, sondern auch für mehrere Integrale. In diesem Fall können Sie alle drei Integrale zu einem zusammenfassen, um dann doch wieder zwei daraus zu machen, weil es sich um eine Differenz handelt. Den letzten Schritt können Sie aber auch weglassen. Denn ob es sich dabei tatsächlich um eine Vereinfachung handelt oder nicht, ist Geschmackssache.

b) $\int_3^5 2^x \, dx + \int_5^7 2^x \, dx + \int_7^3 2^x \, dx = \int_3^7 2^x \, dx + \int_7^3 2^x \, dx = \int_3^7 2^x \, dx - \int_3^7 2^x \, dx = 0$

Auch hier können Sie die ersten beiden Integrale zusammenfassen. Beim dritten Integral können Sie die Grenzen vertauschen und ein Minus vor das Integral schreiben. Dann erkennen Sie, dass Sie das Integral von sich selbst abziehen, was in der Summe null ergibt.

c) $\int_6^8 4x^2 \, dx - \int_6^8 x^2 \, dx = \int_6^8 4x^2 - x^2 \, dx = \int_6^8 3x^2 \, dx = 3 \int_6^8 x^2 \, dx$

Da die Integralgrenzen gleich sind, können Sie die beiden Integrale zu einem zusammenfassen und den Integranden zu $3x^2$ vereinfachen. Zum Schluss können Sie die Konstante 3 noch vor das Integral schreiben.

d) $\int_{0,7}^{0,7} (6x^2 - e^{5x})^{3x} \, dx = 0$

Puh, das ist aber ein ganz schön komplizierter Integrand! Das braucht Sie allerdings nicht weiter zu stören, da die beiden Integralgrenzen gleich sind. Der Flächeninhalt beträgt also unabhängig von der zu integrierenden Funktion null.

Lösung zu Aufgabe 8.5

Um zu wissen, von welcher Fläche hier überhaupt die Rede ist, bietet es sich an, den Funktionsgraphen zunächst einmal zu zeichnen. Die Fläche, deren Inhalt Sie bestimmen sollen, ist in Abbildung 8.4 grau hinterlegt.

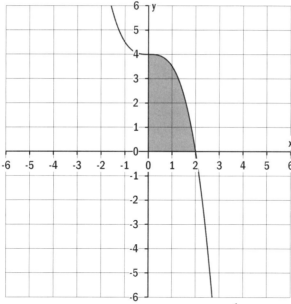

Abbildung 8.4: Graph von $f(x) = 4 - \frac{1}{2}x^3$

Links wird die Fläche durch die y-Achse begrenzt. Entlang der y-Achse ist der x-Wert gleich null, weshalb die untere Integralgrenze null ist. Um die obere Integralgrenze zu bestimmen, berechnen Sie den Schnittpunkt der Funktion mit der x-Achse, indem Sie die Funktion gleich null setzen:

$$4 - \frac{1}{2}x^3 = 0 \qquad\qquad |+\frac{1}{2}x^3$$
$$\frac{1}{2}x^3 = 4 \qquad\qquad |\cdot 2$$
$$x^3 = 8 \qquad\qquad |\sqrt[3]{}$$
$$x = \sqrt[3]{8} = 2$$

Die Integralgrenzen sind 0 und 2, sodass Sie das zu berechnende Integral nun angeben können.

$$\int_0^2 4 - \frac{1}{2}x^3 \, dx$$

Im nächsten Schritt bestimmen Sie eine Stammfunktion der Funktion $f(x) = 4 - \frac{1}{2}x^3$.

$$F(x) = 4x - \frac{1}{2} \cdot \frac{1}{3+1} \cdot x^{3+1} = 4x - \frac{1}{8}x^4$$

Nun müssen Sie nur noch die beiden Integralgrenzen in die Stammfunktion einsetzen, um den Flächeninhalt zu bestimmen.

$$\int_0^2 4 - \frac{1}{2}x^3 \, dx = \left[4x - \frac{1}{8}x^4\right]_0^2 = 4 \cdot 2 - \frac{1}{8} \cdot 2^4 - \left(4 \cdot 0 - \frac{1}{8} \cdot 0^4\right) = 8 - 2 - 0 = 6$$

Der Flächeninhalt der Fläche zwischen dem Funktionsgraphen von $f(x) = 4 - \frac{1}{2}x^3$ und den beiden Achsen beträgt 6 Flächeneinheiten.

Lösung zu Aufgabe 8.6

Das Vorgehen ist hier das gleiche wie bei Aufgabe 8.5. Die Fläche wird links durch die y-Achse begrenzt, sodass die untere Integralgrenze null ist. Um die obere Integralgrenze zu bestimmen, berechnen Sie den Schnittpunkt des Funktionsgraphen mit der x-Achse.

$$
\begin{aligned}
e^x - 3 &= 0 &&|+3 \\
e^x &= 3 &&|\ln \\
x &= \ln 3
\end{aligned}
$$

Sie können $\ln 3$ natürlich mit Ihrem Taschenrechner ausrechnen. Allerdings ist das Ergebnis eine hässliche, krumme Zahl. Da ist es doch schöner, einfach $\ln 3$ stehen zu lassen. Sie müssen jetzt das folgende Integral ausrechnen:

$$
\int_0^{\ln 3} e^x - 3 \, dx
$$

Dazu bestimmen Sie die Stammfunktion von $g(x)$. Das ist ganz einfach. Sie erinnern sich vielleicht noch an den – zugegebenermaßen eher schlechten – Mathematikerwitz zu Beginn des Kapitels. Die Stammfunktion einer e-Funktion ist die e-Funktion selbst. Und auch das Integrieren einer Konstanten sollte kein Problem sein.

$$
G(x) = e^x - 3x
$$

Jetzt müssen Sie nur noch die Integralgrenzen einsetzen und schon sind Sie fertig.

$$
\int_0^{\ln 3} e^x - 3 \, dx = \left[e^x - 3x \right]_0^{\ln 3} = e^{\ln 3} - 3 \cdot \ln 3 - \left(e^0 - 3 \cdot 0 \right)
$$

$$
= 3 - 3\ln 3 - (1 - 0) = 2 - 3\ln 3 \approx -1{,}2958
$$

Aber Moment mal: Ein negativer Flächeninhalt – geht das überhaupt? Betrachten Sie in Abbildung 8.5 die Fläche, deren Flächeninhalt Sie soeben berechnet haben. Was ist hier anders als bei den bisherigen Aufgaben?

Anders als in den bisherigen Aufgaben liegt die Fläche hier unter der x-Achse.

 Der Flächeninhalt von Flächen, die unterhalb der x-Achse liegen, wird in der Integralrechnung mit negativen Werten angegeben.

Somit können Sie für diese Aufgabe festhalten: Die Fläche, die von der Funktion $g(x) = e^x - 3$ und den beiden Achsen begrenzt wird, liegt unterhalb der x-Achse. Ihr Flächeninhalt beträgt ungefähr 1,2958 Flächeneinheiten.

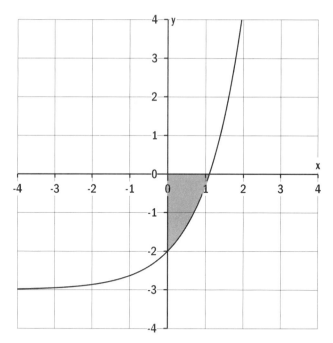

Abbildung 8.5: Graph von $g(x) = e^x - 3$

Lösung zu Aufgabe 8.7

Der Flächeninhalt der betrachteten Fläche kann mit dem folgenden Integral ausgerechnet werden:

$$\int_2^a x^2 - \frac{4}{3}x - 1 \, dx$$

Sie wissen, dass der Flächeninhalt 2 Flächeneinheiten beträgt, sodass Sie eine Gleichung aufstellen können.

$$\int_2^a x^2 - \frac{4}{3}x - 1 \, dx = 2$$

Diese Gleichung gilt es nun zu lösen. Dabei gehen Sie vor wie immer. Sie suchen eine Stammfunktion von $f(x)$ und setzen die Integralgrenzen ein. Sie erhalten dann eine Polynomgleichung mit a als einziger Unbekannten, die Sie nach a auflösen können.

$$\int_2^a x^2 - \frac{4}{3}x - 1 \, dx = 2$$

$$\left[\frac{1}{3}x^3 - \frac{2}{3}x^2 - x \right]_2^a = 2$$

$$\left(\frac{1}{3}a^3 - \frac{2}{3}a^2 - a \right) - \left(\frac{1}{3}2^3 - \frac{2}{3}2^2 - 2 \right) = 2$$

$$\frac{1}{3}a^3 - \frac{2}{3}a^2 - a + 2 = 2 \qquad | -2$$

$$\frac{1}{3}a^3 - \frac{2}{3}a^2 - a = 0 \qquad | \cdot 3$$

$$a^3 - 2a^2 - 3a = 0 \qquad | \text{vereinfachen}$$

$$a \cdot \left(a^2 - 2a - 3\right) = 0 \qquad | \text{vereinfachen}$$

$$a \cdot (a + 1) \cdot (a - 3) = 0$$

$$a = 0 \vee a = -1 \vee a = 3$$

Nach dem Auflösen der Gleichung erhalten Sie drei mögliche Ergebnisse. In der Aufgabenstellung steht, dass a größer als 2 ist. Daher ist $a = 3$ das einzige Ergebnis.

Was hat es mit den anderen beiden Ergebnissen auf sich? Denken Sie mal darüber nach, warum der Flächeninhalt auch für $a = -1$ und $a = 0$ ebenfalls zwei Flächeneinheiten beträgt. *Tipp*: Falls Sie nicht auf die Lösung kommen, schauen Sie sich noch mal Aufgabe 8.6 an.

Lösung zu Aufgabe 8.8

a) Geraden können durch Gleichungen der Form $g(x) = ax + b$ beschrieben werden. Der y-Achsenabschnitt b kann hier direkt in Abbildung 8.3 abgelesen werden. Die Gerade schneidet die y-Achse im Punkt $(0,2)$. Ein weiterer Punkt, durch den die Gerade verläuft und den Sie gut im Koordinatensystem ablesen können, ist $(2,1)$ – der Punkt, in dem die Straße und die Gleise sich schneiden. Paul Plangenie hat natürlich daran gedacht und hier eine Unterführung bauen lassen. Wenn Sie $(2,1)$ in die Gleichung mit dem bekannten y-Achsenabschnitt $b = 2$ einsetzen, erhalten Sie eine Gleichung, in der nur die Steigung a unbekannt ist. Diese können Sie dann ausrechnen und die Gleichung damit vollständig angeben.

$$g(x) = ax + 2$$

$$1 = a \cdot 2 + 2 \qquad | -2$$

$$2a = -1 \qquad | : 2$$

$$a = -\frac{1}{2}$$

Der Verlauf der Gleise kann durch die Funktion $g(x) = 2 - \frac{1}{2}x$ beschrieben werden.

b) Um die Fläche des Gewerbegebiets zu bestimmen, berechnen Sie die Fläche zwischen dem Fluss und der x-Achse und ziehen davon die Fläche zwischen den Gleisen und der x-Achse wieder ab. Der Ausdruck kann nach den Rechenregeln für Integrale zu einem Integral zusammengefasst werden.

$$\int f(x)\,dx - \int g(x)\,dx = \int f(x) - g(x)\,dx$$

Links wird die Fläche durch den Schnittpunkt zwischen dem Fluss und den Gleisen – auch hier hat Paul Plangenie natürlich eine Brücke eingeplant – begrenzt. Der Schnittpunkt ist (0,2), sodass die untere Integralgrenze null ist. Rechts grenzt das Gewerbegebiet an die Autobahn, die durch $x = 2$ beschrieben wird. Damit ist die obere Integralgrenze 2. Nun wissen Sie alles, was Sie brauchen, um die Fläche des Gewerbegebiets ausrechnen zu können.

$$
\begin{aligned}
\int_0^2 f(x) - g(x)\, dx &= \int_0^2 -\frac{1}{8}x^3 - \frac{1}{4}x^2 + x + 2 - \left(2 - \frac{1}{2}x\right) dx \\
&= \int_0^2 -\frac{1}{8}x^3 - \frac{1}{4}x^2 + \frac{3}{2}x\, dx \\
&= \left[-\frac{1}{8} \cdot \frac{1}{4}x^4 - \frac{1}{4} \cdot \frac{1}{3}x^3 + \frac{3}{2} \cdot \frac{1}{2}x^2 \right]_0^2 \\
&= \left[-\frac{1}{32}x^4 - \frac{1}{12}x^3 + \frac{3}{4}x^2 \right]_0^2 \\
&= -\frac{1}{32} \cdot 2^4 - \frac{1}{12} \cdot 2^3 + \frac{3}{4} \cdot 2^2 \\
&= -\frac{1}{2} - \frac{2}{3} + + = \frac{11}{6} = 1{,}8\overline{3}
\end{aligned}
$$

Das neue Gewerbegebiet in Entrepreneurheim ist 1,83 Quadratkilometer groß.

c) Die Stadt verdient an jedem verkauften Quadratmeter $43 - 31{,}50 = 11{,}50$ Euro. Jetzt müssen Sie entweder den Gewinn pro Quadratkilometer ausrechnen oder die Fläche des Gewerbegebiets in Quadratkilometer umrechnen. Hier angegeben ist die zweite Alternative, aber natürlich sollten Sie auch mit der ersten Alternative auf das richtige Ergebnis kommen.

Ein Quadratkilometer entspricht $1.000 \cdot 1.000 = 1.000.000$ Quadratmetern. Die Fläche des Gewerbegebiets in Quadratmetern beträgt folglich:

$1{,}8\overline{3} \cdot 1.000.000 = 1.833.333{,}33$

Die Fläche in Quadratmetern multiplizieren Sie abschließend mit dem Gewinn pro Quadratmeter.

$1.833.333{,}33 \cdot 11{,}50 = 21.083.333{,}33$

Entrepreneurheims Stadtverwaltung kann durch die Erschließung und den Verkauf des Gewerbegebiets mehr als 21 Millionen Euro einnehmen.

Teil III

Matrizen und Gleichungssysteme

In diesem Teil ...

Wollten Sie schon einmal ein Gleichungssystem lösen und plötzlich hatten Sie als Ergebnis $5 = 5$ oder $x = x$ oder etwas Ähnliches? Dann hatten Sie zwar vermutlich richtig gerechnet, aber Sie hatten beim Verrechnen von Gleichungen den Überblick verloren und einen Schritt gemacht, der Sie nicht vorangebracht hat. Matrizen helfen Ihnen, stets den Überblick zu behalten. Mit Matrizen bringen Sie Ordnung in die Zahlenwelt. Sie stellen ökonomische Probleme klar strukturiert dar und lösen diese systematisch. Sie ermitteln, wie viele Rohstoffe Sie benötigen, um eine vorgegebene Kundennachfrage nach Ihren Endprodukten bedienen zu können, und Sie bestimmen, welches angemessene Verkaufspreise für Ihre Endprodukte sind, sodass Ihr Unternehmen nachhaltig wirtschaften kann!

Mehr Mathe mit mächtigen Matrizen

In diesem Kapitel

▷ Eine Matrix nach ihrer Dimension und ihrem Typ klassifizieren

▷ »Plus«, »Minus«, »Mal«: Mit Matrizen rechnen

▷ Produktionsprozesse über die innerbetriebliche Materialverflechtung analysieren

Matrizen sind ein hilfreiches Instrument in der Mathematik. In diesem Kapitel lernen Sie die verschiedenen Arten von Matrizen kennen und typisieren. Sie üben das Rechnen mit Matrizen und meistern die Anwendung von Matrizen in der innerbetrieblichen Materialverflechtung.

Verschiedene Matrizentypen

Das kennzeichnende Merkmal einer Matrix, das Ihnen zuerst ins Auge fällt, ist deren Größe – die Anzahl an Zeilen und Spalten.

Die Größe wird bei Matrizen als *Dimension* oder *Ordnung* bezeichnet und dem Merksatz »Zeilen zuerst, Spalten später« folgend angegeben.

$$A = \begin{pmatrix} 9 & 2 & 11 & 3 \\ 8 & 4 & -4 & 8 \\ 1 & -6 & 7 & -1 \end{pmatrix}$$

Die Matrix A hat drei Zeilen und vier Spalten, ihre Dimension ist also (3×4).

Die Zahlen in der Matrix werden auch *Elemente* genannt. Wenn Sie sich auf ein einzelnes Element in der Matrix beziehen wollen, verwenden Sie den der Matrixbezeichnung entsprechenden Kleinbuchstaben und ergänzen ihn um die Position des Elements in der Matrix. In der obigen Matrix A ist das Element a_{23} die Zahl -4.

Matrizen mit nur einer Zeile oder nur einer Spalte heißen *Zeilenmatrizen* beziehungsweise *Spaltenmatrizen*. Bei *quadratischen Matrizen* stimmt die Anzahl der Zeilen und die Anzahl der Spalten überein. Bei der Benennung von Matrizen spielt die *Hauptdiagonale* oft eine besondere Rolle. Das ist die Diagonale, die von links oben nach rechts unten durch die Matrix verläuft. *Einheitsmatrizen* sind quadratische Matrizen, bei denen auf der Hauptdiagonalen nur Einsen und außerhalb der Hauptdiagonalen nur Nullen stehen. *Null-Matrizen* bestehen nur aus Nullen. Eine *obere Dreiecksmatrix* ist eine quadratische Matrix, die auf der Diagonalen und im Bereich rechts darüber beliebige Zahlen hat und unter der Diagonalen nur Nullen. Schauen Sie sich doch mal die folgenden Matrizen an:

$$B = \begin{pmatrix} 9 & -3 & 5 \end{pmatrix} \quad C = \begin{pmatrix} 7 \\ 0 \end{pmatrix} \quad D = \begin{pmatrix} 4 & 2 & 3 \\ 0 & 6 & 5 \\ 0 & 0 & 8 \end{pmatrix} \quad E = \begin{pmatrix} 1 & 0 & 0 \\ 0 & 1 & 0 \\ 0 & 0 & 1 \end{pmatrix} \quad F = \begin{pmatrix} 5 & 8 \\ 6 & 0 \\ -2 & 1 \end{pmatrix}$$

B ist eine Zeilenmatrix und C ist eine Spaltenmatrix. D ist quadratisch und eine obere Dreiecksmatrix. E ist sowohl quadratisch als auch eine Einheitsmatrix und eine obere sowie untere Dreiecksmatrix. F hat keine besondere Bezeichnung.

Aufgabe 9.1

Geben Sie die Dimension der folgenden Matrizen an.

$$A = \begin{pmatrix} 4 & -2 \\ -9 & 4 \\ 6 & 7 \end{pmatrix} \quad B = \begin{pmatrix} 0 & 4 \\ 2 & -1 \end{pmatrix} \quad C = \begin{pmatrix} 954 \\ 32 \end{pmatrix} \quad D = \begin{pmatrix} 4 & 7 \\ 1 & -54 \\ 642 & 8 \\ 0 & 0 \end{pmatrix}$$

Aufgabe 9.2

Von welchem Typ sind die folgenden Matrizen? Wie ist ihre Dimension?

$$A = \begin{pmatrix} 3 & -1 & 9 \\ 4 & 0 & -1 \\ -3 & 2 & 2 \end{pmatrix} \quad B = \begin{pmatrix} 0 & 0 & 0 \\ 0 & 0 & 0 \end{pmatrix} \quad C = \begin{pmatrix} 1 & 0 \\ 0 & 1 \end{pmatrix}$$

$$D = \begin{pmatrix} 1 \\ 0 \end{pmatrix} \quad E = \begin{pmatrix} 3 & -7 \\ 9 & 2 \\ 6 & 5 \end{pmatrix} \quad F = \begin{pmatrix} -14 & 20 & 4 \end{pmatrix} \quad G = \begin{pmatrix} 0 & 0 & 1 \\ 0 & 1 & 0 \\ 1 & 0 & 0 \end{pmatrix}$$

Addieren und Subtrahieren

Das Addieren beziehungsweise Subtrahieren von Matrizen gelingt Ihnen wie gewohnt durch einfaches »Plus-« beziehungsweise »Minusrechnen«. Betrachten Sie die beiden nachstehenden Matrizen A und B:

$$A = \begin{pmatrix} 4 & 0 \\ -3 & 6 \\ 19 & 8 \end{pmatrix} \quad B = \begin{pmatrix} 7 & 9 \\ 0 & -5 \\ 1 & 2 \end{pmatrix}$$

Zur Addition der Matrizen schreiben Sie diese einfach nebeneinander und addieren jeweils diejenigen Elemente miteinander, die in beiden Matrizen an der gleichen Stelle stehen. Sie addieren also die »4«, das linke obere Element der Matrix A, zur »7«, dem linken oberen

Element der Matrix B. Genauso addieren Sie die »0« aus der Matrix A zur »9« aus der Matrix B und so weiter.

$$A + B = \begin{pmatrix} 4 & 0 \\ -3 & 6 \\ 19 & 8 \end{pmatrix} + \begin{pmatrix} 7 & 9 \\ 0 & -5 \\ 1 & 2 \end{pmatrix} = \begin{pmatrix} 4+7 & 0+9 \\ -3+0 & 6+(-5) \\ 19+1 & 8+2 \end{pmatrix} = \begin{pmatrix} 11 & 9 \\ -3 & 1 \\ 20 & 10 \end{pmatrix}$$

Die Ergebnismatrix ist dann genauso groß wie jede der beiden Ausgangsmatrizen. Mit anderen Worten: Sie hat die gleiche Anzahl an Zeilen und die gleiche Anzahl an Spalten, also die gleiche Dimension, wie jede der beiden Ausgangsmatrizen.

Das Subtrahieren der Matrizen verläuft auf die gleiche Weise.

Denken Sie daran, dass das Subtrahieren einer negativen Zahl gleichbedeutend ist mit dem Addieren des positiven Pendants der Zahl.

$$A - B = \begin{pmatrix} 4 & 0 \\ -3 & 6 \\ 19 & 8 \end{pmatrix} - \begin{pmatrix} 7 & 9 \\ 0 & -5 \\ 1 & 2 \end{pmatrix} = \begin{pmatrix} 4-7 & 0-9 \\ -3-0 & 6-(-5) \\ 19-1 & 8-2 \end{pmatrix} = \begin{pmatrix} -3 & -9 \\ -3 & 11 \\ 18 & 6 \end{pmatrix}$$

An der Stelle (2, 2) in der Matrix, also in der zweiten Spalte und zweiten Zeile, wird eine negative Zahl subtrahiert. Aus $6 - (-5)$ wird $6 + 5 = 11$.

Sie dürfen Matrizen nur addieren oder subtrahieren, wenn sie die gleiche Dimension haben.

Aufgabe 9.3

$$A = \begin{pmatrix} -52 & 20 \\ 6 & 4 \\ 12 & 24 \end{pmatrix} \qquad B = \begin{pmatrix} 74 & 0 & 14 \\ 34 & 72 & -4 \\ 8 & 7 & 42 \end{pmatrix} \qquad C = \begin{pmatrix} -6 \\ 3 \\ 77 \end{pmatrix} \qquad D = \begin{pmatrix} 21 & 1 \\ 34 & 8 \end{pmatrix}$$

$$E = \begin{pmatrix} 7 & 41 & 9 \\ 42 & 4 & -3 \\ -5 & 0 & 17 \end{pmatrix} \qquad F = \begin{pmatrix} 61 & 7 \\ 5 & 54 \end{pmatrix} \qquad G = \begin{pmatrix} 71 & 81 \\ 48 & 31 \\ 75 & 2 \end{pmatrix} \qquad H = \begin{pmatrix} 14 & 10 & 68 \end{pmatrix}$$

Führen Sie – falls möglich – die folgenden Berechnungen durch:

   a) $D + F$ b) $A + G$ c) $D + G$ d) $B - E$ e) $C + H$

Aufgabe 9.4

Berechnen Sie:

$$A = \begin{pmatrix} 3 & 50 \\ -12 & 6 \\ 8 & 10 \end{pmatrix} - \left[\begin{pmatrix} 24 & 6 \\ 0 & -6 \\ 51 & 25 \end{pmatrix} + \begin{pmatrix} -6 & -18 \\ 6 & 45 \\ 9 & 3 \end{pmatrix} \right] - \begin{pmatrix} -7 & 4 \\ 12 & 18 \\ 30 & 14 \end{pmatrix}$$

Multiplizieren mit einem Skalar

Eine einfache reelle Zahl wird in der Matrizenrechnung auch _Skalar_ genannt. Sie können eine Matrix unabhängig von ihrer Dimension immer mit jedem Skalar multiplizieren. Dazu multiplizieren Sie jedes Element in der Matrix mit diesem Skalar.

$$6 \cdot \begin{pmatrix} 4 & -2 & 7 \\ 1 & -3 & 8 \end{pmatrix} = \begin{pmatrix} 24 & -12 & 42 \\ 6 & -18 & 48 \end{pmatrix}$$

Multiplizieren von Matrizen

Matrizen dürfen nur multipliziert werden, wenn die Anzahl der Spalten der erstgenannten (links stehenden) Matrix identisch mit der Anzahl der Zeilen der zweitgenannten (rechts stehenden) Matrix ist. Die Ergebnismatrix hat dann so viele Zeilen wie die links stehende Ausgangsmatrix und so viele Spalten wie die rechts stehende Ausgangsmatrix.

Die Reihenfolge ist bei der Multiplikation von Matrizen wichtig. Das Vertauschen von Matrizen ist im Allgemeinen nicht erlaubt. Die Reihenfolge muss beibehalten werden!

$$A = \begin{pmatrix} 3 & 9 \\ -4 & 0 \\ 7 & 5 \end{pmatrix} \qquad B = \begin{pmatrix} 0 & 1 & -8 \\ 2 & 5 & -1 \end{pmatrix}$$

$$C = A \cdot B = \begin{pmatrix} 3 & 9 \\ -4 & 0 \\ 7 & 5 \end{pmatrix} \cdot \begin{pmatrix} 0 & 1 & -8 \\ 2 & 5 & -1 \end{pmatrix} = \begin{pmatrix} c_{11} & c_{12} & c_{13} \\ c_{21} & c_{22} & c_{23} \\ c_{31} & c_{32} & c_{33} \end{pmatrix}$$

Um das Element c_{11} zu berechnen, multiplizieren Sie die erste Zeile von A mit der ersten Spalte von B, das bedeutet $c_{11} = 3 \cdot 0 + 9 \cdot 2 = 18$. Auf die gleiche Weise bestimmen Sie die übrigen Elemente. So ist beispielsweise c_{32} das Produkt der dritten Zeile von A mit der zweiten Spalte von B, folglich ist $c_{32} = 7 \cdot 1 + 5 \cdot 5 = 32$.

$$C = \begin{pmatrix} 3 \cdot 0 + 9 \cdot 2 & 3 \cdot 1 + 9 \cdot 5 & 3 \cdot (-8) + 9 \cdot (-1) \\ (-4) \cdot 0 + 0 \cdot 2 & (-4) \cdot 1 + 0 \cdot 5 & (-4) \cdot (-8) + 0 \cdot (-1) \\ 7 \cdot 0 + 5 \cdot 2 & 7 \cdot 1 + 5 \cdot 5 & 7 \cdot (-8) + 5 \cdot (-1) \end{pmatrix} = \begin{pmatrix} 18 & 48 & -33 \\ 0 & -4 & 32 \\ 10 & 32 & -61 \end{pmatrix}$$

Aufgabe 9.5

Nachstehend sehen Sie ein paar Matrizen mit verschiedenen Dimensionen.

$$A = \begin{pmatrix} -6 & 3 \\ 1 & 4 \end{pmatrix} \qquad B = \begin{pmatrix} 10 & 0 & 23 \\ 6 & -2 & 1 \end{pmatrix} \qquad C = \begin{pmatrix} 4 & 1 & 8 \\ 12 & 2 & -9 \\ 0 & 3 & 6 \end{pmatrix}$$

$$D = \begin{pmatrix} 6 \\ 10 \\ -3 \end{pmatrix} \qquad E = \begin{pmatrix} 11 & 4 & 7 \end{pmatrix} \qquad F = 8$$

Bestimmen Sie – falls möglich – die folgenden Produkte:

$A \cdot B \quad B \cdot C \quad B \cdot F \quad C \cdot D$

$C \cdot E \quad D \cdot B \quad D \cdot E \quad E \cdot D \quad F \cdot A$

Aufgabe 9.6

$$A = \begin{pmatrix} -4 & 3 & 2 \\ 1 & 0 & 1 \end{pmatrix} - \left[\begin{pmatrix} 3 \\ 4 \end{pmatrix} \cdot (12 \quad 4) + \begin{pmatrix} 3 \\ 4 \end{pmatrix} \cdot (6 \quad -2) - \begin{pmatrix} 3 \\ 4 \end{pmatrix} \cdot (0 \quad 3) \right] \cdot \begin{pmatrix} 1 & 1 & 0 \\ 1 & 3 & 2 \end{pmatrix}$$

Wie lautet A?

Aufgabe 9.7

In dieser Aufgabe können Sie mit ein paar besonderen Matrizen in der Multiplikation experimentieren.

$$A = \begin{pmatrix} 10 & 3 & -13 & 12 \\ 8 & -4 & 2 & 9 \\ 5 & 11 & 6 & 7 \end{pmatrix}$$

$$B = \begin{pmatrix} 1 & 0 & 0 \\ 0 & 1 & 0 \\ 0 & 0 & 1 \end{pmatrix} \quad C = \begin{pmatrix} 0 & 0 & 1 \\ 1 & 0 & 0 \\ 0 & 1 & 0 \end{pmatrix} \quad D = \begin{pmatrix} 1 & 0 & 0 \\ 0 & 0 & 1 \\ 0 & 1 & 0 \end{pmatrix} \quad E = \begin{pmatrix} 0 & 0 & 0 & 1 \\ 0 & 1 & 0 & 0 \\ 1 & 0 & 0 & 0 \\ 0 & 0 & 1 & 0 \end{pmatrix}$$

Berechnen Sie:

$B \cdot A \quad C \cdot A \quad D \cdot A \quad A \cdot E$

Aufgabe 9.8

$$A = \begin{pmatrix} 4 & -5 & 4 \\ 9 & 5 & -9 \\ 7 & 3 & -6 \end{pmatrix} \quad B = \begin{pmatrix} -3 & -18 & 25 \\ -9 & -52 & 72 \\ -8 & -47 & 65 \end{pmatrix}$$

$C = A \cdot B$

Berechnen Sie C – und wundern Sie sich nicht!

Innerbetriebliche Materialverflechtung

Mit der innerbetrieblichen Materialverflechtung können Sie Produktionsprozesse analysieren. Die Matrizenrechnung hilft Ihnen, die für Ihre Produktion notwendige Anzahl an Rohstoffen zu bestimmen sowie den Gewinn zu kalkulieren.

Stellen Sie sich vor, Sie betreiben eine Konditorei und stellen zwei Sorten Apfelkuchen her: einen Hefekuchen und einen Mürbekuchen. Die Grundzutaten sind Mehl, Butter, Zucker, Äpfel und Milch. Weitere Zutaten wie beispielsweise Wasser und Hefe lassen Sie außer Acht. Nehmen Sie an, dass diese praktisch kostenlos sind und immer unbegrenzt zur Verfügung stehen. Aus den Grundzutaten stellen Sie zunächst Streusel, Hefeteig, Mürbeteig, Apfelstücke und Puddingfüllung her, daraus entstehen dann die fertigen Kuchen.

Die Grundzutaten sind die Rohstoffe. Daraus entstehen zunächst die Zwischenprodukte wie beispielsweise Streusel. Die beiden Kuchen sind Ihre Endprodukte. Sie wissen, wie viele Rohstoffe für die Zwischenprodukte benötigt werden, und haben dies in einer Produktionsmatrix zusammengefasst.

$$
M_{RZ} = \begin{pmatrix}
 & \text{Streusel} & \text{Hefeteig} & \text{Mürbeteig} & \text{Apfelstücke} & \text{Puddingfüllung} \\
\text{Mehl} & 0{,}4 & 0{,}5 & 0{,}6 & 0 & 0 \\
\text{Butter} & 0{,}4 & 0{,}3 & 0{,}2 & 0 & 0{,}15 \\
\text{Zucker} & 0{,}2 & 0{,}05 & 0{,}2 & 0 & 0{,}15 \\
\text{Äpfel} & 0 & 0 & 0 & 1{,}2 & 0 \\
\text{Milch} & 0 & 0{,}1 & 0 & 0 & 0{,}7
\end{pmatrix}
$$

Für 1 kg Hefeteig benötigen Sie beispielsweise 0,5 kg Mehl, 0,3 kg Butter, 0,05 kg Zucker, keine Äpfel und 0,1 kg Milch. 1 kg Apfelstücke besteht hingegen aus 1,2 kg Äpfeln – Kerngehäuse und Stiel verwerten Sie natürlich nicht.

Aus den Zwischenprodukten stellen Sie die beiden Kuchen her, dabei gilt die folgende Produktionsmatrix:

$$
M_{ZE} = \begin{pmatrix}
 & \text{Hefekuchen} & \text{Mürbekuchen} \\
\text{Streusel} & 0{,}2 & 0{,}35 \\
\text{Hefeteig} & 0{,}5 & 0 \\
\text{Mürbeteig} & 0 & 0{,}5 \\
\text{Apfelstücke} & 2 & 1{,}3 \\
\text{Puddingfüllung} & 0 & 0{,}4
\end{pmatrix}
$$

Für einen Hefekuchen benötigen Sie folglich 0,2 kg Streusel, 0,5 kg Hefeteig und 2 kg Apfelstücke. Für einen Mürbekuchen sind es 0,35 kg Streusel, 0,5 kg Mürbeteig, 1,3 kg Apfelstücke und 0,4 kg Puddingfüllung.

Um herauszufinden, welche Menge der Grundzutaten in jeweils einem Kuchen enthalten ist, multiplizieren Sie die beiden Produktionsmatrizen.

$$M_{RE} = M_{RZ} \cdot M_{ZE}$$

	Streusel	Hefeteig	Mürbeteig	Apfelstücke	Puddingfüllung
Mehl	0,4	0,5	0,6	0	0
Butter	0,4	0,3	0,2	0	0,15
Zucker	0,2	0,05	0,2	0	0,15
Äpfel	0	0	0	1,2	0
Milch	0	0,1	0	0	0,7

$\cdot$

	Hefekuchen	Mürbekuchen
Streusel	0,2	0,35
Hefeteig	0,5	0
Mürbeteig	0	0,5
Apfelstücke	2	1,3
Puddingfüllung	0	0,4

$=$

	Hefekuchen	Mürbekuchen
Mehl	0,33	0,44
Butter	0,23	0,3
Zucker	0,065	0,23
Äpfel	2,4	1,56
Milch	0,05	0,28

Nun haben Sie die Gesamtproduktionsmatrix M_{RE}.

Eine *Produktionsmatrix* gibt an, wie viele Einheiten des im Produktionsprozess vorgelagerten Produkts zur Produktion von genau einer Einheit des nachgelagerten Produkts benötigt werden. Die vorgelagerten Produkte stehen dabei in den Zeilen, die nachgelagerten Produkte in den Spalten der Matrix.

Ihre Kunden werden aber nicht genau einen Hefekuchen und einen Mürbekuchen kaufen wollen. Nehmen Sie an, Sie rechnen mit einem Verkauf von 20 Hefekuchen und 30 Mürbekuchen. Diese Endproduktmenge fassen Sie im Produktionsvektor q_E (eine Spaltenmatrix) zusammen.

		Anzahl
$q_E =$	Hefekuchen	20
	Mürbekuchen	30

Durch Multiplikation der Matrix M_{RE}, die angibt, wie viele Grundzutaten für jeweils einen Kuchen benötigt werden, mit dem Produktionsvektor q_E erhalten Sie die Gesamtmenge q_R

der notwendigen Grundzutaten für die prognostizierte Verkaufsmenge.

$$q_R = M_{RE} \cdot q_E = \begin{pmatrix} & \text{Hefekuchen} & \text{Mürbekuchen} \\ \text{Mehl} & 0{,}33 & 0{,}44 \\ \text{Butter} & 0{,}23 & 0{,}3 \\ \text{Zucker} & 0{,}065 & 0{,}23 \\ \text{Äpfel} & 2{,}4 & 1{,}56 \\ \text{Milch} & 0{,}05 & 0{,}28 \end{pmatrix} \cdot \begin{pmatrix} & \text{Anzahl} \\ \text{Hefekuchen} & 20 \\ \text{Mürbekuchen} & 30 \end{pmatrix}$$

$$= \begin{pmatrix} & \text{Anzahl} \\ \text{Mehl} & 19{,}8 \\ \text{Butter} & 13{,}6 \\ \text{Zucker} & 8{,}2 \\ \text{Äpfel} & 94{,}8 \\ \text{Milch} & 9{,}4 \end{pmatrix}$$

Die Rohstoffkosten liegen bei 0,20 €/kg Mehl, 3 €/kg Butter, 0,50 €/kg Zucker, 1,50 €/kg Äpfel und 0,40 €/kg Milch. Die Rohstoffkosten k_E für je einen Hefekuchen und einen Mürbekuchen ermitteln Sie, indem Sie die Preise der Rohstoffe in eine Zeilenmatrix p_R schreiben und mit der Gesamtproduktionsmatrix M_{RE} multiplizieren.

$$k_E = p_R \cdot M_{RE} = \begin{pmatrix} & \text{Mehl} & \text{Butter} & \text{Zucker} & \text{Äpfel} & \text{Milch} \\ \text{Rohstoffkosten} & 0{,}2 & 3 & 0{,}5 & 1{,}5 & 0{,}4 \end{pmatrix}$$

$$\cdot \begin{pmatrix} & \text{Hefekuchen} & \text{Mürbekuchen} \\ \text{Mehl} & 0{,}33 & 0{,}44 \\ \text{Butter} & 0{,}23 & 0{,}3 \\ \text{Zucker} & 0{,}065 & 0{,}23 \\ \text{Äpfel} & 2{,}4 & 1{,}56 \\ \text{Milch} & 0{,}05 & 0{,}28 \end{pmatrix}$$

$$= \begin{pmatrix} & \text{Hefekuchen} & \text{Mürbekuchen} \\ \text{Rohstoffkosten} & 4{,}4085 & 3{,}555 \end{pmatrix}$$

Die Rohstoffe zur Herstellung von einem Hefekuchen kosten Sie also etwa 4,41 Euro und für einen Mürbekuchen etwa 3,56 Euro. Bedenken Sie, dass Ihre wertvolle Arbeitszeit, Maschinen und Nebenkosten wie beispielsweise Strom bei diesen Kosten noch nicht enthalten sind.

Ihren Gewinn pro Kuchen g_E – unter Vernachlässigung sonstiger Kosten – erhalten Sie, wenn Sie einfach die Rohstoffkosten von den Verkaufspreisen abziehen. Dabei schreiben Sie die Verkaufspreise, beispielsweise 15 Euro pro Hefekuchen und 12 Euro pro Mürbekuchen – als Zeilenmatrix p_E.

$$g_E = p_E - k_E$$

$$= \begin{pmatrix} & \text{Hefekuchen} & \text{Mürbekuchen} \\ \text{Erlös} & 15 & 12 \end{pmatrix} - \begin{pmatrix} & \text{Hefekuchen} & \text{Mürbekuchen} \\ \text{Kosten} & 4{,}4085 & 3{,}555 \end{pmatrix}$$

$$= \begin{pmatrix} & \text{Hefekuchen} & \text{Mürbekuchen} \\ \text{Gewinn} & 10{,}5915 & 8{,}4450 \end{pmatrix}$$

Schließlich ermitteln Sie auch noch den Gesamtgewinn G für Ihre prognostizierte Verkaufsmenge.

$$G = \begin{pmatrix} & \text{Hefekuchen} & \text{Mürbekuchen} \\ \text{Gewinn} & 10,5915 & 8,4450 \end{pmatrix} \cdot \begin{pmatrix} & \text{Anzahl} \\ \text{Hefekuchen} & 20 \\ \text{Mürbekuchen} & 30 \end{pmatrix} = 465,18$$

Durch den Verkauf von 20 Hefekuchen und 30 Mürbekuchen liegt Ihr Gewinn bei 465,18 Euro – abzüglich sonstiger Produktionskosten.

Aufgabe 9.9

Sie stellen aus den Rohstoffen Eisen, Strom und Holz die Zwischenprodukte Metallringe, Zahnräder und Holzquader her. Aus den Zwischenprodukten erzeugen Sie Uhren und Spielzeugautos. Die Verflechtungen hat Ihr Kollege in Abbildung 9.1 als Pfeildiagramm dargestellt. Dabei hat er als Einheit für Eisen und Holz »Gramm«, für Strom »Wattstunden« und für die Zwischenprodukte »Stück« gewählt.

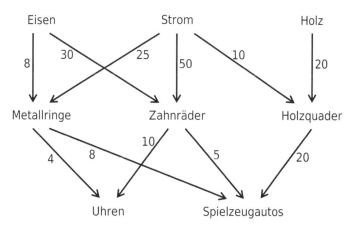

Abbildung 9.1: Die Verflechtung von Rohstoffen zu Endprodukten als Pfeildiagramm

Die Kosten für ein Gramm Eisen betragen 0,5 Cent, für ein Gramm Holz liegen sie bei 0,1 Cent. Strom kostet 0,02 Cent pro Wattstunde. Sie verkaufen die Uhren für 4,98 €/Stück und die Spielzeugautos für 7 €/Stück. Wie hoch ist Ihr Gewinn bei einer Produktion von 2.500 Uhren und 10.000 Spielzeugautos?

Aufgabe 9.10

Sie haben einen langfristigen Vertrag mit einem Kunden abgeschlossen und liefern diesem jeden Monat 500 Paletten Papier zu 100 Euro/Palette und 300 Boxen Bleistifte zu 120 Euro/Box. Zur Produktion beziehen Sie Wasser, Grafit und Holz. Ein Kubikmeter Wasser kostet Sie 4 Euro und ein Container Holz 5 Euro. Die Produktionsmatrix lautet:

$$M_{RE} = \begin{pmatrix} & \text{Papier} & \text{Bleistifte} \\ \text{Wasser} & 7 & 4 \\ \text{Graphit} & 6 & 8 \\ \text{Holz} & 4 & 1 \end{pmatrix}$$

Den Einkaufspreis für ein Kilogramm Grafit handeln Sie mit Ihrem Lieferanten gerade neu aus. Wie hoch darf dieser maximal sein, damit Sie jeden Monat einen Gewinn von 12.500 Euro machen?

Lösungen

Lösung zu Aufgabe 9.1

Diese Aufgabe lösen Sie durch einfaches Abzählen der Zeilen und Spalten einer jeden Matrix. Denken Sie an: »Zeilen zuerst, Spalten später«.

$A: (3 \times 2)$ $B: (2 \times 2)$ $C: (2 \times 1)$ $D: (4 \times 2)$

Lösung zu Aufgabe 9.2

A hat drei Zeilen und drei Spalten und ist somit eine quadratische Matrix.

Bei B stimmt die Anzahl von Zeilen und Spalten nicht überein, aber die Matrix besteht nur aus Nullen. Es ist also eine Null-Matrix.

C ist eine besondere Matrix. Sie ist quadratisch und hat auf der Hauptdiagonalen nur Einsen und ansonsten nur Nullen. Eine solche Matrix heißt Einheitsmatrix.

D ist eine Matrix mit nur einer Spalte, folglich eine Spaltenmatrix.

E hat keine besondere Bezeichnung.

F ist eine Zeilenmatrix, da nur eine Zeile vorhanden ist.

G besteht zwar nur aus Einsen und Nullen und zudem sind die Einsen auf einer Diagonalen angeordnet. Dennoch ist G keine Einheitsmatrix, sondern nur eine quadratische Matrix. Bei einer Einheitsmatrix müssen die Einsen auf der Diagonalen von links oben nach rechts unten stehen.

Die Dimensionen sind:

$A: (3 \times 3)$ $B: (2 \times 3)$ $C: (2 \times 2)$

$D: (2 \times 1)$ $E: (3 \times 2)$ $F: (1 \times 3)$ $G: (3 \times 3)$

Lösung zu Aufgabe 9.3

Hier gilt es zu beachten, dass Matrizen nur addiert oder subtrahiert werden können, wenn sie die gleiche Dimension haben.

$$D + F = \begin{pmatrix} 21 & 1 \\ 34 & 8 \end{pmatrix} + \begin{pmatrix} 61 & 7 \\ 5 & 54 \end{pmatrix} = \begin{pmatrix} 21 + 61 & 1 + 7 \\ 34 + 5 & 8 + 54 \end{pmatrix} = \begin{pmatrix} 82 & 8 \\ 39 & 62 \end{pmatrix}$$

$$A + G = \begin{pmatrix} -52 & 20 \\ 6 & 4 \\ 12 & 24 \end{pmatrix} + \begin{pmatrix} 71 & 81 \\ 48 & 31 \\ 75 & 2 \end{pmatrix} = \begin{pmatrix} -52 + 71 & 20 + 81 \\ 6 + 48 & 4 + 31 \\ 12 + 75 & 24 + 2 \end{pmatrix} = \begin{pmatrix} 19 & 101 \\ 54 & 35 \\ 87 & 26 \end{pmatrix}$$

$$B - E = \begin{pmatrix} 74 & 0 & 14 \\ 34 & 72 & -4 \\ 8 & 7 & 42 \end{pmatrix} - \begin{pmatrix} 7 & 41 & 9 \\ 42 & 4 & -3 \\ -5 & 0 & 17 \end{pmatrix} = \begin{pmatrix} 74 - 7 & 0 - 41 & 14 - 9 \\ 34 - 42 & 72 - 4 & -4 - (-3) \\ 8 - (-5) & 7 - 0 & 42 - 17 \end{pmatrix}$$

$$= \begin{pmatrix} 67 & -41 & 5 \\ -8 & 68 & -1 \\ 13 & 7 & 25 \end{pmatrix}$$

$D + G$ ist nicht möglich, weil D die Dimension (2×2) hat, während G die Dimension (2×3) aufweist. D hat also eine Zeile zu wenig – oder G eine Zeile zu viel. Es ist nicht erlaubt, sich die fehlende Zeile in D beispielsweise als Nullzeile »hinzuzudenken«.

Aus dem gleichen Grund ist $C + H$ nicht möglich. Beide Matrizen haben zwar drei Elemente, aber C ist eine Spaltenmatrix und H eine Zeilenmatrix. Und Zeilen und Spalten dürfen nicht nach Belieben getauscht werden.

Lösung zu Aufgabe 9.4

Bestimmen Sie zunächst das Ergebnis der Addition der beiden Matrizen in der eckigen Klammer in der Mitte.

 Bei der Matrizenrechnung gilt – wie sonst auch üblich – dass Klammern bei der Berechnung Vorrang haben.

$$A = \begin{pmatrix} 3 & 50 \\ -12 & 6 \\ 8 & 10 \end{pmatrix} - \left[\begin{pmatrix} 24 & 6 \\ 0 & -6 \\ 51 & 25 \end{pmatrix} + \begin{pmatrix} -6 & -18 \\ 6 & 45 \\ 9 & 3 \end{pmatrix} \right] - \begin{pmatrix} -7 & 4 \\ 12 & 18 \\ 30 & 14 \end{pmatrix}$$

$$= \begin{pmatrix} 3 & 50 \\ -12 & 6 \\ 8 & 10 \end{pmatrix} - \left[\begin{pmatrix} 24 + (-6) & 6 + (-18) \\ 0 + 6 & -6 + 45 \\ 51 + 9 & 25 + 3 \end{pmatrix} \right] - \begin{pmatrix} -7 & 4 \\ 12 & 18 \\ 30 & 14 \end{pmatrix}$$

$$= \begin{pmatrix} 3 & 50 \\ -12 & 6 \\ 8 & 10 \end{pmatrix} - \begin{pmatrix} 18 & -12 \\ 6 & 39 \\ 60 & 28 \end{pmatrix} - \begin{pmatrix} -7 & 4 \\ 12 & 18 \\ 30 & 14 \end{pmatrix}$$

Jetzt berechnen Sie von links nach rechts.

$$= \begin{pmatrix} 3-18 & 50-(-12) \\ -12-6 & 6-39 \\ 8-60 & 10-28 \end{pmatrix} - \begin{pmatrix} -7 & 4 \\ 12 & 18 \\ 30 & 14 \end{pmatrix} = \begin{pmatrix} -15 & 62 \\ -18 & -33 \\ -52 & -18 \end{pmatrix} - \begin{pmatrix} -7 & 4 \\ 12 & 18 \\ 30 & 14 \end{pmatrix}$$

$$= \begin{pmatrix} -15-(-7) & 62-4 \\ -18-12 & -33-18 \\ -52-30 & -18-14 \end{pmatrix} = \begin{pmatrix} -8 & 58 \\ -30 & -51 \\ -82 & -32 \end{pmatrix}$$

Lösung zu Aufgabe 9.5

Matrizen können immer dann multipliziert werden, wenn die Anzahl der Spalten der linken Matrix identisch ist mit der Anzahl der Zeilen der rechten Matrix.

$$A \cdot B = \begin{pmatrix} -6 & 3 \\ 1 & 4 \end{pmatrix} \cdot \begin{pmatrix} 10 & 0 & 23 \\ 6 & -2 & 1 \end{pmatrix}$$

$$= \begin{pmatrix} (-6) \cdot 10 + 3 \cdot 6 & (-6) \cdot 0 + 3 \cdot (-2) & (-6) \cdot 23 + 3 \cdot 1 \\ 1 \cdot 10 + 4 \cdot 6 & 1 \cdot 0 + 4 \cdot (-2) & 1 \cdot 23 + 4 \cdot 1 \end{pmatrix}$$

$$= \begin{pmatrix} -42 & -6 & -135 \\ 34 & -8 & 27 \end{pmatrix}$$

$$B \cdot C = \begin{pmatrix} 10 & 0 & 23 \\ 6 & -2 & 1 \end{pmatrix} \cdot \begin{pmatrix} 4 & 1 & 8 \\ 12 & 2 & -9 \\ 0 & 3 & 6 \end{pmatrix}$$

$$= \begin{pmatrix} 10 \cdot 4 + 0 \cdot 12 + 23 \cdot 0 & 10 \cdot 1 + 0 \cdot 2 + 23 \cdot 3 & 10 \cdot 8 + 0 \cdot (-9) + 23 \cdot 6 \\ 6 \cdot 4 + (-2) \cdot 12 + 1 \cdot 0 & 6 \cdot 1 + (-2) \cdot 2 + 1 \cdot 3 & 6 \cdot 8 + (-2) \cdot (-9) + 1 \cdot 6 \end{pmatrix}$$

$$= \begin{pmatrix} 40 & 79 & 218 \\ 0 & 5 & 72 \end{pmatrix}$$

Wie Sie sehen, ist die Dimension der Ergebnismatrix von $A \cdot B$ genauso groß wie die Dimension der Ergebnismatrix von $B \cdot C$. In der zweiten Rechnung mussten Sie jedoch deutlich mehr Zahlen verarbeiten.

$$B \cdot F = \begin{pmatrix} 10 & 0 & 23 \\ 6 & -2 & 1 \end{pmatrix} \cdot 8 = \begin{pmatrix} 10 \cdot 8 & 0 \cdot 8 & 23 \cdot 8 \\ 6 \cdot 8 & -2 \cdot 8 & 1 \cdot 8 \end{pmatrix} = \begin{pmatrix} 80 & 0 & 184 \\ 48 & -16 & 8 \end{pmatrix}$$

$$C \cdot D = \begin{pmatrix} 4 & 1 & 8 \\ 12 & 2 & -9 \\ 0 & 3 & 6 \end{pmatrix} \cdot \begin{pmatrix} 6 \\ 10 \\ -3 \end{pmatrix} = \begin{pmatrix} 4 \cdot 6 + 1 \cdot 10 + 8 \cdot (-3) \\ 12 \cdot 6 + 2 \cdot 10 + (-9) \cdot (-3) \\ 0 \cdot 6 + 3 \cdot 10 + 6 \cdot (-3) \end{pmatrix} = \begin{pmatrix} 10 \\ 119 \\ 12 \end{pmatrix}$$

$C \cdot E$ ist nicht lösbar, da C drei Spalten hat, E aber nur eine Zeile. Dadurch ist nicht definiert, wie die Zeilen und Spalten miteinander multipliziert werden.

$D \cdot B$ kann ebenfalls nicht berechnet werden. Der einzigen Spalte von D stehen zwei Zeilen von B gegenüber.

$$D \cdot E = \begin{pmatrix} 6 \\ 10 \\ -3 \end{pmatrix} \cdot \begin{pmatrix} 11 & 4 & 7 \end{pmatrix} = \begin{pmatrix} 6 \cdot 11 & 6 \cdot 4 & 6 \cdot 7 \\ 10 \cdot 11 & 10 \cdot 4 & 10 \cdot 7 \\ (-3) \cdot 11 & (-3) \cdot 4 & (-3) \cdot 7 \end{pmatrix} = \begin{pmatrix} 66 & 24 & 42 \\ 110 & 40 & 70 \\ -33 & -12 & -21 \end{pmatrix}$$

$$E \cdot D = \begin{pmatrix} 11 & 4 & 7 \end{pmatrix} \cdot \begin{pmatrix} 6 \\ 10 \\ -3 \end{pmatrix} = \begin{pmatrix} 11 \cdot 6 + 4 \cdot 10 + 7 \cdot (-3) \end{pmatrix} = \begin{pmatrix} 85 \end{pmatrix}$$

Wenn Sie das Resultat von $D \cdot E$ und $E \cdot D$ vergleichen, stellen Sie fest, dass die Ergebnismatrix in beiden Fällen völlig verschieden aussieht. Während $D \cdot E$ eine (3×3)-Matrix erzeugt, führt $E \cdot D$ einfach nur zu einer reellen Zahl, einem Skalar. Dies zeigt Ihnen auch noch einmal, dass die Reihenfolge bei der Matrizenmultiplikation von Bedeutung ist.

 Die Reihenfolge muss bei der Matrizenmultiplikation beibehalten werden. Ein Vertauschen der Reihenfolge führt in der Regel zu einem anderen Ergebnis – falls die Multiplikation dann überhaupt noch durchführbar ist.

$$F \cdot A = 8 \cdot \begin{pmatrix} -6 & 3 \\ 1 & 4 \end{pmatrix} = \begin{pmatrix} 8 \cdot (-6) & 8 \cdot 3 \\ 8 \cdot 1 & 8 \cdot 4 \end{pmatrix} = \begin{pmatrix} -48 & 24 \\ 8 & 32 \end{pmatrix}$$

Lösung zu Aufgabe 9.6

Hier gibt es jede Menge zu tun. Die innere (eckige) Klammer hat bei der Berechnung Vorrang, also sollte sie zuerst berechnet werden. Wenn Sie diese eckige Klammer nach und nach berechnen, müssen Sie dreimal Matrizen multiplizieren und die drei Ergebnismatrizen dann addieren. Bei genauem Hinsehen erkennen Sie, dass der erste Faktor, also die (Spalten-)Matrix $\begin{pmatrix} 3 \\ 4 \end{pmatrix}$, bei allen drei Summanden in der eckigen Klammer gleich ist. Sie können diese Matrix folglich vor die eckige Klammer ziehen.

 Bei der Matrizenmultiplikation gilt zwar nicht das sogenannte Kommutativgesetz, Sie dürfen Matrizen also im Allgemeinen nicht beliebig vertauschen, das heißt $A \cdot B \neq B \cdot A$. Es gilt aber ein linksseitiges sowie rechtsseitiges Assoziativgesetz. Das bedeutet $A \cdot B + A \cdot C = A \cdot (B + C)$ sowie $A \cdot C + B \cdot C = (A + B) \cdot C$.

$$A = \begin{pmatrix} -4 & 3 & 2 \\ 1 & 0 & 1 \end{pmatrix} - \left[\begin{pmatrix} 3 \\ 4 \end{pmatrix} \cdot \begin{pmatrix} 12 & 4 \end{pmatrix} + \begin{pmatrix} 3 \\ 4 \end{pmatrix} \cdot \begin{pmatrix} 6 & -2 \end{pmatrix} - \begin{pmatrix} 3 \\ 4 \end{pmatrix} \cdot \begin{pmatrix} 0 & 3 \end{pmatrix} \right] \cdot \begin{pmatrix} 1 & 1 & 0 \\ 1 & 3 & 2 \end{pmatrix}$$

$$= \begin{pmatrix} -4 & 3 & 2 \\ 1 & 0 & 1 \end{pmatrix} - \begin{pmatrix} 3 \\ 4 \end{pmatrix} \cdot \left[\begin{pmatrix} 12 & 4 \end{pmatrix} + \begin{pmatrix} 6 & -2 \end{pmatrix} - \begin{pmatrix} 0 & 3 \end{pmatrix} \right] \cdot \begin{pmatrix} 1 & 1 & 0 \\ 1 & 3 & 2 \end{pmatrix}$$

Damit vereinfachen Sie sich die Arbeit. Sie müssen jetzt nur noch drei Matrizen addieren und eine Multiplikation durchführen. Die erste und die letzte Matrix nehmen Sie in jedem Schritt unverändert mit. Beginnen Sie mit der Addition in der eckigen Klammer.

$$A = \ldots = \begin{pmatrix} -4 & 3 & 2 \\ 1 & 0 & 1 \end{pmatrix} - \begin{pmatrix} 3 \\ 4 \end{pmatrix} \cdot (12 + 6 - 0 \quad 4 - 2 - 3) \cdot \begin{pmatrix} 1 & 1 & 0 \\ 1 & 3 & 2 \end{pmatrix}$$

$$= \begin{pmatrix} -4 & 3 & 2 \\ 1 & 0 & 1 \end{pmatrix} - \begin{pmatrix} 3 \\ 4 \end{pmatrix} \cdot (18 \quad -1) \cdot \begin{pmatrix} 1 & 1 & 0 \\ 1 & 3 & 2 \end{pmatrix}$$

Nun noch die Multiplikation.

$$A = \ldots = \begin{pmatrix} -4 & 3 & 2 \\ 1 & 0 & 1 \end{pmatrix} - \begin{pmatrix} 3 \cdot 18 & 3 \cdot (-1) \\ 4 \cdot 18 & 4 \cdot (-1) \end{pmatrix} \cdot \begin{pmatrix} 1 & 1 & 0 \\ 1 & 3 & 2 \end{pmatrix}$$

$$= \begin{pmatrix} -4 & 3 & 2 \\ 1 & 0 & 1 \end{pmatrix} - \begin{pmatrix} 54 & -3 \\ 72 & -4 \end{pmatrix} \cdot \begin{pmatrix} 1 & 1 & 0 \\ 1 & 3 & 2 \end{pmatrix}$$

Aufgrund der Punkt-vor-Strich-Regel steht nun zunächst erneut eine Multiplikation an.

$$A = \ldots = \begin{pmatrix} -4 & 3 & 2 \\ 1 & 0 & 1 \end{pmatrix} - \begin{pmatrix} 54 \cdot 1 + (-3) \cdot 1 & 54 \cdot 1 + (-3) \cdot 3 & 54 \cdot 0 + (-3) \cdot 2 \\ 72 \cdot 1 + (-4) \cdot 1 & 72 \cdot 1 + (-4) \cdot 3 & 72 \cdot 0 + (-4) \cdot 2 \end{pmatrix}$$

$$= \begin{pmatrix} -4 & 3 & 2 \\ 1 & 0 & 1 \end{pmatrix} - \begin{pmatrix} 51 & 45 & -6 \\ 68 & 60 & -8 \end{pmatrix}$$

Zum Abschluss folgt noch die verbleibende Subtraktion.

$$A = \ldots = \begin{pmatrix} (-4) - 51 & 3 - 45 & 2 - (-6) \\ 1 - 68 & 0 - 60 & 1 - (-8) \end{pmatrix} = \begin{pmatrix} -55 & -42 & 8 \\ -67 & -60 & 9 \end{pmatrix}$$

Lösung zu Aufgabe 9.7

$$B \cdot A = \begin{pmatrix} 1 & 0 & 0 \\ 0 & 1 & 0 \\ 0 & 0 & 1 \end{pmatrix} \cdot \begin{pmatrix} 10 & 3 & -13 & 12 \\ 8 & -4 & 2 & 9 \\ 5 & 11 & 6 & 7 \end{pmatrix}$$

$$= \begin{pmatrix} 1 \cdot 10 + 0 \cdot 8 + 0 \cdot 5 & 1 \cdot 3 + 0 \cdot (-4) + 0 \cdot 11 & . & . \\ 0 \cdot 10 + 1 \cdot 8 + 0 \cdot 5 & 0 \cdot 3 + 1 \cdot (-4) + 0 \cdot 11 & . & . \\ 0 \cdot 10 + 0 \cdot 8 + 1 \cdot 5 & 0 \cdot 3 + 0 \cdot (-4) + 1 \cdot 11 & . & . \end{pmatrix}$$

$$\begin{pmatrix} . & . & 1 \cdot (-13) + 0 \cdot 2 + 0 \cdot 6 & 1 \cdot 12 + 0 \cdot 9 + 0 \cdot 7 \\ . & . & 0 \cdot (-13) + 1 \cdot 2 + 0 \cdot 6 & 0 \cdot 12 + 1 \cdot 9 + 0 \cdot 7 \\ . & . & 0 \cdot (-13) + 0 \cdot 2 + 1 \cdot 6 & 0 \cdot 12 + 0 \cdot 9 + 1 \cdot 7 \end{pmatrix}$$

$$= \begin{pmatrix} 10 & 3 & -13 & 12 \\ 8 & -4 & 2 & 9 \\ 5 & 11 & 6 & 7 \end{pmatrix} = A$$

In obiger Rechnung ist die mittlere Matrix aus Platzgründen über zwei Zeilen verteilt. Es ist aber eine ganz normale Matrix mit drei Zeilen und vier Spalten. Die Punkte sind nur Auslassungszeichen und haben sonst keine Bedeutung.

Die Rechnung ergibt also $B \cdot A = A$. Dies liegt daran, dass die Matrix B eine Einheitsmatrix ist.

Wird eine Matrix A mit der Einheitsmatrix multipliziert, verändert sie sich nicht.

In dieser Aufgabe lernen Sie eine weitere besondere Art von Matrizen kennen – die *Permutationsmatrizen* oder *Vertauschungsmatrizen*. Permutationsmatrizen haben in jeder Zeile und jeder Spalte genau eine Eins und ansonsten nur Nullen.

$$C \cdot A = \begin{pmatrix} 0 & 0 & 1 \\ 1 & 0 & 0 \\ 0 & 1 & 0 \end{pmatrix} \cdot \begin{pmatrix} 10 & 3 & -13 & 12 \\ 8 & -4 & 2 & 9 \\ 5 & 11 & 6 & 7 \end{pmatrix}$$

$$= \begin{pmatrix} 0 \cdot 10 + 0 \cdot 8 + 1 \cdot 5 & 0 \cdot 3 + 0 \cdot (-4) + 1 \cdot 11 & . & . \\ 1 \cdot 10 + 0 \cdot 8 + 0 \cdot 5 & 1 \cdot 3 + 0 \cdot (-4) + 0 \cdot 11 & . & . \\ 0 \cdot 10 + 1 \cdot 8 + 0 \cdot 5 & 0 \cdot 3 + 1 \cdot (-4) + 0 \cdot 11 & . & . \end{pmatrix}$$

$$\begin{pmatrix} . & . & 0 \cdot (-13) + 0 \cdot 2 + 1 \cdot 6 & 0 \cdot 12 + 0 \cdot 9 + 1 \cdot 7 \\ . & . & 1 \cdot (-13) + 0 \cdot 2 + 0 \cdot 6 & 1 \cdot 12 + 0 \cdot 9 + 0 \cdot 7 \\ . & . & 0 \cdot (-13) + 1 \cdot 2 + 0 \cdot 6 & 0 \cdot 12 + 1 \cdot 9 + 0 \cdot 7 \end{pmatrix}$$

$$= \begin{pmatrix} 5 & 11 & 6 & 7 \\ 10 & 3 & -13 & 12 \\ 8 & -4 & 2 & 9 \end{pmatrix}$$

$$D \cdot A = \begin{pmatrix} 1 & 0 & 0 \\ 0 & 0 & 1 \\ 0 & 1 & 0 \end{pmatrix} \cdot \begin{pmatrix} 10 & 3 & -13 & 12 \\ 8 & -4 & 2 & 9 \\ 5 & 11 & 6 & 7 \end{pmatrix}$$

$$= \begin{pmatrix} 1 \cdot 10 + 0 \cdot 8 + 0 \cdot 5 & 1 \cdot 3 + 0 \cdot (-4) + 0 \cdot 11 & . & . \\ 0 \cdot 10 + 0 \cdot 8 + 1 \cdot 5 & 0 \cdot 3 + 0 \cdot (-4) + 1 \cdot 11 & . & . \\ 0 \cdot 10 + 1 \cdot 8 + 0 \cdot 5 & 0 \cdot 3 + 1 \cdot (-4) + 0 \cdot 11 & . & . \end{pmatrix}$$

$$\begin{pmatrix} . & . & 1 \cdot (-13) + 0 \cdot 2 + 0 \cdot 6 & 1 \cdot 12 + 0 \cdot 9 + 0 \cdot 7 \\ . & . & 0 \cdot (-13) + 0 \cdot 2 + 1 \cdot 6 & 0 \cdot 12 + 0 \cdot 9 + 1 \cdot 7 \\ . & . & 0 \cdot (-13) + 1 \cdot 2 + 0 \cdot 6 & 0 \cdot 12 + 1 \cdot 9 + 0 \cdot 7 \end{pmatrix}$$

$$= \begin{pmatrix} 10 & 3 & -13 & 12 \\ 5 & 11 & 6 & 7 \\ 8 & -4 & 2 & 9 \end{pmatrix}$$

Sie sehen am Ergebnis, woher die Vertauschungsmatrizen ihren Namen haben.

Wird eine Matrix A von links mit einer Permutationsmatrix multipliziert, dann werden die Zeilen der Matrix vertauscht. In der Ergebnismatrix sind die Zeilen der Ausgangsmatrix entsprechend der Anordnung der Einsen in der Permutationsmatrix angeordnet.

So steht beispielsweise bei $C \cdot A$ die »1« in der *ersten Zeile* der Permutationsmatrix C an *dritter Stelle*. Dadurch wandert die *dritte Zeile* von A bei der Ergebnismatrix in die *erste Zeile*.

$$A \cdot E = \begin{pmatrix} 10 & 3 & -13 & 12 \\ 8 & -4 & 2 & 9 \\ 5 & 11 & 6 & 7 \end{pmatrix} \cdot \begin{pmatrix} 0 & 0 & 0 & 1 \\ 0 & 1 & 0 & 0 \\ 1 & 0 & 0 & 0 \\ 0 & 0 & 1 & 0 \end{pmatrix} = \begin{pmatrix} -13 & 3 & 12 & 10 \\ 2 & -4 & 9 & 8 \\ 6 & 11 & 7 & 5 \end{pmatrix}$$

Sie sehen, dass die Multiplikation einer Permutationsmatrix von rechts an die Matrix A zu einer Vertauschung der Spalten führt. Dadurch, dass die »1« in der *ersten Spalte* der Permutationsmatrix E an *dritter Stelle* steht, wandert die *dritte Spalte* von A in die *erste Spalte* der Ergebnismatrix.

Lösung zu Aufgabe 9.8

$$C = \begin{pmatrix} 4 & -5 & 4 \\ 9 & 5 & -9 \\ 7 & 3 & -6 \end{pmatrix} \cdot \begin{pmatrix} -3 & -18 & 25 \\ -9 & -52 & 72 \\ -8 & -47 & 65 \end{pmatrix}$$

$$= \begin{pmatrix} 4 \cdot (-3) + (-5) \cdot (-9) + 4 \cdot (-8) & 4 \cdot (-18) + (-5) \cdot (-52) + 4 \cdot (-47) & . \\ 9 \cdot (-3) + 5 \cdot (-9) + (-9) \cdot (-8) & 9 \cdot (-18) + 5 \cdot (-52) + (-9) \cdot (-47) & . \\ 7 \cdot (-3) + 3 \cdot (-9) + (-6) \cdot (-8) & 7 \cdot (-18) + 3 \cdot (-52) + (-6) \cdot (-47) & . \end{pmatrix}$$

$$\begin{pmatrix} . & . & 4 \cdot 25 + (-5) \cdot 72 + 4 \cdot 65 \\ . & . & 9 \cdot 25 + 5 \cdot 72 + (-9) \cdot 65 \\ . & . & 7 \cdot 25 + 3 \cdot 72 + (-6) \cdot 65 \end{pmatrix}$$

$$= \begin{pmatrix} -12 + 45 - 32 & -72 + 260 - 188 & 100 - 360 + 260 \\ -27 - 45 + 72 & -162 - 260 + 423 & 225 + 360 - 585 \\ -21 - 27 + 48 & -126 - 156 + 282 & 175 + 216 - 390 \end{pmatrix} = \begin{pmatrix} 1 & 0 & 0 \\ 0 & 1 & 0 \\ 0 & 0 & 1 \end{pmatrix}$$

Das Produkt von A und B ist die Einheitsmatrix. Das heißt, dass A die *Inverse* von B ist. Und umgekehrt ist B die Inverse von A. In Kapitel 11 erfahren Sie mehr über Inversen.

Lösung zu Aufgabe 9.9

Zunächst stellen Sie aus dem Pfeildiagramm die Produktionsmatrizen der beiden Produktionsstufen auf. Die Matrix M_{RZ} sagt aus, wie viele Rohstoffe für je ein Zwischenprodukt benötigt werden, und die Matrix M_{ZE} gibt die Anzahl der notwendigen Zwischenprodukte für je ein Endprodukt an. Die Spalten von M_{RZ} verweisen auf die Zwischenprodukte Metallringe, Zahnräder und Holzquader, die Zeilen von M_{RZ} beziehen sich auf die Rohstoffe. In M_{RZ} stehen die für jeweils eine Einheit der Zwischenprodukte benötigten Rohstoffmengen von Eisen, Strom und Holz. Analog steht in M_{ZE} die Anzahl der benötigten Zwischenprodukte für die Produktion je einer Einheit der beiden Endprodukte Uhren und Spielzeugautos.

$$M_{RZ} = \begin{pmatrix} 8 & 30 & 0 \\ 25 & 50 & 10 \\ 0 & 0 & 20 \end{pmatrix} \qquad M_{ZE} = \begin{pmatrix} 4 & 8 \\ 10 & 5 \\ 0 & 20 \end{pmatrix}$$

Die Gesamtproduktionsmatrix M_{RE} ist das Produkt der einzelnen Produktionsmatrizen.

$$M_{RE} = M_{RZ} \cdot M_{ZE} = \begin{pmatrix} 8 & 30 & 0 \\ 25 & 50 & 10 \\ 0 & 0 & 20 \end{pmatrix} \cdot \begin{pmatrix} 4 & 8 \\ 10 & 5 \\ 0 & 20 \end{pmatrix} = \begin{pmatrix} 332 & 214 \\ 600 & 650 \\ 0 & 400 \end{pmatrix}$$

Zur Ermittlung Ihres Gewinns subtrahieren Sie zunächst von den Verkaufserlösen die Rohstoffkosten je eines Endprodukts. Dadurch erhalten Sie den Gewinn g_E pro Endprodukteinheit. Die Verkaufspreise sind in Euro angegeben, die Rohstoffkosten in Cent. Sie vereinheitlichen dies und schreiben beides beispielsweise in Cent.

$$g_E = p_E - p_R \cdot M_{RE} = \begin{pmatrix} 498 & 700 \end{pmatrix} - \begin{pmatrix} 0{,}5 & 0{,}02 & 0{,}1 \end{pmatrix} \cdot \begin{pmatrix} 332 & 214 \\ 600 & 650 \\ 0 & 400 \end{pmatrix}$$

$$= \begin{pmatrix} 498 & 700 \end{pmatrix} - \begin{pmatrix} 178 & 160 \end{pmatrix} = \begin{pmatrix} 320 & 540 \end{pmatrix}$$

Auf zum letzten Schritt – Sie multiplizieren den Stückgewinn mit der Produktionsmenge und erhalten den Gesamtgewinn.

$$G = g_E \cdot q_E = \begin{pmatrix} 320 & 540 \end{pmatrix} \cdot \begin{pmatrix} 2.500 \\ 10.000 \end{pmatrix} = 6.200.000$$

Bedenken Sie jetzt noch, dass Sie als Einheit für die Preise Cent gewählt haben – Ihr Gesamtgewinn liegt also bei 62.000 Euro.

Lösung zu Aufgabe 9.10

Sie wissen, dass der Gesamtgewinn mindestens 12.500 Euro betragen soll. Dieser berechnet sich aus $G = \begin{pmatrix} p_E - p_R \cdot M_{RE} \end{pmatrix} \cdot q_E$. Die Matrizen p_E, M_{RE} und q_E können Sie aus der Aufgabenstellung heraus vollständig aufstellen. Von p_R ist ein Wert in Verhandlung. Diesen noch offenen Wert bezeichnen Sie mit x und lösen danach auf.

$$\left[\begin{pmatrix} 100 & 120 \end{pmatrix} - \begin{pmatrix} 4 & x & 5 \end{pmatrix} \cdot \begin{pmatrix} 7 & 4 \\ 6 & 8 \\ 4 & 1 \end{pmatrix} \right] \cdot \begin{pmatrix} 500 \\ 300 \end{pmatrix} \geq 12.500 \qquad | \text{ vereinfachen}$$

$$\left[\begin{pmatrix} 100 & 120 \end{pmatrix} - \begin{pmatrix} 48 + 6x & 21 + 8x \end{pmatrix} \right] \cdot \begin{pmatrix} 500 \\ 300 \end{pmatrix} \geq 12.500 \qquad | \text{ vereinfachen}$$

$$\begin{pmatrix} 52 - 6x & 99 - 8x \end{pmatrix} \cdot \begin{pmatrix} 500 \\ 300 \end{pmatrix} \geq 12.500 \qquad | \text{ vereinfachen}$$

$$55.700 - 5.400x \geq 12.500 \qquad | -12.500 + 5.400x$$

$$43.200 \geq 5.400x \qquad | : 5.400$$

$$x \leq 8$$

Ein Kilogramm Grafit darf Sie maximal 8 Euro kosten, damit sich Ihr monatlicher Gewinn auf mindestens 12.500 Euro beläuft.

Lineare Gleichungssysteme lösen

In diesem Kapitel

▷ Gleichungssysteme grafisch lösen

▷ Addieren, Subtrahieren, Einsetzen – Viele Wege führen zum Ziel

▷ Matrizen machen's einfacher

▷ Die innerbetriebliche Leistungsverrechnung verinnerlichen

Lineare Gleichungssysteme haben üblicherweise folgende Form:

$$a_1x_1 + a_2x_2 + a_3x_3 + \ldots = k_1$$
$$b_1x_1 + b_2x_2 + b_3x_3 + \ldots = k_2$$
$$c_1x_1 + c_2x_2 + c_3x_3 + \ldots = k_3$$
$$\ldots$$

Ein Gleichungssystem mit nur zwei verschiedenen Variablen lässt sich grafisch lösen. Sobald mehr Variablen auftauchen, ist die rechnerische Lösung angesagt.

Eine Lösung eines Gleichungssystems ist eine Kombination der Variablen $(x_1, x_2, x_3, \ldots)$, bei der *alle* Gleichungen des Systems erfüllt sind. Für die Lösbarkeit gibt es folgende Möglichkeiten:

✔ Keine Lösung: Es gibt keine Kombination von $(x_1, x_2, x_3, \ldots)$, die alle Gleichungen erfüllt.

✔ Genau eine Lösung: Genau eine $(x_1, x_2, x_3, \ldots)$-Kombination löst alle Gleichungen.

✔ Unendlich viele Lösungen: Die Anzahl an möglichen $(x_1, x_2, x_3, \ldots)$, die gleichzeitig alle Gleichungen erfüllen, ist unendlich groß. Ein Teil der Variablen kann dann frei gewählt werden und der andere Teil ergibt sich aus der Wahl der freien Variablen.

Zuerst auf die grafische Art und Weise

Stellen Sie sich vor, Sie sind in eine Wohnung eingezogen und möchten sie mit Pflanzen etwas aufwerten. Sie haben dazu zwei Säcke Blumenerde und fünf Blumentöpfe für insgesamt 31 Euro gekauft. Beim Einpflanzen bemerken Sie, dass die Blumenerde nicht reicht. Zudem möchten Sie weitere Blumentöpfe aufstellen. Daher sind Sie noch mal los und haben vier Säcke Blumenerde sowie zwei Blumentöpfe für zusammen 22 Euro gekauft. Wie teuer war ein Sack Blumenerde und ein Blumentopf?

Den Text können Sie leicht als Gleichungssystem darstellen, dabei steht x für den Preis eines Sacks Blumenerde und y für den Preis eines Blumentopfes.

$$2x + 5y = 31$$
$$4x + 2y = 22$$

Zum Zeichnen, für die grafische Lösung, gibt es mehrere Möglichkeiten. Eine einfache Möglichkeit besteht darin, die Achsenabschnitte jeder Gleichung mit der x-Achse und der y-Achse zu bestimmen. Beginnen Sie mit der ersten Gleichung. Wählen Sie $x = 0$ und lösen Sie nach y auf. Aus $2 \cdot 0 + 5y = 31$ folgt $5y = 31$ und schließlich $y = 6{,}2$. Die erste Gleichung verläuft somit durch den Punkt $(0; 6{,}2)$. Nun setzen Sie $y = 0$ in der ersten Gleichung und verfahren analog, indem Sie nach x auflösen. Aus $2x + 5 \cdot 0 = 31$ folgt $2x = 31$ und folglich $x = 15{,}5$. Ein zweiter Punkt, durch den die erste Gleichung verläuft, ist somit $(15{,}5; 0)$. Sie können nun die Gerade zeichnen, die die erste Gleichung beschreibt. Sie verbinden einfach die beiden Punkte $(0; 6{,}2)$ und $(15{,}5; 0)$. Für die zweite Gleichung ermitteln Sie die Achsenabschnitte genauso. Sie erhalten $(0; 11)$ und $(5{,}5; 0)$ als Punkte der Gleichung. Verbinden Sie die Punkte jeweils mit einer Geraden und Sie erhalten insgesamt Abbildung 10.1.

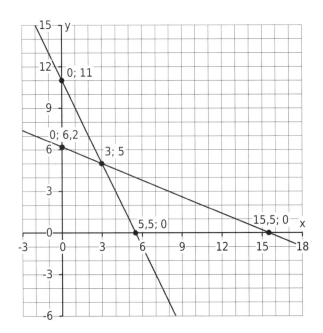

Abbildung 10.1: Der Punkt, in dem sich die Geraden treffen, ist die Lösung des Gleichungssystems.

Alle Punkte, die auf der Geraden liegen, erfüllen die jeweilige Gleichung. Dadurch folgt, dass der Schnittpunkt der Geraden der Punkt ist, bei dem beide Gleichungen erfüllt sind. Und damit haben Sie auch schon die Lösung Ihres Gleichungssystems: Ein Sack Blumenerde hat Sie 3 Euro und ein Blumentopf 5 Euro gekostet.

Aufgabe 10.1

Finden Sie grafisch die Lösung für das folgende Gleichungssystem:

$$-2x + 8y = 16$$
$$-3x + 3y = 12$$

Aufgabe 10.2

Sie können auch ein Gleichungssystem mit mehr als zwei Gleichungen grafisch lösen. Es dürfen nur nicht mehr als zwei Variablen sein! Schauen Sie sich bei folgender Aufgabe an, wie dies grafisch aussieht.

$$3x + 1{,}2y = 12$$
$$2x + 4y = 8$$
$$-10x + 6y = 90$$

Dann durch Addition

Ein Gleichungssystem mit zwei Variablen und zwei Gleichungen können Sie zügig durch Addition der Gleichungen lösen. Dadurch müssen Sie nur dafür sorgen, dass in beiden Gleichungen vor einer der Variablen die gleiche Zahl steht.

$$6x - 2y = 10$$
$$-3x + 4y = -2$$

Sie entscheiden sich, zunächst x aus der Gleichung zu eliminieren. Vor dem x in der ersten Gleichung steht eine 6, vor dem x in der zweiten Gleichung eine -3. Sie multiplizieren die zweite Gleichung mit zwei, dann steht vor der Variablen x jeweils eine 6, einmal mit positiven und einmal mit negativem Vorzeichen.

 Beim Multiplizieren einer Gleichung mit einer Zahl bleibt deren Aussage erhalten. So ist zum Beispiel die Information, dass zwei Brötchen einen Euro kosten, für Sie ebenso hilfreich wie die Aussage, dass sechs Brötchen drei Euro kosten.

$$6x - 2y = 10$$
$$-6x + 8y = -4$$

Nun addieren Sie die beiden Gleichungen und schon haben Sie die Lösung für y.

$$6y = 6 \Leftrightarrow y = 1$$

Dies setzen Sie in eine beliebige Gleichung ein, beispielsweise in die erste.

$$6x - 2 \cdot 1 = 10 \quad |+2$$
$$6x = 12 \quad |:6$$
$$x = 2$$

Und schon haben Sie mit $x = 2$, $y = 1$ die Lösung für das Gleichungssystem.

Wenn Sie in den beiden Gleichungen statt eines positiven und eines negativen Koeffizienten (also »6« und »−6«) zwei auch hinsichtlich des Vorzeichens gleiche Koeffizienten haben (zum Beispiel »5« und »5«), dann subtrahieren Sie die Gleichungen einfach. Das funktioniert genauso wie das Addieren.

Machen Sie sich in den nächsten Aufgaben selbst ans Werk!

Aufgabe 10.3

$$5x + 5y = 8$$
$$x + 2y = 4$$

Aufgabe 10.4

$$0{,}2x + 2{,}8y = 5$$
$$7x - 2y = -2$$

Aufgabe 10.5

$$2x + 4y = 6$$
$$3x + 5y = 7$$

Oder doch lieber durch Einsetzen?

Wenn Sie Gleichungen durch Einsetzen lösen statt durch Addieren, dann lösen Sie zunächst eine Gleichung nach einer Variablen auf und setzen Ihr Ergebnis in die andere Gleichung ein.

$$13x + 4y = 8$$
$$2x - 4y = 7$$

 Lösen Sie am besten nach der Variablen auf, die einen – unter Vernachlässigung des Vorzeichens – möglichst kleinen Koeffizienten hat. Sie können zwar auch einen anderen Weg einschlagen und zunächst nach einer anderen Variablen auflösen, das Endergebnis wird dasselbe sein. Aber die Zwischenrechnungen sind dann unter Umständen schwieriger.

Lösen Sie nach x in der zweiten Gleichung auf. Das ist einfacher, als beispielsweise nach x in der ersten Gleichung aufzulösen.

$$13x + 4y = 8$$
$$x = 3{,}5 + 2y$$

Setzen Sie die zweite Gleichung in die erste ein und lösen Sie auf.

$$13 \cdot (3{,}5 + 2y) + 4y = 8 \qquad | \text{ vereinfachen}$$
$$45{,}5 + 26y + 4y = 8 \qquad | -45{,}5$$
$$30y = -37{,}5 \qquad | : 30$$
$$y = -1{,}25$$

Das Ergebnis setzen Sie in die Gleichung ein, die Sie nach x aufgelöst haben, und schon sind Sie fertig.

$$x = 3{,}5 + 2 \cdot (-1{,}25)\, x = 1$$

Insgesamt ist die Lösung des Gleichungssystems also $x = 1$ und $y = -1{,}25$.

Zeit zum Üben!

Aufgabe 10.6

$$5x - y = 6$$
$$13x - 5y = 6$$

Aufgabe 10.7

$$159x + 11y = 2050$$
$$98x + 7y = -217$$

Aufgabe 10.8

$$-7x + 57y = 12$$
$$x - 8y = 4$$

Mehr als nur zwei Gleichungen

Ein Gleichungssystem mit mehr als zwei Gleichungen beziehungsweise Variablen lösen Sie, indem Sie eine Variable nach der anderen eliminieren. Um die Rechnung übersichtlich zu halten, schreiben Sie das Gleichungssystem am besten in eine Matrix und formen diese mit elementaren Zeilenumformungen um.

$$\begin{aligned} x + 3y + 8z &= 12 \\ 5x + 5y + 4z &= 10 \\ -9x - 4y + 9z &= 16 \end{aligned} \quad \Leftrightarrow \quad \left(\begin{array}{ccc|c} 1 & 3 & 8 & 12 \\ 5 & 5 & 4 & 10 \\ -9 & -4 & 9 & 16 \end{array} \right)$$

 Jede Zeile der Matrix steht für eine Gleichung. Die erste Spalte enthält die Koeffizienten der ersten Variablen, die zweite Spalte die Koeffizienten der zweiten Variablen und die dritte Spalte die Koeffizienten der dritten Variablen. Hinter der Teilung in der Matrix steht die rechte Seite der Gleichungen.

Sie formen die Matrix so um, dass in jeder Spalte nur eine Zahl steht, die nicht null ist. Dann können Sie die Lösung ablesen. Das Umformen entspricht dabei im Grunde der Vorgehensweise beim Additionsverfahren. Suchen Sie zuerst eine möglichst kleine Zahl in der Matrix, am besten wählen Sie die »1« links oben.

 Die Zahl, mit der Sie rechnen, heißt *Pivotelement*. Die Zeile, in der die Zahl steht, ist die *Pivotzeile* und die Spalte die *Pivotspalte*.

Sie subtrahieren von der zweiten Zeile das Fünffache der ersten Zeile und addieren zur dritten Zeile das Neunfache der ersten Zeile.

$$\begin{pmatrix} 1 & 3 & 8 & | & 12 \\ 5 & 5 & 4 & | & 10 \\ -9 & -4 & 9 & | & 16 \end{pmatrix} \quad \begin{matrix} II - 5 \cdot I \\ \to \\ III + 9 \cdot I \end{matrix} \quad \begin{pmatrix} 1 & 3 & 8 & | & 12 \\ 0 & -10 & -36 & | & -50 \\ 0 & 23 & 81 & | & 124 \end{pmatrix}$$

Die letzten beiden Zeilen enthalten nur noch zwei Variablen. Die Gleichungen, die den letzten beiden Zeilen zugrunde liegen, lauten:

$$-10y - 28z = -50$$
$$23y + 81z = 124$$

Wenn Sie auf diese beiden Gleichungen wieder das Additionsverfahren anwenden, haben Sie eine Variable bestimmt. Dann können Sie das Gleichungssystem durch sukzessives Einsetzen lösen.

Sie machen sich die Arbeit aber deutlich einfacher, wenn Sie in der Matrizenschreibweise weiterrechnen. Dann ist die Lösung am Ende direkt ablesbar. In der zweiten und dritten Zeile der Matrix haben Sie x bereits eliminiert. Im nächsten Schritt eliminieren Sie y aus der ersten und dritten Zeile. Ergänzen Sie die Benennung der Zeilen um ein »n« im Index, wenn Sie eine in diesem Schritt veränderte Zeile zum Rechnen verwenden, beispielsweise im Folgenden bei »II_n«.

$$\begin{pmatrix} 1 & 3 & 8 & | & 12 \\ 0 & -10 & -36 & | & -50 \\ 0 & 23 & 81 & | & 124 \end{pmatrix} \quad \begin{matrix} II : 10 \\ \to \\ I + 3 \cdot II_n \\ III + 23 \cdot II_n \end{matrix} \quad \begin{pmatrix} 1 & 0 & -2{,}8 & | & -3 \\ 0 & -1 & -3{,}6 & | & -5 \\ 0 & 0 & -1{,}8 & | & 9 \end{pmatrix}$$

Nun noch z aus der ersten und zweiten Zeile eliminieren.

$$\begin{pmatrix} 1 & 0 & -2{,}8 & | & -3 \\ 0 & -1 & -3{,}6 & | & -5 \\ 0 & 0 & -1{,}8 & | & 9 \end{pmatrix} \quad \begin{matrix} III : (-1{,}8) \\ \to \\ I + 2{,}8 \cdot III_n \\ II + 3{,}6 \cdot III_n \end{matrix} \quad \begin{pmatrix} 1 & 0 & 0 & | & -17 \\ 0 & -1 & 0 & | & -23 \\ 0 & 0 & 1 & | & -5 \end{pmatrix}$$

Stellen Sie sich die Matrix nun wieder als Gleichungssystem vor und schon haben Sie die Lösung.

$$\begin{pmatrix} 1 & 0 & 0 & | & -17 \\ 0 & -1 & 0 & | & -23 \\ 0 & 0 & 1 & | & -5 \end{pmatrix} \quad \Leftrightarrow \quad \begin{matrix} x + 0 + 0 = -17 \\ 0 - y + 0 = -23 \\ 0 + 0 + z = -5 \end{matrix}$$

Mit den Werten $x = -17$, $y = 23$ und $z = -5$ haben Sie die Lösung des Gleichungssystems gefunden.

 Machen Sie sich die Arbeit leicht, indem Sie bei den Umformungen immer ein – bei Vernachlässigung der Vorzeichen – möglichst kleines Element zum Rechnen wählen. Beschränken Sie sich bei der Auswahl aber auf Zeilen, die Sie noch nicht verwendet haben. Sonst machen Sie zwar keinen Fehler, aber Sie kommen auch nicht voran.

Aufgabe 10.9

Welche Werte für x, y und z lösen das Gleichungssystem?

$$-6x + 5y + 3z = -8$$
$$2x + y - 11z = -10$$
$$4x - 5y + 3z = 22$$

Aufgabe 10.10

Bestimmen Sie diesmal *a*, *b* und *c*.

$$7a - 9b + 4c = -50$$
$$6a - 2b + 4c = 70$$
$$15b - c = 30$$

Betriebswirtschaftliche Anwendungen

In der innerbetrieblichen Leistungsverrechnung brauchen Sie eine Methode, um Gleichungssysteme zu lösen.

- ✔ *Hauptkostenstellen* produzieren Produkte für den Markt und beziehen innerbetriebliche Leistungen von Hilfskostenstellen und von außen.

- ✔ *Hilfskostenstellen* beziehen Leistungen von anderen Hilfskostenstellen und von außen und geben ihre Leistungen an Hauptkostenstellen ab.

- ✔ Leistungen, die von außen bezogen werden, verursachen an der jeweiligen Kostenstelle *Primärkosten*. Der Wert der von anderen Abteilungen/Kostenstellen des Unternehmens bezogenen Leistungen wird mit *Sekundärkosten* bezeichnet.

- ✔ Mit einem Gleichungssystem verrechnen Sie bei den Hilfskostenstellen anfallende Primärkosten auf die Hauptkostenstellen. Dazu ermitteln Sie innerbetriebliche Verrechnungspreise.

Stellen Sie sich ein Unternehmen vor, das Knusper-Joghurt und Knusper-Eis herstellt. Die knusprigen Bestandteile sind Kekse, die in der unternehmenseigenen Bäckerei hergestellt werden. Das Unternehmen besitzt auch einen eigenen Bauernhof, auf dem Kühe zur notwendigen Milchproduktion gehalten werden.

Die Bäckerei backt täglich 700 Packungen Kekse. Davon liefert sie 300 Packungen an die Joghurt-Produktion und 200 Packungen an die Eis-Produktion. Die verbleibenden 200 Packungen liefert sie an den Bauernhof, damit die dortigen Kühe glücklich werden und qualitativ hochwertige Milch geben. Der Bauernhof wiederum liefert jeden Tag 50 Liter Milch an die Bäckerei zur Keksherstellung, 150 Liter an die Joghurt- und 100 Liter an die Eis-Produktion.

Außer Keksen erhalten die Kühe weiteres Futter für 200 Euro pro Tag. Die weiteren Keks-Zutaten (außer der Milch) kosten täglich 400 Euro. Bei der Joghurt-Produktion fallen für extern bezogene Zutaten Kosten von 100 Euro pro Tag an, bei der Eis-Produktion liegen diese Kosten bei 150 Euro täglich. Das Unternehmen stellt jeden Tag 200 Gläser Joghurt und 100 Packungen Eis her.

Sie möchten wissen, wie hoch die Herstellungskosten von einem Glas Joghurt und einer Packung Eis sind.

Zuerst gestalten Sie die Informationen etwas übersichtlicher und stellen die Leistungsbeziehungen gemäß Tabelle 10.1 dar.

| | Hilfskostenstellen | | Hauptkostenstellen | |
	an Bäckerei	an Bauernhof	an Joghurt-Produktion	an Eis-Produktion
von Bäckerei	–	200	300	200
von Bauernhof	50	–	150	100

Tabelle 10.1: Text in Tabellen – so ist es übersichtlicher.

Sie bestimmen die innerbetrieblichen Verrechnungspreise für eine Packung Kekse und einen Liter Milch, indem Sie die Hilfskostenstellen kostenneutral stellen. Dazu setzen Sie den Wert der empfangenen Leistungen gleich mit dem Wert der abgegebenen Leistungen.

Bäckerei $\quad 50m + 400 = 200k + 300k + 200k$
Bauernhof $\quad 200k + 200 = 50m + 150m + 100m$

Die Bäckerei empfängt innerbetrieblich Leistungen im Wert von $50m$, wobei m der Preis für einen Liter Milch ist. Von außerhalb empfängt sie Leistungen im Wert von 400 Euro. Dafür gibt sie Leistungen im Wert von $(200 + 300 + 200)\,k$ ab. k ist der noch unbekannte Preis für eine Packung Kekse.

 Bewerten Sie Leistungen einer Hilfskostenstelle immer mit dem – zunächst unbekannten – Verrechnungspreis der Hilfskostenstelle, die die Leistung erbringt. Wenn beispielsweise die Kostenstelle A 100 Einheiten an die Kostenstelle B liefert, haben diese einen Wert von $100a$, da es Leistungen von A sind.

Das Gleichungssystem lösen Sie jetzt leicht:

$$\begin{array}{rcl} -700k + 50m &=& -400 \\ 200k - 300m &=& -200 \end{array} \quad \Leftrightarrow \quad \left(\begin{array}{cc|c} -700 & 50 & -400 \\ 200 & -300 & -200 \end{array}\right)$$

Nun berechnen Sie:

$$\left(\begin{array}{cc|c} -700 & 50 & -400 \\ 200 & -300 & -200 \end{array}\right) \quad \begin{array}{c} I : 50 \\ \to \\ II : 100 \end{array} \quad \left(\begin{array}{cc|c} -14 & 1 & -8 \\ 2 & -3 & -2 \end{array}\right) \quad \begin{array}{c} II + 3 \cdot I \\ \to \end{array}$$

$$\left(\begin{array}{cc|c} -14 & 1 & -8 \\ -40 & 0 & -26 \end{array}\right) \quad \begin{array}{c} II : (-40) \\ \to \\ I + 14 \cdot II_n \end{array} \quad \left(\begin{array}{cc|c} 0 & 1 & 1{,}1 \\ 1 & 0 & 0{,}65 \end{array}\right)$$

Die letzte Matrix können Sie wieder als Gleichungssystem schreiben, um die Lösung besser abzulesen:

$$0k + 1m = 1,1$$
$$1k + 0m = 0,65$$

Eine Packung Kekse kostet in der Herstellung 0,65 Euro und ein Liter Milch 1,10 Euro.

Jetzt sind Sie schon sehr nahe am Ziel. Sie ermitteln den Preis für ein Glas Joghurt beziehungsweise eine Packung Eis, indem Sie sowohl bei der Joghurt- als auch bei der Eis-Produktion die dort anfallenden internen und externen Kosten ins Verhältnis zur hergestellten Stückzahl setzen.

$$\frac{\left(\text{Primärkosten}_{\text{Joghurt}} + \text{Sekundärkosten}_{\text{Joghurt}}\right)}{\text{Anzahl Gläser Joghurt}} = \frac{100 + 300k + 150m}{200}$$

$$= \frac{100 + 300 \cdot 0,65 + 150 \cdot 1,1}{200} = 2,30\,€$$

$$\frac{\left(\text{Primärkosten}_{\text{Eis}} + \text{Sekundärkosten}_{\text{Eis}}\right)}{\text{Anzahl Packungen Eis}} = \frac{150 + 200k + 100m}{100}$$

$$= \frac{150 + 200 \cdot 0,65 + 100 \cdot 1,1}{100} = 3,90\,€$$

Ein Glas Joghurt kostet in der Herstellung 2,30 Euro und eine Packung Eis 3,90 Euro.

Aufgabe 10.11

Ihr Kollege hat die Leistungsverflechtungen in Ihrem Unternehmen aufgenommen und in Abbildung 10.2 schematisch dargestellt, wie viele Leistungseinheiten die Hilfskostenstellen A, B und C und die Hauptkostenstellen X und Y austauschen.

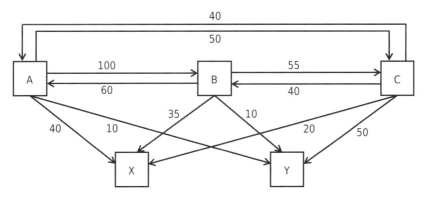

Abbildung 10.2: Die Leistungsverflechtungen als Pfeildiagramm

Zudem wissen Sie aus Tabelle 10.2, welche Kosten für extern bezogene Leistungen anfallen.

Kostenstelle	A	B	C	X	Y
Primärkosten	1400 €	2700 €	1050 €	2800 €	1850 €

Tabelle 10.2: Anfallende Primärkosten je Kostenstelle

Die Hauptkostenstelle X stellt dabei 290 Produkte her, Y erzeugt 500 Produkte.

Wie hoch ist der Preis für die Herstellung von einem Produkt vom Typ X beziehungsweise Y?

Lösungen

Lösung zu Aufgabe 10.1

Zunächst ermitteln Sie die Achsenschnittpunkte der Geraden, indem Sie in den beiden Gleichungen nacheinander $x = 0$ und $y = 0$ setzen.

1. Gleichung: $-2x + 8y = 16$ für $x = 0$ gilt: $8y = 16 \Leftrightarrow y = 2$
   für $y = 0$ gilt: $-2x = 16 \Leftrightarrow x = -8$

2. Gleichung: $-3x + 3y = -12$ für $x = 0$ gilt: $3y = -12 \Leftrightarrow y = -4$
   für $y = 0$ gilt: $-3x = -12 \Leftrightarrow x = 4$

Nun zeichnen Sie die erste Gerade durch die Punkte $(0; 2)$ und $(-8; 0)$ und die zweite Gerade durch die Punkte $(0; -4)$ und $(4; 0)$. So erhalten Sie Abbildung 10.3.

Der Schnittpunkt der Geraden $(8; 4)$ ist die Lösung des Gleichungssystems.

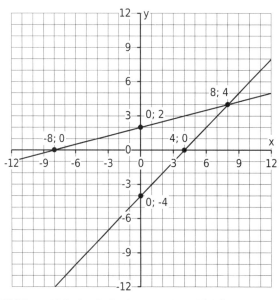

Abbildung 10.3: Grafische Lösung eines Gleichungssystems

Lösung zu Aufgabe 10.2

Die Achsenabschnitte erhalten Sie wie in der vorherigen Aufgabe über das Null-Setzen.

1. Gleichung:	$3x + 1{,}2y = 12$	für $x = 0$ gilt:	$1{,}2y = 12$	$\Leftrightarrow$	$y = 10$
		für $y = 0$ gilt:	$3x = 12$	$\Leftrightarrow$	$x = 4$
2. Gleichung:	$2x + 4y = 8$	für $x = 0$ gilt:	$4y = 8$	$\Leftrightarrow$	$y = 2$
		für $y = 0$ gilt:	$2x = 8$	$\Leftrightarrow$	$x = 4$
3. Gleichung:	$-10x + 6y = 90$	für $x = 0$ gilt:	$6y = 90$	$\Leftrightarrow$	$y = 15$
		für $y = 0$ gilt:	$-10x = 90$	$\Leftrightarrow$	$x = -9$

Die Gerade 1 verläuft also durch die Punkte $(0; -10)$ und $(-4; 0)$, Gerade 2 durch $(0; 2)$ und $(4; 0)$ und Gerade 3 durch $(0; 15)$ und $(-9; 0)$. Dies ist in Abbildung 10.4 dargestellt.

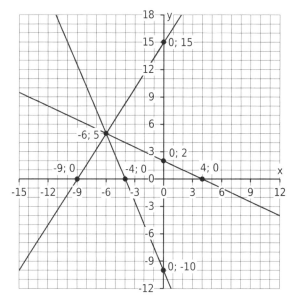

Abbildung 10.4: Grafische Lösung eines Gleichungssystems mit drei Gleichungen

Alle drei Geraden treffen sich im Punkt $(-6; 5)$. Dieser Punkt ist die einzige Lösung Ihres Gleichungssystems.

 Es kann vorkommen, dass sich drei Geraden nicht in *einem* Punkt treffen, sondern nur paarweise je einen Schnittpunkt haben. Dies bedeutet *nicht*, dass es mehrere Lösungen gibt. Da es keinen Punkt gibt, in dem sich *alle* Geraden treffen, hat ein solches Gleichungssystem *keine* Lösung.

Lösung zu Aufgabe 10.3

$$5x + 5y = 8$$
$$x + 2y = 4$$

Sie können hier die zweite Gleichung mit fünf multiplizieren und dann die zweite Gleichung von der ersten abziehen. Dadurch wird x eliminiert. Das Lösen durch Subtraktion funktioniert genauso wie das Lösen durch Addition. Den ermittelten Wert für y können Sie dann in eine der Gleichungen einsetzen.

Nun Schritt für Schritt ans Werk – Multiplikation der zweiten Gleichung mit 5:

$$5x + 5y = 8$$
$$5x + 10y = 20$$

Die Subtraktion der zweiten von der ersten Gleichung ergibt:

$$-5y = -12 \qquad |:-5$$
$$y = 2{,}4$$

Diesen Wert setzen Sie in eine der Gleichungen ein und lösen diese dann nach x auf. Setzen Sie $y = 2{,}4$ zum Beispiel in die ursprüngliche zweite Gleichung ein:

$$x + 2 \cdot 2{,}4 = 4 \qquad |-4{,}8$$
$$5x = -0{,}8 \qquad |:5$$
$$x = -0{,}16$$

Die Lösung des Gleichungssystems ist folglich $x = -0{,}16$ und $y = 2{,}4$.

Lösung zu Aufgabe 10.4

$$0{,}2x + 2{,}8y = 5$$
$$7x - 2y = -2$$

Durch Multiplikation der ersten Gleichung mit 35 erhalten Sie bei x den Koeffizienten 7.

$$7x + 98y = 175$$
$$7x - 2y = -2$$

Nach einer Subtraktion der zweiten Gleichung erhalten Sie die Lösung.

$$100y = 177 \qquad |:100$$
$$y = 1{,}77$$

Den Wert $y = 1{,}77$ setzen Sie beispielsweise in die zweite Gleichung ein:

$$7x - 2 \cdot 1{,}77 = -2 \qquad |+3{,}54$$
$$7x = 1{,}54 \qquad |:7$$
$$x = 0{,}22$$

Die Lösung des Gleichungssystems ist somit $x = 0{,}22$ und $y = 1{,}77$.

Lösung zu Aufgabe 10.5

$$2x + 4y = 6$$
$$3x + 5y = 7$$

Multiplizieren Sie die erste Gleichung mit fünf und die zweite mit vier.

$$10x + 20y = 30$$
$$12x + 20y = 28$$

Nun subtrahieren Sie.

$$-2x = 2 \qquad | : -2$$
$$x = -1$$

Das Einsetzen von $x = -1$ in die erste Gleichung ergibt:

$$2 \cdot (-1) + 4y = 6 \qquad |+2$$
$$4y = 8 \qquad | : 4$$
$$y = 2$$

Die Lösung des Gleichungssystems lautet also $x = -1$ und $y = 2$.

Lösung zu Aufgabe 10.6

$$5x - y = 6$$
$$13x - 5y = 6$$

Lösen Sie nach dem absolut kleinsten Element (dem Element, das am nächsten bei null liegt) auf – also nach y in der ersten Gleichung. Dann setzen Sie ein und bestimmen x und y. Das Auflösen der ersten Gleichung nach y ergibt:

$$y = -6 + 5x$$
$$13x - 5y = 6$$

Jetzt setzen Sie die erste in die zweite Gleichung ein und erhalten:

$$13x - 5 \cdot (-6 + 5x) = 6 \qquad |\text{vereinfachen}$$
$$-12x + 30 = 6 \qquad |-30$$
$$-12x = -24 \qquad | : -12$$
$$x = 2$$

Den Wert $x = 2$ können Sie nun in die nach y aufgelöste erste Gleichung einsetzen:

$$y = -6 + 5 \cdot 2y = 4$$

Die Lösung des Gleichungssystems lautet also $x = 2$ und $y = 4$.

Lösung zu Aufgabe 10.7

$$159x + 11y = 2.050$$
$$98x + 7y = -217$$

Auf den ersten Blick sieht dies sehr unhandlich aus. Vielleicht erkennen Sie aber, dass die Zahlen in der zweiten Gleichung Vielfache von sieben sind. Aber auch wenn Sie das nicht bemerken: Einfach zunächst nach der Variablen mit dem kleinsten Koeffizienten auflösen – nach y in der zweiten Gleichung. Und keine Angst vor großen Zahlen!

Sie lösen die zweite Gleichung nach y auf und erhalten:

$$159x + 11y = 2050$$
$$y = -31 - 14x$$

Dies setzen Sie in die erste Gleichung ein und schon haben Sie x ermittelt:

$$159x + 11 \cdot (-31 - 14x) = 2.050 \quad | \text{vereinfachen}$$
$$159x - 341 - 154x = 2.050 \quad | +341$$
$$5x = 2.391 \quad | : 5$$
$$x = 478,2$$

Fast fertig! Nur noch den berechneten Wert für x in die nach y aufgelöste Gleichung einsetzen:

$$y = -31 - 14 \cdot 478,2y = -6725,8$$

Schon haben Sie die Lösung $x = 478,2$ und $y = -6725,8$.

Lösung zu Aufgabe 10.8

$$-7x + 57y = 12$$
$$x - 8y = 4$$

Das x in der zweiten Gleichung springt Ihnen bestimmt direkt ins Auge. Sie lösen die zweite Gleichung nach x auf und erhalten folgendes äquivalentes Gleichungssystem:

$$-7x + 57y = 12$$
$$x = 4 + 8y$$

Nun setzen Sie die zweite Gleichung in die erste Gleichung ein:

$$-7 \cdot (4 + 8y) + 57y = 12 \quad | \text{vereinfachen}$$
$$-28 - 56y + 57y = 12 \quad | +28$$
$$y = 40$$

Und durch Einsetzen des y-Wertes in die nach x aufgelöste zweite Gleichung bestimmen Sie den Wert von x:

$$x = 4 + 8 \cdot 40x = 324$$

Mit $x = 324$ und $y = 40$ kennen Sie die Lösung des Gleichungssystems.

Lösung zu Aufgabe 10.9

Zuerst notieren Sie das Gleichungssystem in Matrixschreibweise.

$$
\begin{aligned}
-6x + 5y + 3z &= -8 \\
2x + y - 11z &= -10 \\
4x - 5y + 3z &= 22
\end{aligned}
\quad \text{ergibt:} \quad
\left(\begin{array}{ccc|c}
-6 & 5 & 3 & -8 \\
2 & 1 & -11 & -10 \\
4 & -5 & 3 & 22
\end{array}\right)
$$

Jetzt wählen Sie die »1« in der zweiten Zeile als Pivotelement und formen die Matrix so um, dass in der Spalte darüber und darunter eine Null steht. Dadurch eliminieren Sie y aus der ersten und dritten Zeile.

$$
\left(\begin{array}{ccc|c}
-6 & 5 & 3 & -8 \\
2 & 1 & -11 & -10 \\
4 & -5 & 3 & 22
\end{array}\right)
\quad
\begin{array}{c}
I - 5 \cdot II \\
\rightarrow \\
III + 5 \cdot II
\end{array}
\quad
\left(\begin{array}{ccc|c}
-16 & 0 & 58 & 42 \\
2 & 1 & -11 & -10 \\
14 & 0 & -52 & -28
\end{array}\right)
$$

Gestalten Sie die Zahlen etwas handlicher, dazu teilen Sie die erste und dritte Zeile.

$$
\left(\begin{array}{ccc|c}
-16 & 0 & 58 & 42 \\
2 & 1 & -11 & -10 \\
14 & 0 & -52 & -28
\end{array}\right)
\quad
\begin{array}{c}
I : 2 \\
\rightarrow \\
III : 2
\end{array}
\quad
\left(\begin{array}{ccc|c}
-8 & 0 & 29 & 21 \\
2 & 1 & -11 & -10 \\
7 & 0 & -26 & -14
\end{array}\right)
$$

Das nächste Pivotelement ist die »7« in der dritten Zeile. Die »2« ist kleiner? Richtig, aber wenn Sie mit der »2« rechnen, wenn Sie also »$I + 4 \cdot II$« und »$2 \cdot III - 7 \cdot II$« durchführen, bringen Sie wieder ein y in die erste und dritte Zeile der Matrix.

 Wählen Sie in einer Zeile immer nur *einmal* ein Pivotelement, das heißt, verwenden Sie jede Zeile/Gleichung immer nur *einmal* zum Eliminieren von Variablen. Ansonsten machen Sie zwar keinen Fehler, aber Sie bringen Variablen in Gleichungen, bei denen Sie sie schon extra eliminiert haben.

Rechnen Sie also mit der »7« weiter.

$$
\left(\begin{array}{ccc|c}
-8 & 0 & 29 & 21 \\
2 & 1 & -11 & -10 \\
7 & 0 & -26 & -14
\end{array}\right)
\quad
\begin{array}{c}
7 \cdot I + 8 \cdot III \\
\rightarrow \\
7 \cdot II - 2 \cdot III
\end{array}
\quad
\left(\begin{array}{ccc|c}
0 & 0 & -5 & 35 \\
0 & 7 & -25 & -42 \\
7 & 0 & -26 & -14
\end{array}\right)
$$

Jetzt bleibt nur noch die »−5« als Pivotelement. Dann können Sie die Lösung schon ablesen.

$$
\left(\begin{array}{ccc|c}
0 & 0 & -5 & 35 \\
0 & 7 & -25 & -42 \\
7 & 0 & -26 & -14
\end{array}\right)
\quad
\begin{array}{c}
I : (-5) \\
\rightarrow \\
II + 25 \cdot I_n \\
III + 26 \cdot I_n
\end{array}
\quad
\left(\begin{array}{ccc|c}
0 & 0 & 1 & -7 \\
0 & 7 & 0 & -217 \\
7 & 0 & 0 & -196
\end{array}\right)
$$

Als Gleichungssystem bedeutet dies:

$$
\begin{aligned}
z &= -7 \\
7y &= -217 \\
7x &= -196
\end{aligned}
$$

Die Lösung lautet $x = -28$, $y = -31$ und $z = -7$.

Lösung zu Aufgabe 10.10

Ganz gleich, wie die Variablen heißen – das Verfahren bleibt natürlich dasselbe.

$$
\begin{aligned}
7a - 9b + 4c &= -50 \\
6a - 2b + 4c &= 70 \\
15b - c &= 30
\end{aligned}
\quad \Leftrightarrow \quad
\left(\begin{array}{ccc|c}
7 & -9 & 4 & -50 \\
6 & -2 & 4 & 70 \\
0 & 15 & -1 & 30
\end{array}\right)
$$

$$
\begin{array}{c}
I + 4 \cdot III \\
\rightarrow \\
II + 4 \cdot III
\end{array}
\left(\begin{array}{ccc|c}
7 & 51 & 0 & 70 \\
6 & 58 & 0 & 190 \\
0 & 15 & -1 & 30
\end{array}\right)
\quad
\begin{array}{c}
6 \cdot I - 7 \cdot II \\
\rightarrow
\end{array}
\left(\begin{array}{ccc|c}
0 & -100 & 0 & -910 \\
6 & 58 & 0 & 190 \\
0 & 15 & -1 & 30
\end{array}\right)
$$

$$
\begin{array}{c}
I : (-100) \\
\rightarrow \\
II - 58 \cdot I_n \\
III - 15 \cdot I_n
\end{array}
\left(\begin{array}{ccc|c}
0 & 1 & 0 & 9{,}1 \\
6 & 0 & 0 & -337{,}8 \\
0 & 0 & -1 & -106{,}5
\end{array}\right)
\quad \Leftrightarrow \quad
\begin{array}{rcr}
b &=& 9{,}1 \\
6a &=& -337{,}8 \\
-c &=& -106{,}5
\end{array}
$$

Die Lösung ist $a = -56{,}3$, $b = 9{,}1$ und $c = 106{,}5$.

Lösung zu Aufgabe 10.11

Sie stellen für jede Hilfskostenstelle eine Gleichung auf.

$$
\begin{array}{rl}
A & 60b + 40c + 1.400 = 100a + 50a + 40a + 10a \\
B & 100a + 40c + 2.700 = 60b + 55b + 35b + 10b \\
C & 50a + 55b + 1.050 = 40c + 40c + 20c + 50c
\end{array}
$$

Die innerbetrieblichen Verrechnungspreise erhalten Sie durch Lösen des Gleichungssystems.

$$
\begin{aligned}
200a - 60b - 40c &= 1.400 \\
-100a + 160b - 40c &= 2.700 \\
-50a - 55b + 150c &= 1.050
\end{aligned}
\quad \Leftrightarrow \quad
\left(\begin{array}{ccc|c}
200 & -60 & -40 & 1.400 \\
-100 & 160 & -40 & 2.700 \\
-50 & -55 & 150 & 1.050
\end{array}\right)
$$

$$
\begin{array}{c}
I : 20 \\
\rightarrow \\
II : 20 \\
III : 5
\end{array}
\left(\begin{array}{ccc|c}
10 & -3 & -2 & 70 \\
-5 & 8 & -2 & 135 \\
-10 & -11 & 30 & 210
\end{array}\right)
\quad
\begin{array}{c}
II - I \\
\rightarrow \\
III + 15 \cdot I
\end{array}
$$

$$
\left(\begin{array}{ccc|c}
10 & -3 & -2 & 70 \\
-15 & 11 & 0 & 65 \\
140 & -56 & 0 & 1.260
\end{array}\right)
\quad
\begin{array}{c}
3 \cdot I + 2 \cdot II \\
\rightarrow \\
3 \cdot III + 28 \cdot II
\end{array}
\left(\begin{array}{ccc|c}
0 & 13 & -6 & 340 \\
-15 & 11 & 0 & 65 \\
0 & 140 & 0 & 5.600
\end{array}\right)
$$

$$
\begin{array}{c}
III : 140 \\
\rightarrow \\
I - 13 \cdot III_n \\
II - 11 \cdot III_n
\end{array}
\left(\begin{array}{ccc|c}
0 & 0 & -6 & -180 \\
-15 & 0 & 0 & -375 \\
0 & 1 & 0 & 40
\end{array}\right)
\quad \Leftrightarrow \quad
\begin{array}{rcr}
-6c &=& -180 \\
-15a &=& -375 \\
1b &=& 40
\end{array}
$$

Damit haben Sie die Verrechnungspreise $a = 25$, $b = 40$ und $c = 30$ ermittelt. Jetzt fehlt nur noch die Berechnung der Herstellungskosten für ein Produkt vom Typ X beziehungsweise Y.

$$\frac{\text{Primärkosten}_X + \text{Sekundärkosten}_X}{\text{Anzahl X}} = \frac{2800 + 40a + 35b + 20c}{290}$$

$$= \frac{2800 + 40 \cdot 25 + 35 \cdot 40 + 20 \cdot 30}{290}$$

$$= 20$$

$$\frac{\text{Primärkosten}_Y + \text{Sekundärkosten}_Y}{\text{Anzahl Y}} = \frac{1850 + 10a + 10b + 50c}{500}$$

$$= \frac{1850 + 10 \cdot 25 + 10 \cdot 40 + 50 \cdot 30}{500}$$

$$= 8$$

Ein Stück vom Typ X kostet in der Herstellung 20 Euro und ein Stück vom Typ Y kostet 8 Euro.

Noch mehr Möglichkeiten mit Matrizen

In diesem Kapitel

▶ Charakterisieren Sie Matrizen über die Determinante

▶ Schaffen Sie mit dem Invertieren eine Art Matrixdivision

▶ Nutzen Sie Matrizen, um die Güterflüsse in einem Unternehmen zu analysieren

*I*n den beiden vorstehenden Kapiteln haben Sie die Grundlagen der Matrixrechnung kennengelernt. Jetzt geht es an die Details! Wie ein Uhrmacher nach dem Batteriewechseln das Wechseln von Zahnrädern lernt, geht es für Sie jetzt mit Determinanten von Matrizen und inversen Matrizen in die Feinheiten der Matrixrechnung. Damit vervollständigen Sie Ihr Matrix-Wissen! Zudem bestimmen Sie mit dem Leontief-Modell, wie die Produktlieferungen innerhalb eines Unternehmens gestaltet sein müssen, damit die Kunden zufrieden sind.

Determinanten von Matrizen

Die Determinante ist eine Kennzahl einer Matrix. Sie können sie beispielsweise verwenden, um Gleichungssysteme zu lösen. Außerdem können Sie anhand der Determinante bestimmen, ob eine Matrix eine Inverse hat. Und genau darum geht es im nächsten Abschnitt: Inverse Matrizen.

Die *Determinante* ist eine reelle Zahl. Diese Kennzahl existiert nur für quadratische Matrizen und wird abgekürzt mit $\det(A)$ für die Determinante einer Matrix A. Diese können Sie auf viele Arten berechnen, so funktioniert es immer:

✔ Sie formen die Matrix mit elementaren Zeilenumformungen (EZUs), wie Sie sie in Kapitel 10 kennengelernt haben, auf eine obere Dreiecksmatrix um.

✔ Sie multiplizieren die Elemente auf der Diagonalen der Dreiecksmatrix. Dadurch haben Sie die Determinante der Dreiecksmatrix – nicht die der Ausgangsmatrix, da die EZUs die Determinante der Matrix verändert haben.

✔ Wenn Sie bei den EZUs die Zeile einer Matrix mit einer Zahl multiplizieren, vervielfacht sich die Determinante um diesen Faktor. Das machen Sie rückgängig, indem Sie die Determinante der Dreiecksmatrix durch die Zahl teilen, mit der Sie multipliziert haben.

✔ Jeder Zeilentausch ändert das Vorzeichen der Determinante, das machen Sie auch am Ende wieder rückgängig.

Nachfolgend sehen Sie eine (4x4)-Matrix, deren Determinante Sie bestimmen möchten. Gehen Sie wie dargestellt vor und formen Sie diese zunächst mit elementaren Zeilenumformungen zu einer Dreiecksmatrix um. Zunächst bringen Sie die »−4« und die »3« in der ersten Spalte auf null. Danach die beiden unteren Elemente in der zweiten Spalte und schließlich noch das untere Element in der dritten Spalte.

$$\begin{pmatrix} 0 & 4 & 5 & 5 \\ 2 & 2 & 6 & 5 \\ -4 & 2 & 1 & 5 \\ 3 & 4 & 10 & 8 \end{pmatrix} \xrightarrow[\rightarrow]{I \leftrightarrow II} \begin{pmatrix} 2 & 2 & 6 & 5 \\ 0 & 4 & 5 & 5 \\ -4 & 2 & 1 & 5 \\ 3 & 4 & 10 & 8 \end{pmatrix} \begin{matrix} III + 2 \cdot I \\ \rightarrow \\ 2 \cdot IV - 3 \cdot I \end{matrix}$$

$$\begin{pmatrix} 2 & 2 & 6 & 5 \\ 0 & 4 & 5 & 5 \\ 0 & 6 & 13 & 15 \\ 0 & 2 & 2 & 1 \end{pmatrix} \begin{matrix} 2 \cdot III - 3 \cdot II \\ \rightarrow \\ 2 \cdot IV - II \end{matrix} \begin{pmatrix} 2 & 2 & 6 & 5 \\ 0 & 4 & 5 & 5 \\ 0 & 0 & 11 & 15 \\ 0 & 0 & -1 & -3 \end{pmatrix} \begin{matrix} 11 \cdot IV + III \\ \rightarrow \end{matrix}$$

$$\begin{pmatrix} 2 & 2 & 6 & 5 \\ 0 & 4 & 5 & 5 \\ 0 & 0 & 11 & 15 \\ 0 & 0 & 0 & -18 \end{pmatrix}$$

Und zack, schon haben Sie eine obere Dreiecksmatrix erzeugt. Die Determinante dieser Matrix ist $2 \cdot 4 \cdot 11 \cdot (-18) = -1584$. Im nächsten Schritt machen Sie die Änderungen, die die EZUs bewirkt haben, rückgängig, um wie gesucht die Determinante der Ausgangsmatrix zu bestimmen.

✔ $I \leftrightarrow II$: Ein Vorzeichentausch – diesen machen Sie rückgängig, indem Sie die Determinante der Dreiecksmatrix mit (-1) multiplizieren. $-1584 \cdot (-1) = 1584$.

✔ $III + 2 \cdot I$: Keine Änderung, dieser Schritt entspricht im Grunde keiner Multiplikation, sondern nur einer doppelten Addition der ersten Zeile zur dritten Zeile.

✔ $2 \cdot IV - 3 \cdot I$: Multiplikation der vierten Zeile mit 2 – Sie dividieren $1584/2 = 792$.

✔ $2 \cdot III - 3 \cdot II$: Multiplikation der dritten Zeile mit 2 – Sie dividieren $792/2 = 396$.

✔ $2 \cdot IV - II$: Multiplikation der vierten Zeile mit 2 – Sie dividieren $396/2 = 198$.

✔ $11 \cdot IV + III$: Multiplikation der vierten Zeile mit 11 – Sie dividieren $198/11 = 18$.

Die Determinante der Ausgangsmatrix ist $-1584 \cdot (-1)/2/2/2/11 = 18$.

Die Multiplikation der Zeile, die verändert wird, ändert die Determinante. Eine Multiplikation der Zeile, die zum Rechnen verwendet wird, ist nur eine mehrfache Addition und hat keinen Einfluss.

Versuchen Sie es selbst!

Aufgabe 11.1

Wie ist die Determinante von A, B, C und D?

$$A = \begin{pmatrix} -5 & 2 & 8 \\ 1 & 0 & -6 \\ 4 & -3 & 7 \end{pmatrix} \quad B = \begin{pmatrix} 0 & 0 & 5 & 6 \\ 0 & 0 & 7 & 8 \\ 1 & 2 & 0 & 0 \\ 3 & 4 & 0 & 0 \end{pmatrix}$$

$$C = \begin{pmatrix} -3 & 2 & -1 & 3 \\ 9 & -6 & 4 & -5 \\ -9 & -8 & 7 & 2 \\ -6 & 6 & -8 & -7 \end{pmatrix} \quad D = \begin{pmatrix} 1 & -3 & -2 \\ 4 & 12 & 8 \\ 6 & 0 & 9 \end{pmatrix}$$

Dichter schreiben in Versen – Sie ermitteln Inversen

Eine *Inverse* ist zu Deutsch eine »Kehrmatrix«. Sie kennen den Kehrwert einer natürlichen Zahl, beispielsweise 1/7 als Kehrwert von 7. Die besondere Eigenschaft des Kehrwerts ist, dass das Produkt einer Zahl mit ihrem Kehrwert genau 1 ergibt. Diese 1 wird *neutrales Element der Multiplikation* genannt, weil Sie alles mit 1 multiplizieren können, ohne dass sich etwas ändert. Bei der Matrixrechnung ist das neutrale Element der Multiplikation die Einheitsmatrix. Dementsprechend ist die Kehrmatrix einer Matrix so definiert, dass das Produkt von Matrix und Kehrmatrix die Einheitsmatrix ergeben muss. Und weil bei der Matrixmultiplikation die Reihenfolge wichtig ist, muss auch das Produkt von Kehrmatrix und Matrix zur Einheitsmatrix führen. Rechnen Sie selbst einmal nach, ob das Untenstehende stimmt.

Sie kennen die Matrix A und die Matrix A^{-1}.

$$A = \begin{pmatrix} 4 & -7 & 6 \\ 0 & 6 & 2 \\ 3 & 2 & 7 \end{pmatrix} \quad A^{-1} = \begin{pmatrix} 19 & 30{,}5 & -25 \\ 3 & 5 & -4 \\ -9 & -14{,}5 & 12 \end{pmatrix}$$

Dabei ist

$$A \cdot A^{-1} = \begin{pmatrix} 4 & -7 & 6 \\ 0 & 6 & 2 \\ 3 & 2 & 7 \end{pmatrix} \cdot \begin{pmatrix} 19 & 30{,}5 & -25 \\ 3 & 5 & -4 \\ -9 & -14{,}5 & 12 \end{pmatrix} = \begin{pmatrix} 1 & 0 & 0 \\ 0 & 1 & 0 \\ 0 & 0 & 1 \end{pmatrix},$$

aber auch

$$A^{-1} \cdot A = \begin{pmatrix} 19 & 30{,}5 & -25 \\ 3 & 5 & -4 \\ -9 & -14{,}5 & 12 \end{pmatrix} \cdot \begin{pmatrix} 4 & -7 & 6 \\ 0 & 6 & 2 \\ 3 & 2 & 7 \end{pmatrix} = \begin{pmatrix} 1 & 0 & 0 \\ 0 & 1 & 0 \\ 0 & 0 & 1 \end{pmatrix}.$$

Die Inverse einer Matrix wird kenntlich gemacht durch das Hochstellen von »-1« hinter dem Namen der Matrix und es gilt immer $A \cdot A^{-1} = E$ und $A^{-1} \cdot A = E$. Eine Inverse gibt es nur für quadratische Matrizen und auch nur dann, wenn deren Determinante nicht null ist.

Und wozu dient so eine Inverse? Sie können durch Inversen Matrizengleichungen lösen – davon gibt es im Alltag mehr als gedacht.

Stellen Sie sich vor, dass Sie bei einem Elektronikhändler arbeiten. Bei einer Konferenz erzählt ein Konkurrent, dass er Megastores sowie Kleingeschäfte betreibt und dass der Absatz von Fernsehern und Smartphones in diesen beiden Arten von Verkaufsstätten sehr verschieden ist. In einem Megastore werden jährlich 300 Fernseher und 800 Smartphones verkauft, in einem Kleingeschäft 25 Fernseher und 400 Smartphones. Weiter berichtet er, dass sein Unternehmen jährlich insgesamt 4.250 Fernseher und 28.000 Smartphones verkauft. Sie fragen sich nun, wie viele Megastores m und wie viele Kleingeschäfte k Ihr Konkurrent betreibt. Bringen Sie Ihr Wissen in Matrixform:

$$\begin{pmatrix} & \text{Megast.} & \text{Kleing.} \\ \text{Fernseher} & 300 & 25 \\ \text{Smartph.} & 800 & 400 \end{pmatrix} \cdot \begin{pmatrix} & \text{Anzahl} \\ \text{Megast.} & m \\ \text{Kleing.} & k \end{pmatrix} = \begin{pmatrix} & \text{Anzahl} \\ \text{Fernseher} & 4.250 \\ \text{Smartph.} & 28.000 \end{pmatrix}$$

Oder einfach nur kurz:

$$\begin{pmatrix} 300 & 25 \\ 800 & 400 \end{pmatrix} \cdot \begin{pmatrix} m \\ k \end{pmatrix} = \begin{pmatrix} 4.250 \\ 28.000 \end{pmatrix}$$

m und k berechnen Sie, indem Sie die Inverse der ersten Matrix von links an beide Seiten der Gleichung heranmultiplizieren.

$$\begin{pmatrix} 300 & 25 \\ 800 & 400 \end{pmatrix}^{-1} \cdot \begin{pmatrix} 300 & 25 \\ 800 & 400 \end{pmatrix} \cdot \begin{pmatrix} m \\ k \end{pmatrix} = \begin{pmatrix} 300 & 25 \\ 800 & 400 \end{pmatrix}^{-1} \cdot \begin{pmatrix} 4.250 \\ 28.000 \end{pmatrix} \quad | \text{vereinfachen}$$

$$\begin{pmatrix} 1 & 0 \\ 0 & 1 \end{pmatrix} \cdot \begin{pmatrix} m \\ k \end{pmatrix} = \begin{pmatrix} 300 & 25 \\ 800 & 400 \end{pmatrix}^{-1} \cdot \begin{pmatrix} 4.250 \\ 28.000 \end{pmatrix} \quad | \text{vereinfachen}$$

$$\begin{pmatrix} m \\ k \end{pmatrix} = \begin{pmatrix} 300 & 25 \\ 800 & 400 \end{pmatrix}^{-1} \cdot \begin{pmatrix} 4.250 \\ 28.000 \end{pmatrix}$$

Die Multiplikation mit der Inversen einer Matrix ist der Ersatz für die Division. Denn mit Matrizen können Sie zwar viel machen – aber *nicht* dividieren!

Die Inverse bestimmen Sie wieder über die aus Kapitel 10 bekannten elementaren Zeilenumformungen. Dazu schreiben Sie die Einheitsmatrix rechts neben die Matrix, die invertiert werden soll, und führen EZUs so durch, dass links die Einheitsmatrix entsteht. Haben Sie das erreicht, steht rechts automatisch die Inverse.

$$\left(\begin{array}{cc|cc} 300 & 25 & 1 & 0 \\ 800 & 400 & 0 & 1 \end{array}\right) \quad \begin{array}{c} I : 300 \\ \rightarrow \\ II - 800 \cdot I_n \end{array} \quad \left(\begin{array}{cc|cc} 1 & 1/12 & 1/300 & 0 \\ 0 & 1.000/3 & -8/3 & 1 \end{array}\right)$$

$$\begin{array}{c} II \cdot 3/1.000 \\ \rightarrow \\ I + 1/12 \cdot II_n \end{array} \quad \left(\begin{array}{cc|cc} 1 & 0 & 1/250 & 1/4.000 \\ 0 & 1 & -1/125 & 3/1.000 \end{array}\right)$$

Die rechte Seite ist die gesuchte Inverse. Damit lüften Sie das Geheimnis um das Vertriebsnetz der Konkurrenz!

$$\begin{pmatrix} m \\ k \end{pmatrix} = \begin{pmatrix} 300 & 25 \\ 800 & 400 \end{pmatrix}^{-1} \cdot \begin{pmatrix} 4.250 \\ 28.000 \end{pmatrix}$$

$$\begin{pmatrix} m \\ k \end{pmatrix} = \begin{pmatrix} 1/250 & 1/4.000 \\ -1/125 & 3/1.000 \end{pmatrix} \cdot \begin{pmatrix} 4.250 \\ 28.000 \end{pmatrix}$$

$$\begin{pmatrix} m \\ k \end{pmatrix} = \begin{pmatrix} 10 \\ 50 \end{pmatrix}$$

Matrizen machen Marktanalyse mit Mathematik! Der Konkurrent hat 10 Megastores und 50 Kleingeschäfte.

Für Matrizen der Größe (2 × 2) – und nur für diese – berechnen Sie die Inverse ganz zügig mit einer Vereinfachungsregel:

$$A = \begin{pmatrix} a & b \\ c & d \end{pmatrix} \qquad A^{-1} = \frac{1}{\det(A)} \cdot \begin{pmatrix} d & -b \\ -c & a \end{pmatrix}$$

Dabei ist $\det(A) = ad - bc$.

Aufgabe 11.2

Wie sind die Inversen der folgenden Matrizen? Denken Sie an die Vereinfachungsregel.

$$A = \begin{pmatrix} 5 & 0 \\ 10 & -0{,}1 \end{pmatrix} \qquad B = \begin{pmatrix} -7 & -4 \\ 5 & 2{,}5 \end{pmatrix}$$

Aufgabe 11.3

Wagen Sie sich an die Inverse von größeren Matrizen!

$$C = \begin{pmatrix} 2 & 0 & -6 \\ 0{,}8 & -1{,}6 & 5{,}5 \\ 4 & -4 & 7{,}5 \end{pmatrix} \qquad D = \begin{pmatrix} -9 & 20 & 4 \\ 5 & 8 & 9 \\ -2 & 20 & 10 \end{pmatrix}$$

Aufgabe 11.4

Und jetzt zeigen Sie, dass Sie ein Meisterinvertierer sind!

$$F = \begin{pmatrix} -3 & 3 & 4{,}5 & 3 \\ 9 & 0 & 9 & -2 \\ 0 & 2 & 2 & 2 \\ -9 & 7 & 5 & 8 \end{pmatrix}$$

Das Leontief-Modell

Stellen Sie sich vor, dass Sie in einem Versorgungsunternehmen arbeiten, das seinen Kunden Strom, Wasser und Fernwärme liefert. Strom wird in den Kraftwerken Ihres Unternehmens hergestellt, Wasser fördert Ihr Unternehmen mit eigenen Brunnen und Fernwärme liefern Müllverbrennungsanlagen. Damit die Kraftwerke funktionieren, benötigen sie Wasser aus den Brunnen für die Erzeugung von Dampf, der die Turbine antreibt. Ein Teil des produzierten Stroms wird schon im Kraftwerk verbraucht, weil die Mitarbeiter, die das Kraftwerk überwachen, in ihrem Tarifvertrag eine ständige Versorgung mit frisch gebrühtem Kapselkaffee und den Dauerbetrieb von riesigen Plasmafernsehern zur Entspannung ausgehandelt haben. Die Brunnen brauchen Strom zur Wasserförderung und Wärme, damit die Temperatur der Förderpumpen nicht unter die Mindestbetriebstemperatur fällt. Die Müllverbrennungsanlagen benötigen für die Wärmeerzeugung Strom, mit dem die gewaltigen Greifarme und gigantischen Förderbänder betrieben werden, die den Müll transportieren. Zudem benötigen sie Wasser zum Kühlen der Maschinen. Die selbst produzierte Wärme nutzen die dortigen Mitarbeiter, denen ansonsten kein Entertainment zusteht, für ihr eigenes, ganzjährig auf 26 Grad beheiztes Freibad. Die Verflechtungen untereinander für die Herstellung von einer Megawattstunde (MWh) Strom, einem Hektoliter (hl) Wasser und einer MWh Wärme sind zusammengefasst in der *Produktionsmatrix Q*:

$$Q = \begin{pmatrix} & \text{Kraftwerke} & \text{Brunnen} & \text{Müllverbrennung} \\ \text{Kraftwerke} & 0,1 & 0,3 & 1,2 \\ \text{Brunnen} & 0,05 & 0 & 0,2 \\ \text{Müllverbrennung} & 0 & 0,1 & 0,3 \end{pmatrix}$$

Sie sehen, dass Ihr Unternehmen die hergestellten Produkte – zumindest teilweise – innerhalb des Unternehmens benötigt, um den Produktionsprozess zu ermöglichen. Das heißt also, dass nur ein Teil der gesamten Produktionsmenge an die Kunden abgegeben werden kann, der andere Teil wird innerbetrieblich verbraucht. Diesen Eigenverbrauch berechnen Sie leicht, indem Sie die Produktionsmatrix mit dem Produktionsvektor q (eine Spaltenmatrix) multiplizieren. Nehmen Sie an, Ihr Unternehmen stellt 4.000 MWh Strom her, fördert 600 hl Wasser und erzeugt 800 MWh Wärme. Der Eigenverbrauch ist dann:

$$Q \cdot q = \begin{pmatrix} 0,15 & 0,45 & 1,1 \\ 0,05 & 0 & 0,3 \\ 0 & 0,2 & 0,2 \end{pmatrix} \cdot \begin{pmatrix} 4.000 \\ 600 \\ 800 \end{pmatrix} = \begin{pmatrix} 1.750 \\ 440 \\ 280 \end{pmatrix}$$

Die verbleibende Menge für die Kunden schreiben Sie in den externen *Nachfragevektor y* (auch eine Spaltenmatrix).

$$y = q - Q \cdot q = (E - Q) \cdot q = \begin{pmatrix} 4.000 \\ 600 \\ 800 \end{pmatrix} - \begin{pmatrix} 1.750 \\ 440 \\ 280 \end{pmatrix} = \begin{pmatrix} 2.250 \\ 160 \\ 520 \end{pmatrix}$$

Die Kunden sind aber – das haben Kunden so an sich – recht eigenwillig. Die nehmen nicht einfach, was Sie ihnen geben wollen, sondern haben eigene Vorstellungen von der Menge, die sie beziehen wollen. Aber weil Sie dieses Kapitel von Beginn an durchgearbeitet haben, kennen Sie die Methode, mit der Sie die notwendige Produktionsmenge für eine vorgegebene Nachfrage bestimmen – Sie nutzen das Invertieren einer Matrix.

$$y = (E - Q) \cdot q$$
$$q = (E - Q)^{-1} \cdot y$$

Wenn nun beispielsweise gerade Fußball-WM im Sommer ist, brauchen die Kunden keine Wärme zum Beheizen ihrer Wohnung. Vielmehr brauchen die Kunden viel Strom zum Kühlen ihrer Getränke und jede Menge Wasser für – na ja, Sie wissen schon, die Getränke bleiben ja nicht im Körper drin, die kommen auch wieder raus und werden dann unter Zuhilfenahme von Wasser ordnungsgemäß in weißen Porzellanschüsseln entsorgt. Für beispielsweise 6.000 MWh Strom, 1.200 hl Wasser und 480 MWh Wärme bestimmen Sie dann die notwendige Produktionsmenge.

$$q = \begin{pmatrix} 0,15 & 0,45 & 1,1 \\ 0,05 & 0 & 0,3 \\ 0 & 0,2 & 0,2 \end{pmatrix}^{-1} \cdot \begin{pmatrix} 6.000 \\ 1.200 \\ 480 \end{pmatrix} = \begin{pmatrix} 37/30 & 29/30 & 247/120 \\ 1/15 & 17/15 & 31/60 \\ 1/60 & 17/60 & 331/240 \end{pmatrix} \cdot \begin{pmatrix} 6.000 \\ 1.200 \\ 480 \end{pmatrix} = \begin{pmatrix} 9.548 \\ 2.008 \\ 1.102 \end{pmatrix}$$

Mit 9.548 MWh Strom, 2.008 hl Wasser und 1.102 MWh Fernwärme trägt Ihr Unternehmen zum Gelingen der Fußball-WM bei!

Aufgabe 11.5

Sie erfassen die Abläufe in einer Bäckerei. Diese stellt Kekse, Kuchen und Stollen her. Die Arbeiter in der Bäckerei identifizieren sich sehr mit ihrem Beruf und führen eine äußerst intensive Qualitätsprüfung der Produkte durch, bevor diese in den Verkauf kommen. Mit anderen Worten: Sie verzehren jede Menge selbst! Die Keksbäcker essen einen zehntel Kuchen und acht Prozent eines Stollens für jeden produzierten Keks. Die Kuchenbäcker verzehren einen halben Keks und einen zehntel Stollen pro hergestelltem Kuchen. Und die Stollenbäcker schließlich essen 1,1 Kekse und 30 % eines Kuchens für jeden gebackenen Stollen. Zudem essen die Keksbäcker 20 % ihrer Kekse und die Stollenbäcker 22 % der Stollen selbst. Den Kuchenbäckern schmeckt der eigene Kuchen nicht.

a) Wie lautet die Produktionsmatrix der Bäckerei?

b) Wie viele Kekse, Kuchen und Stollen kann die Bäckerei an Kunden verkaufen, wenn sie 200 Kekse, 60 Kuchen und 100 Stollen herstellt?

c) Wie viele Kekse, Kuchen und Stollen muss die Bäckerei produzieren, wenn die Kunden 42.000 Kekse, 1.000 Kuchen und 5.000 Stollen nachfragen?

Aufgabe 11.6

Sie analysieren die Abläufe eines Getränkeherstellers. In drei verschiedenen Abteilungen werden Cola, Wasser und Apfelsaft hergestellt, jede Abteilung konsumiert unternehmenseigene Getränke. Bei der Cola-Herstellung werden 189 Flaschen Cola, 945 Flaschen Wasser und 189 Flaschen Apfelsaft konsumiert. Bei der Wasser-Herstellung 93 Flaschen Cola, 465 Flaschen Wasser und 279 Flaschen Apfelsaft. Die Apfelsaft-Brauer schließlich trinken 138 Flaschen Cola und 92 Flaschen Apfelsaft. Zudem verkauft das Unternehmen 840 Flaschen Cola, 450 Flaschen Wasser und 360 Flaschen Apfelsaft.

a) Wie viele Flaschen würden in den einzelnen Abteilungen für die Herstellung von jeweils einer Flasche Cola, Wasser und Apfelsaft konsumiert?

b) Das Unternehmen stellt 75.000 Flaschen Cola, 100.000 Flaschen Wasser und 50.000 Flaschen Apfelsaft her. Wie viele Flaschen erhalten die Kunden?

c) Wie viele Flaschen der einzelnen Getränkesorten müssen hergestellt werden, damit 1.110 Flaschen Cola, 990 Flaschen Wasser und 3.600 Flaschen Apfelsaft an die Kunden verkauft werden können?

Aufgabe 11.7

Ein Unternehmen mit sehr geringem innerbetrieblichem Verbrauch stellt mit nachfolgender Produktionsmatrix die Güter A und B her.

$$Q = \begin{pmatrix} 0{,}01 & 0{,}005 \\ 0{,}04 & 0{,}02 \end{pmatrix}$$

a) Welche Mengen können bei einer Produktion von 4.000 Stück A und 2.000 Stück B an die Kunden gegeben werden?

b) Die Kunden fragen von jedem Gut 970 Stück nach. Wie viel muss hergestellt werden?

Lösungen

Lösung zu Aufgabe 11.1

$$\begin{pmatrix} -5 & 2 & 8 \\ 1 & 0 & -6 \\ 4 & -3 & 7 \end{pmatrix} \quad \begin{matrix} 5 \cdot II + I \\ \rightarrow \\ 5 \cdot III + 4 \cdot I \end{matrix} \quad \begin{pmatrix} -5 & 2 & 8 \\ 0 & 2 & -22 \\ 0 & -7 & 67 \end{pmatrix} \quad \begin{matrix} 2 \cdot III + 7 \cdot II \\ \rightarrow \end{matrix} \quad \begin{pmatrix} -5 & 2 & 8 \\ 0 & 2 & -22 \\ 0 & 0 & -20 \end{pmatrix}$$

Dadurch ist $\det(A) = (-5) \cdot 2 \cdot (-20)/5/5/2 = 4$. Nun auf zu Matrix B!

$$\begin{pmatrix} 0 & 0 & 5 & 6 \\ 0 & 0 & 7 & 8 \\ 1 & 2 & 0 & 0 \\ 3 & 4 & 0 & 0 \end{pmatrix} \quad \begin{matrix} I \leftrightarrow III \\ \rightarrow \\ II \leftrightarrow IV \end{matrix} \quad \begin{pmatrix} 1 & 2 & 0 & 0 \\ 3 & 4 & 0 & 0 \\ 0 & 0 & 5 & 6 \\ 0 & 0 & 7 & 8 \end{pmatrix} \quad \begin{matrix} II - 3 \cdot I \\ \rightarrow \\ 5 \cdot IV - 7 \cdot III \end{matrix} \quad \begin{pmatrix} 1 & 2 & 0 & 0 \\ 0 & -2 & 0 & 0 \\ 0 & 0 & 5 & 6 \\ 0 & 0 & 0 & -2 \end{pmatrix}$$

Trotz (4 × 4)-Matrix schnell gelöst: $\det(B) = 1 \cdot (-2) \cdot 5 \cdot (-2) \cdot (-1) \cdot (-1)/5 = 4$. Die letzten beiden Multiplikationen mit (-1) machen Sie, weil Sie zweimal Zeilen vertauscht haben. Aber da sich durch die doppelte Multiplikation mit (-1) nichts ändert, hätten Sie sich das auch sparen können – eine gerade Anzahl von Zeilenvertauschungen hebt die Auswirkung auf das Vorzeichen wieder auf.

Die Determinante dieser Matrix ist identisch mit der Determinante der Matrix in Aufgabe A. Die Matrizen sind aber völlig verschieden, sie haben sogar unterschiedliche Dimensionen. Von der Determinante sind keine Rückschlüsse auf die Größe oder den genauen Inhalt der Matrix möglich.

$$\begin{pmatrix} -3 & 2 & -1 & 3 \\ 9 & -6 & 4 & -5 \\ -9 & -8 & 7 & 2 \\ -6 & 6 & -8 & -7 \end{pmatrix} \quad \begin{matrix} II + 3 \cdot I \\ \xrightarrow{} \\ III - 3 \cdot I \\ IV - 2 \cdot I \end{matrix} \quad \begin{pmatrix} -3 & 2 & -1 & 3 \\ 0 & 0 & 1 & 4 \\ 0 & -14 & 10 & -7 \\ 0 & 2 & -6 & -13 \end{pmatrix} \quad \begin{matrix} II \leftrightarrow IV \\ \xrightarrow{} \end{matrix}$$

$$\begin{pmatrix} -3 & 2 & -1 & 3 \\ 0 & 2 & -6 & -13 \\ 0 & -14 & 10 & -7 \\ 0 & 0 & 1 & 4 \end{pmatrix} \quad \begin{matrix} III + 7 \cdot II \\ \xrightarrow{} \end{matrix} \quad \begin{pmatrix} -3 & 2 & -1 & 3 \\ 0 & 2 & -6 & -13 \\ 0 & 0 & -32 & -98 \\ 0 & 0 & 1 & 4 \end{pmatrix} \quad \begin{matrix} 32 \cdot IV + III \\ \xrightarrow{} \end{matrix}$$

$$\begin{pmatrix} -3 & 2 & -1 & 3 \\ 0 & 2 & -6 & -13 \\ 0 & 0 & -32 & -98 \\ 0 & 0 & 0 & 30 \end{pmatrix}$$

Und schon haben Sie det $(C) = (-3) \cdot 2 \cdot (-32) \cdot 30 \cdot (-1)/32 = -180$. Bleibt nur noch Matrix D.

$$\begin{pmatrix} 1 & -3 & -2 \\ 4 & 12 & 8 \\ 6 & 0 & 9 \end{pmatrix} \quad \begin{matrix} II - 4 \cdot I \\ \xrightarrow{} \\ III - 6 \cdot I \end{matrix} \quad \begin{pmatrix} 1 & -3 & -2 \\ 0 & 24 & 16 \\ 0 & 18 & 21 \end{pmatrix} \quad \begin{matrix} 4 \cdot III - 3 \cdot II \\ \xrightarrow{} \end{matrix} \quad \begin{pmatrix} 1 & -3 & -2 \\ 0 & 24 & 16 \\ 0 & 0 & 36 \end{pmatrix}$$

Nur die letzte EZU hatte Einfluss auf die Determinante det $(D) = 1 \cdot 24 \cdot 36/4 = 216$.

Lösung zu Aufgabe 11.2

$$A^{-1} = \frac{1}{5 \cdot (-0,1) - 10 \cdot 0} \cdot \begin{pmatrix} -0,1 & 0 \\ -10 & 5 \end{pmatrix} = \frac{1}{-0,5} \cdot \begin{pmatrix} -0,1 & 0 \\ -10 & 5 \end{pmatrix} = \begin{pmatrix} 0,2 & 0 \\ 20 & -10 \end{pmatrix}$$

$$B^{-1} = \frac{1}{(-7) \cdot 2,5 - 5 \cdot (-4)} \cdot \begin{pmatrix} 2,5 & 4 \\ -5 & -7 \end{pmatrix} = \frac{1}{2,5} \cdot \begin{pmatrix} 2,5 & 4 \\ -5 & -7 \end{pmatrix} = \begin{pmatrix} 1 & 1,6 \\ -2 & -2,8 \end{pmatrix}$$

Lösung zu Aufgabe 11.3

Bei Matrix C ist die Bestimmung der Inversen einigermaßen übersichtlich:

$$\left(\begin{array}{ccc|ccc} 2 & 0 & -6 & 1 & 0 & 0 \\ 0,8 & -1,6 & 5,5 & 0 & 1 & 0 \\ 4 & -4 & 7,5 & 0 & 0 & 1 \end{array}\right) \quad \begin{matrix} 5 \cdot II - 2 \cdot I \\ \xrightarrow{} \\ III - 2 \cdot I \end{matrix} \quad \left(\begin{array}{ccc|ccc} 2 & 0 & -6 & 1 & 0 & 0 \\ 0 & -8 & 39,5 & -2 & 5 & 0 \\ 0 & -4 & 19,5 & -2 & 0 & 1 \end{array}\right)$$

$$\begin{matrix} 2 \cdot III - II \\ \xrightarrow{} \end{matrix} \quad \left(\begin{array}{ccc|ccc} 2 & 0 & -6 & 1 & 0 & 0 \\ 0 & -8 & 39,5 & -2 & 5 & 0 \\ 0 & 0 & -0,5 & -2 & -5 & 2 \end{array}\right)$$

$$\begin{matrix} I - 12 \cdot III \\ \xrightarrow{} \\ II + 79 \cdot III \end{matrix} \quad \left(\begin{array}{ccc|ccc} 2 & 0 & 0 & 25 & 60 & -24 \\ 0 & -8 & 0 & -160 & -390 & 158 \\ 0 & 0 & -0,5 & -2 & -5 & 2 \end{array}\right)$$

$$\begin{matrix} I : 2 \\ II : (-8) \\ \xrightarrow{} \\ III \cdot (-2) \end{matrix} \quad \left(\begin{array}{ccc|ccc} 1 & 0 & 0 & 12,5 & 30 & -12 \\ 0 & 1 & 0 & 20 & 48,75 & -19,75 \\ 0 & 0 & 1 & 4 & 10 & -4 \end{array}\right)$$

Auf der rechten Seite des vertikalen Strichs steht nun die gesuchte Inverse:

$$C^{-1} = \begin{pmatrix} 12{,}5 & 30 & -12 \\ 20 & 48{,}75 & -19{,}75 \\ 4 & 10 & -4 \end{pmatrix}$$

Der Lösungsweg bei Matrix D verursacht zwischendurch ganz schöne große Zahlen. Nehmen Sie sich einfach den Titel eines Films von 1953 mit Heinz Rühmann zu Herzen: *Keine Angst vor großen Tieren* – auch wenn es hier »Zahlen« sind.

$$\begin{pmatrix} -9 & 20 & 4 \\ 5 & 8 & 9 \\ -2 & 20 & 10 \end{pmatrix}\left|\begin{matrix} 1 & 0 & 0 \\ 0 & 1 & 0 \\ 0 & 0 & 1 \end{matrix}\right) \quad \begin{matrix} 9 \cdot II + 5 \cdot I \\ \to \\ 9 \cdot III - 2 \cdot I \end{matrix} \quad \begin{pmatrix} -9 & 20 & 4 \\ 0 & 172 & 101 \\ 0 & 140 & 82 \end{pmatrix}\left|\begin{matrix} 1 & 0 & 0 \\ 5 & 9 & 0 \\ -2 & 0 & 9 \end{matrix}\right)$$

$$\begin{matrix} 43 \cdot I - 5 \cdot II \\ \to \\ 43 \cdot III - 35 \cdot II \end{matrix} \quad \begin{pmatrix} -387 & 0 & -333 \\ 0 & 172 & 101 \\ 0 & 0 & -9 \end{pmatrix}\left|\begin{matrix} 18 & -45 & 0 \\ 5 & 9 & 0 \\ -261 & -315 & 387 \end{matrix}\right)$$

$$\begin{matrix} III : (-9) \\ I + 333 \cdot III \\ \to \\ II - 101 \cdot II \end{matrix} \quad \begin{pmatrix} -387 & 0 & 0 \\ 0 & 172 & 0 \\ 0 & 0 & 1 \end{pmatrix}\left|\begin{matrix} 9675 & 11610 & -14319 \\ -2924 & -3526 & 4343 \\ 29 & 35 & -43 \end{matrix}\right)$$

$$\begin{matrix} I : (-387) \\ \to \\ II : 172 \end{matrix} \quad \begin{pmatrix} 1 & 0 & 0 \\ 0 & 1 & 0 \\ 0 & 0 & 1 \end{pmatrix}\left|\begin{matrix} -25 & -30 & 37 \\ -17 & -20{,}5 & 25{,}25 \\ 29 & 35 & -43 \end{matrix}\right)$$

Die gesuchte Inverse können Sie nun wieder rechts hinter dem Strich ablesen.

 Fragen Sie sich, wie Sie bei den obigen Umformungsschritten die geeigneten Zahlen zum Multiplizieren finden? Dabei hilft Ihnen das kgV – das kleinste gemeinsame Vielfache. Wenn Sie beispielsweise wissen wollen, mit welchen Zahlen Sie 172 beziehungsweise 140 multiplizieren müssen, damit die entstehenden Produkte gleich sind und zu null subtrahiert werden können, gehen Sie wie folgt vor:

✔ Sie zerlegen 172 in Primzahlen: $172 = 2 \cdot 86 = 2 \cdot 2 \cdot 43$

✔ Sie zerlegen 140 in Primzahlen: $140 = 2 \cdot 70 = 2 \cdot 2 \cdot 35 = 2 \cdot 2 \cdot 5 \cdot 7$

✔ Das kgV ist das Produkt der obigen Primzahlen. Wenn eine Primzahl in mehreren Zerlegungen auftaucht – hier ist das die »2« – dann verwenden Sie diese bei der kgV-Bestimmung nur so oft, wie sie am häufigsten vorkommt. Also zweimal.

✔ Das kgV ist $2 \cdot 2 \cdot 5 \cdot 7 \cdot 43 = 6020$.

✔ 172 multiplizieren Sie mit $6020 / 172 = 35$, um das kgV zu erhalten.

✔ 140 multiplizieren Sie mit $6020 / 140 = 43$, um das kgV zu erhalten.

Lösung zu Aufgabe 11.4

Beim Pivotisieren führen viele Wege zum Ziel. Nachstehend sehen Sie eine Möglichkeit, bei der die Zahlen unterwegs recht übersichtlich bleiben. Aber welchen Weg Sie auch wählen – am Ende kommen Sie immer auf das gleiche Ergebnis.

$$
\left(\begin{array}{cccc|cccc}
-3 & 3 & 9/2 & 3 & 1 & 0 & 0 & 0 \\
9 & 0 & 9 & -2 & 0 & 1 & 0 & 0 \\
0 & 2 & 2 & 2 & 0 & 0 & 1 & 0 \\
-9 & 7 & 5 & 8 & 0 & 0 & 0 & 1
\end{array}\right)
$$

$$
\begin{array}{c}
II + 3 \cdot I \\
\to \\
IV - 3 \cdot I
\end{array}
\left(\begin{array}{cccc|cccc}
-3 & 3 & 9/2 & 3 & 1 & 0 & 0 & 0 \\
0 & 9 & 45/2 & 7 & 3 & 1 & 0 & 0 \\
0 & 2 & 2 & 2 & 0 & 0 & 1 & 0 \\
0 & -2 & -17/2 & -1 & -3 & 0 & 0 & 1
\end{array}\right)
$$

$$
\begin{array}{c}
I : (-3) \\
II \leftrightarrow III \\
\to \\
II_n : 2
\end{array}
\left(\begin{array}{cccc|cccc}
1 & -1 & -3/2 & -1 & -1/3 & 0 & 0 & 0 \\
0 & 1 & 1 & 1 & 0 & 0 & 1/2 & 0 \\
0 & 9 & 45/2 & 7 & 3 & 1 & 0 & 0 \\
0 & -2 & -17/2 & -1 & -3 & 0 & 0 & 1
\end{array}\right)
$$

$$
\begin{array}{c}
I + II \\
III - 9 \cdot II \\
\to \\
IV + 2 \cdot II
\end{array}
\left(\begin{array}{cccc|cccc}
1 & 0 & -1/2 & 0 & -1/3 & 0 & 1/2 & 0 \\
0 & 1 & 1 & 1 & 0 & 0 & 1/2 & 0 \\
0 & 0 & 26/2 & -2 & 3 & 1 & -9/2 & 0 \\
0 & 0 & -13/2 & 1 & -3 & 0 & 1 & 1
\end{array}\right)
$$

$$
\begin{array}{c}
II - IV \\
\to \\
III + 2 \cdot IV
\end{array}
\left(\begin{array}{cccc|cccc}
1 & 0 & -1/2 & 0 & -1/3 & 0 & 1/2 & 0 \\
0 & 1 & 15/2 & 0 & 3 & 0 & -1/2 & -1 \\
0 & 0 & 1/2 & 0 & -3 & 1 & -5/2 & 2 \\
0 & 0 & -13/2 & 1 & -3 & 0 & 1 & 1
\end{array}\right)
$$

$$
\begin{array}{c}
I + III \\
2 \cdot III \\
\to \\
II - 15/2 \cdot III_n \\
IV + 13/2 \cdot III_n
\end{array}
\left(\begin{array}{cccc|cccc}
1 & 0 & 0 & 0 & -10/3 & 1 & -2 & 2 \\
0 & 1 & 0 & 0 & 48 & -15 & 37 & -31 \\
0 & 0 & 1 & 0 & -6 & 2 & -5 & 4 \\
0 & 0 & 0 & 1 & -42 & 13 & -63/2 & 27
\end{array}\right)
$$

Lösung zu Aufgabe 11.5

a) Hier erfassen Sie erst mal den vorgegebenen Text systematisch in einer Matrix.

$$
Q = \begin{array}{c} \\ \text{Kekse} \\ \text{Kuchen} \\ \text{Stollen} \end{array}
\left(\begin{array}{ccc}
\text{Kekse} & \text{Kuchen} & \text{Stollen} \\
0{,}2 & 0{,}5 & 1{,}1 \\
0{,}1 & 0 & 0{,}3 \\
0{,}08 & 0{,}1 & 0{,}22
\end{array}\right)
$$

b) Jetzt verwenden Sie die bekannte Formel und schon wissen Sie, wie viele Backwaren für die Kunden verbleiben.

$$y = (E - Q) \cdot q = \left(\begin{pmatrix} 1 & 0 & 0 \\ 0 & 1 & 0 \\ 0 & 0 & 1 \end{pmatrix} - \begin{pmatrix} 0,2 & 0,5 & 1,1 \\ 0,1 & 0 & 0,3 \\ 0,08 & 0,1 & 0,22 \end{pmatrix} \right) \cdot \begin{pmatrix} 200 \\ 60 \\ 100 \end{pmatrix} = \begin{pmatrix} 20 \\ 10 \\ 56 \end{pmatrix}$$

Von den 200 hergestellten Keksen bekommen die Kunden nur 20. Beim Kuchen sind es 10 von 60. Immerhin ergattern die Kunden 56 der 100 Stollen.

c) Die Frage nach der notwendigen Produktionsmenge beantworten Sie durch Umstellen der Ausgangsgleichung. Dazu invertieren Sie die Matrix $(E - Q)$.

$$q = (E - Q)^{-1} \cdot y = \left(\begin{pmatrix} 1 & 0 & 0 \\ 0 & 1 & 0 \\ 0 & 0 & 1 \end{pmatrix} - \begin{pmatrix} 0,2 & 0,5 & 1,1 \\ 0,1 & 0 & 0,3 \\ 0,08 & 0,1 & 0,22 \end{pmatrix} \right)^{-1} \cdot \begin{pmatrix} 42.000 \\ 1.000 \\ 5.000 \end{pmatrix}$$

$$= \begin{pmatrix} 5/3 & 10/9 & 25/9 \\ 17/75 & 268/225 & 7/9 \\ 1/5 & 4/15 & 5/3 \end{pmatrix} \cdot \begin{pmatrix} 42.000 \\ 1.000 \\ 5.000 \end{pmatrix} = \begin{pmatrix} 85.000 \\ 14.600 \\ 17.000 \end{pmatrix}$$

Sie müssen 85.000 Kekse, 14.600 Kuchen und 17.000 Stollen herstellen, damit die Kunden die gewünschte Menge an Backwaren erhalten.

Lösung zu Aufgabe 11.6

a) Bei dieser Aufgabe fehlt Ihnen zunächst die Produktionsmatrix. Sie wissen nur, wie viele Flaschen für eine bestimmte externe Nachfrage nach außen abgegeben werden und wie viele Flaschen bei dieser extern abgegebenen Menge innerhalb des Unternehmens verbraucht werden. Aber daraus können Sie die Produktionsmatrix bestimmen. Zunächst errechnen Sie, wie viele Flaschen insgesamt hergestellt werden.

$$q = \begin{pmatrix} 189 + 93 + 138 + 840 \\ 945 + 465 + 0 + 450 \\ 189 + 279 + 92 + 360 \end{pmatrix} = \begin{pmatrix} 1.260 \\ 1.860 \\ 920 \end{pmatrix}$$

Jetzt wissen Sie, dass das Unternehmen insgesamt, also für den innerbetrieblichen Verbrauch und die Kunden zusammen, 1.260 Flaschen Cola, 1.860 Flaschen Wasser und 920 Flaschen Apfelsaft herstellt. Was wäre nun, wenn beispielsweise die Apfelsaftherstellung nicht 920 Flaschen, sondern nur genau eine Flasche herstellen würde? Dann bräuchte sie im Herstellungsprozess anstelle von 138 Flaschen Cola und 92 Flaschen Apfelsaft nur 138/920 Flaschen Cola und 92/920 Flaschen Apfelsaft. Mit dieser Überlegung ermitteln Sie leicht, wie die Lieferbeziehungen für die Herstellung von je einer Flasche sind – und das ist die Produktionsmatrix!

$$Q = \begin{pmatrix} 189/1.260 & 93/1.860 & 138/920 \\ 945/1.260 & 465/1.860 & 0/920 \\ 189/1.260 & 279/1.860 & 92/920 \end{pmatrix} = \begin{pmatrix} 0,15 & 0,05 & 0,15 \\ 0,75 & 0,25 & 0 \\ 0,15 & 0,15 & 0,1 \end{pmatrix}$$

Die Produktionsmatrix Q ist gewissermaßen die Standardisierungsmatrix. Aufbauend auf dieser Matrix können Sie bei gegebener Produktion bestimmen, wie viel für Ihre Kunden bleibt. Oder andersherum: Wie viel Sie produzieren müssen, damit eine vorgegebene Nachfrage befriedigt werden kann.

b) Hier kommen Sie mit der Standardformel weiter.

$$y = (E - Q) \cdot q = \left(\begin{pmatrix} 1 & 0 & 0 \\ 0 & 1 & 0 \\ 0 & 0 & 1 \end{pmatrix} - \begin{pmatrix} 0{,}15 & 0{,}05 & 0{,}15 \\ 0{,}75 & 0{,}25 & 0 \\ 0{,}15 & 0{,}15 & 0{,}1 \end{pmatrix} \right) \cdot \begin{pmatrix} 75.000 \\ 100.000 \\ 50.000 \end{pmatrix} = \begin{pmatrix} 51.250 \\ 18.750 \\ 18.750 \end{pmatrix}$$

Die Kunden erhalten 51.250 Flaschen Cola, 18.750 Flaschen Wasser und 50.000 Flaschen Apfelsaft.

c) Das ist wieder die realistischere, aber etwas aufwendiger zu beantwortende Frage. Ausgehend von der Nachfrage bestimmen Sie die notwendige Produktionsmenge.

$$q = (E - Q)^{-1} \cdot y = \left(\begin{pmatrix} 1 & 0 & 0 \\ 0 & 1 & 0 \\ 0 & 0 & 1 \end{pmatrix} - \begin{pmatrix} 0{,}15 & 0{,}05 & 0{,}15 \\ 0{,}75 & 0{,}25 & 0 \\ 0{,}15 & 0{,}15 & 0{,}1 \end{pmatrix} \right)^{-1} \cdot \begin{pmatrix} 1.110 \\ 990 \\ 3.600 \end{pmatrix}$$

$$= \begin{pmatrix} 4/3 & 2/15 & 2/9 \\ 4/3 & 22/15 & 2/9 \\ 4/9 & 4/15 & 32/27 \end{pmatrix} \cdot \begin{pmatrix} 1.110 \\ 990 \\ 3.600 \end{pmatrix} = \begin{pmatrix} 2.412 \\ 3.732 \\ 5.024 \end{pmatrix}$$

Das Unternehmen muss 2.412 Flaschen Cola, 3.732 Flaschen Wasser und 5.024 Flaschen Apfelsaft herstellen.

Lösung zu Aufgabe 11.7

a) Hier sehen Sie, dass ein Unternehmen nicht immer nur durch hohe innerbetriebliche Verbräuche charakterisiert sein muss.

$$y = (E - Q) \cdot q = \left(\begin{pmatrix} 1 & 0 \\ 0 & 1 \end{pmatrix} - \begin{pmatrix} 0{,}01 & 0{,}005 \\ 0{,}04 & 0{,}02 \end{pmatrix} \right) \cdot \begin{pmatrix} 4.000 \\ 2.000 \end{pmatrix} = \begin{pmatrix} 3.950 \\ 1.800 \end{pmatrix}$$

Es können 3.950 Stück von Gut A und 1.800 Stück von Gut B an die Kunden weitergegeben werden.

b) Und jetzt hören Sie noch mal auf die Kunden.

$$q = (E - Q)^{-1} \cdot y = \left(\begin{pmatrix} 1 & 0 \\ 0 & 1 \end{pmatrix} - \begin{pmatrix} 0{,}01 & 0{,}005 \\ 0{,}04 & 0{,}02 \end{pmatrix} \right)^{-1} \cdot \begin{pmatrix} 970 \\ 970 \end{pmatrix}$$

$$= \begin{pmatrix} 98/97 & 1/194 \\ 4/97 & 99/97 \end{pmatrix} \cdot \begin{pmatrix} 970 \\ 970 \end{pmatrix} = \begin{pmatrix} 985 \\ 1.030 \end{pmatrix}$$

Von 985 hergestellten Stücken von Gut A gehen 970 an die Kunden. Bei B gehen von 1.030 Stück 970 an die externen Nachfrager.

Teil IV

Wahrscheinlichkeitsrechnung

In diesem Teil ...

Sie wollten schon immer wissen, welche Lebensdauer Sie von Ihrem Nasenhaarschneider erwarten können? Dann hilft Ihnen der folgende Teil, in dem sich alles um Wahrscheinlichkeiten dreht. Nachdem Sie sich nochmals mit grundlegenden Notationen vertraut gemacht haben, werden Sie diverse Wahrscheinlichkeiten berechnen können. Auch Ihre kreative Ader kommt nicht zu kurz, denn Sie dürfen einige Bilder malen. Ob im Casino, beim Lottospiel oder im Stau, üben Sie es außerdem, Erwartungswerte, Varianzen und Standardabweichungen zu ermitteln. Verschiedene Aufgaben lassen Sie die Unterschiede zwischen diskreten und stetigen Wahrscheinlichkeitsverteilungen sowie einige besondere Vertreter dieser Verteilungen verinnerlichen. Nach diesem Teil werden auch Grenzwerte Sie mit großer Wahrscheinlichkeit nicht mehr an Ihre Grenzen bringen.

Warm-up für die Wahrscheinlichkeitsrechnung – Die wichtigsten Grundlagen

12

In diesem Kapitel

▷ Notation von Mengen in der Wahrscheinlichkeitslehre

▷ Berechnung von Wahrscheinlichkeiten verschiedener Art

▷ Unabhängigkeit und Ausschließlichkeit von Ereignissen

***

*I*n diesem Kapitel üben Sie den richtigen Umgang mit den Grundlagen der Wahrscheinlichkeitsrechnung. Dabei wiederholen Sie zunächst Notationen und Definitionen, bevor Sie lernen, die verschiedenen Arten der Wahrscheinlichkeit zu unterscheiden und zu berechnen. Abschließend werden die Eigenschaften der Unabhängigkeit und Ausschließlichkeit behandelt.

Mengennotationen verstehen und formulieren

Bevor Sie anfangen können, mit Wahrscheinlichkeiten zu rechnen, sollten die grundlegenden Notationen sitzen. Um kurz und prägnant auszudrücken, was Sie tun möchten, gibt es in der Wahrscheinlichkeitslehre eine eigene Notation, eigene Symbole und eigene Definitionen. Sie werden sehen, dass diese keineswegs schwierig sind, sobald Sie sich einmal richtig mit ihnen vertraut gemacht haben.

Spricht man von der *Notation*, umfasst dies alle Symbole, mit denen Sie in Kurzform Aussagen über die Wahrscheinlichkeit formulieren können. Die Wahrscheinlichkeit, dass das Ereignis A eintreten wird, beschreiben Sie beispielsweise einfach kurz mit $P(A)$.

Ein *Stichprobenraum (oder auch Ergebnisraum)* bildet die Gesamtheit aller möglichen Ergebnisse ab und wird normalerweise mit dem Symbol S bezeichnet. Man unterscheidet verschiedene Arten von Stichprobenräumen: *endliche, abzählbar unendliche* und *nicht abzählbar unendliche* Mengen. Ein endlicher Stichprobenraum besteht aus einer endlichen Menge, deren Elemente Sie alle abzählen können. Werfen Sie zum Beispiel einen Würfel, können sechs verschiedene Ereignisse eintreten. Notiert wird dies als Menge $S = \{1, 2, 3, 4, 5, 6\}$. Jede der Zahlen in dieser Menge steht für die gewürfelte Augenzahl. Dieser Stichprobenraum ist endlich, er beinhaltet insgesamt sechs Elemente. Würden Sie nun jedoch beispielsweise beobachten, wie viele Autos an einem Tag an Ihrem Haus vorbeifahren, kennen Sie das Maximum der vorbeifahrenden Autos nicht. Sie können die Autos zwar durchnummerieren, aber die Menge ist theoretisch nach oben hin offen und damit abzählbar unendlich: $S = \{0, 1, 2, 3, 4, 5, 6, 7 \ldots\}$. Betrachten Sie nun für den letzten Fall eine Zeitmessung: Sie absolvieren einen 100-Meter-Lauf. Die Zeitspanne darf dabei laut Wettbewerb 30 Sekunden nicht überschreiten. Ihr Ergebnis kann somit irgendwo zwischen 0 und 30 Sekunden liegen und eine Zahl mit unendlich vielen Dezimalstellen sein. Der Stichprobenraum umfasst die nicht abzählbar unendliche Menge $S = \{$alle Zahlen x mit $0 \leq x \leq 30\}$.

Ereignisse sind Teilmengen eines Stichprobenraumes und werden durch Großbuchstaben gekennzeichnet. Wollen Sie beim Wurf Ihres Würfels beispielsweise nur die ungeraden Ergebnisse berücksichtigen, so betrachten Sie das Ereignis $A = $»Eine ungerade Augenzahl wurde geworfen«. Es ist dann $A = \{1, 3, 5\}$ eine Teilmenge von S.

Wenn ein Ereignis keine Elemente enthält, haben Sie eine *leere Menge* oder *Nullmenge*, die entweder durch $\emptyset$ oder $\{ \}$ gekennzeichnet wird. Dieses Ereignis nennt man auch *unmögliches Ereignis*. Ein Beispiel für ein unmögliches Ereignis ist, beim Würfeln mit einem Würfel eine 8 zu werfen.

Aufgabe 12.1

Starten Sie mit der folgenden einfachen Übung zum Einstieg. Sie werfen einen fairen Würfel und betrachten dabei drei mögliche Ereignisse:

a) A sei das Ereignis, eine gerade Augenzahl zu würfeln.

b) B sei das Ereignis, eine Augenzahl kleiner als vier zu würfeln.

c) C sei das Ereignis, eine ungerade Augenzahl größer als fünf zu würfeln.

Formulieren Sie nun die passenden Mengennotationen für die gegebenen Ereignisse.

Aufgabe 12.2

Gegeben ist ein Skatkartendeck mit 32 Karten. Notieren Sie die Teilmengen der folgenden Ereignisse. Das ist zwar etwas schwieriger als in Aufgabe 12.1, Sie werden es aber trotzdem gut meistern können.

a) A sei das Ereignis, eine schwarze Karte zu ziehen.

b) B sei das Ereignis, ein Ass zu ziehen.

c) C sei das Ereignis, eine rote Acht zu ziehen.

d) D sei das Ereignis, eine Zehn zu ziehen.

e) E sei das Ereignis, eine Herz-Karte zu ziehen.

f) F sei das Ereignis, einen König zu ziehen.

g) G sei das Ereignis, den Kreuz-König zu ziehen.

Die verschiedenen Arten der Wahrscheinlichkeit und Regeln zur Berechnung

Grundlage aller Regeln und Formeln der Wahrscheinlichkeit sind die folgenden Eigenschaften, die jede Wahrscheinlichkeit hat:

✔ Eine Wahrscheinlichkeit liegt stets im Intervall [0,1], da etwas nie unwahrscheinlicher als 0 % beziehungsweise wahrscheinlicher als 100 % sein kann. Sollten Sie einmal einen Wahrscheinlichkeitswert berechnen, der negativ oder größer als 1 (= 100 %) ist, haben Sie einen Fehler gemacht.

✔ Summieren Sie die Einzelwahrscheinlichkeiten aller Ergebnisse Ihres Stichprobenraums S auf, erhalten Sie als Ergebnis immer 1 (= 100 %).

Wahrscheinlichkeit eines Ereignisses

Betrachten Sie als Beispiel wieder den fairen Würfel und das Ereignis A aus Aufgabe 12.1. Die Antwort auf die Frage: »Wie hoch ist die Wahrscheinlichkeit, eine durch drei teilbare Augenzahl zu werfen?«, beschreibt die Wahrscheinlichkeit des Ereignisses A. Da $A = \{3, 6\}$ zwei von sechs möglichen Ergebnissen enthält und jedes der sechs möglichen Ergebnisse gleichwahrscheinlich ist, können Sie für die gesuchte Wahrscheinlichkeit die Anzahl der für A günstigen Ausgänge in S mit der Anzahl der überhaupt möglichen Ausgänge in S in Verbindung bringen. Genauer ausgedrückt beträgt die Wahrscheinlichkeit von A

$$P(A) = \frac{\text{Anzahl der Elemente in } A}{\text{Anzahl der Elemente in } S} = \frac{2}{6} = \frac{1}{3}.$$

Aufgabe 12.3

Gegeben seien immer noch ein Skatkartendeck mit 32 Karten und die in Aufgabe 12.2 genannten Ereignisse. Bestimmen Sie die Wahrscheinlichkeiten der Teilmengen A bis G.

Komplementäre Wahrscheinlichkeit

Das Ereignis, das alle Elemente des Stichprobenraums S enthält, die im Ereignis A nicht enthalten sind, nennt man das Komplement A^c des Ereignisses A. Für $A = \{3, 6\}$ und den Stichprobenraum $S = \{1, 2, 3, 4, 5, 6\}$ gilt $A^c = \{1, 2, 4, 5\}$. Da A^c vier von sechs gleich wahrscheinlichen Elementen enthält, beträgt die Wahrscheinlichkeit des komplementären Ereignisses A^c von A einfach

$$P\left(A^c\right) = \frac{4}{6} = \frac{2}{3}.$$

Die Komplementärregel

Nimmt man die Ereignisse (beziehungsweise Mengen) A und A^c zusammen, ergibt dies stets den vollen Stichprobenraum, sodass die Wahrscheinlichkeit dieser Menge immer 1 ergibt ($P(A) + P(A^c) = 1$). Lösen Sie diese Gleichung nach $P(A^c)$ auf, erhalten Sie die Komplementäregel

$$P\left(A^c\right) = 1 - P(A).$$

Sie können die Wahrscheinlichkeit des komplementären Ereignisses von A, also $P(A^c)$, ganz einfach bestimmen, wenn Sie bereits die Wahrscheinlichkeit $P(A)$ kennen.

Aufgabe 12.4

Bestimmen Sie die Wahrscheinlichkeiten der komplementären Ereignisse von A bis G aus Aufgabe 12.2. Mithilfe der Komplementärregel schaffen Sie das sicher.

Wahrscheinlichkeit der Schnittmenge

Die Schnittmenge zweier Ereignisse A und B wird als $(A \cap B)$ notiert (gesprochen »A und B«) und enthält alle gemeinsamen Elemente der beiden Mengen A und B. Betrachten Sie zum Beispiel die beiden Ereignisse A und B aus Aufgabe 12.1. Angewandt auf diese Mengen $A = \{2, 4, 6\}$ und $B = \{1, 2, 3\}$ ergibt sich als Schnittmenge $(A \cap B) = \{2\}$. Diese Schnittmenge enthält eines von sechs gleich wahrscheinlichen Elementen und hat damit eine Wahrscheinlichkeit von $P(A \cap B) = \dfrac{1}{6}$.

Aufgabe 12.5

Betrachten Sie erneut die Ereignisse aus Aufgabe 12.2. Bestimmen Sie die Wahrscheinlichkeiten folgender Schnittmengen. Wenn Sie sich zunächst klarmachen, aus welchen Elementen die Schnittmengen bestehen, sollte die Aufgabe für Sie kein Problem darstellen.

a) $P(A \cap B)$

b) $P(E \cap D)$

c) $P(D \cap F)$

d) $P(C \cap D)$

e) $P(A \cap D)$

f) $P(A \cap E)$

g) $P(F \cap G)$

h) $P(E \cap B)$

i) $P(A \cap G)$

Die Multiplikationsregel

Die Wahrscheinlichkeit einer Schnittmenge kann berechnet werden, indem Sie die Schnittmenge bestimmen und dann für diese Menge die marginale Wahrscheinlichkeit berechnen. In manchen Fällen kann es jedoch einfacher sein, die Multiplikationsregel zu verwenden. Diese wird aus der Definition der bedingten Wahrscheinlichkeit abgleitet (siehe den Abschnitt *Bedingte Wahrscheinlichkeit* weiter hinten im Buch).

$$P(A \mid B) = \frac{P(A \cap B)}{P(B)}$$

Dabei bedeutet das Symbol $P(A \mid B)$, dass man es mit der Wahrscheinlichkeit des Ereignisses A zu tun hat, gegeben, dass das Ereignis B eingetroffen ist. Auf der rechten Seite der Gleichung steht dann einfach die Formel, wie man diese Wahrscheinlichkeit berechnen würde (wenn sie denn nicht gegeben ist).

Umgeformt erhalten Sie daraus die Multiplikationsregel:

$$P(A \cap B) = P(B) \cdot P(A \mid B)$$

Sie haben es sicher schon gemerkt, aber wenn man die bedingte Wahrscheinlichkeit von B gegeben A betrachtet, dann gilt

$$P(B \mid A) = \frac{P(A \cap B)}{P(A)}.$$

Und somit auch

$$P(A \cap B) = P(A) \cdot P(B \mid A).$$

Tatsächlich ist also $P(A \cap B) = P(A) \cdot P(B \mid A) = P(B) \cdot P(A \mid B)$.

Wahrscheinlichkeit der Vereinigung

Die Vereinigungsmenge zweier Ereignisse A und B wird als $(A \cup B)$ notiert (gesprochen »A oder B«). Diese Vereinigungsmenge beschreibt die Menge, die alle Elemente aus A und B vereint, das heißt die Menge, die alle Elemente enthält, die in A oder in B oder in beiden Mengen vorhanden sind. Angewandt auf $A = \{2, 4, 6\}$ und $B = \{1, 2, 3\}$ ergibt sich als Vereinigungsmenge $(A \cup B) = \{1, 2, 3, 4, 6\}$. Die Wahrscheinlichkeit dieser Vereinigungsmenge ist $P(A \cup B) = \frac{5}{6}$, da fünf der sechs möglichen, gleich wahrscheinlichen Elemente des Stichprobenraums enthalten sind.

Die Additionsregel

 Um die Wahrscheinlichkeit einer Vereinigung zu bestimmen, scheint es intuitiv beide Einzelwahrscheinlichkeiten zu addieren. Diese Summe ist so jedoch nicht immer korrekt und bedarf oft einer Bereinigung derer Werte, die in beiden Mengen vorhanden sind und somit doppelt gezählt wurden. Sie müssen also von der Summe der beiden Einzelwahrscheinlichkeiten einmal die Wahrscheinlichkeit der gemeinsamen Werte (der Schnittmenge) abziehen. So ergibt sich die Additionsregel:

$$P(A \cup B) = P(A) + P(B) - P(A \cap B)$$

Aufgabe 12.6

Betrachten Sie die Ereignisse aus Aufgabe 12.2. Bestimmen Sie die Wahrscheinlichkeiten folgender Vereinigungsmengen:

a) $P(A \cup B)$

b) $P(E \cup D)$

c) $P(D \cup F)$

d) $P(C \cup D)$

e) $P(A \cup D)$

f) $P(A \cup E)$

g) $P(F \cup G)$

h) $P(E \cup B)$

i) $P(A \cup G)$

Aufgabe 12.7

Komplemente, Schnitt- und Vereinigungsmengen lassen sich auch wunderbar vermischen. Betrachten Sie abermals die Ereignisse aus Aufgabe 12.2 und bestimmen Sie die Wahrscheinlichkeiten folgender Mengen:

a) $P(A \cup B \cup C)$

b) $P(A \cap F \cap G)$

c) $P(D^c \cup E)$

d) $P((C \cup D) \cap (E \cup F))$

e) $P((C \cup G) \cap (A \cap E))$

f) $P((G \cap F) \cup (C \cup G))$

g) $P((E \cup D^c) \cap (F \cup B))$

h) $P((C \cup F) \cap (G \cup A)^c)$

i) $P((G \cap B)^c \cap (F \cup B))$

Bedingte Wahrscheinlichkeit

Bedingte Wahrscheinlichkeiten ziehen Informationen über vorherige Geschehnisse in Betracht. Eine bedingte Wahrscheinlichkeit beschreibt also die Wahrscheinlichkeit, dass ein Ereignis eintritt, wenn ein anderes Ereignis bereits eingetreten ist. Die Notation für eine solche bedingte Wahrscheinlichkeit lautet $P(A \mid B)$ – gesprochen »Wahrscheinlichkeit von A unter der Bedingung B«. Sie wird durch folgende Formel definiert:

$$P(A \mid B) = \frac{P(A \cap B)}{P(B)}$$

Es geht nun um die Wahrscheinlichkeiten eines Ereignisses, wenn Sie wissen, dass ein anderes Ereignis bereits eingetreten ist. Betrachten Sie hierfür nochmals das Skatkartendeck und die Ereignisse A und B. Die Wahrscheinlichkeit von A unter der Bedingung B beschreibt die Wahrscheinlichkeit, dass eine schwarze Karte gezogen wurde, wenn Sie bereits wissen, dass es sich um ein Ass handelt. Setzen Sie dies in die oben eingeführte Formel ein, kommen Sie auf folgendes Ergebnis:

$$P(A \mid B) = \frac{P(A \cap B)}{P(B)} = \frac{1/16}{1/8} = 0,5$$

Dieses Ergebnis ist auch anhand von Überlegungen leicht nachzuvollziehen: Da Sie wissen, dass Sie ein Ass gezogen haben, kann es sich nur um vier verschiedene Karten handeln: Kreuz-Ass, Pik-Ass, Herz-Ass oder Karo-Ass. Zwei dieser vier Karten sind schwarz, die Wahrscheinlichkeit, eine schwarze Karte zu ziehen, dementsprechend 50 %.

Aufgabe 12.8

Sie ahnen es bereits: Legen Sie die Ereignisse aus Aufgabe 12.2 zugrunde und bestimmen Sie nun folgende bedingte Wahrscheinlichkeiten:

a) $P(B \mid A)$

b) $P(D \mid E)$

c) $P(G \mid F)$

d) $P(F \mid G)$

e) $P(D \mid A)$

f) $P(B \mid E)$

g) $P(G \mid A)$

h) $P(A \mid D)$

i) $P(C \mid D)$

Unabhängige Ereignisse

Beeinflusst die Erkenntnis, dass ein anderes Ereignis eingetreten ist, nicht die Wahrscheinlichkeit, dass ein anderes Ereignis eintritt, sind diese beiden Ereignisse voneinander unabhängig.

Um zu prüfen, ob zwei Ereignisse unabhängig sind, können Sie zwei Wege gehen:

✔ Über die Definition der Unabhängigkeit, indem Sie prüfen, ob $P(A \mid B) = P(A)$ oder $P(B \mid A) = P(B)$ ist.

✔ Über die Multiplikationsregel, indem Sie prüfen, ob $P(A \cap B) = P(A) \cdot P(B)$. Ist dies der Fall, so sind A und B unabhängig.

Aufgabe 12.9

Prüfen Sie die folgenden Ereignisse aus Aufgabe 12.2 auf Unabhängigkeit. Welchen der beiden Wege Sie dabei gehen, bleibt Ihnen überlassen, bekanntlich führen ja alle Wege nach Rom.

a) A und B

b) C und D

c) A und E

d) A und G

e) E und B

Ausschließlichkeit von Ereignissen

Zwei Ereignisse schließen einander aus, wenn sie nicht gleichzeitig eintreten können. Dies bedeutet, dass für einander ausschließende Ereignisse A und B die Schnittmenge leer ist und stets $P(A \cap B) = 0$ gelten muss. Wenn Sie noch mal den fairen Würfel und die Ereignisse $A = \{2\}$ und $B = \{3\}$ betrachten, so ist sofort klar, dass Sie nicht gleichzeitig eine Zwei und eine Drei werfen können. Die beiden Ereignisse schließen einander aus und ihre Schnittmenge ist leer.

Wollen Sie von zwei Ereignissen die Wahrscheinlichkeit der Vereinigung herausfinden und wissen Sie gleichzeitig, dass diese beiden Ereignisse einander ausschließen, ist der letzte Term der Additionsregel

$P(A \cap B) = 0$ und fällt weg. Es gilt dann einfach:

$$P(A \cup B) = P(A) + P(B)$$

Beachten Sie dabei stets, dass diese Vereinfachung **nur** angewendet werden kann, wenn **Ausschließlichkeit** zweier Ereignisse vorliegt!

Aufgabe 12.10

Ein letztes Mal noch: Betrachten Sie die Ereignisse aus Aufgabe 12.2 und beantworten Sie die folgenden Fragen.

a) Welche der Ereignisse schließen sich mit A aus?

b) Welche der Ereignisse schließen sich mit C aus?

c) Welche der Ereignisse schließen sich mit G aus?

Lösungen

Lösung zu Aufgabe 12.1

a) $X = \{2,\ 4,\ 6\}$

b) $Y = \{1,\ 2,\ 3\}$

c) $Z = \varnothing$ beziehungsweise $Z = \{\ \}$

Lösung zu Aufgabe 12.2

a) $A = \{$Pik-Sieben, Pik-Acht, Pik-Neun, Pik-Zehn, Pik-Bube, Pik-Dame, Pik-König, Pik-Ass, Kreuz-Sieben, Kreuz-Acht, Kreuz-Neun, Kreuz-Zehn, Kreuz-Bube, Kreuz-Dame, Kreuz-König, Kreuz-Ass$\}$

b) $B = \{$Karo-Ass, Herz-Ass, Pik-Ass, Kreuz-Ass$\}$

c) $C = \{$Karo-Acht, Herz-Acht$\}$

d) $D = \{$Karo-Zehn, Herz-Zehn, Pik-Zehn, Kreuz-Zehn$\}$

e) $E = \{$Herz-Sieben, Herz-Acht, Herz-Neun, Herz-Zehn, Herz-Bube, Herz-Dame, Herz-König, Herz-Ass$\}$

f) $F = \{$Karo-König, Herz-König, Pik-König, Kreuz-König$\}$

g) $G = \{$Kreuz-König$\}$

Lösung zu Aufgabe 12.3

Nutzen Sie Ihre Lösungen aus Aufgabe 12.2. Die Anzahl der Elemente, die die jeweilige Menge enthält, geteilt durch die gesamte Elementanzahl 32 ergibt die gesuchte Wahrscheinlichkeit.

$$P(A) = \frac{16}{32} = \frac{1}{2}$$

$$P(B) = \frac{4}{32} = \frac{1}{8}$$

$$P(C) = \frac{2}{32} = \frac{1}{16}$$

$$P(D) = \frac{4}{32} = \frac{1}{8}$$

$$P(E) = \frac{8}{32} = \frac{1}{4}$$

$$P(F) = \frac{4}{32} = \frac{1}{8}$$

$$P(G) = \frac{1}{32}$$

Lösung zu Aufgabe 12.4

Mithilfe der Komplementärregel lässt sich diese Aufgabe ganz einfach lösen. Sie ziehen jeweils die in Aufgabe 12.3 errechnete Wahrscheinlichkeit von 1 ab, um die komplementäre Wahrscheinlichkeit zu erhalten:

A^c beschreibt die Menge aller roten Karten, es gilt:

$$P\left(A^C\right) = 1 - P(A) = 1 - \frac{1}{2} = \frac{1}{2}$$

B^c beschreibt die Menge aller Karten, ausgenommen der vier Asse, es gilt:

$$P\left(B^C\right) = 1 - \frac{1}{8} = \frac{7}{8}$$

C^c beschreibt die Menge aller Karten, ausgenommen der Herz- und Karo-Acht, es gilt:

$$P\left(C^C\right) = 1 - \frac{1}{16} = \frac{15}{16}$$

D^c beschreibt die Menge aller Karten, ausgenommen der vier Zehner, es gilt:

$$P\left(D^C\right) = 1 - \frac{1}{8} = \frac{7}{8}$$

E^c beschreibt die Menge aller Kreuz-, Pik- und Karo-Karten, es gilt:

$$P\left(E^C\right) = 1 - \frac{1}{4} = \frac{3}{4}$$

F^c beschreibt die Menge aller Karten, ausgenommen der vier Könige, es gilt:

$$P\left(F^C\right) = 1 - \frac{1}{8} = \frac{7}{8}$$

G^c beschreibt die Menge aller Karten, außer dem Kreuz-König, es gilt:

$$P\left(G^C\right) = 1 - \frac{1}{32} = \frac{31}{32}$$

Lösung zu Aufgabe 12.5

a) $A \cap B = \{$Pik-Ass, Kreuz-Ass$\}$

$$P(A \cap B) = \frac{2}{32} = \frac{1}{16}$$

b) $E \cap D = \{$Herz-Zehn$\}$

$$P(E \cap D) = \frac{1}{32}$$

c) $D \cap F = \{\ \}$

$$P(D \cap F) = P(\varnothing) = 0$$

d) $C \cap D = \{\ \}$

$$P(C \cap D) = 0$$

e) $A \cap D = \{$Pik-Zehn, Kreuz-Zehn$\}$

$$P(A \cap D) = \frac{2}{32} = \frac{1}{16}$$

f) $A \cap E = \{\ \}$

$$P(A \cap E) = 0$$

g) $F \cap G = \{$Kreuz-König$\}$

$$P(F \cap G) = \frac{1}{32}$$

h) $E \cap B = \{$Herz-Ass$\}$

$$P(E \cap B) = \frac{1}{32}$$

i) $A \cap G = \{$Kreuz-König$\}$

$$P(A \cap G) = \frac{1}{32}$$

Lösung zu Aufgabe 12.6

Um diese Aufgabe schnell und einfach zu lösen, nutzen Sie die berechneten Wahrscheinlichkeiten der Ereignisse und der Schnittmengen, die Sie in Aufgabe 12.3 und Aufgabe 12.5 berechnet haben, und setzen diese in die Additionsregel ein.

a) $P(A \cup B) = P(A) + P(B) - P(A \cap B) = \dfrac{16}{32} + \dfrac{4}{32} - \dfrac{2}{32} = \dfrac{18}{32} = \dfrac{9}{16}$

b) $P(E \cup D) = \dfrac{8}{32} + \dfrac{4}{32} - \dfrac{1}{32} = \dfrac{8+4-1}{32} = \dfrac{11}{32}$

c) $P(D \cup F) = \dfrac{4}{32} + \dfrac{4}{32} - 0 = \dfrac{4+4}{32} = \dfrac{8}{32} = \dfrac{1}{4}$

d) $P(C \cup D) = \dfrac{2}{32} + \dfrac{4}{32} - 0 = \dfrac{2+4}{32} = \dfrac{6}{32} = \dfrac{3}{16}$

e) $P(A \cup D) = \dfrac{16}{32} + \dfrac{4}{32} - \dfrac{2}{32} = \dfrac{16+4-2}{32} = \dfrac{18}{32} = \dfrac{9}{16}$

f) $P(A \cup E) = \dfrac{16}{32} + \dfrac{8}{32} - 0 = \dfrac{16+8}{32} = \dfrac{24}{32} = \dfrac{3}{4}$

g) $P(F \cup G) = \dfrac{4}{32} + \dfrac{1}{32} - \dfrac{1}{32} = \dfrac{4}{32} = \dfrac{1}{8}$

h) $P(E \cup B) = \dfrac{8}{32} + \dfrac{4}{32} - \dfrac{1}{32} = \dfrac{8+4-1}{32} = \dfrac{11}{32}$

i) $P(A \cup G) = \dfrac{16}{32} + \dfrac{1}{32} - \dfrac{1}{32} = \dfrac{16}{32} = \dfrac{1}{2}$

Lösung zu Aufgabe 12.7

a) $A \cup B \cup C = $»eine schwarze Karte *oder* ein Ass *oder* eine rote Acht wird gezogen«.

Insgesamt besteht diese Menge aus 16 schwarzen Karten + 4 Asse + 2 rote Achter − 2 schwarze Asse (Korrektur für Doppelzählung):

$$P(A \cup B \cup C) = \frac{16+4+2-2}{32} = \frac{20}{32}$$

b) $A \cap F \cap G = $»eine schwarze Karte *und* ein König *und* ein Kreuz-König wird gezogen« $= \{$Kreuz-König$\}$

$$P(A \cap F \cap G) = \frac{1}{32}$$

c) $D^C \cup E = $»alles außer Zehn *oder* Herz«. Die Anzahl der Elemente in diesem Ereignis lassen sich abzählen als:

28 Karten (alle außer 4 Zehn) + 8 Herz – 7 Herz (alle außer Herz-Zehn, Korrektur für Doppelzählung). Somit:

$$P\left(D^C \cup E\right) = \frac{28 + 8 - 7}{32} = \frac{29}{32}$$

d) $(C \cup D) \cap (E \cup F) = $»(Karo-Acht, Herz-Acht *oder* ein Zehner) *und* (Herz *oder* ein König) wird gezogen.« In diesem Ereignis befinden sich also die Karten

(Karo-Acht + Herz-Acht + alle 4 Zehner) geschnitten mit (alle 8 Herz + alle 4 Könige – Herz-König (Korrektur für Doppelzählung)).

Letztendlich ist $(C \cup D) \cap (E \cup F) = \{$Herz-Acht, Herz-Zehn$\}$

$$P((C \cup D) \cap (E \cup F)) = \frac{2}{32}$$

e) $(C \cup G) \cap (A \cap E)$ bedeutet (Karo-Acht, Herz-Acht *oder* Kreuz-König) *und* (schwarze Karte *und* Herz-Karte). Umgeschrieben also

(Karo-Acht + Herz-Acht + Kreuz-König) geschnitten mit (leere Menge)

Somit ist

$(C \cup G) \cap (A \cap E)$ {} und Sie erhalten:

$$P((C \cup G) \cap (A \cap E)) = P((C \cup G) \cap \varnothing) = P(\varnothing) = 0$$

f) $(G \cap F) \cup (C \cup G)$ ist das Ereignis (Kreuz-König *und* König) *oder* (Karo-Acht, Herz-Acht *oder* Kreuz-König)

Es besteht also aus (Kreuz-König) + (Karo-Acht + Herz-Acht + Kreuz-König) – Kreuz-König (Korrektur für Doppelzählung). Also gilt:

$(G \cap F) \cup (C \cup G) = \{$Karo-Acht, Herz-Acht, Kreuz-König$\}$ und somit

$$P((G \cap F) \cup (C \cup G)) = \frac{3}{32}$$

g) $(E \cup D^C) \cap (F \cup B)$ bedeutet verbal (Herz *oder* alles außer Zehn) *und* (König *oder* Ass). Das entspricht (alles außer Karo-Zehn, Pik-Zehn und Kreuz-Zehn) *und* (4 Ass + 4 Könige), also sind im Ereignis $(E \cup D^C) \cap (F \cup B)$ alle 4 Asse, alle 4 Könige enthalten. Somit:

$$P\left((E \cup D^C) \cap (F \cup B)\right) = \frac{8}{32} = \frac{1}{4}$$

h) Das gesuchte Ereignis lässt sich schreiben als

(Karo-Acht, Herz-Acht und alle Könige) *und* (alles außer schwarze Karten).

Also enthält es Karo-Acht, Herz-Acht, Karo-König, Herz-König. Somit gilt:

$$P\left((C \cup F) \cap (G \cup A)^C\right) = \frac{4}{32} = \frac{1}{8}$$

i) $(G \cap B)^C \cap (F \cup B)$ bedeutet (alles außer (Kreuz-König *und* -Ass)) *und* (König *oder* Ass). Das ist aber (alles außer leere Menge) *und* (alle Könige, alle Asse). Somit besteht das Ereignis aus (alle Karten) *und* (alle Könige, alle Asse). Insgesamt also aus allen Königen vereinigt mit allen Assen. Es sind also 8 günstige Karten in dem Ereignis enthalten. Somit:

$$P\big((G \cap B)^C \cap (F \cup B)\big) = \frac{8}{32} = \frac{1}{4}$$

Lösung zu Aufgabe 12.8

a) Die Wahrscheinlichkeit, ein Ass zu ziehen, wenn man bereits weiß, eine schwarze Karte gezogen zu haben:

$$P(B \mid A) = \frac{P(B \cap A)}{P(A)} = \frac{\frac{2}{32}}{\frac{16}{32}} = 0{,}125$$

b) Die Wahrscheinlichkeit, eine Zehn zu ziehen, wenn man bereits weiß, eine Herz-Karte gezogen zu haben:

$$P(D \mid E) = \frac{P(D \cap E)}{P(E)} = \frac{\frac{1}{32}}{\frac{8}{32}} = 0{,}125$$

c) Die Wahrscheinlichkeit, einen Kreuz-König zu ziehen, wenn man bereits weiß, einen König gezogen zu haben:

$$P(G \mid F) = \frac{P(G \cap F)}{P(F)} = \frac{\frac{1}{32}}{\frac{4}{32}} = 0{,}25$$

d) Die Wahrscheinlichkeit, einen König zu ziehen, wenn man bereits weiß, einen Kreuz-König gezogen zu haben:

$$P(F \mid G) = \frac{P(F \cap G)}{P(G)} = \frac{\frac{1}{32}}{\frac{1}{32}} = 1$$

e) Die Wahrscheinlichkeit, eine Zehn zu ziehen, wenn man bereits weiß, eine schwarze Karte gezogen zu haben:

$$P(D \mid A) = \frac{P(D \cap A)}{P(A)} = \frac{\frac{1}{16}}{\frac{16}{32}} = 0{,}125$$

f) Die Wahrscheinlichkeit, ein Ass zu ziehen, wenn man bereits weiß, eine Herz-Karte gezogen zu haben:

$$P(B \mid E) = \frac{P(B \cap E)}{P(E)} = \frac{\dfrac{1}{32}}{\dfrac{8}{32}} = 0{,}125$$

g) Die Wahrscheinlichkeit, einen Kreuz-König zu ziehen, wenn man bereits weiß, eine schwarze Karte gezogen zu haben:

$$P(G \mid A) = \frac{P(G \cap A)}{P(A)} = \frac{\dfrac{1}{32}}{\dfrac{1}{2}} = \frac{1}{16}$$

h) Die Wahrscheinlichkeit, eine schwarze Karte zu ziehen, wenn man bereits weiß, eine Zehn gezogen zu haben:

$$P(A \mid D) = \frac{P(A \cap D)}{P(D)} = \frac{\dfrac{1}{16}}{\dfrac{1}{8}} = 0{,}5$$

i) Die Wahrscheinlichkeit, eine rote Acht zu ziehen, wenn man bereits weiß, eine Zehn gezogen zu haben:

$$P(C \mid D) = \frac{P(C \cap D)}{P(D)} = \frac{0}{\dfrac{1}{8}} = 0$$

Lösung zu Aufgabe 12.9

a) A und B

$$P(A) \cdot P(B) = \frac{1}{2} \cdot \frac{1}{8} = \frac{1}{16} = P(A \cap B)$$

A und E sind **un**abhängige Ereignisse.

b) C und D

$$P(C) \cdot P(D) = \frac{1}{16} \cdot \frac{1}{8} = \frac{1}{128} \neq P(C \cap D) = 0$$

C und D sind abhängige Ereignisse.

c) *A* und *E*

$$P(A) \cdot P(E) = \frac{1}{2} \cdot \frac{1}{4} = \frac{1}{8} \neq P(A \cap E) = 0$$

A und *E* sind abhängige Ereignisse.

d) *A* und *G*

$$P(A) \cdot P(G) = \frac{1}{2} \cdot \frac{1}{32} = \frac{1}{64} \neq P(A \cap G) = \frac{1}{16}$$

A und *G* sind abhängige Ereignisse.

e) *E* und *B*

$$P(E) \cdot P(B) = \frac{1}{4} \cdot \frac{1}{8} = \frac{1}{32} = P(E \cap B)$$

E und *B* sind **un**abhängige Ereignisse.

Lösung zu Aufgabe 12.10

a) Alle Ereignisse, die mit *A* kein Element gemeinsam haben, schließen sich mit *A* aus.

   B: gemeinsame Elemente: Kreuz-Ass, Pik-Ass → nicht ausschließlich

   C: keine gemeinsamen Elemente → **ausschließlich**

   D: gemeinsame Elemente: Kreuz-Zehn, Pik-Zehn → nicht ausschließlich

   E: keine gemeinsamen Elemente → **ausschließlich**

   F: gemeinsame Elemente: Kreuz-König, Pik-König → nicht ausschließlich

   G: gemeinsame Elemente: Kreuz-König → nicht ausschließlich

b) Alle Ereignisse, die mit *C* kein Element gemeinsam haben, schließen sich mit *C* aus.

   A: keine gemeinsamen Elemente → **ausschließlich**

   B: keine gemeinsamen Elemente → **ausschließlich**

   D: keine gemeinsamen Elemente → **ausschließlich**

   E: gemeinsame Elemente: Herz-Acht → nicht ausschließlich

   F: keine gemeinsamen Elemente → **ausschließlich**

   G: keine gemeinsamen Elemente → **ausschließlich**

c) Alle Ereignisse, die mit *G* kein Element gemeinsam haben, schließen sich mit *G* aus.

   A: gemeinsame Elemente: Kreuz-König → nicht ausschließlich

   B: keine gemeinsamen Elemente → **ausschließlich**

   C: keine gemeinsamen Elemente → **ausschließlich**

   D: keine gemeinsamen Elemente → **ausschließlich**

   E: keine gemeinsamen Elemente → **ausschließlich**

   F: gemeinsame Elemente: Kreuz-König → nicht ausschließlich

Wahrscheinlichkeitsdiagramme – Ein Bild sagt mehr als tausend Worte

13

In diesem Kapitel

▷ Venn Diagramme und Baumdiagramme zeichnen und verstehen

▷ Berechnung von Wahrscheinlichkeiten mit dem Gesetz der totalen Wahrscheinlichkeit

▷ A-posteriori-Wahrscheinlichkeiten über das Bayes-Theorem bestimmen

---

*I*n der Wahrscheinlichkeitsrechnung werden Aufgaben sehr schnell komplizierter, wenn Sie mehrere Ereignisse gleichzeitig betrachten müssen oder diese stufenweise auftreten. Solange Sie jedoch eine gute grafische Darstellung und die passenden Formeln parat haben, werden auch diese komplexeren Aufgaben für Sie leicht zu meistern sein. In diesem Kapitel lernen Sie, welche Arten von Zeichnungen und Formeln es gibt und wie Sie damit verschiedene Aufgabentypen lösen.

Venn-Diagramme interpretieren und zeichnen

Eine sehr häufig genutzte Diagrammform zur Darstellung von Wahrscheinlichkeiten ist das Venn-Diagramm. Ein Venn-Diagramm hilft Ihnen dabei, komplexe Aufgabenstellungen besser zu erfassen und zu durchblicken. Der Aufbau eines solchen Diagramms ist dabei denkbar einfach. Zunächst wird der Stichprobenraum S durch ein Rechteck abgebildet. Innerhalb dieses Rechtecks befinden sich dann Kreise, die für die möglichen Ereignisse stehen, die eintreten können. Kann es bei diesen Ereignissen zu Überschneidungen kommen, so überlappen sich auch die Kreise und die gemeinsame Fläche stellt die Schnittmenge dar. Abbildung 13.1 zeigt ein solches Venn-Diagramm.

 Die Summe der Wahrscheinlichkeiten aller einzelnen Flächen eines Venn-Diagramms muss immer 1 ergeben. Ist dies nicht der Fall, ist Ihnen ein Fehler unterlaufen.

Aufgabe 13.1

In ihrem vierten Semester müssen Studenten mindestens eines aus drei angebotenen Wahlfächern belegen. Dabei stehen ihnen Wirtschaft, Philosophie und Soziologie zur Auswahl. Folgende Informationen stehen Ihnen zur Verfügung:

✔ Der Jahrgang besteht aus 84 Studenten.

✔ Die Hälfte der Studenten hat mindestens zwei Wahlfächer belegt.

✔ Acht von ihnen haben alle drei Fächer belegt.

✔ Zwei Drittel des gesamten Jahrgangs hat das Fach Wirtschaft belegt.

✔ Soziologie ist das Fach von 35 Studenten.

✔ Gleichzeitig Soziologie und Philosophie hören 19 Studenten, Soziologie und Wirtschaft 16 Studenten.

a) Wie viele Studenten belegen den Philosophiekurs?

b) Wie hoch ist die Wahrscheinlichkeit, dass ein Student den Philosophie- und den Soziologiekurs belegt?

c) Wie hoch ist die Wahrscheinlichkeit, dass ein Student auch Wirtschaft gewählt hat, wenn er im Soziologiekurs ist?

d) Wie hoch ist die Wahrscheinlichkeit, dass ein Student Soziologie oder Wirtschaft gewählt hat?

e) Wie hoch ist die Wahrscheinlichkeit, dass ein Student ausschließlich Soziologie belegt hat?

 Bevor Sie anfangen, diese Aufgabe zu lösen, sollten Sie ein Venn-Diagramm zeichnen und Schritt für Schritt ausfüllen. Dann kann nichts mehr schiefgehen!

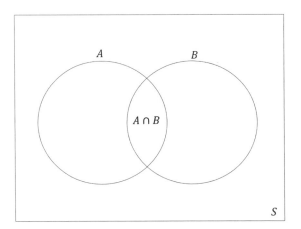

Abbildung 13.1: Beispiel für ein Venn-Diagramm mit Schnittmenge

Aufgabe 13.2

Gegeben sei das Venn-Diagramm aus Abbildung 13.2, in dem die Wahrscheinlichkeiten mit abgetragen wurden.

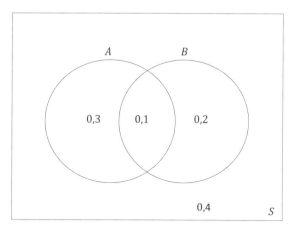

Abbildung 13.2: Venn-Diagramm zu Aufgabe 13.2

Bestimmen Sie folgende Wahrscheinlichkeiten:

a) $P(A^c)$

b) $P(B^c)$

c) $P((A \cap B)^c)$

d) $P(A^c \cap B^c)$

e) $P(A \cap B^c)$

Zeichnen Sie sich das Diagramm noch mal auf und markieren Sie die relevanten Flächen, dann löst sich die Aufgabe wie von allein.

Aufgabe 13.3

Gegeben sei das Venn-Diagramm aus Abbildung 13.3.

Bestimmen Sie die gesuchten Wahrscheinlichkeiten:

a) $P(A^c)$

b) $P(A \cap B^c)$

c) $P((A \cap C) \cup B)$

d) $P(A^c \cap B \cap C^c)$

e) $P(A^c \cap B^c \cap C^c)$

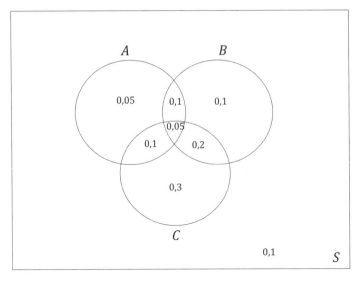

Abbildung 13.3: Venn-Diagramm zu Aufgabe 13.3

Baum-Diagramme interpretieren und zeichnen

Wie Sie im vorherigen Abschnitt sehen konnten, sind Venn-Diagramme ein sehr nützliches Hilfsmittel, um komplexe Wahrscheinlichkeiten zu bestimmen. Oft findet man jedoch in der Wahrscheinlichkeitsrechnung Aufgaben, die einen mehrstufigen Prozess beschreiben. Diese mehrdimensionalen Probleme sind mithilfe von Venn-Diagrammen nicht darstellbar. In diesen Fällen greift man auf sogenannte Baumdiagramme zurück, die es ermöglichen, alle Ergebnisse aller Stufen und alle Kombinationen zu visualisieren.

Die einzelnen Stufen des Prozesses werden durch Zweige abgebildet, die sich wiederum in die möglichen Ereignisse der jeweiligen Stufe verzweigen. Jedes mögliche Endergebnis hat somit seinen eigenen Verzweigungspfad. Betrachten Sie beispielsweise das zweimalige Werfen einer Münze in Abbildung 13.4.

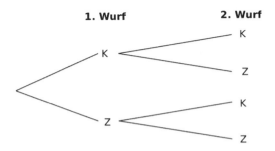

Abbildung 13.4: Baumdiagramm für einen zweistufigen Prozess (Münzwurf)

Der zweistufige Prozess resultiert in vier verschiedenen Ergebnissen, das heißt, der Stichprobenraum S umfasst die vier Elemente $\{KK, KZ, ZK, ZZ\}$, die alle möglichen Kombinationen der Ergebnisse der beiden Schritte darstellen. Jede Abzweigung hat eine Wahrscheinlichkeit von 50 %, da stets gleich wahrscheinlich ist, Kopf oder Zahl zu werfen. Die Wahrscheinlichkeit eines jeden Endergebnisses ergibt sich als Produkt der einzelnen Wahrscheinlichkeiten des Pfades. Die Wahrscheinlichkeit, zweimal Kopf zu werfen, ist also:

$$P(K \cap K) = P(K) \cdot P(K \,|\, K) = 0{,}5 \cdot 0{,}5 = 0{,}25$$

Die Wahrscheinlichkeiten der Abzweigungen von einem Ereignis auf einer Stufe müssen sich stets zu 1 aufsummieren, da sie alle möglichen Ereignisse darstellen, die eintreten können.

Multiplizieren Sie alle Wahrscheinlichkeiten entlang der einzelnen Pfade und summieren Sie all diese Produkte anschließend auf. Als Ergebnis müssen Sie 1 erhalten. Dies ist der Fall, da die Pfade zusammen alle möglichen Kombinationen der Ereignisse im gesamten Stichprobenraum darstellen.

Aufgabe 13.4

Sie ziehen nacheinander zwei Kugeln aus einer Urne, ohne sie zurückzulegen. Die Urne enthält 6 rote, 2 grüne und 5 blaue Kugeln. Das Ereignis, dass im ersten Zug eine rote, grüne beziehungsweise blaue Kugel gezogen wird, wird mit R_1, G_1 beziehungsweise B_1 bezeichnet. Das Ereignis, dass im zweiten Zug eine rote, grüne beziehungsweise blaue Kugel gezogen wird, wird mit R_2, G_2 beziehungsweise B_2 bezeichnet. Bestimmen Sie folgende Wahrscheinlichkeiten:

a) $P(R_2 \,|\, R_1)$

b) $P(R_2 \,|\, G_1)$

c) $P(R_2 \,|\, B_1)$

d) $P(R_2 \cap R_1)$

e) $P(G_2 \,|\, R_1)$

f) $P(G_2 \,|\, G_1)$

g) $P(G_2 \,|\, B_1)$

h) $P(G_2 \cap B_1)$

i) $P(B_2 \,|\, R_1)$

j) $P(B_2 \,|\, G_1)$

k) $P(B_2 \,|\, B_1)$

l) $P(B_2 \cap R_1)$

Bevor Sie eine Aufgabe in Angriff nehmen, sollten Sie sich klarmachen, welche Informationen gegeben sind und welche Werte Sie finden wollen. Suchen Sie danach die passendste Methode, um den Sachverhalt grafisch darzustellen, bevor Sie zuletzt anfangen können zu rechnen.

Das Gesetz der totalen Wahrscheinlichkeit

Die Wahrscheinlichkeit eines Ereignisses, das nicht auf der ersten Stufe liegt, können Sie nicht direkt aus einem Baumdiagramm ablesen.

Betrachten Sie das zweistufige Baumdiagramm in Abbildung 13.5.

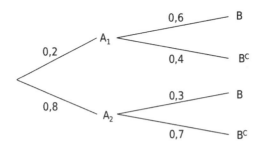

Abbildung 13.5: Zweistufiges Baumdiagramm

Aus diesem Diagramm können Sie die Wahrscheinlichkeiten für A_1 und A_2 sowie die bedingten Wahrscheinlichkeiten von B beziehungsweise B^c unter der Bedingung A_1 beziehungsweise A_2 ablesen. Wollen Sie nun jedoch $P(B)$, die Wahrscheinlichkeit von B, erfahren, so müssen Sie diese berechnen. Für Rechnungen dieser Art wird das *Gesetz der totalen Wahrscheinlichkeit* angewandt. Die Formel des Gesetzes der totalen Wahrscheinlichkeit lautet:

$$P(B) = \sum_i P(A_i) \cdot P(B \mid A_i)$$

Sie summieren also die Wahrscheinlichkeiten aller Kombinationen auf, die in B resultieren. Dementsprechend ergibt sich hier im Beispiel:

$$P(B) = P(A_1) \cdot P(B \mid A_1) + P(A_2) \cdot P(B \mid A_2) = 0,2 \cdot 0,6 + 0,8 \cdot 0,3 = 0,36$$

Aufgabe 13.5

Im Sportunterricht wird die Klasse in Dreierteams eingeteilt. Insgesamt sind 24 Schüler anwesend, 13 davon sind männlich. Der Lehrer wählt dazu nacheinander jeweils drei Personen völlig zufällig aus. Betrachten Sie den Teambildungsprozess des ersten Teams, das zusammengestellt wird.

Berechnen Sie die Wahrscheinlichkeiten folgender Konstellationen für das erste Team:

a) Das Team besteht nur aus Mädchen.

b) Das Team besteht nur aus Jungs.

c) Es ist mindestens ein Mädchen im Team.

d) Es ist genau ein Mädchen im Team.

Aufgabe 13.6

Sie besitzen Aktien der Dummies AG und sind an dem Wertverlauf der Aktien interessiert. Eine Aktie hat aktuell einen Wert von 50 Euro. Sie kennen die Prognosen für die nächsten zwei Jahre, die sich im Baumdiagramm laut Abbildung 13.6 zusammenfassen lassen:

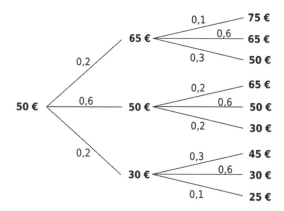

Abbildung 13.6: Baumdiagramm zu Aufgabe 13.6

a) Wie hoch ist die Wahrscheinlichkeit, dass eine Aktie nach zwei Jahren einen Wert von über 65 Euro hat?

b) Wie hoch ist die Wahrscheinlichkeit, dass Ihre Aktie nach zwei Jahren weniger wert ist als heute?

c) In einem Jahr wird ein Freund Ihnen anbieten, Ihnen die Aktien für 45 Euro pro Stück abzukaufen. Wie hoch ist die Wahrscheinlichkeit, dass Sie dieses Angebot ablehnen? (Hinweis: Gehen Sie davon aus, dass Sie nur verkaufen, wenn das Angebot den aktuellen Wert der Aktien **übersteigt**.)

Aufgabe 13.7

Sie betrachten nun erneut die Urne und das Vorgehen aus Aufgabe 13.4.

Beantworten Sie folgende Fragen:

a) Wie groß ist die Wahrscheinlichkeit, zwei blaue Kugeln zu ziehen?

b) Wie groß ist die Wahrscheinlichkeit, eine rote und eine grüne Kugel zu ziehen?

c) Wie groß ist die Wahrscheinlichkeit, eine blaue und eine rote Kugel zu ziehen?

d) Wie groß ist die Wahrscheinlichkeit, eine blaue und eine grüne Kugel zu ziehen?

Das Bayes-Theorem

Eine weitere Art der Wahrscheinlichkeit, nach der häufig gesucht wird, ist die sogenannte A-posteriori-Wahrscheinlichkeit. Diese beschreibt die Wahrscheinlichkeit, dass ein Ereignis auf der ersten Stufe eintreten wird, wenn man bereits weiß, dass auf der zweiten Stufe ein anderes Ereignis eingetreten ist.

Die Formel des Bayes-Theorems lautet:

$$P(A_i \mid B) = \frac{P(A_i) \cdot P(B \mid A_i)}{\sum_i P(A_i) \cdot P(B \mid A_i)} = \frac{P(A_i) \cdot P(B \mid A_i)}{P(B)}$$

In der Formel sind $A_1, A_2, A_3, \ldots$ einander ausschließende Ereignisse, die vereinigt wieder den gesamten Ergebnisraum ergeben.

Aufgabe 13.8

Die Ergebnisse Ihrer letzten Klausur wurden veröffentlicht, laut Notenliste haben Sie bestanden. Kurz nach der Veröffentlichung teilt Ihr Professor jedoch mit, dass sich im System ein Fehler eingeschlichen habe und einige der Studenten ein falsches Ergebnis erhalten hätten. Die Korrektur würde in der nächsten Woche vorgenommen. Er gibt weiterhin bekannt, dass …

✔ … 40 % der Studenten nicht bestanden haben.

✔ … bei Dreiviertel der Studenten, die bestanden haben, auch das korrekte Ergebnis einzusehen ist.

✔ … bei der Hälfte der Studenten, die nicht bestanden haben, bei der Ergebnisübertragung ein Fehler passiert ist.

a) Sie können sich nicht bis zur nächsten Woche gedulden und möchten zumindest die Wahrscheinlichkeit berechnen, dass Ihr positives Ergebnis korrekt ist.

b) Ihr bester Freund hat laut der Veröffentlichung nicht bestanden und möchte nun wissen, wie groß die Wahrscheinlichkeit ist, dass er die Klausur in Wirklichkeit doch bestanden hat.

(Hinweis: Erstellen Sie zunächst ein Baumdiagramm, um die A-posteriori-Wahrscheinlichkeiten zu bestimmen.)

Aufgabe 13.9

Sie sind Geschäftsführer eines Einkaufshauses und stets an der Zufriedenheit Ihrer Kunden interessiert. Im Rahmen einer Kundenzufriedenheitsstudie werden Kunden beim Verlassen des Einkaufshauses befragt. Ihr Haus hat vier verschiedene Abteilungen: Mode (M), Haushalt (H),

Elektronik (E) und Spielwaren (S). Frühere Studien haben ergeben, wie die verschiedenen Abteilungen besucht sind: 40 % der Kunden besuchen die Modeabteilung, 15 % die Hauswarenabteilung, 30 % die Elektronikabteilung und 15 % die Spielwarenabteilung. Außerdem kennen Sie die Zufriedenheitsraten der einzelnen Abteilungen: M 80 %, H 60 %, E 50 % und S 90 %.

Sie wissen, dass ein Kunde zufrieden war. Berechnen Sie für alle vier Abteilungen die Wahrscheinlichkeit, dass der Kunde in dieser Abteilung war. Zeichnen Sie zunächst ein Baumdiagramm.

Lösungen

Lösung zu Aufgabe 13.1

Sie starten damit, dass Sie alle verfügbaren Informationen in ein Venn-Diagramm übertragen. Es gibt drei verschiedene Ereignisse: Ein Student belegt den Wirtschaftskurs (W), ein Student belegt den Philosophiekurs (P) und ein Student belegt den Soziologiekurs (So). Diese Ereignisse können sich alle überschneiden, das heißt, alle drei Kreise überlappen sich.

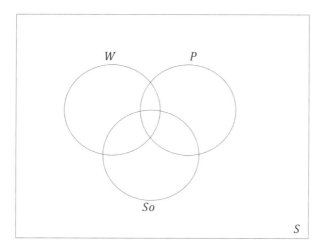

Abbildung 13.7: Schritt 1 des Venn-Diagramms zu Aufgabe 13.1

Danach beginnen Sie, die gegebenen Informationen in das Diagramm einzutragen. Betrachten Sie zunächst die Mitte des Diagramms. Aus der Aufgabenstellung ist Ihnen bekannt, dass acht Studenten alle drei Kurse belegt haben. Die mittlere Fläche, in der sich alle drei Kreise überlappen, repräsentiert somit acht Studenten. Außerdem wissen sie, dass 16 Studenten gleichzeitig Wirtschaft und Soziologie gewählt haben. Die Fläche, die nur die beiden Kreise *W* und *So* gemeinsam haben, muss daher aus $16 - 8 = 8$ Studenten bestehen. Analog kann die Fläche, die nur *P* und *So* gemeinsam haben, durch $19 - 8 = 11$ bestimmt werden.

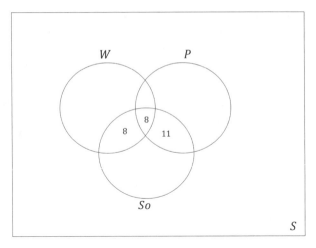

Abbildung 13.8: Schritt 2 des Venn-Diagramms zu Aufgabe 13.1

Nun können Sie auch aus den weiteren Informationen die Werte der restlichen Felder bestimmen. Die Hälfte der Studenten – also 42 – hat mindestens zwei Fächer belegt. Dementsprechend muss die letzte freie Schnittfläche $42 - 8 - 8 - 11 = 15$ Studenten darstellen. Somit können auch die beiden letzten Informationen über die Anzahl der Teilnehmer in den Soziologie- beziehungsweise Wirtschaftskursen genutzt werden. Zwei Drittel, das heißt 56 Studenten, haben Wirtschaft gewählt. $56 - 8 - 8 - 15 = 25$ Studenten sind somit nur in dem Wirtschaftskurs. $35 - 8 - 8 - 11 = 8$ Studenten belegen ausschließlich den Soziologiekurs.

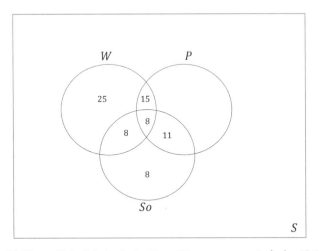

Abbildung 13.9: Schritt 3 des Venn-Diagramms zu Aufgabe 13.1

Nun fehlt nur noch die Information, wie viele Studenten ausschließlich den Philosophiekurs besuchen. Diese Anzahl können Sie nun einfach ermitteln, indem Sie alle anderen Werte von der Gesamtanzahl der Studenten abziehen. Es sind also $84 - 25 - 8 - 8 - 15 - 8 - 11 = 9$ Studenten nur im Philosophiekurs.

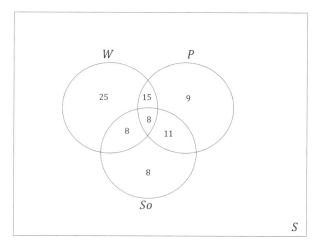

Abbildung 13.10: Schritt 4 des Venn-Diagramms zu Aufgabe 13.1

Nun ist das Venn-Diagramm komplett ausgefüllt und Sie können damit die gestellten Fragen beantworten.

a) Diese Antwort können Sie direkt aus dem Diagramm errechnen: Philosophie belegen $8 + 15 + 11 + 9 = 43$ Studenten.

b) Gesucht ist die Wahrscheinlichkeit der Schnittmenge von P und So. Gleichzeitig nur Philosophie und Soziologie haben 11 Studenten belegt, dazu kommen noch die 8 Studenten, die zusätzlich den Wirtschaftskurs besuchen. Insgesamt sind es also 19 von 84 Studenten.

$$P(P \cap So) = \frac{19}{84} = 0{,}2262$$

c) Hier wird nach einer bedingten Wahrscheinlichkeit gesucht, nämlich nach $P(W \mid So)$. Aus Kapitel 12 kennen Sie die Formel für bedingte Wahrscheinlichkeiten:

$$P(A \mid B) = \frac{P(A \cap B)}{P(B)}$$

Sie brauchen also den Wert von $P(W \cap So)$ und $P(So)$.

$$P(W \cap So) = \frac{16}{84} = \frac{4}{21} = 0{,}1905$$

$$P(So) = \frac{35}{84} = \frac{5}{12} = 0{,}4167$$

Somit ergibt sich als bedingte Wahrscheinlichkeit:

$$P(W \mid So) = \frac{P(W \cap So)}{P(So)} = \frac{4/21}{5/12} = 0{,}4571$$

Die Wahrscheinlichkeit, dass ein Student zusätzlich Wirtschaft belegt hat, wenn er im Soziologiekurs ist, beträgt also 45,71 %.

d) In diesem Aufgabenteil geht es um die Wahrscheinlichkeit der Vereinigung, die man allgemein mit folgender Formel bestimmt (vergleiche Kapitel 12):

$$P(A \cup B) = P(A) + P(B) - P(A \cap B)$$

Dadurch, dass Sie das Venn-Diagramm komplett ausgefüllt haben, können Sie die benötigten Wahrscheinlichkeiten direkt ablesen und einsetzen:

$$P(W \cup So) = P(W) + P(So) - P(W \cap So)$$

$$P(W \cup So) = \frac{56}{84} + \frac{35}{84} - \frac{16}{84} = \frac{56 + 35 - 16}{84} = \frac{75}{84} = 0{,}8929$$

Die Wahrscheinlichkeit, dass ein Student also im Wirtschafts- oder Soziologiekurs sitzt, liegt bei 89,29 %.

e) Auch diesen Wert können Sie wieder direkt aus dem Diagramm errechnen:

$$P\left(So \cap W^c \cap P^c\right) = \frac{8}{84} = 0{,}0952$$

Die Wahrscheinlichkeit, dass ein Student ausschließlich Soziologie besucht, liegt bei 9,52 %.

Lösung zu Aufgabe 13.2

a) Diese Wahrscheinlichkeit umfasst alle Werte im Venn-Diagramm, die nicht im Kreis A liegen:

$$P\left(A^c\right) = 1 - P(A) = 1 - (0{,}3 + 0{,}1) = 0{,}6$$

b) Diese Wahrscheinlichkeit berechnen Sie analog zum ersten Teil:

$$P\left(B^c\right) = 1 - P(B) = 1 - (0{,}1 + 0{,}2) = 0{,}7$$

c) Gesucht wird hier die komplementäre Wahrscheinlichkeit zu $P(A \cap B)$:

$$P\left((A \cap B)^c\right) = 1 - P(A \cap B) = 1 - 0{,}1 = 0{,}9$$

d) Dieser Aufgabenteil fragt nach der Schnittmenge der beiden Komplementärmengen von A und B. Stellen Sie sich vor, Sie markieren die beiden Komplementärmengen in Ihrem Diagramm.

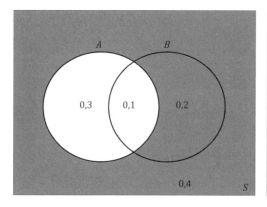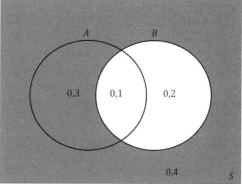

Abbildung 13.11: Venn-Diagramme zu Aufgabe 13.2

Links sehen Sie A^c und rechts B^c markiert. Würden Sie diese beiden Abbildungen nun übereinanderlegen, repräsentiert die Fläche, in der sich beide Markierungen überschneiden, die gesuchte Menge, nämlich alles außerhalb der beiden Kreise.

$$P\left(A^c \cap B^c\right) = 0{,}4$$

e) Die Schnittmengen aus A und dem Komplement von B ist der Teil von A, der sich nicht mit B überschneidet:

$$P\left(A \cap B^c\right) = 0{,}3$$

Lösung zu Aufgabe 13.3

a) Die Wahrscheinlichkeit der Komplementärwahrscheinlichkeit:

$$P\left(A^c\right) = 1 - P(A) = 1 - (0{,}05 + 0{,}1 + 0{,}05 + 0{,}1) = 1 - 0{,}3 = 0{,}7$$

b) Betrachten Sie in Ihrem Venn-Diagramm alle Werte in A, die gleichzeitig nicht zu B gehören.

$$P\left(A \cap B^c\right) = 0{,}05 + 0{,}1 = 0{,}15$$

c) Betrachten Sie die Schnittfläche von A und C und vereinigen Sie diese mit der Fläche B:

$$\begin{aligned}
P((A \cap C) \cup B) &= P(A \cap C) + P(B) - P((A \cap B) \cap C) \\
&= (0{,}1 + 0{,}05) + (0{,}1 + 0{,}05 + 0{,}2 + 0{,}1) - 0{,}05 \\
&= 0{,}15 + 0{,}45 - 0{,}05 = 0{,}55
\end{aligned}$$

d) Betrachten Sie die jeweiligen Mengen in dem Diagramm und schauen, wo sich diese überschneiden, dann gilt:

$$P\left(A^c \cap B \cap C^c\right) = 0{,}1$$

e) Gesucht ist die Wahrscheinlichkeit der Schnittmenge der Komplemente der Mengen A, B und C, das heißt die Fläche außerhalb der Kreise:

$$P\left(A^c \cap B^c \cap C^c\right) = 0,1$$

Lösung zu Aufgabe 13.4

Der Prozess besteht aus zwei Schritten. Zunächst wird aus 13 Kugeln eine erste Kugel gezogen, danach aus den verbleibenden 12 Kugeln die zweite. Die Pfade des Baumdiagramms werden mit der jeweiligen Wahrscheinlichkeit des Ereignisses beschriftet, die sich aus der Anzahl der in der Urne vorhandenen Kugeln ergibt. Es ergibt sich folgendes Baumdiagramm:

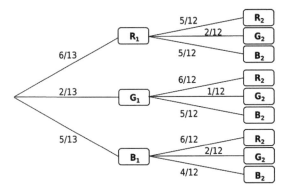

Abbildung 13.12: Baumdiagramm zu Aufgabe 13.4

Mithilfe dieses Diagramms können Sie nun die gesuchten Wahrscheinlichkeiten ablesen beziehungsweise berechnen.

a) $P(R_2 \mid R_1) = \dfrac{5}{12}$

b) $P(R_2 \mid G_1) = \dfrac{6}{12} = \dfrac{1}{2}$

c) $P(R_2 \mid B_1) = \dfrac{6}{12} = \dfrac{1}{2}$

d) $P(R_2 \cap R_1) = P(R_1) \cdot P(R_2 \mid R_1) = \dfrac{6}{13} \cdot \dfrac{5}{12} = \dfrac{5}{26}$

e) $P(G_2 \mid R_1) = \dfrac{2}{12} = \dfrac{1}{6}$

f) $P(G_2 \mid G_1) = \dfrac{1}{12}$

g) $P(G_2 \mid B_1) = \dfrac{2}{12} = \dfrac{1}{6}$

h) $P(G_2 \cap B_1) = P(B_1) \cdot P(G_2 \mid B_1) = \dfrac{5}{13} \cdot \dfrac{1}{6} = \dfrac{5}{78}$

i) $P(B_2 \mid R_1) = \dfrac{5}{12}$

j) $P(B_2 \mid G_1) = \dfrac{5}{12}$

k) $P(B_2 \mid B_1) = \dfrac{4}{12}$

l) $P(B_2 \cap R_1) = P(R_1) \cdot P(B_2 \mid R_1) = \dfrac{6}{13} \cdot \dfrac{5}{12} = \dfrac{5}{26}$

Lösung zu Aufgabe 13.5

Das Baumdiagramm in Abbildung 13.13 stellt die Wahrscheinlichkeiten und die resultierenden Teamkonstellationen des ersten Teams dar. Ganz rechts steht die insgesamt resultierende Teamzusammensetzung T.

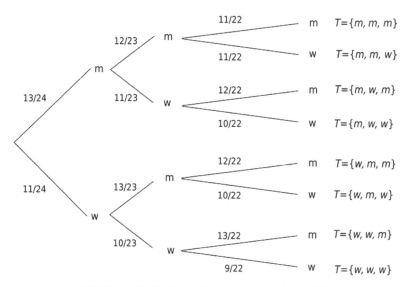

Abbildung 13.13: Baumdiagramm zu Aufgabe 13.5

Mithilfe dieses Diagramms lassen sich nun die geforderten Wahrscheinlichkeiten berechnen.

a) Der Fall, dass das Team nur aus Mädchen besteht, tritt nur auf einem einzigen Pfad ein, nämlich dann, wenn in jedem Schritt ein Mädchen gewählt wird. Die Wahrscheinlichkeit dafür lässt sich wieder über das Produkt der einzelnen Wahrscheinlichkeiten auf dem Pfad bestimmen:

$$P(w \cap w \cap w) = \frac{11}{24} \cdot \frac{10}{23} \cdot \frac{9}{22} = 0{,}0815$$

Die Wahrscheinlichkeit, dass das erste Team nur aus Mädchen besteht, liegt bei 8,15 %.

b) Analog lässt sich auch die Wahrscheinlichkeit für den Fall bestimmen, dass das Team nur aus Jungs besteht:

$$P(m \cap m \cap m) = \frac{13}{24} \cdot \frac{12}{23} \cdot \frac{11}{22} = 0,1413$$

Die Wahrscheinlichkeit, dass das erste Team nur aus Jungs besteht, liegt bei 14,13 %.

c) Der Fall, dass mindestens ein Mädchen im Team ist, umfasst alle Kombinationen außer der im zweiten Teil betrachteten. Dementsprechend ist die Wahrscheinlichkeit dafür die Komplementärwahrscheinlichkeit zum zweiten Teil.

$$P\left((m \cap m \cap m)^c\right) = 1 - 0,1413 = 0,8587$$

Dass mindestens ein Mädchen ins Team gewählt wird, passiert mit einer Wahrscheinlichkeit von 85,87 %.

d) Der Fall, in dem genau ein Mädchen im Team ist, tritt in folgenden Kombinationen auf: $\{m, m, w\}$, $\{m, w, m\}$, $\{w, m, m\}$. Die Wahrscheinlichkeit ergibt sich somit wieder aus der Summe der Wahrscheinlichkeiten der einzelnen Pfade:

$$P(m \cap m \cap w) = \frac{13}{24} \cdot \frac{12}{23} \cdot \frac{11}{22} = 0,1413$$

$$P(m \cap w \cap m) = \frac{13}{24} \cdot \frac{11}{23} \cdot \frac{12}{22} = 0,1413$$

$$P(w \cap m \cap m) = \frac{11}{24} \cdot \frac{13}{23} \cdot \frac{12}{22} = 0,1413$$

$$P = 3 \cdot 0,1413 = 0,4239$$

Die Wahrscheinlichkeit, im ersten Team genau eine Frau zu haben, liegt bei 42,39 %.

Lösung zu Aufgabe 13.6

a) In dieser Aufgabe ist nach dem Wert der Aktie in zwei Jahren gefragt, das heißt, Sie betrachten die Werte auf der letzten Stufe des Baumdiagramms. Wenn Sie diese Werte betrachten, sehen Sie, dass lediglich in einer Kombination der Wert der Aktie 65 Euro übersteigen wird, nämlich im Falle eines Ansteigens des Wertes auf 65 Euro nach einem Jahr und einem erneuten Ansteigen des Wertes im zweiten Jahr auf 75 Euro. Die Wahrscheinlichkeit dieses Ergebnisses bestimmt sich durch die Multiplikation der Wahrscheinlichkeiten des Pfads: Für die Notation bezeichnen Sie mit A den Preis der Aktie im ersten Jahr und mit B den Preis der Aktie im zweiten Jahr.

$$P\left(B \text{ beträgt mehr als } 65\right) = P\left(A \text{ beträgt } 65 \cap B \text{ beträgt } 75\right)$$
$$= P\left(A \text{ beträgt } 65\right) \cdot P\left(B \text{ beträgt } 75 \mid A \text{ beträgt } 65\right)$$
$$= 0,2 \cdot 0,1 = 0,02$$

Die Wahrscheinlichkeit, dass die Aktie einen Wert über 65 Euro haben wird, beträgt somit 2 %.

b) Die Kombinationen, bei denen die Aktie weniger wert sein wird als heute, repräsentieren all jene Pfade, bei denen der Wert nach der zweiten Stufe kleiner als 50 Euro ist. Wenn Sie den Baum betrachten, können Sie erkennen, dass dies für die untersten 4 Pfade der Fall ist. Die Wahrscheinlichkeit erhalten Sie dann, indem Sie die Einzelwahrscheinlichkeiten der Pfade aufsummieren.

$$P(A \text{ beträgt } 30 \cap B \text{ beträgt } 25) = 0{,}2 \cdot 0{,}1 = 0{,}02$$

$$P(A \text{ beträgt } 30 \cap B \text{ beträgt } 30) = 0{,}2 \cdot 0{,}6 = 0{,}12$$

$$P(A \text{ beträgt } 30 \cap B \text{ beträgt } 45) = 0{,}2 \cdot 0{,}3 = 0{,}06$$

$$P(A \text{ beträgt } 50 \cap B \text{ beträgt } 30) = 0{,}6 \cdot 0{,}2 = 0{,}12$$

$$P(B \text{ ist weniger als 50 Wert}) = 0{,}02 + 0{,}12 + 0{,}06 + 0{,}12 = 0{,}32$$

Die Wahrscheinlichkeit, dass eine Aktie in zwei Jahren weniger wert sein wird als heute, liegt bei 32 %.

c) Sie würden das Angebot Ihres Freundes ablehnen, sobald der Wert einer Aktie nach der ersten Stufe bei mindestens 45 Euro liegt. Nun betrachten Sie nicht mehr die Werte am Ende des Baumes, sondern die nach der ersten Stufe. Sie sehen also, dass Sie das Angebot sowohl bei dem Werterhalt als auch bei der Wertsteigerung auf 65 Euro nicht annehmen würden. Die Wahrscheinlichkeit dafür ist also die Summe dieser beiden Ereignisse:

$$P(B \text{ ist mehr als 45 Wert}) = 0{,}6 + 0{,}2 = 0{,}8$$

Sie würden das Angebot Ihres Freundes zu 80 % ablehnen.

Lösung zu Aufgabe 13.7

a) Der Fall, zwei blaue Kugeln zu ziehen, tritt ein, wenn man sowohl beim ersten als auch beim zweiten Zug eine blaue Kugel zieht. Demnach ergibt sich die Wahrscheinlichkeit als Produkt der Wahrscheinlichkeiten dieses Pfads:

$$P(B_2 \cap B_1) = P(B_1) \cdot P(B_2 \mid B_1) = \frac{5}{13} \cdot \frac{4}{12} = \frac{5}{39} = 0{,}1282$$

b) Der Fall, eine rote und eine grüne Kugel zu ziehen, kann in zwei verschiedenen Konstellationen auftreten: Entweder Sie ziehen zunächst eine rote und danach eine grüne Kugel oder eben andersrum. Die Wahrscheinlichkeit für diesen Fall ergibt sich daher als Summe der beiden Wahrscheinlichkeiten.

$$P(R_2 \cap G_1) + P(G_2 \cap R_1) = P(G_1) \cdot P(R_2 \mid G_1) + P(R_1) \cdot P(G_2 \mid R_1)$$

$$= \frac{2}{13} \cdot \frac{6}{12} + \frac{6}{13} \cdot \frac{2}{12} = \frac{2}{13} = 0{,}1538$$

c) Dieser Fall ist analog zum zweiten Teil zu lösen, Sie betrachten lediglich statt der grünen eine blaue Kugel.

$$P(R_2 \cap B_1) + P(B_2 \cap R_1) = P(B_1) \cdot P(R_2 \mid B_1) + P(R_1) \cdot P(B_2 \mid R_1)$$

$$= \frac{5}{13} \cdot \frac{6}{12} + \frac{6}{13} \cdot \frac{5}{12} = \frac{5}{13} = 0{,}3846$$

d) Auch dieser Fall wird genauso gelöst wie die beiden vorangegangenen, diesmal geht es um eine blaue und eine grüne Kugel.

$$P(B_2 \cap G_1) + P(G_2 \cap B_1) = P(G_1) \cdot P(B_2 \mid G_1) + P(B_1) \cdot P(G_2 \mid B_1)$$

$$= \frac{2}{13} \cdot \frac{5}{12} + \frac{5}{13} \cdot \frac{2}{12} = \frac{5}{39} = 0{,}1282$$

Lösung zu Aufgabe 13.8

Wie die Aufgabenstellung schon hinweist, ist es sinnvoll, zunächst ein Baumdiagramm zu erstellen. Auf der ersten Stufe betrachten Sie, ob die Klausur bestanden wurde oder nicht. Die zweite Stufe gibt dann an, ob dem Studenten ein positives oder negatives Ergebnis veröffentlicht wurde (siehe Abbildung 13.14).

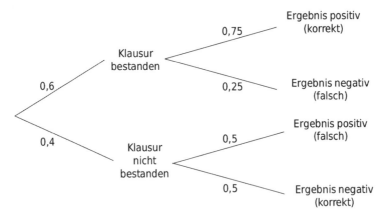

Abbildung 13.14: Baumdiagramm zu Aufgabe 13.8

Im Folgenden werden folgende Notationen verwendet: B = Klausur bestanden / D = Klausur nicht bestanden; P = Ergebnis positiv / N = Ergebnis negativ.

a) Sie sind daran interessiert, wie wahrscheinlich es ist, dass Ihr korrektes Ergebnis tatsächlich bedeutet, dass Sie die Klausur bestanden haben. Gesucht ist also die A-posteriori-Wahrscheinlichkeit $P(B \mid P)$. Diese können Sie mit dem Bayes-Theorem bestimmen:

$$P(B \mid P) = \frac{P(B) \cdot P(P \mid B)}{P(P)} = \frac{0{,}6 \cdot 0{,}75}{0{,}6 \cdot 0{,}75 + 0{,}4 \cdot 0{,}5} = \frac{0{,}45}{0{,}65} = 0{,}6923$$

Sie können also zu 69,23 % davon ausgehen, dass Sie die Klausur tatsächlich bestanden haben.

b) Auch die von Ihrem Freund gesuchte A-posteriori-Wahrscheinlichkeit $P(B \mid N)$ lässt sich über das Bayes-Theorem bestimmen:

$$P(B \mid N) = \frac{P(B) \cdot P(N \mid B)}{P(N)} = \frac{0{,}6 \cdot 0{,}25}{0{,}6 \cdot 0{,}25 + 0{,}4 \cdot 0{,}5} = \frac{0{,}15}{0{,}35} = 0{,}4286$$

Ihr Freund hat die Klausur zu 42,86 % doch bestanden.

Lösung zu Aufgabe 13.9

Die gegebenen Informationen lassen sich in ein Baumdiagramm wie in Abbildung 13.15 umwandeln.

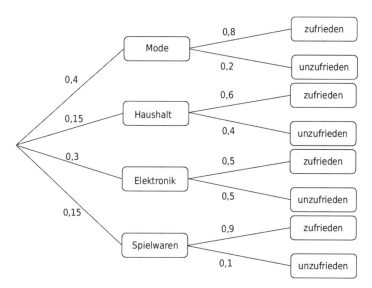

Abbildung 13.15: Baumdiagramm zu Abbildung 13.9

Im Folgenden werden folgende Notationen verwendet: M = Modeabteilung, H = Haushaltsabteilung, E = Elektronikabteilung, S = Spielwarenabteilung, Z=zufrieden, u = unzufrieden.

Gefragt ist nun nach vier verschiedenen A-posteriori-Wahrscheinlichkeiten:

1. Modeabteilung

$$P(M \mid Z) = \frac{P(M) \cdot P(Z \mid M)}{P(Z)}$$

$$= \frac{0{,}4 \cdot 0{,}8}{0{,}4 \cdot 0{,}8 + 0{,}15 \cdot 0{,}6 + 0{,}3 \cdot 0{,}5 + 0{,}15 \cdot 0{,}9} = 0{,}4604$$

Ist ein Kunde zufrieden, so war er zu 46,04 % in der Modeabteilung.

2. Haushaltsabteilung

$$P(H \mid Z) = \frac{P(H) \cdot P(Z \mid H)}{P(Z)}$$

$$= \frac{0{,}15 \cdot 0{,}6}{0{,}4 \cdot 0{,}8 + 0{,}15 \cdot 0{,}6 + 0{,}3 \cdot 0{,}5 + 0{,}15 \cdot 0{,}9} = 0{,}1294$$

Ist ein Kunde zufrieden, so war er zu 12,94 % in der Haushaltsabteilung.

3. Elektronikabteilung

$$P(E \mid Z) = \frac{P(E) \cdot P(Z \mid E)}{P(Z)}$$

$$= \frac{0{,}3 \cdot 0{,}5}{0{,}4 \cdot 0{,}8 + 0{,}15 \cdot 0{,}6 + 0{,}3 \cdot 0{,}5 + 0{,}15 \cdot 0{,}9} = 0{,}2158$$

Ist ein Kunde zufrieden, so war er zu 21,58 % in der Elektronikabteilung.

4. Spielwarenabteilung

$$P(S \mid Z) = \frac{P(S) \cdot P(Z \mid S)}{P(Z)}$$

$$= \frac{0{,}15 \cdot 0{,}9}{0{,}4 \cdot 0{,}8 + 0{,}15 \cdot 0{,}6 + 0{,}3 \cdot 0{,}5 + 0{,}15 \cdot 0{,}9} = 0{,}1942$$

Ist ein Kunde zufrieden, so war er zu 19,42 % in der Spielwarenabteilung.

 Die vier A-posteriori-Wahrscheinlichkeiten ergeben in der Summe 1. Sie hätten die Berechnung der letzten Wahrscheinlichkeit also auch als Komplementärwahrscheinlichkeit der drei vorangegangenen Wahrscheinlichkeiten bestimmen können.

Immer schön die Diskretion wahren – Der richtige Umgang mit diskreten Verteilungen

14

In diesem Kapitel

✔ Was man unter einer Wahrscheinlichkeitsverteilung versteht

✔ Diskrete Wahrscheinlichkeiten mit Wahrscheinlichkeitsverteilungen berechnen

✔ Erwartungswerte, Varianzen und Standardabweichungen berechnen

I n diesem Kapitel geht es darum, sich mit Wahrscheinlichkeitsmodellen auseinanderzusetzen und vertraut zu machen. Die Zufallsvariable und ihre Wahrscheinlichkeitsverteilung sind die grundlegenden Faktoren eines Wahrscheinlichkeitsmodells. In diesem Kapitel lernen Sie zunächst den Umgang mit diskreten Wahrscheinlichkeitsverteilungen, stetige Verteilungen werden dann in Kapitel 15 eingeführt.

Diskrete Wahrscheinlichkeitsverteilungen

Eine *Zufallsvariable* bezeichnet eine Funktion, die den Ergebnissen eines *Stichprobenraums* Werte zuordnet. Mit dem Stichprobenraum eines Experimentes können viele verschiedene Zufallsvariablen verbunden sein. Stellen Sie sich vor, Sie werfen zwei faire Würfel. Ihr Stichprobenraum besteht aus den 36 verschiedenen Kombinationen der Augenzahlen, die Sie geworfen haben könnten. Zufallsvariablen zu diesem Stichprobenraum kann es viele verschiedene geben. Beispielsweise könnten Sie mit der Zufallsvariablen X die Summe der beiden Augenzahlen beschreiben oder mit der Zufallsvariablen Y das Produkt der beiden Augenzahlen.

Man unterscheidet hauptsächlich zwei Arten von Zufallsvariablen: diskrete und stetige. Dieses Kapitel beschränkt sich auf den Umgang mit diskreten Variablen, stetige Variablen werden später im Buch behandelt. Eine Zufallsvariable heißt *diskret*, wenn alle Werte, die sie annehmen kann, endlich oder abzählbar unendliche reelle Werte sind. Eine diskrete Zufallsvariable X besitzt eine sogenannte *Wahrscheinlichkeitsmassenfunktion* (oder einfach Wahrscheinlichkeitsfunktion) P, die jedem Wert x_i der Zufallsvariablen X eine Wahrscheinlichkeit zuordnet.

$$f(x_i) = P(X = x_i)$$

Diese Wahrscheinlichkeitsmassenfunktionen können Sie grafisch als sogenanntes *Histogramm* darstellen.

Betrachten Sie noch mal die Summe der Augenzahlen zweier Würfel. Diese Zufallsvariable kann elf verschiedene Werte annehmen, da die Summe in jedem Fall zwischen mindestens 2 und höchstens 12 liegt. Die Wahrscheinlichkeit jedes Werts bestimmt sich durch die Anzahl der möglichen Kombinationen, die in diesem Wert resultieren, geteilt durch die Gesamtzahl der Möglichkeiten ($6 \cdot 6 = 36$). Die Wahrscheinlichkeitsmassenfunktion und das zugehörige Histogramm sehen folgendermaßen aus:

x_i (Werte von X)	$P(X=x_i)$	x_i (Werte von X)	$P(X=x_i)$
2	$\frac{1}{36}$	8	$\frac{5}{36}$
3	$\frac{2}{36}$	9	$\frac{4}{36}$
4	$\frac{3}{36}$	10	$\frac{3}{36}$
5	$\frac{4}{36}$	11	$\frac{2}{36}$
6	$\frac{5}{36}$	12	$\frac{1}{36}$
7	$\frac{6}{36}$		

Tabelle 14.1: Wahrscheinlichkeitsmassenfunktion von X

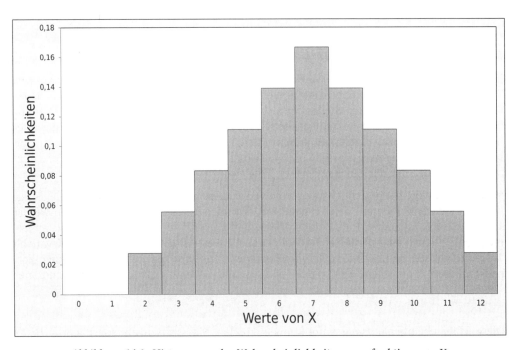

Abbildung 14.1: Histogramm der Wahrscheinlichkeitsmassenfunktion von X

Die Summe aller von der Wahrscheinlichkeitsmassenfunktion zugeordneten Wahrscheinlichkeiten einer Zufallsvariablen muss immer 1 (= 100 %) ergeben.

Aufgabe 14.1

Eine Produktionsanlage stellt Automobilersatzteile (genauer ausgedrückt Ersatzglühbirnen für die Kofferraumbeleuchtung) mit einer Ausschussquote von 20 % her. Sie entnehmen zufällig nacheinander drei dieser Ersatzteile. Die Zufallsvariable X gibt an, wie viele der gewählten Ersatzteile fehlerhaft sind.

a) Ermitteln Sie die Wahrscheinlichkeitsmassenfunktion.

b) Stellen Sie die ermittelte Wahrscheinlichkeitsmassenfunktion mit einem Histogramm grafisch dar.

Ermittlung und Anwendung kumulativer Verteilungsfunktionen

Die *Wahrscheinlichkeitsmassenfunktion* gibt die Wahrscheinlichkeiten der einzelnen Werte einer Zufallsvariablen an. Damit eng verknüpft ist die sogenannte *(kumulative) Verteilungsfunktion* einer Zufallsvariablen. Sie drückt die Wahrscheinlichkeit aus, dass X kleiner als oder gleich einem Wert x ist. Sie wird als $F(x)$ abgekürzt. Der Wert der Wahrscheinlichkeitsfunktion $F(x)$ wird als Summe all der Wahrscheinlichkeiten der Werte berechnet, die kleiner oder gleich x sind. Die Wahrscheinlichkeitswerte werden also kumuliert. Formal sieht das so aus:

$$F(x) = P(X \leq x) = \sum_{i\,:\,x_i \leq x} f(x_i)$$

Betrachten Sie nochmals die Augenzahlen zweier geworfener Würfel. Die Wahrscheinlichkeitsmassenfunktion ordnet nur den Werten, die X tatsächlich annehmen kann, eine Wahrscheinlichkeit zu. Die Zahl 7,5 beispielsweise gehört nicht zu den Werten. Die kumulative Verteilungsfunktion gibt für jede Zahl von der negativen bis zur positiven Unendlichkeit an, wie wahrscheinlich es ist, dass der Wert der Zufallsvariablen kleiner oder gleich dieser Zahl ist. Für das Beispiel würde die Funktion folgendermaßen aussehen:

Die kumulative Verteilungsfunktion wird ebenso wie die Wahrscheinlichkeitsmassenfunktion häufig in einer Grafik dargestellt.

Eine kumulative Verteilungsfunktion ist *immer* monoton steigend. Sollten Sie jemals eine Verteilungsfunktion zeichnen, die an irgendeiner Stelle eine negative Steigung aufweist, haben Sie etwas falsch gemacht.

x (Werte von X)	F(x)	x (Werte von X)	F(x)
$x < 2$	$\dfrac{0}{36} = 0$ oder $0\,\%$	$7 \leq x < 8$	$\dfrac{21}{36} = 0,583$ oder $58,3\,\%$
$2 \leq x < 3$	$\dfrac{1}{36} = 0,028$ oder $2,8\,\%$	$8 \leq x < 9$	$\dfrac{26}{36} = 0,722$ oder $72,2\,\%$
$3 \leq x < 4$	$\dfrac{3}{36} = 0,083$ oder $8,7\,\%$	$9 \leq x < 10$	$\dfrac{30}{36} = 0,833$ oder $83,3\,\%$
$4 \leq x < 5$	$\dfrac{6}{36} = 0,167$ oder $16,7\,\%$	$10 \leq x < 11$	$\dfrac{33}{36} = 0,917$ oder $91,7\,\%$
$5 \leq x < 6$	$\dfrac{10}{36} = 0,277$ oder $27,7\,\%$	$11 \leq x < 12$	$\dfrac{35}{36} = 0,972$ oder $97,2\,\%$
$6 \leq x < 7$	$\dfrac{15}{36} = 0,417$ oder $41,7\,\%$	$12 \leq x$	$\dfrac{36}{36} = 1,00$ oder $100\,\%$

Tabelle 14.2: Kumulative Verteilungsfunktion von X

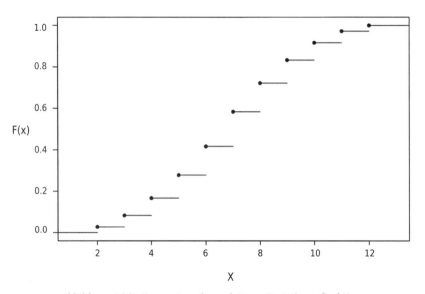

Abbildung 14.2: Form einer kumulativen Verteilungsfunktion

Aufgabe 14.2

Sie werfen zwei faire Würfel. X beschreibt die Augenzahl des ersten Würfels, Y die des zweiten Würfels. Die Zufallsvariable Z beschreibt das Produkt aus X und Y, das heißt:

$$Z = X \cdot Y$$

a) Bestimmen Sie die Wahrscheinlichkeitsmassenfunktion von Z.

b) Bestimmen Sie die kumulative Verteilungsfunktion von Z.

c) Stellen Sie die Verteilungsfunktion grafisch dar.

Aufgabe 14.3

Sie betrachten noch immer die Zufallsvariable aus Aufgabe 14.2. Berechnen Sie die folgenden Wahrscheinlichkeiten:

a) $P(Z \leq 15)$

b) $P(Z > 20)$

c) $P(2 < Z \leq 10)$

Aufgabe 14.4

Gegeben sei die folgende Grafik einer kumulativen Verteilungsfunktion:

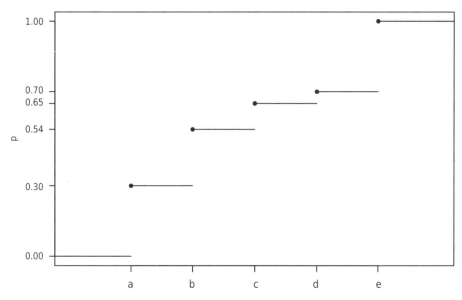

Abbildung 14.3: Kumulative Verteilungsfunktion zu Aufgabe 14.4

a) Bestimmen Sie die Wahrscheinlichkeitsmassenfunktion.

b) Bestimmen Sie $P(X > c)$.

c) Bestimmen Sie $P(b < X \leq d)$.

d) Bestimmen Sie $P(c \leq X < d)$.

Erwartungswert, Varianz und Standardabweichung diskreter Zufallsvariablen bestimmen

Bevor Sie Erwartungswerte, Varianzen und Standardabweichungen berechnen sollen, wird nochmals kurz wiederholt, was die Begriffe bedeuten und wie Sie die Rechnungen durchführen müssen.

Der *Erwartungswert* $E(X)$ oftmals auch µ der Zufallsvariablen X stellt den langfristigen Mittelwert eines unendlich oft wiederholten Experiments dar. Zur Berechnung führen Sie zwei Schritte aus: Multiplizieren Sie alle Werte von X mit deren jeweiliger Wahrscheinlichkeit und addieren Sie anschließend alle Produkte.

Die *Varianz* $V(X)$ oder oftmals einfach σ^2 ist ein Maß für die erwartete Variabilität der Ergebnisse eines unendlich oft wiederholten Experiments. Zur Berechnung gehen Sie folgendermaßen vor: Sie subtrahieren von allen Werten den zuvor berechneten Erwartungswert und quadrieren diese Differenzen. Dann multiplizieren Sie all diese Differenzen mit ihrer jeweiligen Wahrscheinlichkeit und addieren diese Produkte auf.

Die *Standardabweichung ist* $SD(X)$, oftmals einfach σ. Um die Standardabweichung zu bestimmen, ziehen Sie einfach die Wurzel aus dem Wert der zuvor berechneten Varianz. Sie dient als ein besser interpretierbares Maß für die Variabilität als die Varianz, da die Varianz immer in quadrierten Einheiten angegeben ist.

Beachten Sie, dass Varianz und Standardabweichung per Definition niemals negativ sein können.

Aufgabe 14.5

Lottofee Lisa möchte mit Ihnen praxisnah für Ihren Statistikkurs üben. Sie befüllt eine Urne mit drei Kugeln, die von 1 bis 3 durchnummeriert sind. Anschließend zieht sie zweimal eine Kugel und legt diese nach jedem Zug zurück in die Urne. Sie definiert nun die Zufallsvariable X als jene Ziffer, die auf der ersten gezogenen Kugel steht, und die Zufallsvariable Y als Ziffer, die auf der zweiten gezogenen Kugel zu sehen ist. Zudem überlegt sie sich, dass die Zufallsvariable Z als Summe aus X und Y definiert ist. Sie möchte von Ihnen nun wissen, …

a) … wie die Wahrscheinlichkeitsmassenfunktion von Z aussieht.

b) … welchen Erwartungswert die Zufallsvariable Z hat.

c) … welche Varianz Z aufweist.

d) … wie groß die Standardabweichung von Z ist.

Aufgabe 14.6

Sie werfen einen Würfel so oft, bis dieser eine 6 zeigt, maximal jedoch 5-mal. Die Zufallsvariable X beschreibt die Anzahl der Würfe, die Sie durchführen.

a) Bestimmen Sie die Wahrscheinlichkeitsmassenfunktion von X.

b) Bestimmen Sie den Erwartungswert von X.

c) Bestimmen Sie die Varianz von X.

d) Bestimmen Sie die Standardabweichung von X.

e) Berechnen Sie $P(X \leq 2)$ und $P(3 < X \leq 5)$.

Aufgabe 14.7

Sie werfen zwei Würfel jeweils einmal. Die Zufallsvariablen X beziehungsweise Y beschreibt die Augenzahl des ersten beziehungsweise zweiten Würfels. Die Zufallsvariable Z ist definiert als $Z = \sqrt{(X - Y)^2}$. Sie gibt somit die positive Differenz der beiden Augenzahlen wieder. Für $X = 5$ und $Y = 6$ wäre z. B. $Z = 1$.

a) Bestimmen Sie die Wahrscheinlichkeitsmassenfunktion von Z.

b) Bestimmen Sie den Erwartungswert von Z.

c) Bestimmen Sie die Varianz von Z.

d) Bestimmen Sie die Standardabweichung von Z.

e) Berechnen Sie $P(Z = 2)$, $P(Z \leq 4)$ und $P(0 < Z \leq 8)$.

Lösungen

Lösung zu Aufgabe 14.1

a) Die Zufallsvariable kann vier verschiedene Werte annehmen: Entweder keins der Ersatzteile ist defekt, eins, zwei oder alle drei. Es gibt acht verschiedene Kombinationen, da es zwei Möglichkeiten (defekt oder nicht defekt) und drei Ersatzteile gibt (2^3). Dies können Sie sich auch anhand eines Baumes verdeutlichen.

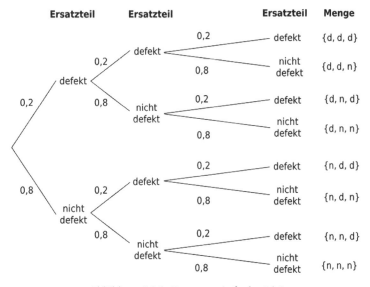

Abbildung 14.4: Baum zu Aufgabe 14.1

Aus den drei Stufen mit jeweils zwei Abzweigungen entstehen acht mögliche Ergebnisse: eines mit $X = 3$, drei mit $X = 2$, drei mit $X = 1$ und eines mit $X = 0$. Die Wahrscheinlichkeiten lassen sich über die einzelnen Pfadwahrscheinlichkeiten bestimmen. Es ergibt sich also folgende Wahrscheinlichkeitsmassenfunktion:

x	$P(X = x)$
0	$(1 - 0{,}2)^3 = 0{,}512$
1	$3 \cdot \left[(1 - 0{,}2)^2 \cdot 0{,}2\right] = 3 \cdot 0{,}128 = 0{,}384$
2	$3 \cdot \left[(1 - 0{,}2) \cdot 0{,}2^2\right] = 3 \cdot 0{,}032 = 0{,}096$
3	$0{,}2^3 = 0{,}008$

Tabelle 14.3: Wahrscheinlichkeitsmassenfunktion zur Zufallsvariablen X

Machen Sie den Test und summieren Sie die einzelnen Wahrscheinlichkeiten auf. Sie werden sehen, dass Sie auf eine Summe von 1 beziehungsweise 100 % kommen werden.

b) Sie erstellen das Histogramm, indem Sie alle möglichen Werte von X auf der X-Achse und die in a) ermittelten Wahrscheinlichkeiten auf der Y-Achse eintragen:

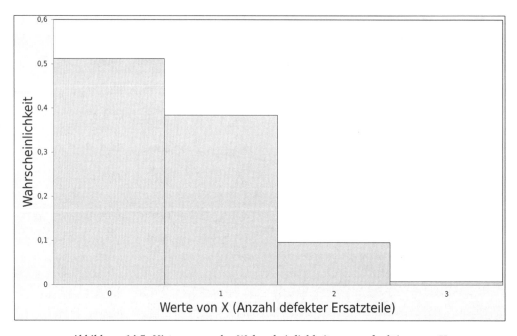

Abbildung 14.5: Histogramm der Wahrscheinlichkeitsmassenfunktion von X

Bei dieser Wahrscheinlichkeitsmassenfunktion handelt es sich um eine rechts *absteigende* Funktion. Daneben treten häufig *glockenförmige, gleichbleibende* oder *links absteigende* Funktionen auf.

Lösung zu Aufgabe 14.2

a) Beim Werfen mit zwei fairen Würfeln gibt es 36 mögliche Ergebnisse. Wenn Sie diese alle einmal durchgehen, kommen Sie auf folgende mögliche Produkte der beiden Werte und deren Wahrscheinlichkeiten:

Z = Werte von Z	Anzahl der Möglichkeiten	$P(Z = z)$
1	1	$\frac{1}{36}$
2	2	$\frac{2}{36} = \frac{1}{18}$
3	2	$\frac{2}{36} = \frac{1}{18}$
4	3	$\frac{3}{36} = \frac{1}{12}$
5	2	$\frac{2}{36} = \frac{1}{18}$
6	4	$\frac{4}{36} = \frac{1}{9}$
8	2	$\frac{2}{36} = \frac{1}{18}$
9	1	$\frac{1}{36}$
10	2	$\frac{2}{36} = \frac{1}{18}$
12	4	$\frac{4}{36} = \frac{1}{9}$
15	2	$\frac{2}{36} = \frac{1}{18}$
16	1	$\frac{1}{36}$
18	2	$\frac{2}{36} = \frac{1}{18}$
20	2	$\frac{2}{36} = \frac{1}{18}$
24	2	$\frac{2}{36} = \frac{1}{18}$
25	1	$\frac{1}{36}$
30	2	$\frac{2}{36} = \frac{1}{18}$
36	1	$\frac{1}{36}$

Tabelle 14.4: Wahrscheinlichkeitsmassenfunktion der Zufallsvariablen Z

b) Um die Verteilungsfunktion zu erhalten, werden nun einfach die Intervalle zwischen den einzelnen Werten von Z betrachtet und die Wahrscheinlichkeiten kumuliert:

z=Werte von Z	$F(z)$	z=Werte von Z	$F(z)$
$z < 1$	0 oder 0 %	$12 \leq z < 15$	$\frac{23}{36} = 0{,}639$ oder 63,9 %
$1 \leq z < 2$	$\frac{1}{36} = 0{,}028$ oder 2,8 %	$15 \leq z < 16$	$\frac{25}{36} = 0{,}694$ oder 69,4 %
$2 \leq z < 3$	$\frac{3}{36} = 112 = 0{,}083$ oder 8,3 %	$16 \leq z < 18$	$\frac{26}{36} = \frac{13}{18} = 0{,}722$ oder 72,2 %
$3 \leq z < 4$	$\frac{5}{36} = 0{,}139$ oder 13,9 %	$18 \leq z < 20$	$\frac{28}{36} = \frac{7}{9} = 0{,}778$ oder 77,8 %
$4 \leq z < 5$	$\frac{8}{36} = 29 = 0{,}222$ oder 22,2 %	$20 \leq z < 24$	$\frac{30}{36} = \frac{5}{6} = 0{,}833$ oder 83,3 %
$5 \leq z < 6$	$\frac{10}{36} = 518 = 0{,}278$ oder 27,8 %	$24 \leq z < 25$	$\frac{32}{36} = \frac{8}{9} = 0{,}889$ oder 88,9 %
$6 \leq z < 8$	$\frac{14}{36} = 718 = 0{,}389$ oder 38,9 %	$25 \leq z < 30$	$\frac{33}{36} = \frac{11}{12} = 0{,}917$ oder 91,7 %
$8 \leq z < 9$	$\frac{16}{36} = 49 = 0{,}444$ oder 44,4 %	$30 \leq z < 36$	$\frac{35}{36} = 0{,}972$ oder 97,2 %
$9 \leq z < 10$	$\frac{17}{36} = 0{,}472$ oder 47,2 %	$36 \leq Z$	$\frac{36}{36} = 1$ oder 100 %
$10 \leq z < 12$	$\frac{19}{36} = 0{,}528$ oder 52,8 %		

Tabelle 14.5: Kumulative Verteilungsfunktion der Zufallsvariablen Z

c) Die im zweiten Teil aufgestellte Funktion tragen Sie nun in ein Diagramm ein:

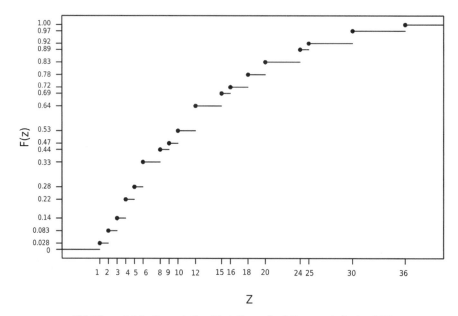

Abbildung 14.6: Kumulative Verteilungsfunktion zu Aufgabe 14.2

Lösung zu Aufgabe 14.3

a) Die Wahrscheinlichkeit, dass die Zufallsvariable einen Wert **kleiner oder gleich 15** annimmt, ist die Summe der Wahrscheinlichkeiten aller möglichen Werte der Zufallsvariablen, die kleiner als 15 beziehungsweise gleich 15 sind. Es gilt also:

$$P(Z \leq 15) = P(Z = 1) + P(Z = 2) + \ldots + P(Z = 15)$$

Genau dies haben Sie aber bereits in der kumulativen Verteilungsfunktion bestimmt. Sie schauen sich diese nun noch mal an und überlegen, in welchem der Intervalle $X \leq 15$ liegt. Dabei liegt es nahe, sich die Intervalle, die als obere oder untere Grenze den Wert 15 haben, anzuschauen. Das erste Intervall $12 \leq Z < 15$ kann es nicht sein, da der Wert 15 selbst nicht darin enthalten ist. Sie müssten also noch den Wert für $Z = 15$ aufaddieren. Genau dies wird im nächsten Intervall getan. Die Wahrscheinlichkeit, die Sie suchen, können Sie also beim Intervall $15 \leq Z < 16$ ablesen.

$$P(Z \leq 15) = F(15) = \frac{25}{36} = 0,694 = 69,4\,\%$$

b) Nun ist nach der Wahrscheinlichkeit gefragt, dass Z **größer als** 20 ist. Dies ist die Komplementärwahrscheinlichkeit von $Z \leq 20$. Diese Komplementärwahrscheinlichkeit kann durch die Verteilungsfunktion bestimmt werden. Es gilt also:

$$P(Z > 20) = 1 - P(Z \leq 20) = 1 - F(20) = 1 - \frac{30}{36} = \frac{6}{36} = \frac{1}{6} = 0,167 = 16,7\,\%$$

c) Dieser Aufgabenteil fragt nach der Wahrscheinlichkeit, dass Z zwischen 2 und einschließlich 10 liegt. Die Untergrenze des Intervalls 2 ist also ausgeschlossen, die Obergrenze 10 dagegen soll eingeschlossen sein. Es gilt:

$$P(2 < Z \leq 10) = P(Z \leq 10) - P(Z \leq 2) = F(10) - F(2)$$
$$= \frac{19}{36} - \frac{3}{36} = \frac{16}{36} = \frac{4}{9} = 0,444 = 44,4\,\%$$

Beachten Sie bei Ungleichheiten die Randwerte genau, da es einen ganz entscheidenden Unterschied macht, ob die Grenzen ein- oder ausgeschlossen sind.

Die folgende Tabelle bietet Ihnen einen Überblick über Intervallgrenzen und ihre Komplemente, die bei der Berechnung sehr nützlich sein können:

»Intervall«	Komplement
$X \leq a$	$X > a$
$X < a$	$X \geq a$
$X \geq a$	$X < a$
$X > a$	$X \leq a$
$a < X < b$	$(X \leq a)$ oder $(X \geq b)$
$a \leq X \leq b$	$(X < a)$ oder $(X > b)$
$a \leq X < b$	$(X < a)$ oder $X \geq b)$
$a < X \leq b$	$(X \leq a)$ oder $(X > b)$

Tabelle 14.6: Intervalle und ihre Komplemente

Lösung zu Aufgabe 14.4

a) Die einzelnen Wahrscheinlichkeiten der Werte ergeben sich durch die Differenzen der kumulierten Wahrscheinlichkeiten, die aus der Grafik abgelesen werden können:

x = Werte von X	$P(X = x)$
a	0,3 oder 30 %
b	$0,54 - 0,3 = 0,24$ oder 24 %
c	$0,65 - 0,54 = 0,11$ oder 11 %
d	$0,7 - 0,65 = 0,05$ oder 5 %
e	$1 - 0,7 = 0,3$ oder 30 %

Tabelle 14.7: Wahrscheinlichkeitsmassenfunktion von X

b) Um die Wahrscheinlichkeit von $X > c$ zu bestimmen, ist es nützlich, die Komplementärwahrscheinlichkeit zu betrachten. Wie in Tabelle 14.6 dargestellt, ist das Komplement dazu $X \leq c$. Dies entspricht dem Wert von c der Verteilungsfunktion $F(c)$ und kann daher aus der Grafik abgelesen werden. Nun müssen Sie diesen Wert nur noch von 1 abziehen:

$$P(X > c) = 1 - P(X \leq c) = 1 - F(c) = 1 - 0,65 = 0,35 = 35 \%$$

c) Bei dieser Aufgabe geht es um alle Werte, die größer als b und gleichzeitig kleiner oder gleich d sind, das heißt die Werte c und d:

$$P(b < X \leq d) = P(X = c) + P(X = d) = 0,11 + 0,05 = 0,15 = 15 \%$$

d) Hier ist im Unterschied zum dritten Teil der Aufgabe die untere Intervallgrenze eingeschlossen, die obere dagegen nicht. Es geht um alle Werte, die größer oder gleich c sind, jedoch kleiner als d. Dies ist genau dann der Fall, wenn X den Wert c annimmt.

$$P(c \leq X < d) = P(X = c) = 0,11 = 11 \%$$

Lösung zu Aufgabe 14.5

a) Z kann fünf verschiedene Werte annehmen. Die kleinstmögliche Summe 2 tritt auf, wenn Sie zweimal hintereinander die Kugel mit der Ziffer 1 ziehen. Ziehen Sie zunächst eine 1 und dann eine 2 oder umgekehrt, ergibt die Summe 3. Gehen Sie so weiter alle Möglichkeiten durch, kommen Sie auf folgende Wahrscheinlichkeitsmassenfunktion von Z:

z = Werte von Z	Anzahl der Möglichkeiten	$P(Z = z)$
2	1	$\frac{1}{9}$
3	2	$\frac{2}{9}$
4	3	$\frac{3}{9} = \frac{1}{3}$
5	2	$\frac{2}{9}$
6	1	$\frac{1}{9}$

Tabelle 14.8: Wahrscheinlichkeitsmassenfunktion zur Zufallsvariablen Z

b) Der Erwartungswert setzt sich aus den einzelnen Produkten der möglichen Werte und deren Wahrscheinlichkeiten zusammen, die anschließend aufsummiert werden.

$$E(Z) = 2 \cdot \frac{1}{9} + 3 \cdot \frac{2}{9} + 4 \cdot \frac{1}{3} + 5 \cdot \frac{2}{9} + 6 \cdot \frac{1}{9} = \frac{36}{9} = 4$$

c) Die Varianz von Z ist die Summe der Produkte der quadrierten Abweichungen der einzelnen Werte vom Erwartungswert und den jeweiligen Wahrscheinlichkeiten:

$$V(Z) = (2-4)^2 \cdot \frac{1}{9} + (3-4)^2 \cdot \frac{2}{9} + (4-4)^2 \cdot \frac{1}{3} + (5-4)^2 \cdot \frac{2}{9} + (6-4)^2 \cdot \frac{1}{9}$$

$$= \frac{4}{9} + \frac{2}{9} + 0 + \frac{2}{9} + \frac{4}{9} = \frac{12}{9} = \frac{4}{3} = 1,\overline{3}$$

d) Die Standardabweichung von Z berechnet sich als die Quadratwurzel der Varianz:

$$s = \sqrt{V(Z)} = \sqrt{4/3} = 1{,}1547$$

Lösung zu Aufgabe 14.6

a) Die Wahrscheinlichkeit, beim ersten Wurf eine 6 zu würfeln, ist $\frac{1}{6}$. Für $X = 2$ dürften Sie zunächst beim ersten Wurf **keine** 6 würfeln, was mit Wahrscheinlichkeit $\frac{5}{6}$ eintritt. Im zweiten müssten Sie jedoch die 6 würfeln, was wiederum mit Wahrscheinlichkeit $\frac{1}{6}$ geschieht. Die Wahrscheinlichkeit von $X = 2$ ist somit $P(X = 2) = \frac{5}{6} \cdot \frac{1}{6} = \frac{5}{36}$. Ebenso können Sie die Wahrscheinlichkeiten für $X = 3$ und $X = 4$ bestimmen. Bei dem Wert $X = 5$ müssen Sie noch folgende Besonderheit beachten: Es gibt zwei Möglichkeiten, fünf Würfe zu benötigen. Entweder Sie treffen im fünften Wurf die 6 und beenden das Spiel. Daneben kann aber ebenso der Fall eintreten, dass Sie auch beim fünften Wurf keine 6 würfeln und dann das Spiel beenden, da Sie die maximale Anzahl an Würfen erreicht haben. Die Wahrscheinlichkeiten dieser beiden Möglichkeiten werden addiert, um die Wahrscheinlichkeit von $X = 5$ zu erhalten.

Die Wahrscheinlichkeitsmassenfunktion von X sieht also folgendermaßen aus:

b) Der Erwartungswert wird wie in der vorherigen Aufgabe bestimmt:

$$E(X) = 1 \cdot \frac{1}{6} + 2 \cdot \frac{5}{36} + 3 \cdot \frac{25}{216} + 4 \cdot \frac{125}{1296} + 5 \cdot \frac{625}{1296}$$

$$= \frac{1}{6} + \frac{10}{36} + \frac{75}{216} + \frac{500}{1296} + \frac{3125}{1296} = \frac{4651}{1296} = 3{,}5887$$

c) Auch die Berechnung der Varianz erfolgt wie in der vorangegangenen Aufgabe:

$$V(X) = (1 - 3{,}5887)^2 \cdot \frac{1}{6} + (2 - 3{,}5887)^2 \cdot \frac{5}{36} + (3 - 3{,}5887)^2 \cdot \frac{25}{216} + (4 - 3{,}5887)^2$$

$$\cdot \frac{125}{1296} + (5 - 3{,}5887)^2 \cdot \frac{625}{1296} = 2{,}4844$$

x = Werte von X	$P(X = x)$
1	$\frac{1}{6}$
2	$\frac{5}{6} \cdot \frac{1}{6} = \frac{5}{36}$
3	$\left(\frac{5}{6}\right)^2 \cdot \frac{1}{6} = \frac{25}{216}$
4	$\left(\frac{5}{6}\right)^3 \cdot \frac{1}{6} = \frac{125}{1296}$
5	$\left(\frac{5}{6}\right)^4 \cdot \frac{1}{6} + \left(\frac{5}{6}\right)^5 = \frac{625}{1296}$

Tabelle 14.9: Wahrscheinlichkeitsmassenfunktion zur Zufallsvariablen X

d) Die Standardabweichung von X ist die Quadratwurzel der Varianz:

$$s = \sqrt{V(X)} = \sqrt{2{,}4844} = 1{,}5762$$

e) Das Ereignis, dass X einen Wert kleiner oder gleich 2 annimmt, umfasst $X = 1$ und $X = 2$. Somit ist die Wahrscheinlichkeit dafür die Summe der beiden Wahrscheinlichkeiten:

$$P(X \leq 2) = P(X = 1) + P(X = 2) = \frac{1}{6} + \frac{5}{36} = \frac{11}{36} = 0{,}3056$$

Das Ereignis $3 < X \leq 5$ umfasst die Werte 4 und 5 von X. Dementsprechend lässt sich die Wahrscheinlichkeit als Summe dieser beiden Wahrscheinlichkeiten bestimmen:

$$P(3 < X \leq 5) = P(X = 4) + P(X = 5) = \frac{125}{1296} + \frac{625}{1296} = \frac{750}{1296} = 0{,}5787$$

Lösung zu Aufgabe 14.7

a) Die Wahrscheinlichkeitsmassenfunktion von Z sieht folgendermaßen aus:

z = Werte von Z	Anzahl der Möglichkeiten	$P(Z = z)$
0	6	$\frac{6}{36}$
1	10	$\frac{10}{36}$
2	8	$\frac{8}{36}$
3	6	$\frac{6}{36}$
4	4	$\frac{4}{36}$
5	2	$\frac{2}{36}$

Tabelle 14.10: Wahrscheinlichkeitsmassenfunktion zur Zufallsvariablen Z

b) Der Erwartungswert setzt sich aus den einzelnen Produkten der möglichen Werte und deren Wahrscheinlichkeiten, die anschließend aufsummiert werden, zusammen.

$$E(Z) = 0 \cdot \frac{6}{36} + 1 \cdot \frac{10}{36} + 2 \cdot \frac{8}{36} + 3 \cdot \frac{6}{36} + 4 \cdot \frac{4}{36} + 5 \cdot \frac{2}{36}$$

$$= 0 + \frac{10}{36} + \frac{16}{36} + \frac{18}{36} + \frac{16}{36} + \frac{10}{36} = \frac{70}{36} = 1{,}9\overline{4}$$

c) Die Varianz von Z ist die Summe der Produkte der quadrierten Abweichungen der einzelnen Werte vom Erwartungswert und den jeweiligen Wahrscheinlichkeiten:

$$V(Z) = \left(0 - 1{,}9\overline{4}\right)^2 \cdot \frac{6}{36} + \left(1 - 1{,}9\overline{4}\right)^2 \cdot \frac{10}{36} + \left(2 - 1{,}9\overline{4}\right)^2 \cdot \frac{8}{36} + \left(3 - 1{,}9\overline{4}\right)^2$$

$$\cdot \frac{6}{36} + \left(4 - 1{,}9\overline{4}\right)^2 \cdot \frac{4}{36} + \left(5 - 1{,}9\overline{4}\right)^2 \cdot \frac{2}{36} = 2{,}0525$$

d) Die Standardabweichung von Z berechnet sich als die Quadratwurzel der Varianz:

$$s = \sqrt{V(Z)} = \sqrt{2{,}0525} = 1{,}4327$$

e) Die Wahrscheinlichkeit $P(Z = 2)$ können Sie direkt aus der Wahrscheinlichkeitsmassenfunktion ablesen:

$$P(Z = 2) = \frac{8}{36} = 0{,}2222$$

Das Ereignis, dass Z einen Wert kleiner oder gleich 4 annimmt, umfasst alle Möglichkeiten außer $Z = 5$. Somit ist die Wahrscheinlichkeit hierfür die Komplementärwahrscheinlichkeit von $Z = 5$:

$$P(Z \leq 4) = 1 - P(Z = 5) = 1 - \frac{2}{36} = \frac{34}{36} = 0{,}9444$$

Das Ereignis $0 < Z \leq 8$ umfasst alle möglichen Werte von Z außer 0. Dementsprechend lässt sich die Wahrscheinlichkeit als Komplementärwahrscheinlichkeit von $Z = 0$ berechnen:

$$P(0 < Z \leq 8) = 1 - P(Z = 0) = 1 - \frac{6}{36} = \frac{30}{36} = 0{,}8333$$

»Also normal ist das nicht!« – Die Normalverteilung verstehen und anwenden

15

In diesem Kapitel

▷ Diskrete und stetige Wahrscheinlichkeitsverteilungen unterscheiden

▷ Die Normalverteilung verstehen und Wahrscheinlichkeiten berechnen

▷ Die Rückwärtsrechnung anwenden

Die Normalverteilung ist ein sehr wichtiges und viel genutztes Wahrscheinlichkeitsmodell. In diesem Kapitel wiederholen Sie zunächst die grundlegenden Eigenschaften von stetigen Verteilungen, der Normalverteilung und der Standardnormalverteilung. Außerdem betrachten Sie die Z-Tabelle und nutzen diese, um Wahrscheinlichkeiten von Normalverteilungen zu bestimmen. Zuletzt befasst sich das Kapitel mit der Rückwärtsrechnung, bei der Sie eine Wahrscheinlichkeit der Verteilung gegeben haben und die zugehörige Ausprägung bestimmen müssen.

Der Umgang mit Normalverteilungen

Die *Normalverteilung* ist im Gegensatz zu den im vorherigen Kapitel behandelten Verteilungen nicht diskret, sondern stetig (oder kontinuierlich). Die Grundlagen von Wahrscheinlichkeitsverteilungen, die Sie in Kapitel 14 kennengelernt haben, sind für stetige Verteilungen gleich, es ändern sich lediglich folgende Punkte:

✔ Bei den diskreten Verteilungen haben Sie die passenden Wahrscheinlichkeitsmassenfunktionen ermittelt. Diese gibt es bei stetigen Verteilungen nicht. Hier spricht man von der sogenannten *Wahrscheinlichkeitsdichtefunktion* (oder kurz *Dichtefunktion*). Sie wird als $f(x)$ bezeichnet und ist normalerweise eine stetige nichtnegative Funktion.

✔ Jedem Intervall wird eine Wahrscheinlichkeit zugeordnet. Diese entspricht der Fläche unter der Kurve des Graphen von $f(x)$ in diesem Intervall.

 Der gesamte Flächeninhalt unter der Kurve der Dichtefunktion ist immer 1.

✔ Die Wahrscheinlichkeit, dass X genau einen Wert annimmt, wenn X normalverteilt ist, ist 0. Es gibt nämlich überabzählbar viele, ja unendlich viele mögliche Werte, die X annehmen kann.

Quantile und Perzentile

Ein wichtiges Konzept, das Sie für den Umgang mit Normalverteilungen kennen sollten, sind die sogenannten *Quantile* und *Perzentile*. Der Wert einer Verteilung, bei dem die Fläche unter der Dichtefunktion von minus unendlich bis zum p-Quantil den Wert p annimmt, entspricht dem p-Quantil.

Betrachten Sie zur Veranschaulichung folgendes Beispiel: Sie wählen zufällig einen Bewohner der Stadt Dummieville aus. Die Zufallsvariable X beschreibt das jährliche Brutto-Einkommen dieses Bewohners. Mit einer Wahrscheinlichkeit von 20 % liegt das Einkommen unter 50.000 Euro. Das bedeutet, dass das 0,2-Quantil 50.000 Euro entspricht. Außerdem liegt das Einkommen mit einer Wahrscheinlichkeit von 30 % über 120.000 Euro. Somit entsprechen diese 120.000 Euro dem 0,7-Quantil.

 Das $p \cdot 100$ste Perzentil entspricht dem p-Quantil. Ein 0,4-Quantil kann also auch als vierzigstes Perzentil bezeichnet werden.

Aufgabe 15.1

Gegeben sei die Normalverteilung in Abbildung 15.1.

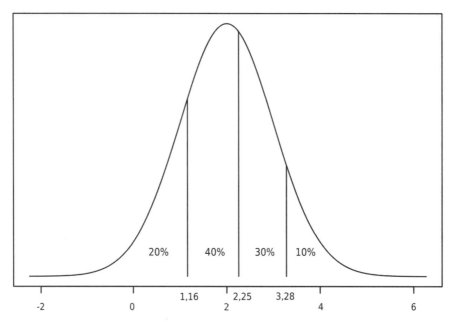

Abbildung 15.1: Normalverteilung zu Aufgabe 15.1

a) Bestimmen Sie das 0,2-Quantil.

b) Bestimmen Sie das sechzigste Perzentil.

c) Bestimmen Sie das 0,9-Quantil.

Form, Mittelpunkt und Spreizung der Normalverteilung

Die grundlegende Form aller Normalverteilungen ist sehr ähnlich: *glockenförmig und symmetrisch*. Verschiedene Normalverteilungen unterscheiden sich jedoch durch ihre Mittelpunkte und ihre Spreizung. Dabei entspricht der Mittelpunkt dem »Mittelwert«, der mit μ gekennzeichnet wird. Die Spreizung wird durch die Varianz σ^2 gemessen. Außerdem weist jede Normalverteilung zwei Wendepunkte auf, an denen der Verlauf von konvex in konkav oder umgekehrt übergeht. Der Abstand vom Mittelpunkt zu den Wendepunkten entspricht jeweils der Standardabweichung σ. In Abbildung 15.2 sehen Sie eine Normalverteilung mit $\mu = 5$ und $\sigma^2 = 4$.

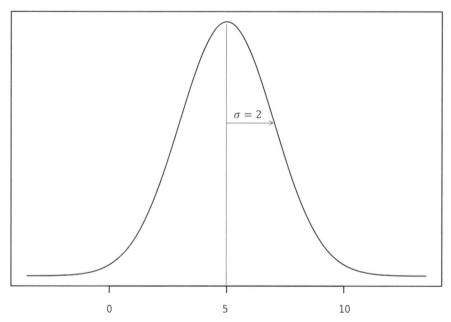

Abbildung 15.2: Normalverteilung mit $\mu = 5$ und $\sigma^2 = 4$

 Bei Normalverteilungen sind fast alle Werte (über 99,7 %) maximal drei Standardabweichungen vom Mittelwert entfernt.

Aufgabe 15.2

Gegeben sei die Zufallsvariable X, die die Lebensdauer eines Nasenhaarschneiders beschreibt. X sei normalverteilt. Ihnen liegen außerdem folgende Informationen vor:

✔ In 20 % der Fälle geht das Produkt kaputt, bevor 2 Jahre, 6 Monate, 28 Tage, 19 Stunden und 12 Minuten vergangen sind.

✔ Der Durchschnitt der Lebensdauer beträgt 3 Jahre.

✔ In 30 % der Fälle funktioniert das Produkt länger als 3 Jahre, 3 Monate, 3 Tage, 14 Stunden und 24 Minuten.

Skizzieren Sie die Verteilung und zeichnen Sie die aus den Informationen ableitbaren Quantile ein.

Aufgabe 15.3

Skizzieren Sie die Dichtefunktion einer Normalverteilung mit $\mu = 10$ und $\sigma^2 = 4$.

Aufgabe 15.4

Gegeben sei eine Normalverteilung mit $\mu = 16$ und $\sigma^2 = 9$.

a) Skizzieren Sie die Dichtefunktion.

b) Bestimmen Sie das 0,5-Quantil.

c) Bestimmen Sie das fünfzigste Perzentil.

Wahrscheinlichkeiten bestimmen

Neben Quantilen, Mittelpunkten und Spreizungen sind Sie natürlich vor allem daran interessiert, Wahrscheinlichkeiten von Normalverteilungen zu berechnen. Generell hat eine Normalverteilung mit Mittelwert μ und Standardabweichung σ folgende Form:

$$f(x) = \frac{1}{\sigma\sqrt{2\pi}} \cdot e^{-\frac{1}{2} \cdot \left(\frac{x-\mu}{\sigma}\right)^2}$$

Diese Formel sieht nicht nur kompliziert aus, sie ist es auch tatsächlich. Um die Wahrscheinlichkeit eines Intervalls – die Fläche unter der Funktionskurve zwischen den beiden Intervallgrenzen – zu berechnen, bräuchten Sie einen Computer. Um trotzdem für beliebige Normalverteilungen Wahrscheinlichkeiten bestimmen zu können, wird auf die sogenannte Standardnormalverteilung oder Z-Verteilung zurückgegriffen. Für diese besondere Verteilung wurden für alle möglichen Werte die zugehörigen Wahrscheinlichkeiten bestimmt und in einer Tabelle zusammengefasst. Mit einer Formel können Sie die Werte jeder Normalverteilung in die einer Standardnormalverteilung umwandeln und mithilfe der gegebenen Z-Tabelle die gesuchte Wahrscheinlichkeit ablesen. Die Z-Tabelle finden Sie im Anhang am Ende des Buches.

Die Standardnormalverteilung

Die Standardnormalverteilung oder Z-Verteilung ist eine Normalverteilung mit Mittelwert $\mu = 0$ und Standardabweichung $\sigma = 1$. Setzt man diese Werte in die oben genannte allgemeine Formel ein, so erhält man:

$$f(x) = \frac{1}{\sqrt{2\pi}} \cdot e^{-\frac{1}{2} \cdot x^2}$$

Diese Verteilung dient als Standard für die Berechnung der Wahrscheinlichkeiten aller anderen Normalverteilungen. Alle anderen Normalverteilungen können Sie in Standardnormalverteilungen umwandeln. Mit dieser Umwandlung verschieben Sie die Mitte der Verteilung von μ nach 0 und rechnen die Standardabweichung von σ nach 1 um.

Die Formel zur Umrechnung eines Wertes von X in einen Wert von Z lautet:

$$z = \frac{x - \mu}{\sigma}$$

Die Umrechnung des X-Wertes in einen Z-Wert ändert nichts an der Wahrscheinlichkeit. Sie können sich die Umrechnung vorstellen, wie die Betrachtung eines Wertes in einer anderen Einheit. Rechnen Sie beispielsweise eine Anzahl an Kilometern in Meilen um, ändert sich zwar die Zahl, die tatsächliche Strecke bleibt jedoch unverändert.

Nach der Umwandlung in Z-Werte ist der nächste Schritt die Bestimmung der zugehörigen Wahrscheinlichkeiten. Die müssen Sie nur noch der Z-Tabelle entnehmen.

Sie lesen den Wahrscheinlichkeitswert in der Z-Tabelle ab, indem Sie die passende Schnittstelle der Zeilen und Spalten suchen. Die Zeilen stellen die erste Ziffer und die Ziffer nach dem Komma Ihres Z-Wertes dar, die Spalten repräsentieren die zweite Nachkommastelle.

Wahrscheinlichkeiten der Normalverteilung Step-by-Step

1. Übersetzen Sie – falls nicht gegeben – die Aufgabenstellung in die Wahrscheinlichkeitsnotation, zum Beispiel $P(X < a)$, $P(X > b)$ oder $P(a < X < b)$.

2. Wandeln Sie den X-Wert a (und/oder b) mit der Formel in den entsprechenden Z-Wert um.

3. Lesen Sie in der Z-Tabelle die Wahrscheinlichkeit für diesen Wert ab.

4. Sollten Sie eine »kleiner als«-Aufgabe lösen, sind Sie hier fertig und können direkt mit Schritt 5 fortfahren. Ist nach einer »größer als«-Wahrscheinlichkeit gefragt, müssen Sie den Wert, den Sie abgelesen haben, noch von 1 subtrahieren. Suchen Sie die Wahrscheinlichkeit eines Intervalls, führen Sie die Schritte 1 bis 3 für beide Intervallgrenzen durch und subtrahieren nun die Wahrscheinlichkeit der unteren Grenze von der oberen.

5. Beantworten Sie abschließend noch die Frage im Kontext der Aufgabe.

Aufgabe 15.5

Eine Gärtnerei hat zwei verschiedene Gewächshäuser mit verschiedenen Klimatisierungen. Gewächshaus A weist eine Durchschnittstemperatur von 18 °C und eine Standardabweichung von 1,5 °C auf. Gewächshaus B ist mit einer durchschnittlichen Temperatur von 22 °C deutlich wärmer. Die durchschnittliche Temperatur in Gewächshaus B hat eine Standardabweichung von 0,5 °C. In beiden Häusern sei die Temperatur normalverteilt.

a) In Gewächshaus A misst Landschaftsgärtner Udo 19,8 °C. Wandeln Sie diesen Wert in einen Z-Wert um.

b) In Gewächshaus B misst er 20,9°C. Wandeln Sie auch diesen Wert in den entsprechenden Wert der Standardnormalverteilung um.

c) Bestimmen Sie nun für Gewächshaus A beziehungsweise B die Wahrscheinlichkeit, dass die Temperatur unter 19,8 °C beziehungsweise 20,9 °C ist.

Aufgabe 15.6

X ist normalverteilt mit $\mu = 25$ und $\sigma^2 = 4$. Bestimmen Sie folgende Wahrscheinlichkeiten:

a) $P(X < 19)$

b) $P(X > 27)$

c) $P(23 < X < 26)$

d) $P(X = 24)$

e) $P(X < 30)$

Aufgabe 15.7

Sie kaufen sich eine neue Spülmaschine. Ein entscheidendes Kriterium bei der Entscheidungsfindung ist für Sie, als umweltbewusster ... *für Dummies*-Leser, der Wasserverbrauch pro Spülgang und so haben Sie Ihre Auswahl bereits auf zwei Modelle eingegrenzt. Modell A weist einen durchschnittlichen Verbrauch von 8 Litern bei einer Standardabweichung von 0,5 Litern auf. Modell B verbraucht durchschnittlich 6,5 Liter, die Standardabweichung beträgt 2,5 Liter. Ihnen ist wichtig, dass die Wahrscheinlichkeit, dass die Maschine weniger als 8,5 Liter verbraucht, möglichst hoch ist. Für welches Modell entscheiden Sie sich?

Rückwärtsrechnung

Bisher haben Sie sich mit Aufgaben befasst, in der eine oder zwei Intervallgrenzen vorgegeben waren und Sie die Wahrscheinlichkeit berechnen sollten, dass ein Wert unter, über oder zwischen den gegebenen Grenzpunkten liegt. Im nächsten Abschnitt des Kapitels wird diese Aufgabenstellung nun umgedreht: Es wird Ihnen ein Perzentil, das heißt eine Wahrscheinlichkeit, dass ein Wert kleiner oder größer als ein Punkt x ist, vorgegeben. Genau diesen Punkt x gilt es dann für Sie zu ermitteln.

Rückwärtsrechnung Step-by-Step

1. Übersetzen Sie die gegebene Wahrscheinlichkeit in die Form $P(X < a)$ beziehungsweise $P(X > b)$.

2. Ist eine »kleiner als«-Wahrscheinlichkeit gegeben, können Sie direkt zu Schritt 3 übergehen. Wollen Sie den zugehörigen Wert einer »größer als«-Wahrscheinlichkeit bestimmen, berechnen Sie zunächst das Komplement der Wahrscheinlichkeit und führen dann die Schritte 3 bis 5 aus.

3. Suchen Sie den gegebenen Wahrscheinlichkeitswert im Körper der Z-Tabelle. Es gibt verschiedene Vorgehensweisen, den relevanten Wert in der Tabelle zu bestimmen. In diesem Buch wird der Wert benutzt, der dem gegebenen Wert am nächsten kommt. Wenn Sie eine Prüfung zur Wahrscheinlichkeitsrechnung ablegen werden, informieren Sie sich, ob Ihr Dozent gegebenenfalls eine andere Variante verlangt.

4. Lesen Sie sowohl den Wert der entsprechenden Zeile als auch den der entsprechenden Spalte ab und addieren Sie diese (Achtung: bei negativen Werten beziehen Sie das Vorzeichen nicht in die Addition mit ein). Sie erhalten dadurch den entsprechenden Z-Wert.

5. Wandeln Sie den Z-Wert in einen X-Wert um, indem Sie die Z-Formel nach X auflösen und einsetzen:

$$x = z\sigma + \mu$$

Aufgabe 15.8

Sie planen, wie jedes Jahr beim Metzger Ihres Vertrauens eine Weihnachtsgans zu kaufen. Der Hof, bei dem Ihr Metzger die Gänse kauft, gibt an, dass diese im Durchschnitt 3,5 kg auf die Waage bringen. Die Standardabweichung von diesem Gewicht beträgt 400 g, wobei das Gewicht der Gänse normalverteilt ist.

a) Der Metzger garantiert Ihnen, dass Ihre Gans über dem vierzigsten Perzentil der Verteilung liegt. Was bedeutet das für das Gewicht Ihrer Weihnachtsgans?

b) Letztes Jahr zählte Ihre Gans zu den schwersten 5 % der Gänse. Wie schwer muss Ihre Gans dieses Jahr sein, damit sie wieder in diese Kategorie fällt?

Aufgabe 15.9

Sie entscheiden sich im Juni spontan für einen Wochenendausflug mit einem Freund – zur Auswahl stehen dafür Paris und Wien. Am Telefon wollen Sie gemeinsam das Ziel festlegen. Ein wichtiger Faktor ist für Sie beide das Wetter. Ihr Freund hat sich deswegen schon kundig gemacht und berichtet von den Ergebnissen seiner Recherche und seinen Berechnungen. Just in diesem Moment gerät er jedoch in ein Funkloch. Sie können lediglich folgende Gesprächsfetzen verstehen: »... Paris ... Temperatur ... zu 80 % wärmer als ... °C« und »... in Wien ... nur mit einer Wahrscheinlichkeit von 30 % kälter als ...«

Gehen Sie davon aus, dass die Temperatur im Juni in Paris normalverteilt ist mit $\mu = 23\,°C$ und $\sigma = 3\,°C$ und auch in Wien normalverteilt ist mit $\mu = 21\,°C$ und $\sigma = 2\,°C$.

a) Vervollständigen Sie die Aussagen Ihres Freundes.

b) Sie wünschen sich eine Temperatur über 22 °C. In welcher Stadt wird Ihnen dieser Wunsch wahrscheinlicher erfüllt?

Lösungen

Lösung zu Aufgabe 15.1

Die gesuchten Werte sind alle in der Grafik eingezeichnet und Sie können sie direkt ablesen:

a) Das 0,2-Quantil entspricht 1,16.

b) Das sechzigste Perzentil ist das 0,6-Quantil und damit 2,25.

c) Das 0,9-Quantil entspricht 3,28.

Lösung zu Aufgabe 15.2

Bevor Sie die Verteilung zeichnen können, müssen Sie sich klarmachen, was die gegebenen Informationen genau bedeuten.

✔ In 20 % der Fälle geht der Nasenhaarschneider kaputt, bevor 2 Jahre, 6 Monate, 28 Tage, 19 Stunden und 12 Minuten vergangen sind.

Um diesen Wert auf der x-Achse der Verteilung gut einzeichnen zu können, müssen Sie ihn noch in Jahren ausdrücken. Gehen Sie dabei von 12 Monaten zu je 30 Tagen pro Jahr aus.

2 Jahre

6 Monate = 0,5 Jahre

28 Tage = 0,9333 Monate = 0,0778 Jahre

19 Stunden = 0,7917 Tage = 0,0264 Monate = 0,0022 Jahre

12 Minuten = 0,2 Stunden = 0,0083 Tage = 0,0003 Monate = 0,00002 Jahre

$2 + 0,5 + 0,0778 + 0,0022 + 0,00002 = 2,58002 \approx 2,58$

→ **Das 0,2-Quantil entspricht 2,58 Jahren.**

✔ Der Durchschnitt der Lebensdauer beträgt 3 Jahre.

→ **Der Mittelpunkt der Verteilung liegt bei $\mu = 3$.**

✔ In 30 % der Fälle funktioniert der Nasenhaarschneider länger als 3 Jahre, 3 Monate, 3 Tage, 14 Stunden und 24 Minuten.

3 Jahre

3 Monate = 0,25 Jahre

3 Tage = 0,1 Monate = 0,0083 Jahre

14 Stunden = 0,5833 Tage = 0,0194 Monate = 0,0016 Jahre

24 Minuten = 0,4 Stunden = 0,0167 Tage = 0,0005 Monate = 0,00005 Jahre

3 + 0,25 + 0,0083 + 0,0016 + 0,00005 = 3,25995 ≈ 3,26

→ **Das 0,7-Quantil ist 3,26 Jahre.**

Die Funktion hat also die Form aus Abbildung 15.3.

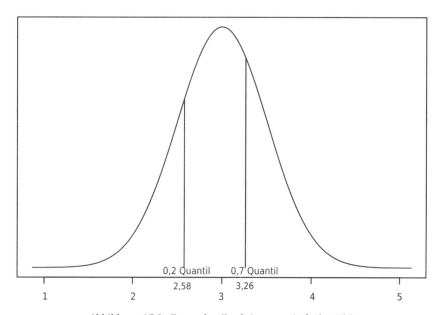

Abbildung 15.3: Form der Funktion aus Aufgabe 15.2

Lösung zu Aufgabe 15.3

Die Dichtefunktion der Normalverteilung mit $\mu = 10$ und $\sigma^2 = 4$ ist, wie jede Normalverteilung glockenförmig. Mittelpunkt der Glocke ist der Mittelwert, das heißt in diesem Fall 10. Die Spreizung entspricht der Varianz, das heißt in diesem Fall 4. Der Abstand von Mittelpunkt zu den beiden Wendepunkten entspricht jeweils 2. Eine weitere gute Orientierung für Ihre Skizze liefert die Faustregeln, dass fast alle Werte der Verteilung maximal 3 Standardabweichungen vom Mittelwert entfernt liegen. Ihre Skizze sollte in etwa die Form aus Abbildung 15.4 haben.

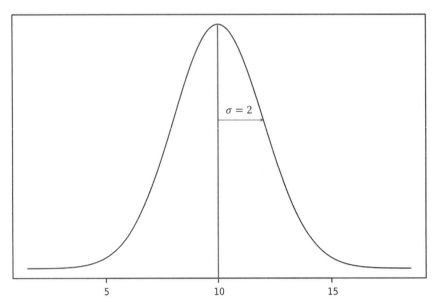

Abbildung 15.4: Form der Funktion aus Aufgabe 15.3

Lösung zu Aufgabe 15.4

a) Auch zum Skizzieren dieser Dichtefunktion gehen Sie vor wie in Aufgabe 15.3. Der Mittelpunkt der Funktion ist $\mu = 16$ und die Spreizung $\sigma^2 = 9$. Dementsprechend befinden sich die Wendepunkte der Funktion $\sigma = 3$ vom Mittelpunkt entfernt. Die Funktion hat also die Gestalt laut Abbildung 15.5.

b) Das 0,5-Quantil teilt die Funktion in zwei Hälften und entspricht somit dem Mittelwert der Funktion $\mu = 16$.

c) Das fünfzigste Perzentil ist nur eine andere Bezeichnung für das 0,5-Quantil und hat damit den gleichen Wert.

Lösung zu Aufgabe 15.5

a) Sie betrachten eine Normalverteilung mit $\mu = 18$ und $\sigma = 1,5$.

Sie wollen nun den Wert 19,8 der Verteilung in den entsprechenden Wert der Standardnormalverteilung umwandeln. Dafür setzen Sie die Werte einfach in die Z-Formel ein:

$$z = \frac{x - \mu}{\sigma} = \frac{19,8 - 18}{1,5} = \frac{1,8}{1,5} = 1,2$$

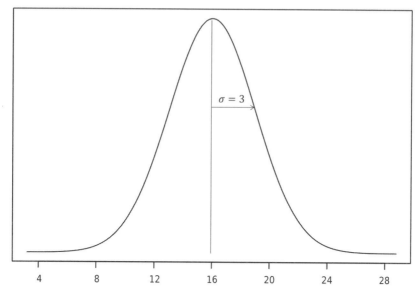

Abbildung 15.5: Form der Funktion aus Aufgabe 15.4

b) Sie betrachten eine Normalverteilung mit $\mu = 22$ und $\sigma = 0,5$.

Hier wollen Sie den Wert 20,9 der Verteilung in den entsprechenden Wert der Standard-normalverteilung umwandeln. Genau wie im ersten Teil setzen Sie die Werte einfach in die Z-Formel ein:

$$z = \frac{x - \mu}{\sigma} = \frac{20,9 - 22}{0,5} = \frac{-1,1}{0,5} = -2,2$$

c) Dieser Aufgabenteil fragt nach Wahrscheinlichkeiten. Sie können sich also an die Step-by-Step-Anleitung weiter vorn im Kapitel halten.

1. Wie sehen die gesuchten Wahrscheinlichkeiten in der Wahrscheinlichkeitsnotation aus? Sie suchen $P(A < 19,8)$ beziehungsweise $P(B < 20,9)$.

2. Den Schritt der Umwandlung haben Sie bereits in den Aufgabenteilen a) und b) erledigt. Sie wissen, dass es sich um die Z-Werte 1,2 und −2,2 handelt.

3. Nun kommt die Z-Tabelle ins Spiel. Schlagen Sie die Tabelle auf und lesen Sie die entsprechenden Werte ab. Zunächst suchen Sie in der Zeile die entsprechende erste Ziffer samt Nachkommastelle. Haben Sie die korrekte Zeile identifiziert, müssen Sie noch die passende Spalte finden. Sowohl 1,2 als auch −2,2 weisen als zweite Nach-kommastelle eine Null auf. Die passende Spalte ist also für beide Werte die Spalte ganz links in der Tabelle. Sie bestimmen $P(Z < 1,2) = 0,8849$ und $P(Z < -2,2) = 0,0139$.

4. Es handelt sich bei beiden gesuchten Wahrscheinlichkeiten um »kleiner als«-Werte, Sie können direkt zu Schritt 5 springen.

5. Zuletzt gilt es, die Aufgaben im Kontext zu beantworten. Die Ergebnisse können fol-gendermaßen interpretiert werden. Die Wahrscheinlichkeit, dass die Temperatur in

Gewächshaus A unter 19,8 °C liegt, beträgt 88,49 %. Dass es in Gewächshaus B kälter als 20,9 °C ist, tritt mit einer Wahrscheinlichkeit von 1,39 % ein.

Lösung zu Aufgabe 15.6

a) $P(X < 19)$

1. In diesem Fall ist die gesuchte Wahrscheinlichkeit schon in Wahrscheinlichkeitsnotation vorgegeben: $P(X < 19)$.

2. Zur Umwandlung setzen Sie den Wert einfach in die Z-Formel ein:

$$z = \frac{x - \mu}{\sigma} = \frac{19 - 25}{\sqrt{4}} = \frac{-6}{2} = -3$$

3. Schlagen Sie die Tabelle auf und lesen Sie den entsprechenden Wert ab. Sie bestimmen $P(Z < -3) = 0,0013$.

4. Es handelt sich bei der gesuchten Wahrscheinlichkeit um einen »kleiner als«-Wert.

5. Die Wahrscheinlichkeit, dass X kleiner als 19 ist, beträgt 0,13 %.

b) $P(X > 27)$

1. $P(X > 27)$

2. Sie setzen den Wert in die Z-Formel ein:

$$z = \frac{x - \mu}{\sigma} = \frac{27 - 25}{\sqrt{4}} = \frac{2}{2} = 1$$

3. Schlagen Sie die Tabelle auf und lesen Sie den entsprechenden Wert ab. Sie bestimmen $P(X \leq 27) = P(Z \leq 1) = 0,8413$.

4. Es handelt sich um eine »größer als«-Wahrscheinlichkeit, Sie müssen die Wahrscheinlichkeit des Komplements betrachten:

$$P(X > 27) = 1 - P(X \leq 27) = 1 - 0,8413 = 0,1587$$

5. Die Wahrscheinlichkeit, dass X größer als 27 ist, beträgt 15,87 %.

c) $P(23 < X < 26)$

Hier betrachten Sie ein Intervall mit einer oberen und einer unteren Grenze. Dementsprechend müssen Sie für beide Grenzen die Schritte 1 bis 3 Ihres Step-by-Step-Schemas durchführen und danach die Differenz bilden.

1. $P(X < 23)$ und $P(X < 26)$

2. Über die Z-Formel bestimmen Sie:

$$z = \frac{x - \mu}{\sigma} = \frac{23 - 25}{\sqrt{4}} = \frac{-2}{2} = -1$$

sowie

$$z = \frac{x - \mu}{\sigma} = \frac{26 - 25}{\sqrt{4}} = \frac{1}{2} = 0,5$$

3. Schlagen Sie die Tabelle auf und lesen Sie die entsprechenden Werte ab: $P(Z < -1) = 0,1587$ und $P(Z < 0,5) = 0,6915$.

4. Es handelt sich bei der gesuchten Wahrscheinlichkeit um ein Intervall. Sie berechnen die Differenz:

$$P(Z < 0,5) - P(Z < -1) = 0,6915 - 0,1587 = 0,5328$$

5. Die Wahrscheinlichkeit, dass X zwischen 23 und 26 liegt, beträgt 53,28 %.

d) $P(X = 24)$

Diese Wahrscheinlichkeit können Sie ganz schnell nennen, ohne irgendeine Berechnung durchzuführen oder eine Tabelle zurate zu ziehen. Bei der gegebenen Verteilung handelt es sich um eine Normalverteilung, das heißt eine stetige Verteilung. Eine stetige Verteilung hat nicht abzählbar unendlich viele mögliche Werte. Die Wahrscheinlichkeit, dass X genau den Wert 24 annimmt, ist $P(X = 24) = 0$.

e) $P(X < 30)$

1. $P(X < 30)$

2. In die Z-Formel eingesetzt:

$$z = \frac{x - \mu}{\sigma} = \frac{30 - 25}{\sqrt{4}} = \frac{5}{2} = 2,5$$

3. Schlagen Sie die Tabelle auf und lesen Sie den entsprechenden Wert ab. Sie bestimmen $P(Z < 2,5) = 0,9938$.

4. Es handelt sich bei der gesuchten Wahrscheinlichkeit um einen »kleiner als«-Wert, es geht direkt mit Schritt 5 weiter.

5. Die Wahrscheinlichkeit, dass X kleiner als 30 ist, beträgt 99,38 %.

Lösung zu Aufgabe 15.7

Da Ihnen besonders wichtig ist, dass die Wahrscheinlichkeit möglichst hoch ist, dass Ihre neue Maschine weniger als 8,5 Liter verbraucht, vergleichen Sie $P(A < 8,5)$ mit $P(B < 8,5)$ und wählen das Modell, das die höhere Wahrscheinlichkeit aufweist.

Für Modell A:

1. $P(A < 8,5)$

2. Umwandlung mit der Z-Formel:

$$z = \frac{x - \mu}{\sigma} = \frac{8,5 - 8}{0,5} = \frac{0,5}{0,5} = 1$$

3. Schlagen Sie die Tabelle auf und lesen Sie den entsprechenden Wert ab. Sie bestimmen $P(Z < 1) = 0,8413$.

4. Es handelt sich bei der gesuchten Wahrscheinlichkeit um einen »kleiner als«-Wert, es geht direkt mit Schritt 5 weiter.

5. Die Wahrscheinlichkeit, dass Modell *A* weniger als 8,5 Liter verbraucht, beträgt 84,13 %.

Für Modell B:

1. $P(B < 8,5)$

2. Umwandlung über die Z-Formel:

$$z = \frac{x - \mu}{\sigma} = \frac{8,5 - 6,5}{2,5} = \frac{2}{2,5} = 0,8$$

3. Schlagen Sie die Tabelle auf und lesen Sie den entsprechenden Wert $P(Z < 0,8) = 0,7881$ ab.

4. Es handelt sich bei der gesuchten Wahrscheinlichkeit um einen »kleiner als«-Wert – weiter zu Schritt 5.

5. Die Wahrscheinlichkeit, dass Modell *B* weniger als 8,5 Liter verbraucht, beträgt 78,81 %.

Sie entscheiden sich für Modell A, da $P(A < 8,5) > P(B < 8,5)$.

Lösung zu Aufgabe 15.8

Sie betrachten eine Normalverteilung mit $\mu = 3,5$ und $\sigma = 0,4$.

a) Sie suchen den Wert x des 0,4-Quantils der Verteilung, das heißt, Sie haben eine Wahrscheinlichkeit gegeben, deren zugehörigen Wert Sie finden möchten. Um diesen Wert zu ermitteln, benötigen Sie die Schritte der Rückwärtsrechnung:

1. Der Metzger garantiert Ihnen, dass das Gewicht Ihrer Gans **über** dem 0,4-Quantil liegt. Das heißt, dass die Wahrscheinlichkeit 60 % beträgt, dass das Gewicht über x liegt. In der Wahrscheinlichkeitsnotation ausgedrückt suchen Sie das x, für das gilt:

$$P(X > x) = 0,6$$

2. Es ist eine »größer als«-Wahrscheinlichkeit gegeben. Dementsprechend müssen Sie zunächst das Komplement bestimmen: $1 - 0,6 = 0,4$.

3. Den Wert 0,4 müssen Sie nun im Körper der Z-Tabelle finden. Der Wert, der 0,4 am nächsten kommt, ist 0,4013.

4. Jetzt müssen Sie den zugehörigen Z-Wert zu 0,4013 bestimmen. Der Wahrscheinlichkeitswert findet sich in Zeile -0,2 und Spalte 0,05 wieder. Ihr gesuchter Z-Wert lautet also -0,25.

5. Im letzten Schritt wandeln Sie nun noch diesen Z-Wert in den Wert der ursprünglichen Verteilung X um.

Um die Z-Werte in X-Werte umzuwandeln, müssen Sie in folgenden Schritten die Z-Formel umstellen:

$$z = \frac{x - \mu}{\sigma} \qquad | \cdot \sigma$$
$$z \cdot \sigma = x - \mu \qquad | + \mu$$
$$x = z \cdot \sigma + \mu$$

Sie setzen ein:

$$x = z \cdot \sigma + \mu = -0{,}25 \cdot 0{,}4 + 3{,}5 = 3{,}4$$

Die Garantie des Metzgers sagt Ihnen, dass Ihre Weihnachtsgans mindestens 3,4 kg wiegen wird.

b) Auch hier wird wieder die Rückwärtsrechnung benötigt:

1. Damit Ihre Gans zu den fünf Prozent schwersten Gänsen gehört, muss gelten:

$$P(X > x) = 0{,}05$$

2. Auch im zweiten Teil geht es um eine »größer als«-Wahrscheinlichkeit. Dementsprechend bestimmen Sie zunächst das Komplement: $1 - 0{,}05 = 0{,}95$.

3. Den Wert 0,95 suchen Sie nun im Körper der Z-Tabelle. Sie finden sowohl 0,9495 als auch 0,9505 als nächste Werte. Da 0,9495 zu 0,95 aufgerundet wird, ist dies der relevante Wert.

4. Den zugehörigen Z-Wert bestimmen Sie wieder über die Zeile (1,6) und Spalte (0,04). Ihr gesuchter Z-Wert lautet 1,64.

5. Im letzten Schritt wandeln Sie den Z-Wert in den Wert der ursprünglichen Verteilung X um.

$$x = z \cdot \sigma + \mu = 1{,}64 \cdot 0{,}4 + 3{,}5 = 4{,}156$$

Um wieder eine der fünf Prozent schwersten Weihnachtsgänse Ihres Metzgers zu bekommen, muss diese mindestens 4,156 kg wiegen.

Lösung zu Aufgabe 15.9

Sie betrachten zwei verschiedene Normalverteilungen. Die Juni-Temperatur in Paris wird durch die Verteilung X_1 mit $\mu = 23$ und $\sigma = 3$ dargestellt, die Juni-Temperatur in Wien durch X_2 mit $\mu = 21$ und $\sigma = 2$.

a) Um die Aussagen Ihres Freundes zu vervollständigen, benötigen Sie erneut die Rückwärtsrechnung.

Betrachten Sie zunächst die Aussage über das Wetter in Paris. Auch hier können Sie sich wieder an dem Step-by-Step-Plan orientieren:

1. Er spricht darüber, dass die Temperatur mit 80 %iger Wahrscheinlichkeit über einem bestimmten Wert liegen wird, das heißt

   $$P(X_1 > x) = 0{,}8.$$

2. Dies ist eine »größer als«-Wahrscheinlichkeit. Dementsprechend müssen Sie das Komplement bestimmen: $1 - 0{,}8 = 0{,}2$.

3. Die Wahrscheinlichkeit 0,2 ist in der Z-Tabelle dem Wert 0,2005 am nächsten.

4. Der Z-Wert lautet -0,84 (Zeile: -0,8; Spalte 0,04).

5. Daraus ergibt sich der entsprechende X_1-Wert durch:

   $$x = z \cdot \sigma + \mu = -0{,}84 \cdot 3 + 23 = 20{,}48$$

   Die Temperatur im Juni in Paris liegt zu 80 % über 20,48 °C.

Betrachten Sie nun die Aussage über die Temperatur in Wien:

1. Er sagt, dass die Temperatur mit 30 %iger Wahrscheinlichkeit unter einem bestimmten Wert liegen wird, das heißt

   $$P(X_2 < x) = 0{,}3.$$

2. Dies ist eine »kleiner als«-Wahrscheinlichkeit – weiter zu Schritt 3.

3. Die Wahrscheinlichkeit 0,3 ist in der Z-Tabelle dem Wert 0,3015 am nächsten.

4. Der Z-Wert lautet -0,52 (Zeile: -0,5; Spalte 0,02).

5. Daraus ergibt sich der X_2-Wert durch:

   $$x = z \cdot \sigma + \mu = -0{,}52 \cdot 2 + 21 = 19{,}96$$

   Die Temperatur im Juni in Wien liegt zu 30 % unter 19,96 °C.

b) Um diese Frage beantworten zu können, müssen Sie $P(X_1 > 22)$ und $P(X_2 > 22)$ vergleichen. Für diese Aufgabe benötigen Sie keine Rückwärtsrechnung, Sie müssen jetzt wieder »vorwärts« rechnen.

 Es reicht nicht, lediglich die Erwartungswerte der beiden Verteilungen zu vergleichen!

Für Paris:

1. $P(X_1 > 22)$

2. Umwandlung mit der Z-Formel:

   $$z = \frac{x - \mu}{\sigma} = \frac{22 - 23}{3} = \frac{-1}{3} = -0{,}33$$

3. In der Z-Tabelle lesen Sie $P(Z < -0{,}33) = 0{,}3707$ ab.

4. Die gesuchte Wahrscheinlichkeit ist ein »größer als«-Wert, Sie brauchen das Komplement $1 - 0{,}3707 = 0{,}6293$.

5. Die Wahrscheinlichkeit, dass die Temperatur in Paris über 22 °C ist, beträgt 62,93 %.

Für Wien:

1. $P(X_2 > 22)$

2. Umwandlung mit der Z-Formel:

$$z = \frac{x - \mu}{\sigma} = \frac{22 - 21}{2} = \frac{1}{2} = 0{,}5$$

3. In der Tabelle finden Sie den zugehörigen Wert $P(Z < 0{,}5) = 0{,}6915$.

4. Die gesuchte Wahrscheinlichkeit ist ein »größer als«-Wert, das Komplement beträgt $1 - 0{,}6915 = 0{,}3085$.

5. Die Wahrscheinlichkeit, dass die Temperatur in Wien über 22 °C steigt, beträgt 30,85 %.

In Paris werden Sie Ihre Wunschtemperatur wahrscheinlicher erleben als in Wien (62,93 % gegenüber 30,85 %).

Besondere diskrete und stetige Verteilungen

16

In diesem Kapitel

✔ Die diskrete Gleichverteilung kennenlernen

✔ Das binomiale Wahrscheinlichkeitsmodell anwenden und verstehen

✔ Die stetige Gleichverteilung kennenlernen

✔ Wahrscheinlichkeiten mit der Exponentialverteilung berechnen

---

*I*n diesem Kapitel lernen Sie weitere bestimmte diskrete und stetige Wahrscheinlichkeitsverteilungen kennen. Sie beschäftigen sich mit der diskreten Gleichverteilung, der Binomialverteilung, der stetigen Gleichverteilung und der Exponentialverteilung. Neben Erwartungswert, Varianz und Standardabweichung bestimmen Sie Wahrscheinlichkeiten für mögliche Werte der Verteilungen.

Diskrete Verteilungen

In Kapitel 14 haben Sie bereits einiges über diskrete Verteilungen gelernt. Sie wissen, dass es zwei Arten von diskreten Zufallsvariablen gibt: solche mit endlicher Anzahl und solche mit unendlich abzählbarer Anzahl möglicher Werte. In diesem Kapitel beschäftigen Sie sich näher mit zwei Beispielen für diskrete Verteilungen mit einer endlichen Anzahl möglicher Werte – der diskreten Gleichverteilung und der Binomialverteilung.

Diskrete Gleichverteilung

Man spricht von einer *diskreten Gleichverteilung*, wenn eine Zufallsvariable X folgende Eigenschaften hat:

✔ X nimmt nur aufeinanderfolgende ganze Zahlen von a bis b an, das heißt, X nimmt einen der Werte aus der Menge $\{a, a + 1, a + 2, ..., b - 1, b\}$ an.

✔ Jeder dieser Werte wird mit der gleichen Wahrscheinlichkeit angenommen.

Die Wahrscheinlichkeitsmassenfunktion der diskreten Gleichverteilung lautet:

$$P(X = x) = \begin{cases} \dfrac{1}{b - a + 1}, & \text{für } x = a, a + 1, a + 2, ..., b - 1, b \\ 0, & \text{ansonsten} \end{cases}$$

Die kumulative Verteilungsfunktion einer gleichverteilten diskreten Zufallsvariablen ist gegeben durch:

$$F(x) = \begin{cases} 0, & \text{für } x < a \\ \dfrac{\lfloor x \rfloor - a + 1}{b - a + 1}, & \text{für } a \leq x \leq b \\ 1, & \text{für } x > b \end{cases}$$

Dabei ist $\lfloor x \rfloor$ die zur Zahl x kleinere ganze Zahl. Zum Beispiel ist $\lfloor 3.89 \rfloor = 3$.

 Drei Eigenschaften, die Sie bei Verteilungen stets interessieren, sind der Erwartungswert, die Varianz und die Standardabweichung. Für die diskrete Gleichverteilung sehen die Formeln folgendermaßen aus:

1. $E(X) = \dfrac{b + a}{2}$

2. $V(X) = \dfrac{(b - a + 2)(b - a)}{12}$

3. $\sigma = \sqrt{\dfrac{(b - a + 2)(b - a)}{12}}$

Aufgabe 16.1

Sie werfen einen fairen Würfel. Die Zufallsgröße X gibt die gewürfelte Augenzahl an. Bestimmen Sie den Erwartungswert, die Varianz und die Standardabweichung.

Aufgabe 16.2

Lottofee Lisa hat Sie zu einem Praktikum in einem Spielcasino überredet und Sie sind dort nun beauftragt, eine neue Spielvariante mathematisch zu erfassen. Der Spieler zieht eine der 49 Lottokugeln. Die Zahl, die auf der gezogenen Kugel steht, bekommt er in Euro ausgezahlt.

a) Wie hoch ist sein erwarteter Gewinn?

b) Wie hoch ist die Wahrscheinlichkeit, dass sein Gewinn höchstens 15 Euro beträgt?

c) Wie hoch ist die Wahrscheinlichkeit, dass er mehr als 30 Euro bekommt?

Binomialverteilung

Das *binomische Wahrscheinlichkeitsmodell* findet sehr häufig Anwendung, nämlich immer in Situationen, in denen zwei verschiedene Ergebnisse möglich sind (binomisch = zwei Namen). Diese beiden Ergebnisse kann man mit dem Eintreten eines Ereignisses (Erfolg) oder dem Nichteintreten eines Ereignisses (Misserfolg) beschreiben. Reale Beispiele finden Sie dafür wie Sand am Meer: beim Münzwurf ist das Ergebnis Zahl oder nicht; Sie gewinnen im Lotto oder nicht; Sie würfeln eine Sechs oder nicht und so weiter.

Damit eine *Binomialverteilung* vorliegt, müssen folgende Voraussetzungen erfüllt sein:

✔ Sie führen eine bestimmte Anzahl *n* von Versuchen durch, die einem Zufallsprozess unterliegen.

✔ Das Ergebnis jedes Versuchs kann entweder der Gruppe Erfolg oder Misserfolg zugeordnet werden.

✔ Die Erfolgswahrscheinlichkeit ist für jeden Versuch dieselbe.

✔ Das Ergebnis eines Versuchs darf das eines anderen nicht beeinflussen, das heißt, die Versuche müssen unabhängig sein.

Sind all diese Bedingungen erfüllt, notieren Sie die Gesamtzahl der Erfolge, die bei *n* Versuchen eintreten, als *X*. Die Anzahl der Misserfolge ergibt sich daraus als $n - X$. Die Erfolgswahrscheinlichkeit ist durch *p* gegeben, die Wahrscheinlichkeit des Misserfolgs durch die Komplementärwahrscheinlichkeit $1 - p$.

Aufgabe 16.3

Betrachten Sie folgende Situationen und erläutern Sie, ob eine Binomialverteilung die Situation beschreiben kann (gehen Sie dafür auf die vorher genannten Bedingungen ein):

a) Sie ziehen 5-mal eine Kugel aus einer Urne mit 5 schwarzen und 7 weißen Kugeln. Sie ziehen ohne Zurücklegen. Erfolg ist es, eine weiße Kugel zu ziehen.

b) Sie betrachten eine Gruppe von 400 Patienten, die die gleiche Krankheit haben und alle das gleiche Medikament nehmen. Das Medikament weist eine Heilungschance von 85 % auf. Erfolg sei die Heilung des Patienten.

c) Sie warten auf eine dringende Lieferung von 50 Paketen, die Sie gestern im Kaufrausch bei verschiedenen Versendern bestellt haben. Der Versandhandel gibt an, dass eine Lieferung zu 75 % bereits nach einem Tag eintrifft. Ein Erfolg ist es, wenn ein Paket noch heute bei Ihnen eingeht.

Die Formel für die Wahrscheinlichkeitsmassenfunktion einer binomischen Zufallsvariablen lautet:

$$P(X = x) = \binom{n}{x} \cdot p^x \cdot (1 - p)^{n-x}, \quad \text{falls } x = 0, 1, 2, ..., n$$

Die Wahrscheinlichkeitsmassenfunktion hat den Wert 0, wenn die Zufallsvariable einen anderen Wert als $0, 1, 2, ..., n$ annimmt.

Die kumulative Verteilungsfunktion einer binomischen Zufallsvariablen ist:

$$F(x) = \sum_{x : X \leq x} P(X = x) = \sum_{k=0}^{\lfloor x \rfloor} \binom{n}{x} \cdot p^x \cdot (1 - p)^{n-x}, \quad \text{falls } 0 \leq x \leq n$$

$F(x)$ hat den Wert 0, wenn $x < 0$ und $F(x) = 1$, falls $x > n$.

Für die Binomialverteilung sehen die Formeln des Erwartungswerts, der Varianz und der Standardabweichung folgendermaßen aus:

1. $E(X) = \sum_x \left[x \cdot \binom{n}{x} \cdot p^x \cdot (1-p)^{n-x} \right] = n \cdot p$

2. $V(X) = n \cdot p \cdot (1-p)$

3. $\sigma = \sqrt{n \cdot p \cdot (1-p)}$

Aufgabe 16.4

Sie werfen einen fairen Würfel 10-mal. Als Erfolgsereignis sei definiert, eine 6 zu würfeln.

a) Berechnen Sie den Erwartungswert, die Varianz und die Standardabweichung der Zufalls-variablen, die die Anzahl der 6 beim 10-maligen Würfeln angibt.

b) Wie wahrscheinlich ist es, genau 4-mal eine 6 zu werfen?

c) Wie wahrscheinlich ist es, höchstens 3-mal eine 6 zu werfen?

d) Wie wahrscheinlich ist es, genau einmal eine 6 zu werfen?

Stetige Verteilungen

In Kapitel 15 haben Sie sich bereits intensiv mit einer Sonderform der stetigen Verteilungen, der Normalverteilung, auseinandergesetzt. Stetige Zufallsvariablen können immer eine nicht abzählbar unendliche Anzahl möglicher Werte annehmen. In diesem Kapitel werden Sie zwei weitere stetige Verteilungen kennenlernen – die stetige Gleichverteilung und die Exponentialverteilung.

Stetige Gleichverteilung

Die *stetige Gleichverteilung* (auch kontinuierliche Gleichverteilung) hat eine Dichtefunktion mit einer besonderen Form – einem Rechteck, das heißt, alle Werte der Dichtefunktion sind gleich. Sie kann durch die folgende Formel beschrieben werden:

$$f(x) = \begin{cases} \dfrac{1}{b-a}, & \text{für } a \leq x \leq b \\ 0, & \text{sonst} \end{cases}$$

Die kumulative Verteilungsfunktion hat dementsprechend die folgende Form:

$$F(x) = \begin{cases} 0, & \text{für } x < a \\ \dfrac{x-a}{b-a}, & \text{für } a \leq x \leq b \\ 1, & \text{für } x > b \end{cases}$$

Wie auch bei den vorherigen Verteilungen interessieren Sie sich für den Erwartungswert, die Varianz und die Standardabweichung der Verteilung. Die Formeln für die stetige Gleichverteilung lauten:

1. $E(X) = \dfrac{b + a}{2}$

2. $V(X) = \dfrac{(b - a)^2}{12}$

3. $\sigma = \sqrt{\dfrac{(b - a)^2}{12}}$

Aufgabe 16.5

Die Zufallsvariable X sei stetig gleichverteilt über $[5, 18]$. Zeichnen Sie die kumulative Verteilungsfunktion und berechnen Sie den Erwartungswert, die Varianz und die Standardabweichung von X.

Aufgabe 16.6

Sie sind mit dem Auto auf der Autobahn unterwegs und würden gerne wissen, ob für Ihre Strecke Verkehrsmeldungen vorliegen. Sie wissen, dass immer zur vollen und zur halben Stunde die Verkehrsnachrichten im Radio übertragen werden. Leider ist Ihre neue Uhr heute Morgen stehen geblieben und beim Versuch, diese aufzuziehen, haben Sie die Anzeige völlig verstellt (möglicherweise, weil Ihre Uhr mit Batterie betrieben wird). Sie haben keine Ahnung, wie spät es ist. Sie schalten das Radio auf gut Glück an und hoffen, dass möglichst schnell die Verkehrsnachrichten gesendet werden. Die Zufallsvariable X beschreibt die Zeit, die Sie bis zu den nächsten Verkehrsnachrichten warten müssen.

a) Bestimmen Sie den Bereich von X, der mit einer von null verschiedenen Wahrscheinlichkeit angenommen wird.

b) Berechnen Sie Erwartungswert, Varianz und Standardabweichung von X.

c) Wie hoch ist die Wahrscheinlichkeit, dass Sie höchstens zehn Minuten warten müssen?

d) Wie wahrscheinlich ist es, dass sie länger als 25 Minuten warten werden?

e) Können Sie ohne Rechnung sagen, wie wahrscheinlich es ist, dass sie länger als 15 Minuten warten müssen? Begründen Sie Ihre Antwort und nennen Sie gegebenenfalls die entsprechende Wahrscheinlichkeit.

Exponentialverteilung

Die *Exponentialverteilung* heißt so, weil ihre Dichtefunktion $f(x)$ die Form einer Exponentialfunktion hat. Es gibt – im Gegensatz zu den vorherigen Verteilungen – keine besonderen Bedingungen, über die Sie prüfen können, ob die Exponentialverteilung für Ihre Situation die korrekte Verteilung ist. Sie können sich merken, dass mit Exponentialverteilungen häufig die Zeit gemessen wird, die vergeht, bis ein bestimmtes Ereignis eintritt. Im Normalfall wird Ihnen in der Aufgabenstellung die Information gegeben sein, dass eine Exponentialverteilung zugrunde liegt.

Die Dichtefunktion der Exponentialverteilung hat die Form:

$$f(x) = \begin{cases} \lambda e^{-\lambda x}, & \text{für } x \geq 0 \\ 0, & \text{für } x < 0 \end{cases}$$

λ ist konstant und wird als *Parameter der Exponentialverteilung* bezeichnet. Durch den Parameter λ wird sowohl der Schnittpunkt mit der y-Achse als auch die Steilheit der Kurve bestimmt.

Die kumulative Verteilungsfunktion hat die Form:

$$F(x) = \begin{cases} 0, & \text{für } x < 0 \\ 1 - e^{-\lambda x}, & \text{für } x \geq 0 \end{cases}$$

Formeln für Erwartungswert, Varianz und Standardabweichung der Exponentialverteilung lauten:

1. $E(X) = \dfrac{1}{\lambda}$

2. $V(X) = \dfrac{1}{\lambda^2}$

3. $\sigma = \sqrt{\dfrac{1}{\lambda^2}} = \dfrac{1}{\lambda}$

Aufgabe 16.7

Sie kennen die Dichtefunktion einer Exponentialverteilung: $f(x) = \dfrac{1}{18} e^{-\frac{x}{18}}$. Bestimmen Sie den Erwartungswert, die Varianz und die Standardabweichung einer Zufallsvariablen X, die exponentialverteilt ist. Wie groß ist die Wahrscheinlichkeit, dass die Zufallsvariable X einen Wert kleiner oder gleich 10 annimmt?

Aufgabe 16.8

Giovanni kauft sich einen neuen Pizzaofen. Der Hersteller gibt eine mittlere Lebensdauer von fünf Jahren an. Die Zufallsvariable X beschreibt die Lebensdauer des Pizzaofens und sei exponentialverteilt.

a) Wie lautet die Formel der Dichtefunktion der vorliegenden Verteilung?

b) Wie groß ist die Wahrscheinlichkeit, dass der Ofen höchstens 1,5 Jahre funktioniert?

c) Wie groß ist die Wahrscheinlichkeit, dass der Ofen mehr als acht Jahre funktioniert?

Lösungen

Lösung zu Aufgabe 16.1

Bei einem fairen Würfel können Sie sechs verschiedene Ergebnisse werfen: $\{1, 2, 3, 4, 5, 6\}$.

Alle diese Ergebnisse haben eine Wahrscheinlichkeit von $\frac{1}{6}$. Ihre Grenzen sind $a = 1$ und

$b = 6$. Erwartungswert, Varianz und Standardabweichung bestimmen Sie, indem Sie diese beiden Werte für a und b in die gegebenen Formeln einsetzen:

$$E(X) = \frac{b + a}{2} = \frac{6 + 1}{2} = 3{,}5$$

$$V(X) = \frac{(b - a + 2)(b - a)}{12} = \frac{(6 - 1 + 2)(6 - 1)}{12} = \frac{7 \cdot 5}{12} = 2{,}92$$

$$\sigma = \sqrt{\frac{(b - a + 2)(b - a)}{12}} = \sqrt{2{,}92} = 1{,}71$$

Lösung zu Aufgabe 16.2

a) X sei der Gewinn. Die gleich wahrscheinlichen, möglichen Gewinne bewegen sich zwischen 1 Euro und 49 Euro, das heißt, $a = 1$ und $b = 49$. Eingesetzt in die Formel des Erwartungswerts ergibt das:

$$E(X) = \frac{b + a}{2} = \frac{49 + 1}{2} = 25$$

Der Spieler kann mit einem durchschnittlichen Gewinn von 25 Euro rechnen.

b) Die Wahrscheinlichkeit $P(X \leq 15)$ können Sie durch Einsetzen in die kumulative Verteilungsfunktion ermitteln:

$$F(15) = \frac{15 - 1 + 1}{49 - 1 + 1} = 0{,}3061$$

Die Wahrscheinlichkeit, dass der Spieler höchstens 15 Euro gewinnt, beträgt 30,61 %.

c) Gesucht ist die Wahrscheinlichkeit $P(X > 30)$. Diese lässt sich als Komplement von $P(X \leq 30)$ berechnen durch:

$$P(X > 30) = 1 - F(30) = 1 - \frac{30 - 1 + 1}{49 - 1 + 1} = 1 - 0{,}6122 = 0{,}3878$$

Die Wahrscheinlichkeit, dass er mehr als 30 Euro gewinnt, beträgt 38,78 %.

Lösung zu Aufgabe 16.3

a) Um zu testen, ob es sich um eine binomisch verteilte Zufallsgröße handelt, prüfen Sie die vier gegebenen Bedingungen der Binomialverteilung.

✔ Die bestimmte Anzahl an Versuchen ist gegeben mit $n = 5$.

✔ Jedes Ergebnis kann als Erfolg (weiße Kugel) oder Misserfolg (schwarze Kugel) eingeordnet werden.

✔ Ist die Erfolgswahrscheinlichkeit für jeden Versuch gleich? Nein, denn Sie ziehen ohne Zurücklegen, das heißt, bei jedem weiteren Zug ändert sich die Gesamtanzahl der vorhandenen Kugeln sowie das Verhältnis von Schwarz und Weiß.

✔ Sind die einzelnen Versuche unabhängig? Auch diese Bedingung ist nicht erfüllt, denn die vorangehenden Züge beeinflussen die Ergebnisse der folgenden erheblich.

Es handelt sich *nicht* um eine Binomialverteilung.

b) Auch für diese Situation werden die vier Bedingungen geprüft:

✔ Die bestimmte Anzahl an Versuchen ist gegeben mit $n = 400$.

✔ Jedes Ergebnis kann als Erfolg (Heilung) oder Misserfolg (keine Heilung) eingeordnet werden.

✔ Die Heilungschance des Medikaments beträgt konstant 85 %, die Erfolgswahrscheinlichkeit ist damit für jeden Versuch gleich.

✔ Es beeinflusst Patient A nicht, ob Patient B durch das Medikament geheilt wurde. Die Versuche sind also unabhängig voneinander.

Es handelt sich um eine Binomialverteilung.

c) Und auch für die letzte Situation prüfen Sie alle vier Bedingungen:

✔ Die bestimmte Anzahl an Versuchen ist gegeben mit $n = 400$.

✔ Jedes Ergebnis kann als Erfolg (Lieferung heute) oder Misserfolg (keine Lieferung heute) eingeordnet werden.

✔ Die Wahrscheinlichkeit, dass nach einem Tag geliefert wird, beträgt für alle Pakete 75 %, die Erfolgswahrscheinlichkeit ist damit für jeden Versuch gleich.

✔ Die Lieferungen der anderen Pakete beeinflussen sich gegenseitig nicht. Die Versuche sind also unabhängig voneinander.

Es handelt sich um eine Binomialverteilung.

Lösung zu Aufgabe 16.4

X sei also die Zufallsvariable, die die Gesamtzahl der Erfolge misst. Zunächst müssen Sie sich die Eigenschaften der Binomialverteilung klarmachen: Sie betrachten $n = 10$ Versuche und es besteht eine Erfolgswahrscheinlichkeit von $p = \dfrac{1}{6}$.

a) Erwartungswert, Varianz und Standardabweichung:

$$E(X) = n \cdot p = 10 \cdot \frac{1}{6} = 1{,}67$$

$$V(X) = n \cdot p \cdot (1 - p) = 10 \cdot \frac{1}{6} \cdot \frac{5}{6} = 1{,}389$$

$$\sigma = \sqrt{n \cdot p \cdot (1 - p)} \sqrt{10 \cdot \frac{1}{6} \cdot \frac{5}{6}} = \sqrt{1{,}389} = 1{,}179$$

b) Die Wahrscheinlichkeit, genau 4-mal eine 6 zu werfen, kann als $P(X = 4)$ notiert und über die Formel bestimmt werden:

$$P(X = x) = \binom{n}{x} \cdot p^x \cdot (1 - p)^{n-x} = \binom{10}{4} \cdot \left(\frac{1}{6}\right)^4 \cdot \left(\frac{5}{6}\right)^6 = 0{,}0543$$

Die Wahrscheinlichkeit, genau 4-mal eine 6 zu werfen, liegt bei 5,43 %.

c) Die Wahrscheinlichkeit, höchstens 3-mal eine 6 zu werfen, kann als $P(X \leq 3)$ notiert und über die Formel bestimmt werden:

$$F(x) = \sum_{x : X \leq x} P(X = x) = P(X = 0) + P(X = 1) + P(X = 2) + P(X = 3)$$

$$= \binom{10}{0} \cdot \left(\frac{1}{6}\right)^0 \cdot \left(\frac{5}{6}\right)^{10} + \binom{10}{1} \cdot \left(\frac{1}{6}\right)^1 \cdot \left(\frac{5}{6}\right)^9 + \binom{10}{2} \cdot \left(\frac{1}{6}\right)^2 \cdot \left(\frac{5}{6}\right)^8$$

$$+ \binom{10}{3} \cdot \left(\frac{1}{6}\right)^3 \cdot \left(\frac{5}{6}\right)^7$$

$$= 0{,}1615 + 0{,}3230 + 0{,}2907 + 0{,}1550 = 0{,}9302$$

Zu 93,02 % werfen Sie höchstens 3-mal eine 6.

d) Die Wahrscheinlichkeit, genau 1-mal eine 6 zu werfen, kann als $P(X = 1)$ notiert und über die Formel bestimmt werden:

$$P(X = x) = \binom{n}{x} \cdot p^x \cdot (1 - p)^{n-x} = \binom{10}{1} \cdot \left(\frac{1}{6}\right)^1 \cdot \left(\frac{5}{6}\right)^9 = 0{,}3230$$

Dass von den zehn Würfen genau einer eine 6 zeigt, tritt mit einer Wahrscheinlichkeit von 32,3 % ein.

Lösung zu Aufgabe 16.5

Die Zufallsvariable ist stetig gleichverteilt. Die kumulative Verteilungsfunktion steigt also über den Definitionsbereich stetig von 0 bis 1 an:

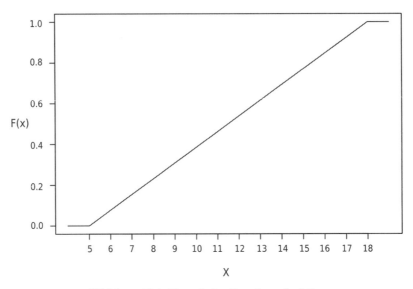

Abbildung 16.1: Kumulative Verteilungsfunktion

Erwartungswert, Varianz und Standardabweichung:

$$E(X) = \frac{b + a}{2} = \frac{18 + 5}{2} = 11,5$$

$$V(X) = \frac{(b - a)^2}{12} = \frac{(18 - 5)^2}{12} = \frac{13^2}{12} = \frac{169}{12} = 14,08$$

$$\sigma = \sqrt{\frac{(b - a)^2}{12}} = \sqrt{14,08} = 3,75$$

Lösung zu Aufgabe 16.6

a) Um den relevanten Definitionsbereich von X zu bestimmen, überlegen Sie sich, was das Minimum und was das Maximum der Zeit ist, die Sie warten könnten. Wenn Sie Glück haben, schalten Sie das Radio ein und hören sofort die Verkehrsnachrichten. Wenn Sie großes Pech haben, sind die Nachrichten gerade gelaufen, als Sie eingeschaltet haben, und Sie müssen 30 Minuten auf die nächsten Nachrichten warten. Ihr Definitionsbereich ist also [0, 30], das heißt, $a = 0$ und $b = 30$.

b) X ist natürlich stetig gleichverteilt auf [0,30]. Um $E(X)$, $V(X)$ und s zu berechnen, setzen Sie lediglich die im ersten Teil bestimmten Parameter a und b in die gegebenen Formeln ein:

$$E(X) = \frac{b + a}{2} = \frac{30 + 0}{2} = 15$$

$$V(X) = \frac{(b - a)^2}{12} = \frac{(30 - 0)^2}{12} = \frac{30^2}{12} = \frac{900}{12} = 75$$

$$\sigma = \sqrt{\frac{(b - a)^2}{12}} = \sqrt{75} = 8{,}66$$

c) Gesucht ist die Wahrscheinlichkeit, dass Sie höchstens zehn Minuten warten müssen, das heißt, $P(X \leq 10)$. Es gilt für $x = 10$:

$$F(x) = \frac{x - a}{b - a} = \frac{10 - 0}{30 - 0} = \frac{1}{3} = 0{,}333$$

Dass Sie höchstens zehn Minuten warten müssen, tritt mit 33,3 %iger Wahrscheinlichkeit ein.

d) Gesucht ist die Wahrscheinlichkeit, dass Sie länger als 25 Minuten warten müssen, das heißt $P(X > 25)$. Es gilt:

$$P(X > x) = 1 - F(x) = 1 - \frac{x - a}{b - a} = 1 - \frac{25 - 0}{30 - 0} = 1 - \frac{25}{30} = 1 - 0{,}833 = 0{,}167$$

Mit 16,7 %iger Wahrscheinlichkeit müssen Sie länger als 25 Minuten auf die nächste Nachrichtensendung warten.

e) Ja, Sie können diese Frage ohne Rechnung beantworten. Sie wissen, dass der Erwartungswert der Verteilung 15 ist. Außerdem wissen Sie, dass die Gleichverteilung eine symmetrische Verteilung ist. Das heißt eine Verteilung, deren – in Bezug auf den Erwartungswert – linker Teil der Dichtefunktion spiegelbildlich zum rechten Teil ist. Der Erwartungswert entspricht dann dem Median der Verteilung, was bedeutet, dass die Hälfte der Dichte links und die andere Hälfte rechts vom Erwartungswert liegt. Dementsprechend muss gelten:

$$P(X > 15) = 0{,}5$$

Es besteht eine 50 %ige Wahrscheinlichkeit, dass Sie länger als 15 Minuten warten werden.

Lösung zu Aufgabe 16.7

Aus der Formel der Dichtefunktion kann der Parameter $\lambda = \dfrac{1}{18}$ abgelesen werden. Daraus ergibt sich:

$$E(X) = \frac{1}{\lambda} = \frac{1}{\frac{1}{18}} = 18$$

$$V(X) = \frac{1}{\lambda^2} = \frac{1}{\left(\dfrac{1}{18}\right)^2} = 18^2 = 324$$

$$\sigma = \sqrt{\frac{1}{\lambda^2}} = \frac{1}{\lambda} = 18$$

Die Wahrscheinlichkeit, dass die Zufallsvariable einen Wert kleiner oder gleich 10 annimmt ($P(X \le 10)$), ergibt sich aus:

$$P(X \le x) = F(x) = 1 - e^{-\lambda x}$$

Mit $x = 10$ also:

$$P(X \le 10) = 1 - e^{-\frac{1}{18} \cdot 10} = 0{,}4262$$

Die Wahrscheinlichkeit, dass der Wert kleiner oder gleich 10 ist, beträgt 42,62 %.

Lösung zu Aufgabe 16.8

a) Um die Dichtefunktion anzugeben, müssen Sie den Parameter λ bestimmen. Sie kennen den Erwartungswert $E(X) = 5$ und können diesen umformen:

$$E(X) = \frac{1}{\lambda}$$

Nach λ auflösen und $E(X) = 5$ einsetzen, ergibt dann:

$$\lambda = \frac{1}{E(X)} = \frac{1}{5} = 0{,}2$$

Diesen Parameter setzen Sie in die allgemeine Dichtefunktion ein und erhalten:

$$f(x) = \lambda e^{-\lambda x} = 0{,}2 e^{-0{,}2x}$$

b) Die Wahrscheinlichkeit $P(X \le 1{,}5)$ wird gesucht. Über die kumulative Verteilungsfunktion erhalten Sie:

$$P(X \le x) = F(x) = 1 - e^{-\lambda x}$$

Für $x = 15$ also:

$$P(X \le 1{,}5) = F(1{,}5) = 1 - e^{-0{,}2 \cdot 1{,}5} = 0{,}2592$$

Die Wahrscheinlichkeit, dass der Pizzaofen höchstens anderthalb Jahre funktioniert, beträgt 25,92 %.

c) Die Wahrscheinlichkeit $P(X > 8)$ wird gesucht. Über das Komplement der kumulativen Verteilungsfunktion erhalten Sie:

$$P(X > x) = 1 - P(X \leq x) = 1 - F(x) = 1 - (1 - e^{-\lambda x})$$

Für $x = 8$ damit:

$$P(X > 8) = 1 - F(8) = 1 - \left(1 - e^{-0,2 \cdot 8}\right) = 1 - 0{,}7981 = 0{,}2019$$

Die Wahrscheinlichkeit, dass der Pizzaofen länger als acht Jahre funktioniert, beträgt 20,19 %.

Groß denken, aber Grenzen kennen – Das Gesetz der großen Zahlen und der zentrale Grenzwertsatz

17

In diesem Kapitel

▶ Der zentrale Grenzwertsatz

▶ Das Gesetz der großen Zahlen

---

*B*isher wurde die Wahrscheinlichkeit als Chance betrachtet, dass ein bestimmtes Ergebnis eintreten wird (zum Beispiel beim Münzwurf das Ergebnis Zahl). Sie können sie jedoch auch als Häufigkeit interpretieren, mit der ein Ergebnis langfristig eintreten wird (zum Beispiel die Häufigkeit des Ergebnisses Zahl, wenn Sie die Münze 1.000-mal werfen). Dieses Kapitel behandelt zwei Grenzsätze der Statistik, die langfristige Wahrscheinlichkeiten betrachten und für viele Arten von Fragestellungen hilfreich sein können.

Der zentrale Grenzwertsatz

Der *zentrale Grenzwertsatz* ist ein wesentliches Wahrscheinlichkeitstheorem. Er sagt aus, dass bestimmte Stichprobenstatistiken in eine Normalverteilung konvergieren, wenn die Stichprobengröße n hinreichend groß ist. Dieser Satz ist sehr hilfreich, wenn Sie Stichprobensummen, -durchschnitte oder -anteile bestimmen sollen.

Die Art der Verteilung der ursprünglichen Variablen ist für die Gültigkeit des zentralen Grenzwertsatzes nicht relevant. Sie können ihn beispielsweise für eine Gleichverteilung ebenso anwenden wie für eine Binomialverteilung.

Damit der zentrale Grenzwertsatz angewandt werden kann, muss die Stichprobe also hinreichend groß sein. Doch was genau bedeutet hinreichend groß? Wie groß die Stichprobe sein muss, kommt auf die ursprüngliche Verteilung von X an. Als konservativer Grenzwert, der für alle Verteilungen gilt, wird $n = 30$ angenommen. Für viele Verteilungen reicht jedoch auch schon eine deutlich kleinere Stichprobe aus.

Da Sie einfach die Schritte zur Berechnung von Wahrscheinlichkeiten der Normalverteilung benutzen können, erleichtert der zentrale Grenzwertsatz Ihnen die Berechnung von Wahrscheinlichkeiten für Summe, Durchschnitt oder Anteil sehr. Sie müssen lediglich den Durchschnitt und die Standardabweichung der Stichprobe kennen.

Aufgabe 17.1

Sie fahren jeden Morgen mit dem Auto zur Arbeit. Dabei geraten Sie an 25 % der Tage in einen Stau, der Sie 20 Minuten kostet. Die Zufallsgröße X gibt an, an wie vielen der nächsten 100 Werktage Sie im Stau stehen.

a) Bestimmen Sie Erwartungswert, Varianz und Standardabweichung der Verteilung.

b) Um die Zeit besser zu ertragen, haben Sie sich ein Hörbuch gekauft, das Sie immer anschalten, sobald Sie im Stau stehen. Das Hörbuch hat eine Laufzeit von acht Stunden. Wie wahrscheinlich ist es, dass Sie es nach den 100 Werktagen nicht fertig gehört haben?

Aufgabe 17.2

Lottofee Lisa zieht für Sie eine Lottokugel und Sie bekommen den entsprechenden Wert auf der Kugel in Euro ausbezahlt. Nach jedem Zug legt Lisa die gezogene Kugel zurück, es wird gemischt und sie zieht erneut. Insgesamt zieht Lisa 30-mal, danach bekommen Sie die Summe aller Kugelwerte ausbezahlt.

a) Berechnen Sie Erwartungswert und Varianz.

b) Wie wahrscheinlich ist es, dass Sie mehr als 1.000 Euro gewinnen? Benutzen Sie den zentralen Grenzwertsatz.

c) Bestimmen Sie die Wahrscheinlichkeit, dass Sie unter 250 Euro gewinnen. Nutzen Sie auch für diese Rechnung den zentralen Grenzwertsatz.

Aufgabe 17.3

Sie lesen ein Buch, das 250 Seiten umfasst. Die Zeit X, die Sie für jede Seite des Buches brauchen, sei stetig gleichverteilt mit $a = 1$ min und $b = 3$ min.

a) Bestimmen Sie Erwartungswert und Varianz von X.

b) Bestimmen Sie die Wahrscheinlichkeit, dass Sie für das gesamte Buch länger als 8,5 Stunden brauchen.

c) Wie wahrscheinlich ist es, dass Sie das Buch nach 7,5 Stunden ausgelesen haben?

Das Gesetz der großen Zahlen

Bei dem *Gesetz der großen Zahlen* bezieht sich der Begriff große Zahlen auf die Anzahl der durchgeführten Versuche eines Zufallsexperiments. Es besagt, dass sich der Mittelwert des Ergebnisses des Zufallsexperiments mit steigender Anzahl an Durchführungen an den Erwartungswert annähern wird.

 Man kann zeigen, dass das Gesetz der großen Zahlen aussagt, dass sich die *Häufigkeit* eines Zufallsergebnisses mit wachsender Anzahl der Durchführungen an dessen *Wahrscheinlichkeit* anpassen wird.

Aufgabe 17.4

Sie haben aus einem Skatkartendeck alle Herzkarten genommen und ziehen aus diesen nun eine Karte. Im Anschluss legen Sie die Karte wieder zurück zu den anderen Herzkarten und mischen sie. Ihr Ziel ist es, das Herz-Ass zu ziehen. Sie führen den Vorgang 50-mal durch. Sie ziehen das Ass im ersten, fünften, neunten, achtzehnten, siebenundzwanzigsten, einundvierzigsten und fünfzigsten Zug.

Berechnen Sie die Wahrscheinlichkeit, das Herz Ass zu ziehen, wenn Sie 1, 2, 10 beziehungsweise 50-mal eine Karte ziehen, und vergleichen Sie diese berechneten Wahrscheinlichkeiten mit den tatsächlich eingetretenen Häufigkeiten.

Aufgabe 17.5

Josh hat beim Basketball eine Freiwurftrefferquote von 80 %. Er wirft insgesamt 30-mal. Der erste Wurf geht daneben, den zweiten trifft er. Nach zehn Würfen erzielt er insgesamt sechs Treffer. Wie oft muss er in den folgenden 20 Würfen noch treffen, damit sich die tatsächliche Häufigkeit der Wahrscheinlichkeit genau anpasst?

Lösungen

Lösung zu Aufgabe 17.1

a) Die Zufallsvariable X ist binomialverteilt ($n = 100$, $p = 0{,}25$), das heißt, Sie bestimmen Erwartungswert, Varianz und Standardabweichung über die Formeln:

$$E(X) = n \cdot p = 100 \cdot 0{,}25 = 25$$

$$V(X) = n \cdot p \cdot (1 - p) = 100 \cdot 0{,}25 \cdot 0{,}75 = 18{,}75$$

$$\sigma = \sqrt{n \cdot p \cdot (1 - p)} = \sqrt{18{,}75} = 4{,}33$$

b) Sie müssen in diesem Aufgabenteil die Wartezeit betrachten. Sie können sie als Zufallsvariable Y bezeichnen, die die Wartezeit in Minuten angibt. Sie setzt sich aus der Summe der 100 unabhängigen Einzelwartezeiten $X_1, X_2, ..., X_{20}$ (jeweils 0 beziehungsweise 20 Minuten) zusammen. Es gilt:

$$Y = X_1 + X_2 + ... + X_{20}$$

$$E(Y) = E(X_1 + X_2 + ... + X_{20}) = 20 \cdot 25 = 500$$

$$V(Y) = V(X_1 + X_2 + ... + X_{20}) = 20 \cdot 18{,}75 = 375$$

$$\sigma = \sqrt{375} = 19{,}36$$

Nach dem zentralen Grenzwertsatz ist Y annähernd normalverteilt mit $\mu = 500$ und $\sigma^2 = 375$.

Gesucht ist in der Aufgabenstellung die Wahrscheinlichkeit, dass die Summe der Wartezeiten keine acht Stunden ergibt. Zunächst müssen Sie die Zeiteinheiten anpassen: $8\,\text{h} = 8 \times 60\,\text{min} = 480\,\text{min}$. In Wahrscheinlichkeitsnotation ausgedrückt suchen Sie die

Wahrscheinlichkeit $P(Y < 480)$. Da Sie im Folgenden von einer Normalverteilung ausgehen, können Sie wieder die fünf Schritte aus Kapitel 15 anwenden, um die Aufgabe zu lösen:

1. $P(Y < 480)$.

2. Einsetzen in die Z-Formel:

$$z = \frac{x - \mu}{\sigma} = \frac{480 - 500}{\sqrt{375}} = \frac{-20}{19{,}36} = -1{,}03$$

3. Schlagen Sie die Tabelle auf und lesen Sie den entsprechenden Wert ab. Sie bestimmen $P(Z < -1{,}03) = 0{,}1515$.

4. Es handelt sich bei der gesuchten Wahrscheinlichkeit um einen »kleiner als«-Wert, Sie können also direkt zu Schritt 5 springen.

5. Die Wahrscheinlichkeit, dass Y kleiner als 480 ist, beträgt 15,15 %.

Sie werden es also mit einer Wahrscheinlichkeit von 15,15 % nicht schaffen, Ihr Hörbuch in den nächsten 100 Tagen fertig zu hören.

Lösung zu Aufgabe 17.2

a) Wie schon in Aufgabe 16.2 festgestellt, handelt es sich um eine diskrete Gleichverteilung mit $a = 1$ und $b = 49$. Auch der Erwartungswert $E(X) = 25$ wurde schon in Aufgabe 16.2 bestimmt. Sie sind nun jedoch interessiert an der Zufallsvariablen $Y = \sum_{i=1}^{30} X_i$. Für diese ergeben sich:

$$E(Y) = n \cdot E(X) = 30 \cdot E(X) = 750$$

$$V(Y) = n \cdot V(X) = 30 \cdot V(X) = 30 \cdot \frac{(49 - 1 + 2)(49 - 1)}{12} = 6.000$$

b) Durch Anwendung des zentralen Grenzwertsatzes können Sie die Aufgabe lösen, indem Sie wieder die fünf Schritte aus Kapitel 15 anwenden:

1. $P(Y > 1000)$.

2. Einsetzen von $x = 1000$ in die Z-Formel:

$$z = \frac{x - \mu}{\sigma} = \frac{1.000 - 750}{\sqrt{6.000}} = \frac{250}{\sqrt{6.000}} = 3{,}23$$

3. Schlagen Sie die Tabelle auf und lesen Sie den entsprechenden Wert ab. Sie bestimmen $P(Z < 3{,}23) = 0{,}9994$.

4. Es handelt sich bei der gesuchten Wahrscheinlichkeit um einen »größer als«-Wert, Sie müssen also noch das Komplement berechnen: $1 - 0{,}9994 = 0{,}0006$.

5. Die Wahrscheinlichkeit, dass Y größer als 1.000 ist, beträgt 0,06 %.

Sie gewinnen nur mit einer Wahrscheinlichkeit von 0,06 % mehr als 1.000 Euro.

c) Durch Anwendung des zentralen Grenzwertsatzes können Sie die Aufgabe lösen, indem Sie wieder die fünf Schritte aus Kapitel 15 anwenden:

1. $P(Y < 650)$.

2. Einsetzen in die Z-Formel:

$$z = \frac{x - \mu}{\sigma} = \frac{650 - 750}{\sqrt{6.000}} = \frac{-100}{\sqrt{6.000}} = -1{,}29$$

3. Schlagen Sie die Tabelle auf und lesen Sie den entsprechenden Wert ab. Sie bestimmen $P(Z < -1{,}29) = 0{,}0985$.

4. Es handelt sich bei der gesuchten Wahrscheinlichkeit um einen »kleiner als«-Wert, Sie können also direkt zu Schritt 5 springen.

5. Die Wahrscheinlichkeit, dass Y kleiner als 650 ist, beträgt 9,85 %.

Mit einer Wahrscheinlichkeit von 9,85 % fällt Ihr Gewinn kleiner aus als 650 Euro.

Lösung zu Aufgabe 17.3

a) Zur Berechnung des Erwartungswerts und der Varianz nutzen Sie die Formeln für die stetige Gleichverteilung aus Kapitel 16:

$$E(X) = \frac{b + a}{2} = \frac{3 + 1}{2} = 2$$

$$V(X) = \frac{(b - a)^2}{12} = \frac{(3 - 1)^2}{12} = \frac{4}{12} = \frac{1}{3} = 0{,}33$$

$$\sigma = \sqrt{\frac{(b - a)^2}{12}} = \sqrt{\frac{1}{3}} = 0{,}578$$

b) Durch Anwendung des zentralen Grenzwertsatzes kann die Verteilung als normalverteilt betrachtet werden mit $\mu = 250 \cdot 2 = 500$ und $\sigma = \sqrt{250 \cdot \frac{1}{3}} = 9{,}1287$. Zur Berechnung der gesuchten Wahrscheinlichkeit wenden Sie nun wieder die fünf bekannten Schritte an:

1. Die Wahrscheinlichkeit, dass Sie länger als 8,5 Stunden (= 510 Minuten) brauchen, lautet: $P(Y > 510)$. Dabei ist Y die Zufallsvariable, die die Lesezeit aller 250 Seiten angibt.

2. Einsetzen in die Z-Formel:

$$z = \frac{x - \mu}{\sigma} = \frac{510 - 500}{9{,}1287} = \frac{10}{9{,}1287} = 1{,}10$$

3. Schlagen Sie die Tabelle auf und lesen Sie den entsprechenden Wert ab. Sie bestimmen $P(Z < 1{,}10) = 0{,}8643$.

4. Es handelt sich bei der gesuchten Wahrscheinlichkeit um einen »größer als«-Wert, Sie müssen also noch das Komplement berechnen: $1 - 0,8643 = 0,1357$.

5. Die Wahrscheinlichkeit, dass Y größer als 510 ist, beträgt 13,57 %.

Sie brauchen mit einer Wahrscheinlichkeit von 13,57 % länger als 8,5 Stunden.

c) Auch hier führen Sie die fünf Schritte aus, um die Wahrscheinlichkeit zu bestimmen:

1. Die Wahrscheinlichkeit, dass Sie kürzer als acht Stunden (= 480 Minuten) brauchen, lautet: $P(Y < 480)$.

2. Einsetzen in die Z-Formel:

$$Z = \frac{Y - \mu}{\sigma} = \frac{480 - 500}{9,1287} = \frac{-20}{9,1287} = -2,19$$

3. Schlagen Sie die Tabelle auf und lesen Sie den entsprechenden Wert ab. Sie bestimmen $P(Z < -2,19) = 0,0143$.

4. Es handelt sich bei der gesuchten Wahrscheinlichkeit um einen »kleiner als«-Wert, Sie können also direkt zu Schritt 5 springen.

5. Die Wahrscheinlichkeit, dass Y kleiner als 480 ist, beträgt 1,43 %.

Mit einer Wahrscheinlichkeit von 1,43 % lesen Sie das Buch in weniger als 7,5 Stunden.

Lösung zu Aufgabe 17.4

Alle Herzkarten eines Skatkartendecks sind acht verschiedene Karten. Die Wahrscheinlichkeit, das Herz Ass zu ziehen ist daher $p = \frac{1}{8}$. Die folgende Tabelle stellt die tatsächlichen Häufigkeiten und die erwartete Häufigkeit sowie die Differenzen dar:

Anzahl der Züge	Erwartete Häufigkeit	Tatsächliche Häufigkeit	Differenz
1	$\frac{1}{8} = 12,5\,\%$	100 %	87,5 %
2	$\frac{1}{8} = 12,5\,\%$	50 %	37,5 %
10	$\frac{1}{8} = 12,5\,\%$	30 %	17,5 %
50	$\frac{1}{8} = 12,5\,\%$	14 %	1,5 %

Tabelle 17.1: Vorhergesagte und tatsächliche Häufigkeiten

Wie Sie in Ihrer Tabelle sehen, reduziert sich die Differenz von tatsächlicher und vorhergesagter Häufigkeit mit steigender Anzahl an Zügen, genau so, wie es das Gesetz der großen Zahlen vorhersagt.

Lösung zu Aufgabe 17.5

Der Verlauf der bisherigen Würfe von Josh ist in Tabelle 17.2 dargestellt.

Anzahl der Würfe	Erwartete Häufigkeit	Tatsächliche Häufigkeit	Differenz
1	80 %	0 %	80 %
2	80 %	50 %	30 %
10	80 %	60 %	20 %
30	80 %	???	0 %

Tabelle 17.2: Vorhergesagte und tatsächliche Häufigkeiten der getroffenen Freiwürfe

Nach zehn Würfen hat Josh eine Trefferquote von 60 % erzielt. Gesucht ist die tatsächliche Häufigkeit, die einer Trefferquote von 80 % entspricht:

$$0{,}8 \cdot 30 = 24$$

Josh muss also insgesamt von 30 Würfen 24 treffen. Nach zehn Würfen hat er bereits sechs Körbe geworfen. Dementsprechend muss er aus den verbleibenden 20 Würfen

$$24 - 6 = 18$$

verwandeln.

Teil V

Finanzmathematik

In diesem Teil ...

Über die Finanzwelt wird viel diskutiert, sei es in den Wirtschaftsnachrichten, an Stammtischen, unter Kommilitonen oder in der Familie. Damit Sie bei der nächsten Diskussion mit Fachwissen glänzen können, werden Ihnen in diesem Teil die mathematischen Grundlagen der Finanzwelt vermittelt. Sie berechnen die Vorteilhaftigkeit von Investitionen, die Höhe Ihrer Rente, Renditen und Zinsen oder die Laufzeit eines Kredits. All diese Konzepte können Sie garantiert in die Praxis umsetzen!

Von Zinsen und Zinseszinsen

In diesem Kapitel

✔ Berechnen Sie Ihren zukünftigen Kontostand

✔ Machen Sie sich über die benötigte Kapitalanlagedauer Gedanken

✔ Verstehen Sie den Unterschied zwischen Effektivzinssatz und nominellem Zinssatz

✔ Lernen Sie verschiedene Verzinsungsmodelle kennen

---

*I*n diesem Kapitel meistern Sie die Grundlagen der Zinsrechnung. Sie beschäftigen sich mit finanzwirtschaftlichen Fragestellungen, die von hoher praktischer Relevanz zeugen. Die Zinsrechnung ist zudem die Basis für die Renten- und Renditerechnung, die Sie in den folgenden Kapiteln kennenlernen werden. Viel Spaß beim Lösen der Aufgaben!

Verschiedene Verzinsungen

Die Zinsrechnung dreht sich um die folgenden Größen:

✔ K_0 Kapital zum Startzeitpunkt

✔ i nomineller Zinssatz

✔ n Laufzeit

✔ K_n Kapital am Ende der Laufzeit (im Zeitpunkt n)

Sie werden herangezogen, um verschiedene Fragestellungen zu beantworten wie zum Beispiel:

✔ Wie viel Kapital K_0 müssen Sie $n = 6$ Jahre anlegen, um bei einem Zinssatz von $i = 2\,\%$ ein Kapital von $K_6 = 200$ Euro zu erreichen?

✔ Zu welchem nominellen Zinssatz i müssen $K_0 = 200$ Euro angelegt werden, um nach $n = 5$ Jahren ein Kapital von $K_5 = 450$ Euro zu besitzen?

Um diese Fragen beantworten zu können, muss zuvor jedoch definiert werden, wie oft die Zinsen dem Konto gutgeschrieben werden, denn dies hat einen maßgeblichen Einfluss auf die sogenannten *Zinseszinsen*. Je öfter die Zinsen während des Betrachtungszeitraums gutgeschrieben werden, desto größer ist der *Zinseszinseffekt*. Die Art und Weise, wie oft die Zinsen gutgeschrieben werden, wird durch die sogenannten *Verzinsungsmodelle* festgelegt. Es gibt folgende Arten der Verzinsung:

✔ Lineare Verzinsung

✔ Exponentielle Verzinsung

✔ Unterjährige Verzinsung

✔ Stetige Verzinsung

Im Folgenden wird jedes Verzinsungsmodell anhand desselben Beispiels vorgestellt. Gehen Sie davon aus, dass Sie 100 Euro bei einem Glücksspiel gewonnen haben und über drei Jahre bei einem Zinssatz von 6 % anlegen ($K_0 = 100$, $n = 3$, $i = 6\%$). Nun untersuchen Sie, wie viel Kapital Sie nach den drei Jahren angespart haben.

Lineare Verzinsung

Bei der linearen Verzinsung gibt es keinen Zinseszinseffekt. Die Zinsen in jeder Periode berechnen sich anhand des Kapitals am Anfang des Betrachtungszeitraums ($K_0 = 100$). Auf diesen Betrag erhalten Sie in jeder Periode 6 % Zinsen. Auf das Konto wird somit jedes Jahr am Jahresende $100 \cdot 0{,}06 = 6$ Euro überwiesen, jedoch in den nächsten Perioden nicht mit verzinst. Nach den drei Jahren hätten Sie entsprechend 118 Euro angespart. Die Kontoentwicklung über die drei Jahre gestaltet sich wie in Tabelle 18.1 dargestellt.

Jahr	Kontostand (Jahresanfang)	Zinsen	Kontostand (Jahresende)
1	100	$100 \cdot 0{,}06 = 6$	106
2	106	6	112
3	112	6	118

Tabelle 18.1: Kontostaffel bei linearer Verzinsung

Die allgemeine Formel zur Bestimmung des Endkapitals bei linearer Verzinsung ist

$$K_n = K_0 \cdot (1 + n \cdot i).$$

Mit dieser Formel können Sie in einem einzigen Schritt das Endkapital bestimmen. Machen Sie die Probe! Sie hatten 100 Euro drei Jahre bei linearer Verzinsung und einen nominellen Zinssatz von 6 % angelegt. Somit erhalten Sie nach drei Jahren

$$K_3 = K_0 \cdot (1 + n \cdot i) = 100 \cdot (1 + 3 \cdot 6\%) = 118.$$

Exponentielle Verzinsung

Die exponentielle Verzinsung (oder auch geometrische Verzinsung) ist die wohl bekannteste Form der Verzinsung. Hier werden die Zinsen am Ende einer Periode gutgeschrieben und in der nächsten Periode mit verzinst. Dadurch entsteht der sogenannte *Zinseszinseffekt*. Betrachten Sie erneut das Beispiel $K_0 = 100$, $n = 3$, $i = 6\%$.

Jahr	Kontostand (Jahresanfang)	Zinsen	Kontostand (Jahresende)
1	100	$100 \cdot 0{,}06 = 6$	106
2	106	$106 \cdot 0{,}06 = 6{,}36$	112,36
3	112,36	$112{,}36 \cdot 0{,}06 = 6{,}74$	119,10

Tabelle 18.2: Kontostaffel bei exponentieller Verzinsung

Sie haben nach den drei Jahren 119,10 Euro auf dem Konto. Dies sind 1,10 Euro mehr als bei der linearen Verzinsung. Der Unterschied liegt in den Zinseszinsen.

 Auch bei der exponentiellen Verzinsung gibt es eine allgemeine Formel zur Bestimmung des Endkapitals. Diese ist gegeben als

$$K_n = K_0 \cdot (1 + i)^n = K_0 \cdot q^n.$$

Der Faktor q ist der sogenannte *Zinsfaktor* und berechnet sich als $q = 1 + i$. Er wird verwendet, um sich etwas Schreibarbeit zu sparen. Sie können selbst entscheiden, ob Sie dies aus Faulheit tun oder um effizient zu sein ...

Unterjährige Verzinsung

Wie der Name schon andeutet, werden bei der unterjährigen Verzinsung die Zinsen anteilig unterjährig gutgeschrieben und für das restliche Jahr verzinst. Somit entsteht ein unterjähriger Zinseszinseffekt. Betrachten Sie erneut das Beispiel ($K_0 = 100$, $n = 3$, $i = 6\%$), gehen jedoch von einer halbjährlichen Zinsgutschrift aus. Die anteiligen Zinsen werden entsprechend alle sechs Monate dem Konto gutgeschrieben. Im ersten Jahr werden 6 Euro Zinsen gezahlt, somit werden anteilig für das erste Halbjahr 3 Euro gutgeschrieben.

Jahr	Kontostand (Periodenanfang)	Zinsen	Kontostand (Periodenende)
0,5	100	$100 \cdot 0{,}03 = 3$	103
1	103	$103 \cdot 0{,}03 = 3{,}09$	106,09
1,5	106,09	$106{,}09 \cdot 0{,}03 = 3{,}18$	109,27
2	109,27	3,28	112,55
2,5	112,55	3,38	115,93
3	115,93	3,48	119,41

Tabelle 18.3: Kontostaffel bei unterjähriger Verzinsung und halbjährlicher Zinsgutschrift

 Die allgemeine Formel zur Bestimmung des Endkapitals der unterjährigen Verzinsung ist wie folgt gegeben

$$K_n = K_0 \left(1 + \frac{i}{m} \right)^{m \cdot n}.$$

Der Parameter m gibt dabei die Anzahl der Zinsgutschriften pro Jahr an. In dem Beispiel mit der halbjährlichen Zinsgutschrift ist $m = 2$. Würden die Zinsen jeden Monat gutgeschrieben, wäre $m = 12$.

Stetige Verzinsung

Der unterjährige Zinseszinseffekt der unterjährigen Verzinsung ist umso größer, je öfter die Zinsen pro Jahr gutgeschrieben werden. Die stetige Verzinsung ist der Grenzfall der unterjährigen Verzinsung für $m \to \infty$. Dies bedeutet, dass die Zinsen pro Jahr unendlich oft beziehungsweise in jedem logischen Moment gutgeschrieben werden.

Die allgemeine Formel zur Bestimmung des Endkapitals bei der stetigen Verzinsung ist

$$K_n = K_0 \cdot e^{i \cdot n}.$$

Für das Beispiel ($K_0 = 100$, $n = 3$, $i = 6\,\%$) ergibt sich somit nach drei Jahren ein Endkapital in Höhe von

$$K_3 = 100 \cdot e^{0,06 \cdot 3} = 119,72.$$

Sie sehen, dass die stetige Verzinsung im Vergleich zu den anderen Verzinsungsarten die höchste Verzinsung aufweist.

Effektiver Zinssatz

Der *Effektivzinssatz* i_{eff} gibt die tatsächliche Verzinsung pro Jahr an, also um wie viel Prozent der Kontostand am Ende des Jahres höher ist, als er am Anfang des Jahres war. Dieser Zinssatz unterscheidet sich bei den meisten Zinsmodellen vom nominellen Zinssatz i.

 Eine einfache Methode, den Effektivzinssatz zu berechnen, ist folgende Formel

$$i_{eff} = \sqrt[n]{\frac{K_n}{K_0}} - 1.$$

Dabei wird das Endkapital ins Verhältnis zum Anfangskapital gesetzt und die Wachstumsentwicklung über die Gesamtlaufzeit durch die Wurzel auf ein Jahr heruntergebrochen.

Betrachten Sie hierzu die vorherigen Berechnungen.

Zinsmodell	Anfangskapital	Endkapital nach drei Jahren	Effektivzins
Lineare Verzinsung	100	118,00	5,67 %
Exponentielle Verzinsung	100	119,10	6,00 %
Unterjährige Verzinsung mit $m = 2$	100	119,41	6,09 %
Stetige Verzinsung	100	119,72	6,18 %

Tabelle 18.4: Effektivzinssätze für die verschiedenen Zinsmodelle bei $K_0 = 100$, $n = 3$ und $i = 6\,\%$

Nur bei der exponentiellen Verzinsung entspricht der Effektivzinssatz dem nominellen Zinssatz. Die Höhe der Effektivzinssätze hängt wie erwartet von dem verwendeten Zinsmodell ab. Je größer der Zinseszinseffekt ist, das heißt, je öfter die Zinsen dem Konto gutgeschrieben werden, desto höher ist auch der Effektivzinssatz.

 Bei manchen Aufgaben ist der nominelle Zinssatz gegeben und es wird nach dem entsprechenden Effektivzinssatz gefragt. Obwohl Angaben über das Endkapital und das Anfangskapital fehlen, kann die hier verwendete Formel zur Bestimmung des Effektivzinssatzes herangezogen werden. Dies wird durch die Substitution von K_n durch die entsprechende Formel für das Endkapital eines Zinsmodells erreicht.

Aufgabe 18.1

Sie legen 400 Euro bei einem nominellen Zinssatz von 2 % über 6 Jahre an. Berechnen Sie Ihr Vermögen und die entsprechende Effektivverzinsung am Ende des betrachteten Zeitraums.

a) Bei linearer Verzinsung

b) Bei exponentieller Verzinsung

c) Bei unterjähriger Verzinsung mit vierteljährlicher Zinsgutschrift

d) Bei unterjähriger Verzinsung mit monatlicher Zinsgutschrift

e) Bei stetiger Verzinsung

Aufgabe 18.2

In fünf Jahren will Martha ihrem Ehemann Wolfgang einen Kurzurlaub nach Spanien schenken, der voraussichtlich 450 Euro kosten wird. Für diesen Zweck legt Martha heute 200 Euro zur Seite. Zu welchem nominellen Zinssatz muss das Geld verzinst werden, um in fünf Jahren ausreichend Kapital für den Kurzurlaub zur Verfügung zu haben?

a) Bei linearer Verzinsung

b) Bei exponentieller Verzinsung

c) Bei unterjähriger Verzinsung mit vierteljährlicher Zinsgutschrift

d) Bei unterjähriger Verzinsung mit monatlicher Zinsgutschrift

e) Bei stetiger Verzinsung

Aufgabe 18.3

Wolfgang ahnt von Marthas Vorhaben und hegt schon heute den Plan, sich ein Jahr nach dem Urlaub bei ihr zu bedanken. Dabei denkt er an einen spanischen Abend im Restaurant nebenan. Obwohl er auf die weltberühmte Fischplatte verzichten will, wird sich die Rechnung erwartungsgemäß auf stolze 200 Euro belaufen. Wie viel Kapital muss Wolfgang heute bei einem nominellen Zinssatz von 2 % anlegen, um in sechs Jahren das nötige Kapitel angespart zu haben?

a) Bei linearer Verzinsung

b) Bei exponentieller Verzinsung

c) Bei unterjähriger Verzinsung mit vierteljährlicher Zinsgutschrift

d) Bei unterjähriger Verzinsung mit monatlicher Zinsgutschrift

e) Bei stetiger Verzinsung

Aufgabe 18.4

Julia und Alex gehen gerne wandern. Sie wollen sich ein Navigationssystem zulegen, um das Risiko zu minimieren, bei ihrer nächsten Trekkingtour einen falschen Weg einzuschlagen. Ihr Wunschmodel SSPA-Siba kostet 80 Euro. Allerdings sind sie nur bereit, 40 Euro dafür auszugeben. Wie viele Jahre müssen sie 40 Euro bei einem nominellen Zinssatz von 3 % anlegen, um genügend Kapital für das Navigationssystem aufzubringen (unter der Annahme, der Preis für das Gerät bliebe konstant)?

a) Bei linearer Verzinsung

b) Bei exponentieller Verzinsung

c) Bei unterjähriger Verzinsung mit vierteljährlicher Zinsgutschrift

d) Bei unterjähriger Verzinsung mit monatlicher Zinsgutschrift

e) Bei stetiger Verzinsung

Aufgabe 18.5

Ihre Bank bietet Ihnen einen nominellen Jahreszinssatz von 5 %. Berechnen Sie den Effektivzinssatz.

a) Bei linearer Verzinsung

b) Bei exponentieller Verzinsung

c) Bei unterjähriger Verzinsung mit vierteljährlicher Zinsgutschrift

d) Bei unterjähriger Verzinsung mit monatlicher Zinsgutschrift

e) Bei stetiger Verzinsung

Lösungen

Die Lösungen der Aufgaben ergeben sich jeweils durch das Umformen der allgemeinen Formeln zur Bestimmung des Endkapitals und der Formel für den Effektivzinssatz. Bei der Frage nach dem Endkapital muss natürlich noch nicht umgeformt werden.

Technische Hinweise zum Umformen von Gleichungen finden Sie in Kapitel 2 *Gleichungen lösen*.

Lösung zu Aufgabe 18.1

Gegeben ist $K_0 = 400$, $n = 6$ und $i = 2\%$.

a) Lineare Verzinsung

$$K_n = K_0 \cdot (1 + n \cdot i) = 400 \cdot (1 + 6 \cdot 2\%) = 448{,}00$$

$$i_{eff} = \sqrt[n]{\frac{K_n}{K_0}} - 1 = \sqrt[6]{\frac{448{,}00}{400}} - 1 = 1{,}91\%$$

b) Exponentielle Verzinsung

$$K_n = K_0 \cdot (1 + i)^n = 400 \cdot (1 + 2\%)^6 = 450{,}46$$

$$i_{eff} = \sqrt[n]{\frac{K_n}{K_0}} - 1 = \sqrt[6]{\frac{450{,}46}{400}} - 1 = 2{,}00\%$$

c) Unterjährige Verzinsung mit vierteljährlicher Zinsgutschrift

$$K_n = K_0 \cdot \left(1 + \frac{i}{m}\right)^{m \cdot n} = 400 \left(1 + \frac{0{,}02}{4}\right)^{4 \cdot 6} = 450{,}86$$

$$i_{eff} = \sqrt[n]{\frac{K_n}{K_0}} - 1 = \sqrt[6]{\frac{450{,}86}{400}} - 1 = 2{,}01\%$$

d) Unterjährige Verzinsung mit monatlicher Zinsgutschrift

$$K_n = K_0 \left(1 + \frac{i}{m}\right)^{m \cdot n} = 400 \left(1 + \frac{0{,}02}{12}\right)^{12 \cdot 6} = 450{,}95$$

$$i_{eff} = \sqrt[n]{\frac{K_n}{K_0}} - 1 = \sqrt[6]{\frac{450{,}95}{400}} - 1 = 2{,}02\%$$

e) Stetige Verzinsung

$$K_n = K_0 \cdot e^{i \cdot n} = 400 \cdot e^{0{,}02 \cdot 6} = 451{,}00$$

$$i_{eff} = \sqrt[n]{\frac{K_n}{K_0}} - 1 = \sqrt[6]{\frac{451{,}00}{400}} - 1 = 2{,}02\%$$

Lösung zu Aufgabe 18.2

Gegeben ist $K_0 = 200$, $n = 5$ sowie $K_5 = 450$. Zur Lösung dieser Aufgabe wird die jeweilige Formel zur Berechnung des Endkapitals nach dem Zinssatz i aufgelöst.

a) Lineare Verzinsung

$$K_n = K_0 \cdot (1 + n \cdot i) \qquad\qquad |:K_0$$

$$\frac{K_n}{K_0} = 1 + n \cdot i \qquad\qquad |-1, \; :n$$

$$i = \frac{1}{n}\left(\frac{K_n}{K_0} - 1\right)$$

$$= \frac{1}{5}\left(\frac{450}{200} - 1\right) = 25\,\%$$

b) Exponentielle Verzinsung

$$K_n = K_0 \cdot (1 + i)^n$$

$$i = \sqrt[n]{\frac{K_n}{K_0}} - 1 = \sqrt[5]{\frac{450}{200}} - 1 = 17{,}61\,\%$$

c) Unterjährige Verzinsung mit vierteljährlicher Zinsgutschrift

$$K_n = K_0\left(1 + \frac{i}{m}\right)^{m\cdot n} \qquad\qquad |:K_0$$

$$\frac{K_n}{K_0} = \left(1 + \frac{i}{m}\right)^{m\cdot n} \qquad\qquad |\;\sqrt[m\cdot n]{\;}$$

$$\sqrt[m\cdot n]{\frac{K_n}{K_0}} = 1 + \frac{i}{m} \qquad\qquad |-1, \; \cdot m$$

$$i = \left(\sqrt[m\cdot n]{\frac{K_n}{K_0}} - 1\right)\cdot m$$

$$= \left(\sqrt[4\cdot 5]{\frac{450}{200}} - 1\right)\cdot 4 = 16{,}55\,\%$$

d) Unterjährige Verzinsung mit monatlicher Zinsgutschrift

$$K_n = K_0\left(1 + \frac{i}{m}\right)^{m\cdot n}$$

Nach i auflösen (siehe vorheriger Aufgabenteil):

$$i = \left(\sqrt[m\cdot n]{\frac{K_n}{K_0}} - 1\right)\cdot m = \left(\sqrt[12\cdot 5]{\frac{450}{200}} - 1\right)\cdot 12 = 16{,}33\,\%$$

e) Stetige Verzinsung

$$K_n = K_0 \cdot e^{i \cdot n} \qquad | : K_0$$

$$\frac{K_n}{K_0} = e^{i \cdot n} \qquad | \ln$$

$$\ln\left(\frac{K_n}{K_0}\right) = i \cdot n \qquad | : n$$

$$i = \frac{\ln\left(\dfrac{K_n}{K_0}\right)}{n} = \frac{\ln\left(\dfrac{450}{200}\right)}{5} = 16{,}22\,\%$$

Lösung zu Aufgabe 18.3

Gegeben ist $i = 2\,\%$, $n = 6$ sowie $K_6 = 200$. Zur Lösung dieser Aufgabe wird die jeweilige Formel zur Berechnung des Endkapitals nach K_0 aufgelöst.

a) Lineare Verzinsung

$$K_n = K_0 \cdot (1 + n \cdot i)$$

$$K_0 = K_n \cdot (1 + n \cdot i)^{-1} = 200 \cdot (1 + 6 \cdot 2\,\%)^{-1} = 178{,}57$$

b) Exponentielle Verzinsung

$$K_n = K_0 \cdot q^n$$

$$K_0 = K_n \cdot q^{-n} = 200 \cdot 1{,}02^{-6} = 177{,}59$$

c) Unterjährige Verzinsung mit vierteljährlicher Zinsgutschrift

$$K_n = K_0 \left(1 + \frac{i}{m}\right)^{m \cdot n}$$

Hieraus folgt:

$$K_0 = K_n \left(1 + \frac{i}{m}\right)^{-m \cdot n} = 200 \left(1 + \frac{2\,\%}{4}\right)^{-4 \cdot 6} = 177{,}44$$

d) Unterjährige Verzinsung mit monatlicher Zinsgutschrift

$$K_n = K_0 \left(1 + \frac{i}{m}\right)^{m \cdot n}$$

Nach K_0 aufgelöst also:

$$K_0 = K_n \left(1 + \frac{i}{m}\right)^{-m \cdot n} = 200 \left(1 + \frac{2\,\%}{12}\right)^{-12 \cdot 6} = 177{,}40$$

e) Stetige Verzinsung

$$K_n = K_0 \cdot e^{i \cdot n}$$

Auch diese Gleichung lösen Sie nach K_0 auf:

$$K_0 = K_n \cdot e^{-i \cdot n} = 200 \cdot e^{-2\,\% \cdot 6} = 177{,}38$$

Lösung zu Aufgabe 18.4

Gegeben ist $i = 3\,\%$, $K_n = 80$ und $K_0 = 40$. Die Formeln zur Berechnung des Endkapitals werden nach n aufgelöst.

a) Lineare Verzinsung

$$K_n = K_0 \cdot (1 + n \cdot i)$$

nach n aufgelöst also:

$$n = \frac{1}{i}\left(\frac{K_n}{K_0} - 1\right) = \frac{1}{0{,}03} \cdot \left(\frac{80}{40} - 1\right) = 33{,}33$$

b) Exponentielle Verzinsung

$$K_n = K_0 \cdot (1 + i)^n = K_0 \cdot q^n \qquad | : K_0$$

$$\frac{K_n}{K_0} = q^n \qquad | \ln$$

$$\ln\left(\frac{K_n}{K_0}\right) = n \cdot \ln(q) \qquad | : \ln(q)$$

$$n = \frac{\ln(K_n) - \ln(K_0)}{\ln(1 + i)}$$

$$= \frac{\ln(80) - \ln(40)}{\ln(1{,}03)} = 23{,}45$$

c) Unterjährige Verzinsung mit vierteljährlicher Zinsgutschrift

$$K_n = K_0\left(1 + \frac{i}{m}\right)^{m \cdot n} \qquad | : K_0$$

$$\frac{K_n}{K_0} = \left(1 + \frac{i}{m}\right)^{m \cdot n} \qquad | \ln$$

$$\ln\left(\frac{K_n}{K_0}\right) = n \cdot \ln\left(\left(1 + \frac{i}{m}\right)^m\right) \qquad | : \ln\left(\left(1 + \frac{i}{m}\right)^m\right)$$

$$n = \frac{\ln\left(\dfrac{K_n}{K_0}\right)}{\ln\left(\left(1 + \dfrac{i}{m}\right)^m\right)} = \frac{\ln\left(\dfrac{80}{40}\right)}{\ln\left(\left(1 + \dfrac{0{,}03}{4}\right)^4\right)} = 23{,}19$$

d) Unterjährige Verzinsung mit monatlicher Zinsgutschrift

$$K_n = K_0\left(1 + \frac{i}{m}\right)^{m \cdot n}$$

Diese Gleichung lösen Sie ähnlich wie die Gleichung mit vierteljährlicher Zinsgutschrift nach n auf:

$$n = \frac{\ln\left(\dfrac{K_n}{K_0}\right)}{\ln\left(\left(1 + \dfrac{i}{m}\right)^m\right)} = \frac{\ln\left(\dfrac{80}{40}\right)}{\ln\left(\left(1 + \dfrac{0,03}{12}\right)^{12}\right)} = 23,13$$

e) Stetige Verzinsung

$$K_n = K_0 \cdot e^{i \cdot n} \qquad | : K_0, \; \ln$$

$$\ln\left(\frac{K_n}{K_0}\right) = i \cdot n \qquad | : i$$

$$n = \frac{\ln\left(\dfrac{K_n}{K_0}\right)}{i} = \frac{\ln\left(\dfrac{80}{40}\right)}{0,03} = 23,10$$

Lösung zu Aufgabe 18.5

Es ist ein nomineller Zinssatz von $i = 5\,\%$ gegeben. Der Effektivzinssatz ergibt sich jeweils durch Einsetzen der Formel für das Endkapital K_n in die Formel zur Berechnung des Effektivzinssatzes

$$i_{eff} = \sqrt[n]{\frac{K_n}{K_0}} - 1.$$

a) Lineare Verzinsung

$$i_{eff} = \sqrt[n]{\frac{K_n}{K_0}} - 1 = \sqrt[n]{\frac{K_0 \cdot (1 + n \cdot i)}{K_0}} - 1 = \sqrt[n]{1 + n \cdot i} - 1$$

Es kann keine allgemeine Aussage über die Effektivverzinsung eines nominellen Zinssatzes von $i = 5\,\%$ bei linearer Verzinsung getroffen werden, da die Effektivverzinsung von der Laufzeit n abhängt. Da in der Aufgabe keine Angabe der Laufzeit gemacht wird, kann kein Ergebnis berechnet werden.

b) Exponentielle Verzinsung

$$i_{eff} = \sqrt[n]{\frac{K_n}{K_0}} - 1 \qquad | \, K_n = K_0 \cdot q^n \text{ einsetzen}$$

$$= \sqrt[n]{\frac{K_0 \cdot q^n}{K_0}} - 1$$
$$= q - 1$$
$$= i = 5\,\%$$

Bei der exponentiellen Verzinsung entspricht der nominelle Zinssatz i immer der Effektivverzinsung i_{eff}.

c) Unterjährige Verzinsung mit vierteljährlicher Zinsgutschrift

$$i_{eff} = \sqrt[n]{\frac{K_n}{K_0}} - 1 \qquad\qquad \left| K_n = K_0 \left(1 + \frac{i}{m}\right)^{m \cdot n} \text{ einsetzen} \right.$$

$$= \sqrt[n]{\frac{K_0 \left(1 + \frac{i}{m}\right)^{m \cdot n}}{K_0}} - 1$$

$$= \left(1 + \frac{i}{m}\right)^{m} - 1$$

$$= \left(1 + \frac{5\,\%}{4}\right)^{4} - 1$$

$$= 5,09\,\%$$

d) Unterjährige Verzinsung mit monatlicher Zinsgutschrift

Der Effektivzinssatz ergibt sich wie im Aufgabenteil c) hergeleitet zu

$$i_{eff} = \left(1 + \frac{i}{m}\right)^{m} - 1 = \left(1 + \frac{5\,\%}{12}\right)^{12} - 1 = 5,12\,\%.$$

e) Stetige Verzinsung

$$i_{eff} = \sqrt[n]{\frac{K_n}{K_0}} - 1 \qquad\qquad \left| K_n = K_0 \cdot e^{i \cdot n} \text{ einsetzen} \right.$$

$$= \sqrt[n]{\frac{K_0 \cdot e^{i \cdot n}}{K_0}} - 1$$

$$= e^{i} - 1 = e^{0,05} - 1 = 5,13\,\%$$

Eines ist sicher: Die Rentenrechnung

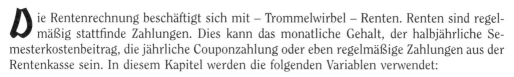

19

In diesem Kapitel

✔ Berechnen Sie, wie viel Sie heute sparen müssen, um in der Zukunft gut leben zu können

✔ Berechnen Sie, wie lange es bei regelmäßigen Zahlungen dauert, bis Sie einen bestimmten Betrag angespart haben

✔ Die verlockende Vorstellung einer ewigen Rente

Die Rentenrechnung beschäftigt sich mit – Trommelwirbel – Renten. Renten sind regelmäßig stattfinde Zahlungen. Dies kann das monatliche Gehalt, der halbjährliche Semesterkostenbeitrag, die jährliche Couponzahlung oder eben regelmäßige Zahlungen aus der Rentenkasse sein. In diesem Kapitel werden die folgenden Variablen verwendet:

✔ q Aufzinsungsfaktor ($= 1 + i$)

✔ r Höhe der Rente

✔ R_n Rentenendwert (Wert der Rente im Zeitpunkt n)

✔ R_0 Rentenbarwert (heutiger Wert der Rente)

Jährliche gleich hohe Zahlungen

Eine Rente ist eine bestimmte Anzahl von Zahlungen, die in regelmäßigen Abständen stattfinden. Generell ist zwischen *vorschüssigen* und *nachschüssigen* Renten zu unterscheiden.

✔ Bei einer **vorschüssigen** Rente erfolgen die Zahlungen **zu Beginn der Periode**.

✔ Bei einer **nachschüssigen** Rente erfolgen die Zahlungen **am Ende der Periode**.

Rentenendwert einer nachschüssige Rente

Angenommen Sie legen jedes Jahr am Jahresende 800 Euro auf ein Konto, das mit 2 % verzinst wird. Wie viel Kapital haben Sie nach drei Jahren angespart? Es handelt sich hierbei um eine nachschüssige Rente, da die Zahlungen am Ende der Periode stattfinden. Die 800 Euro des ersten Jahres werden also zwei Jahre verzinst, die des zweiten Jahres einmal und die des letzten gar nicht.

Das angesparte Kapital R_n^{nach} am Ende des Zeitraums wird als *Rentenendwert* bezeichnet und kann wie folgt berechnet werden:

$$R_n^{nach} = r \cdot q^2 + r \cdot q + r$$
$$= 800 \cdot 1{,}02^2 + 800 \cdot 1{,}02 + 800$$
$$= 2.448{,}32$$

Für die drei Jahre ist die vorherige Rechnung relativ einfach. Sollten Sie vierzig Jahre sparen, wäre die Rechnung allerdings weitaus aufwendiger, da Sie vierzig Summanden addieren müssten. Zur Berechnung des Endkapitals einer nachschüssigen Rente kann zum Glück die folgende Vereinfachung herangezogen werden.

Der Rentenendwert R_n^{nach} einer nachschüssigen Rente wird als Multiplikation der Rente r mit dem Faktor $\dfrac{q^n - 1}{q - 1}$ berechnet. Der Faktor wird als *Rentenendwertfaktor (REF)* bezeichnet. Dies folgt aus folgender Überlegung:

$$R_n^{nach} = r \cdot q^{n-1} + r \cdot q^{n-2} + \dots + r \cdot q + r$$
$$= r \cdot \left(q^{n-1} + q^{n-2} + \dots + q + 1 \right)$$
$$= r \cdot \frac{q^n - 1}{q - 1}$$

Wie Sie im letzten Schritt umformen, wird in Kapitel 3 *Folgen und Reihen* erklärt. Zur Berechnung wurde implizit eine exponentielle Verzinsung unterstellt. Diese Vorgehensweise ist eingängig, da sich der nominelle Zinssatz und der Effektivzinssatz bei dieser Verzinsungsart entsprechen. Sämtliche im Folgenden vorgestellten Formeln können neben der exponentiellen Verzinsung auch für die unterjährige und die kontinuierliche Verzinsung verwendet werden. Es muss dabei lediglich – statt des nominellen Zinssatzes – der Effektivzinssatz des jeweiligen Verzinsungsmodells in die Formeln eingesetzt werden.

Aufgabe 19.1

Oma Else spart jedes Jahr 800 Euro und versteckt sie in ihrer Matratze. Angenommen sie würde sie stattdessen immer am Jahresende auf ein Konto einzahlen, wie viel Kapital hat sie nach drei Jahren bei 2 % Zinsen angespart?

Rentenbarwert einer nachschüssigen Rente

Wie in Kapitel 18 gibt es auch in der Rentenrechnung analoge Fragestellungen zu dem Anfangskapital, der Rentenlaufzeit und der Rentenhöhe.

Die Frage nach dem Anfangskapital entspricht der Frage, wie viel Geld Sie heute auf Ihr Konto legen müssten, um jedes Jahr am Jahresende über n Jahre einen bestimmten Betrag r vom Konto abzuheben. Dieser Betrag, der notwendig ist, wird als *Rentenbarwert* bezeichnet und entspricht der Summe der diskontierten Renten. Durch eine ähnliche Umformung wie beim Rentenendwert kann der Rentenbarwert durch eine einfache Formel dargestellt werden:

$$R_0^{nach} = r \cdot q^{-1} + r \cdot q^{-2} + \dots r \cdot q^{-(n-1)} + r \cdot q^{-n}$$

$$= r \cdot q^{-n} \cdot \left(q^{n-1} + q^{n-2} + \dots q + 1 \right)$$

$$= r \cdot q^{-n} \cdot \frac{q^n - 1}{q - 1}$$

Der Faktor $q^{-n} \cdot \dfrac{q^n - 1}{q - 1}$ wird als *Rentenbarwertfaktor (RBF)* bezeichnet. Sie müssen sich ihn nicht merken. Es reicht aus zu wissen, dass $REF \cdot q^{-n} = RBF$.

Aufgabe 19.2

Wie viel Geld muss Oma Else heute auf ihr Konto legen, um in den kommenden drei Jahren jeweils am Jahresende 800 Euro abzuheben (der jährliche Urlaub mit den Enkelchen muss schließlich finanziert werden)? Der Zinssatz liegt weiterhin bei 2 %.

Rentenendwert einer vorschüssigen Rente

Die Frage nach dem Endkapital und dem Anfangskapital stellt sich ebenfalls bei vorschüssigen Renten. Bei einer vorschüssigen Rente erfolgen die Zahlungen am Anfang der Perioden. Somit wird jede Zahlung ein Jahr länger verzinst als bei Zahlung am Jahresende. Die Formel für das Endkapital einer vorschüssigen Rente können Sie sich daher sicherlich schon denken:

$$R_n^{vor} = r \cdot q^n + r \cdot q^{n-1} + \dots r \cdot q^2 + r \cdot q$$

$$= r \cdot q \cdot \frac{q^n - 1}{q - 1}$$

Aufatmen ist angesagt, auch diese Formel müssen Sie sich nicht merken. Es reicht zu wissen, dass alle Beträge ein Jahr länger verzinst wurden und somit das Endkapital einer nachschüssigen Rente mit q multipliziert werden kann, um auf das Endkapital einer vorschüssigen Rente zu schließen.

Aufgabe 19.3

Angenommen, Opa Erwin legt jedes Jahr am Jahresanfang 800 Euro auf ein Konto, das mit 2 % verzinst wird. Wie viel Kapital hat er nach drei Jahren angespart?

Rentenbarwert einer vorschüssigen Rente

Der Rentenbarwert einer vorschüssigen Rente kann schließlich mit folgender Formel berechnet werden:

$$R_0^{vor} = r \cdot q^{-1} + r \cdot q^{-2} + \dots r \cdot q^{-(n-1)} + r \cdot q^{-n}$$

$$= r \cdot q^{-n} \cdot q \cdot \frac{q^n - 1}{q - 1}$$

Sie werden es schon ahnen, auch diese Formel müssen Sie sich nicht merken.

Es reicht aus, wenn Sie wissen, wie Sie den Rentenendwert einer nachschüssigen Rente berechnen. Die nachfolgenden Zusammenhänge können darauf aufbauend verwendet werden, um den Rentenbarwert und die entsprechenden Werte für eine vorschüssige Rente zu berechnen. Der Zusammenhang zwischen Rentenbarwert und Rentenendwert wird durch das Diskontieren beziehungsweise Aufzinsen der Werte beschrieben als

$$R_0 = R_n \cdot q^{-n} \text{ beziehungsweise } R_n = R_0 \cdot q^n.$$

Die Umrechnung zwischen vorschüssigen und nachschüssigen Renten ist gegeben als

$$R^{vor} = R^{nach} \cdot q \text{ beziehungsweise } R^{nach} = \frac{R^{vor}}{q}.$$

Aufgabe 19.4

Sie sparen jedes Jahr 500 Euro. Wie hoch ist Ihr angespartes Vermögen nach 20 Jahren? Der Zinssatz liegt über den gesamten Zeitraum konstant bei 5 %.

a) Überweisung am Ende des Jahres

b) Überweisung am Anfang des Jahres

Aufgabe 19.5

Philipp geht jeden Werktag um Punkt 7:30 Uhr in ein Café, um sich über digitale Wasserzeichen, den Körnungsgrad seiner Pfeffermühle und andere äußerst wichtige Themen Gedanken zu machen. Die jährlichen Ausgaben für den täglichen Kaffee belaufen sich auf 200 Euro. Philipp hat einen Deal mit dem Café und begleicht die Rechnung für den Kaffeekonsum mit einer einzigen Zahlung pro Jahr. Wie viel Kapital muss Philipp heute auf ein mit 3 % verzinstes Konto legen, um die nächsten fünf Jahre von diesem Konto die Ausgaben für den Kaffee zu decken?

a) Falls Philipp am Jahresanfang zahlt

b) Falls Philipp am Jahresende zahlt

c) Falls Philipp niemals zahlt

Rentenhöhe und Rentenlaufzeit

Durch Umstellen der Formeln können Sie verschiedene weitere Fragestellungen der Rentenrechnung beantworten. So können Sie beispielsweise herausfinden, wie viel Geld Sie jedes Jahr am Jahresende (also eine nachschüssige Zahlung) sparen müssen, um bei einer Verzinsung von 5 % nach vier Jahren 1.000 Euro angespart zu haben. Die Antwort findet sich durch Umformung der Formel für den Rentenendwert einer nachschüssigen Rente: Es ist nach der Höhe der regelmäßigen Zahlung gefragt, daher wird die Formel nach *r* aufgelöst.

$$R_n^{nach} = r \cdot \frac{q^n - 1}{q - 1}$$

Nach r auflösen und die gegebenen Werte einsetzen, ergibt:

$$r = R_n^{nach} \cdot \frac{q - 1}{q^n - 1}$$

$$= 1.000 \cdot \frac{0{,}05}{1{,}05^4 - 1}$$

$$= 232{,}01$$

Die Frage nach der benötigten Restlaufzeit erfordert etwas mehr Umformungsaufwand. Wie lange dauert es, 100.000 Euro anzusparen, wenn man jedes Jahr am Jahresende 2.000 Euro spart und das Konto mit 3 % verzinst wird? Die Antwort findet sich ebenfalls durch Umformen der Formel für den Rentenendwert einer nachschüssigen Rente. Diesmal ist nach der Laufzeit n gefragt.

$$R_n^{nach} = r \cdot \frac{q^n - 1}{q - 1} \qquad | \cdot (q - 1)/r$$

$$\frac{R_n^{nach}}{r} \cdot (q - 1) = q^n - 1 \qquad | +1, \ln$$

$$\ln\left(\frac{R_n^{nach}}{r} \cdot (q - 1) + 1\right) = n \cdot \ln(q) \qquad | : \ln(q)$$

$$n = \frac{\ln\left(\dfrac{R_n^{nach}}{r} \cdot (q - 1) + 1\right)}{\ln(q)} \qquad |\text{Werte einsetzen}$$

$$= \frac{\ln\left(\dfrac{100.000}{2.000} \cdot 0{,}03 + 1\right)}{\ln(1{,}03)}$$

$$= 31{,}00$$

Aufgabe 19.6

Erik will sich eine neue hochmoderne Designer-Einbauküche kaufen. Dafür veranschlagt er die stolze Summe von 20.000 Euro. Ausgehend von der Frage was genau eine Einbauküche eigentlich definiert bis hin zur Detailplanung des Beschlags des Ausziehtischs im linken unteren Küchensegment dauert die Planung sechs Jahre. Wie viel Geld muss Erik ab heute jedes Jahr ansparen, um sich die Küche in sechs Jahren leisten zu können? Der Zinssatz liegt über den gesamten Zeitraum konstant bei 5 %.

a) Bei Einzahlung am Jahresende

b) Bei Einzahlung am Jahresanfang

Aufgabe 19.7

Jana würde gerne ein Auto kaufen. Für ihr Traumauto ganz in Pink benötigt sie allerdings 15.000 Euro. Wie viele Jahre muss Jana sparen, wenn sie jedes Jahr 6.000 Euro zurücklegen kann? Der Zinssatz liegt über den gesamten Zeitraum konstant bei 7 %.

a) Bei Einzahlung am Jahresende

b) Bei Einzahlung am Jahresanfang

Unterjährige Rente

Bei der *unterjährigen Rente* erfolgen die Zahlungen mehrmals pro Jahr, beispielsweise monatlich oder quartalsweise. Zur Berechnung können Sie auf die bereits vorgestellten Formeln zurückgreifen, dabei wird eine exponentielle Verzinsung unterhalb des Jahres unterstellt. Würden pro Jahr zum Beispiel 3 % Zinsen gezahlt, so entspricht dies einem monatlichen Zinssatz von $i = (1 + 0,03)^{\frac{1}{12}} - 1 = 0,2466\,\%$.

 Zur Berechnung des Rentenbarwerts oder des Rentenendwerts einer unterjährigen Rente werden die identischen Formeln verwendet wie bei jährlich gleich hohen Zahlungen. Die Variablen müssen allerdings auf die entsprechende Periodenlänge angepasst werden. So steht das r bei einer monatlichen Rente für die Höhe der monatlichen Rente, das q für den monatlichen Aufzinsungsfaktor und das n für den betrachteten Zeitraum gemessen in Monaten.

Aufgabe 19.8

Die sparsame Catherine steht am Anfang ihres BWL-Studiums. Ihren Bachelor wird sie planmäßig in drei Jahren erhalten. Sie geht davon aus, dass sie 650 Euro pro Monat benötigt, um Miete, Essen, Golfstunden, Polohemden, Bustickets, Duschhauben, Flugtickets zu den Partys nach London und Ähnliches bezahlen zu können. Wie viel Geld muss sie (oder vielleicht doch lieber ihre Eltern) heute auf ihr Konto einbezahlen, um für alle geplanten Ausgaben während ihrer Studienzeit aufkommen zu können? Gehen Sie davon aus, dass Catherine das Geld am Anfang des Monats vom Konto abhebt und das Konto mit 3 % p.a. verzinst wird.

Kapitalverzehr

Die Frage nach dem Kapitalverzehr behandelt folgenden Sachverhalt: Sie heben von einem Konto in regelmäßigen Abständen einen bestimmten Betrag ab. Wie viel Kapital verbleibt nach ein paar Jahren auf dem Konto?

 Seien Sie vorsichtig, die Antwort ist nicht einfach der Kontostand heute minus die Summe der Abhebungen. Auch der Zinseffekt muss berücksichtigt werden! Er kann in zwei Komponenten zerlegt werden: Zum einen verzinst sich der ursprüngliche Betrag auf dem Konto und zum anderen entgehen Ihnen Zinsen aufgrund der Abhebungen.

Nehmen wir an, Sie hätten 100.000 Euro auf einem Konto, das mit 5 % verzinst wird. Von diesem Konto heben Sie jedes Jahr am Jahresende 9.000 Euro ab. Wie hoch ist ihr Kontostand nach fünf Jahren?

Würden Sie kein Geld abheben, hätten Sie $100.000 \cdot 1,05^5 = 127.628,16$. Davon müssen noch fünf Zahlungen à 9.000 Euro sowie die darauf entgangenen Zinsen abgezogen werden. Der Wert dieser Zahlungen nach fünf Jahren entspricht dem Rentenendwert einer entsprechenden nachschüssigen Rente:

$$R_n^{nach} = r \cdot \frac{q^5 - 1}{1,05 - 1} = 9.000 \cdot \frac{1,05^5 - 1}{1,05 - 1} = 49.730,68$$

Somit verbleiben nach fünf Jahren $127.628,16 - 49.730,68 = 77.897,48$ auf dem Konto.

Aufgabe 19.9

Nils hat 20.000 Euro angespart. Allerdings gibt er jedes Jahr 400 Euro für frische Blumen aus, damit sich seine Freundin in seiner Wohnung wohlfühlt. Wie viel Kapital hat Nils nach sechs Jahren auf seinem Konto, wenn er den Betrag einmal pro Jahr abhebt und der Zinssatz des Kontos über den gesamten Zeitraum konstant bei 5 % liegt?

a) Bei Abhebungen am Jahresende

b) Bei Abhebungen am Jahresanfang

Wachsende oder fallende Renten

Bei der geometrisch veränderlichen (steigenden oder fallenden) Rente ergibt sich die nächste Zahlung aus der vorherigen durch Multiplikation mit einer Konstanten c. Steigt die Rente zum Beispiel jedes Jahr um 3 %, so gilt $r_n \cdot c = r_{n+1}$ mit $c = 1,03$. Der Rentenendwert für eine jährlich geometrisch wachsende oder fallende Rente bei jährlichen Rentenzahlungen am Jahresende und jährlicher Zinsverrechnung ist

$$R_n = r \cdot \frac{q^n - c^n}{q - c},$$

falls $q \neq c$, oder

$$R_n = r \cdot n \cdot q^{n-1},$$

falls $q = c$.

 Die Frage nach dem Barwert wird wie bisher durch Diskontierung des Endwerts beantwortet. Ebenso ergeben sich die Werte für vorschüssige Renten durch Multiplikation des Rentenendwerts oder Rentenbarwerts mit q.

Aufgabe 19.10

Matthias geht mit 66 Jahren in Rente. Bis zu diesem Zeitpunkt konnte er durch jahrelange harte Arbeit 450.000 Euro für seinen Lebenstraum ansparen: sieben Jahre Weltreise von München über Einsiedel bis hin zu den Galapagos Inseln, dann von Peru nach Asien und über Castrop-Rauxel wieder zurück. In den ersten Jahren reist er sehr spartanisch und nächtigt auf Campingplätzen und in Hostels. Im Laufe der Reise gibt er allerdings immer mehr Geld aus, bis er im letzten Jahr ausschließlich in Fünf-Sterne-Hotels übernachtet. Gehen Sie davon aus, dass Matthias Kosten jedes Jahr um 40 % steigen und er das Geld jedes Jahr am Anfang des Jahres von seinem Konto abhebt. Dieses wird mit 4 % verzinst. Wie viel Geld wird Matthias im ersten und im sechsten Jahr ausgeben, wenn er die 450.000 Euro in den sieben Jahren vollständig aufbraucht?

Ewige Renten

Betrachten wir nun ewige Renten. Dies bedeutet, dass die Zahlungen bis in alle Ewigkeit fortgeführt werden und Sie somit unendlich viele Zahlungseingänge erhalten. Wir wollen den heutigen Wert dieser Rente bestimmen. Sie fragen sich nun bestimmt, wie der Wert von unendlich vielen Zahlungen etwas anderes sein kann als unendlich. Nun, dazu ein kurzes Beispiel:

Sie legen heute 100 Euro auf ein Konto, das mit 5 % verzinst wird. Nach einem Jahr erhalten Sie 5 Euro Zinsen. Diese heben Sie von dem Konto ab und kaufen sich davon ein extragroßes Eis mit Streuseln. Es verbleiben 100 Euro auf dem Konto. Am Ende des zweiten Jahres erhalten Sie wiederum 5 % Zinsen auf die 100 Euro, also 5 Euro. Den Betrag heben Sie erneut ab und kaufen diesmal eine gesunde Suppe (das schlechte Gewissen wegen des zuckrigen Eises im Vorjahr sitzt tief). Sie (beziehungsweise Ihre Erben und deren Erben) können bis in alle Ewigkeit jedes Jahr 5 Euro abheben und ausgeben. Der Zahlungsstrom entspricht einer ewigen nachschüssigen Rente in Höhe von 5 Euro. Wie viel ist diese Rente heute wert? Nun, Sie müssten dafür heute 100 Euro auf die Bank legen. Der heutige Wert dieser Rente sollte somit 100 Euro sein.

Wie kann man diese Überlegung formal überprüfen? Der Barwert einer ewigen nachschüssigen Rente ergibt sich als der Limes von R_0^{nach} für $n \to \infty$ zu

$$R_0^{nach,\ ewig} = \lim_{n \to \infty} r \cdot q^{-n} \cdot \frac{q^n - 1}{q - 1} = \lim_{n \to \infty} r \cdot \frac{1 - q^{-n}}{i} = \frac{r}{i}.$$

In dem Beispiel ist der Barwert der ewigen Rente somit

$$R_0^{nach,\ ewig} = \frac{r}{i} = \frac{5}{0{,}05} = 100.$$

Die Grenzwert-Überlegung war folglich richtig. Der Barwert einer ewigen vorschüssigen Rente ist gemäß bekanntem Muster

$$R_0^{vor,\ ewig} = q \cdot \frac{r}{i}.$$

Aufgabe 19.11

Bestimmen Sie den Barwert einer ewigen jährlichen Rente in Höhe von fünf Euro bei einem Zinssatz von 6%.

a) Bei Zahlungen am Jahresende

b) Bei Zahlungen am Jahresanfang

Lösungen

Lösung zu Aufgabe 19.1

Hier ist $r = 800$, $q = 1 + 0{,}02 = 1{,}02$ und $n = 3$. Somit berechnen Sie:

$$R_n^{nach} = r \cdot \frac{q^n - 1}{q - 1} = 800 \cdot \frac{1{,}02^3 - 1}{1{,}02 - 1} = 2.448{,}32$$

Lösung zu Aufgabe 19.2

Gesucht ist R_0^{nach} mit denselben Kennzahlen wie in Aufgabe 19.1:

$$R_0^{nach} = r \cdot q^{-n} \cdot \frac{q^n - 1}{q - 1}$$

$$= 800 \cdot 1{,}02^{-3} \cdot \frac{1{,}02^3 - 1}{1{,}02 - 1}$$

$$= 2.307{,}11$$

Lösung zu Aufgabe 19.3

In dieser Aufgabe suchen Sie R_n^{vor}. Gegeben ist $r = 800$, $q = 1{,}02$ und $n = 3$.

$$R_n^{vor} = r \cdot q \cdot \frac{q^n - 1}{q - 1}$$

$$= R_n^{nach} \cdot q$$

$$= 2.448{,}32 \cdot 1{,}02$$

$$= 2.497{,}29$$

Lösung zu Aufgabe 19.4

a) Bei einer nachschüssigen Rente ergibt sich mit $r = 500$, $q = 1{,}05$ und $n = 20$

$$R_n^{nach} = r \cdot \frac{q^n - 1}{q - 1}$$

$$= 500 \cdot \frac{1{,}05^{20} - 1}{0{,}05}$$

$$= 16.532{,}98.$$

b) Bei einer vorschüssigen Rente folgt

$$R_n^{vor} = r \cdot q \cdot \frac{q^n - 1}{q - 1}$$

$$= R_n^{nach} \cdot q$$

$$= 16.532{,}98 \cdot 1{,}05$$

$$= 17.359{,}63.$$

Lösung zu Aufgabe 19.5

Der Aufgabenstellung entnehmen Sie die Werte $r = 200$, $q = 1 + 0{,}03 = 1{,}03$ und $n = 5$.

a) Philipp zahlt am Jahresanfang.

$$R_0^{vor} = r \cdot q^{-n} \cdot q \cdot \frac{q^n - 1}{q - 1}$$

$$= R_0^{nach} \cdot q = 915{,}94 \cdot 1{,}03$$

$$= 943{,}42$$

b) Philipp zahlt am Jahresende.

$$R_0^{nach} = r \cdot q^{-n} \cdot \frac{q^n - 1}{q - 1}$$

$$= 200 \cdot 1{,}03^{-5} \cdot \frac{1{,}03^5 - 1}{0{,}03}$$

$$= 915{,}94$$

c) Philipp zahlt niemals.

Was für eine Frage. Da haben die Autoren sich aber einen Spaß gemacht. Die Antwort ist natürlich null.

Lösung zu Aufgabe 19.6

Es gilt $R_n^{nach} = 20.000$, $q = 1{,}05$ sowie $n = 6$.

a) Bei Einzahlungen am Jahresende

Ausgangspunkt ist die Formel für eine nachschüssige Rente:

$$R_n^{nach} = r \cdot \frac{q^n - 1}{q - 1}$$

Wir stellen diese Formel nach r um:

$$r = R_n^{nach} \cdot \frac{q - 1}{q^n - 1}$$

$$= 20.000 \cdot \frac{0{,}05}{1{,}05^6 - 1}$$

$$= 2.940{,}35$$

b) Bei Einzahlungen am Jahresanfang

Hier gehen Sie von der Formel für eine vorschüssige Rente aus:

$$R_n^{vor} = r \cdot q \cdot \frac{q^n - 1}{q - 1}$$

Nach r umgestellt ergibt sich:

$$r = R_n^{vor} \cdot q^{-1} \cdot \frac{q-1}{q^n-1}$$

$$= \frac{20.000}{1,05} \cdot \frac{0,05}{1,05^6-1}$$

$$= 2.800,33$$

Da die Rente am Jahresanfang gezahlt wird und somit im Vergleich zur nachschüssigen Rente ein Jahr länger verzinst wird, ist eine kleinere Rente notwendig, um den gewünschten Betrag zu erreichen.

Lösung zu Aufgabe 19.7

Dem Aufgabentext entnehmen Sie die Größen $R_n^{nach} = 15.000$, $r = 6.000$ und $q = 1,07$.

a) Bei Einzahlungen am Jahresende verwenden Sie die Formel für eine nachschüssige Rente:

$$R_n^{nach} = r \cdot \frac{q^n-1}{q-1}$$

Gemäß den Umformungen im Haupttext ist

$$n = \frac{\ln\left(\frac{R_n^{nach}}{r} \cdot (q-1) + 1\right)}{\ln(q)}$$

$$= \frac{\ln\left(\frac{15.000}{6.000} \cdot 0,07 + 1\right)}{\ln(1,07)}$$

$$= 2,38.$$

Sie muss also 2,38 Jahre sparen.

b) Bei Einzahlungen am Jahresanfang verwenden Sie die Formel für vorschüssige Renten:

$$R_n^{vor} = r \cdot q \cdot \frac{q^n-1}{q-1}$$

Diese Gleichung lösen Sie nun nach n auf:

$$\frac{R_n^{vor}}{r \cdot q} \cdot (q-1) = q^n - 1$$

$$n = \frac{\ln\left(\frac{R_n^{vor}}{r \cdot q} \cdot (q-1) + 1\right)}{\ln(q)}$$

$$= \frac{\ln\left(\frac{15.000}{6.000 \cdot 1,07} \cdot 0,07 + 1\right)}{\ln(1,07)}$$

$$= 2,24$$

Bei Einzahlung am Jahresanfang muss sie nur 2,24 Jahre sparen.

Lösung zu Aufgabe 19.8

Die Zahlungen entsprechen einer monatlichen Rente in Höhe von $r = 650$. Alle in der Formel verwendeten Größen müssen auf Monatsebene betrachtet werden. Der Zeitraum über drei Jahre entspricht $n = 36$ Monaten. Der monatliche Aufzinsungsfaktor beträgt $q = 1{,}03^{\frac{1}{12}}$. Nun kann die Barwertformel für eine vorschüssige Rente verwendet werden:

$$
\begin{aligned}
R_0^{vor} &= r \cdot q^{-n} \cdot q \cdot \frac{q^n - 1}{q - 1} \\[2mm]
&= 650 \cdot \left(1{,}03^{\frac{1}{12}}\right)^{-36} \cdot 1{,}03^{\frac{1}{12}} \cdot \frac{\left(1{,}03^{\frac{1}{12}}\right)^{36} - 1}{1{,}03^{\frac{1}{12}} - 1} \\[2mm]
&= 22.420{,}08
\end{aligned}
$$

Lösung zu Aufgabe 19.9

In der Aufgabe verstecken sich die Informationen $K_0 = 20.000$, $q = 1{,}05$ $r = 400$ sowie $n = 6$.

a) Bei Abhebungen am Jahresende

$$
\begin{aligned}
K_n &= K_0 \cdot q^n - r \cdot \frac{q^n - 1}{q - 1} \\[2mm]
&= 20.000 \cdot 1{,}05^6 - 400 \cdot \frac{1{,}05^6 - 1}{0{,}05} \\[2mm]
&= 24.081{,}15
\end{aligned}
$$

b) Bei Abhebungen am Jahresanfang

$$
\begin{aligned}
K_n &= K_0 \cdot q^n - r \cdot q \cdot \frac{q^n - 1}{q - 1} \\[2mm]
&= 20.000 \cdot 1{,}05^6 - 400 \cdot 1{,}05 \cdot \frac{1{,}05^6 - 1}{0{,}05} \\[2mm]
&= 23.945{,}11
\end{aligned}
$$

Lösung zu Aufgabe 19.10

In der Aufgabe geht es darum, die Höhe einzelner Zahlungen zu berechnen, also die Frage nach r. Da Matthias die Zahlungen am Anfang jeden Jahres abhebt, handelt es sich um eine vorschüssige Rente. Gegeben ist der Kontostand am Anfang des Betrachtungszeitraums. Dieser entspricht dem Rentenbarwert $R_0^{vor} = 450.000$. Die Ausgangsformel zur Berechnung des Endwerts einer nachschüssigen geometrisch wachsenden Rente muss für dieses Beispiel somit um den Faktor q^{-n} (weil Sie hier den Barwert betrachten) und um den Faktor q (weil Sie hier eine vorschüssige Rente betrachten) angepasst werden:

$$
R_0^{vor} = r \cdot \frac{q^n - c^n}{q - c} \cdot q^{-n} \cdot q
$$

Neben R_0^{vor} sind zudem $n = 7$, $c = 1{,}4$ und $q = 1{,}04$ gegeben. Zur Bestimmung der Rentenhöhe muss die Formel nach r umgestellt werden. Es ergibt sich

$$r_1 = R_0^{vor} \cdot \frac{q - c}{q^n - c^n} \cdot q^{n-1}$$

$$= 450.000 \cdot \frac{1{,}04 - 1{,}4}{1{,}04^7 - 1{,}4^7} \cdot 1{,}04^{7-1}$$

$$= 22.219{,}23.$$

Dieser Betrag entspricht der Auszahlung für das erste Jahr und beantwortet somit den ersten Teil der Frage. Alle weiteren Zahlungen steigen um 40 % pro Jahr. Die Auszahlung für das sechste Jahr beläuft sich somit auf

$$r_6 = r_1 \cdot c^5$$

$$= 22.219{,}23 \cdot 1{,}4^5$$

$$= 119.500{,}34.$$

Lösung zu Aufgabe 19.11

Mit $r = 5$, $i = 0{,}06$ und somit $q = 1{,}06$ gilt:

a) Bei Zahlungen am Jahresende

$$R_0^{nach,\ ewig} = \frac{r}{i} = \frac{5}{0{,}06} = 83{,}33$$

b) Bei Zahlungen am Jahresanfang

$$R_0^{vor,\ ewig} = q \cdot \frac{r}{i} = 88{,}33$$

Der Barwert einer vorschüssigen ewigen Rente ist immer um r höher als im nachschüssigen Fall. Ganz einfach, weil der einzige Unterschied der beiden Renten darin besteht, dass Sie bei der vorschüssigen Rente zu Beginn r erhalten und bei der nachschüssigen eben nicht. Formal können Sie das leicht herleiten:

$$R_0^{vor,\ ewig} - R_0^{nach,\ ewig} = q \cdot \frac{r}{i} - \frac{r}{i} = \frac{r}{i} \cdot (q - 1) = \frac{r}{i} \cdot i = r$$

Tilgen, tilgen, tilgen!

In diesem Kapitel

▷ Berechnen Sie, wie lange es dauert, ein Darlehen zurückzuzahlen

▷ Kalkulieren Sie den maximalen Darlehensbetrag, den Sie aufnehmen können

▷ Stellen Sie einen Tilgungsplan auf

Die Tilgungsrechnung beschäftigt sich mit den grundlegenden Fragen rund um Kredite; sei es ein Kredit von Ihrer Bank, um ein Haus zu bauen oder ein Kleinkredit, um einen Fernseher zu erwerben. Die Fragen der Tilgungsrechnung drehen sich immer um den Zins, die Laufzeit, den Kreditbetrag und die Zahlungen, die Sie leisten müssen. Diese vier Stellschrauben begebenen Ihnen überall. Machen Sie sich mit ihnen vertraut!

Grundlegendes

In diesem Kapitel werden die folgenden Variablen verwendet.

✔ A_t Annuität im Zeitpunkt t

✔ K_t Schuldbetrag am Ende der Periode t

✔ K_0 Kreditbetrag

✔ T_t Tilgungszahlung im Zeitpunkt t

✔ Z_t Zinszahlung im Zeitpunkt t

✔ i Darlehenszinssatz

✔ n Laufzeit des Darlehens

Die *Annuität* A_t entspricht dem regelmäßigen Betrag, der an die Bank überwiesen wird. Sie ist die Summe aus Zins- und Tilgungszahlung, die in dieser Periode zu begleichen sind. In jeder Periode t gilt

$$A_t = Z_t + T_t.$$

Die *Tilgungszahlungen* vermindern die Schuld gegenüber dem Gläubiger, der ausstehende Betrag wird durch die Zahlungen also immer kleiner. Der *Schuldbetrag*, der am Ende einer Periode übrig ist, ergibt sich aus dem alten Schuldbetrag minus der in dieser Periode geleisteten Tilgungszahlung:

$$K_t = K_{t-1} - T_t$$

Sobald die Summe aller bisher getätigten Tilgungszahlungen dem anfänglichen Kreditbetrag K_0 entspricht, ist die *Kreditlaufzeit n* beendet und das Darlehen zurückgezahlt. Diesen Zusammenhang gibt die folgende Gleichung wieder:

$$K_o = T_1 + \dots + T_n = \sum_{t=1}^{n} T_t$$

In jeder Periode müssen natürlich Zinsen gezahlt werden. Die Höhe dieser *Zinszahlung* ergibt sich aus dem *Darlehenszinssatz i* auf die verbleibende *Restschuld*, die dem verbleibenden Schuldbetrag am Ende der Vorperiode entspricht. Die zu zahlenden Zinsen in Periode t berechnen sich als

$$Z_t = i \cdot K_{t-1}.$$

Die Zinsen sowie die Tilgung werden immer am Ende einer Periode gezahlt.

Die folgende Formel fasst diese Gleichungen zusammen:

$$K_0 = \sum_{t=1}^{n} \frac{A_t}{(1 + i)^t}$$

Die *Anfangsschuld* entspricht dem Barwert aller Annuitäten. Im Zeitpunkt 0 ist der Kreditbetrag K_0 also gleich viel wert wie die Summe aller abgezinsten zukünftigen Zahlungen A_t. Anderenfalls würden sich Schuldner und Gläubiger wohl kaum auf das Geschäft einlassen.

Aufgabe 20.1

Rüdiger überweist im Jahr 2017 insgesamt 24.500 Euro an seine Hausbank, um ein Darlehen abzubezahlen. In diesem Jahr fallen 10.000 Euro Zinsen an. Wie hoch ist die Tilgung in diesem Jahr?

Aufgabe 20.2

Sina hat ein Darlehen aufgenommen, damit sie den seit Langem gewünschten tierfreundlichen und komplett recycelbaren Hühnerstall im Vorgarten finanzieren kann. Am Ende des Jahres 2013 belief sich die Restschuld auf 8.000 Euro. Sina tilgte im folgenden Jahr 10 % der ausstehenden Restschuld. Im Jahr 2015 folgte eine weitere Tilgungszahlung in Höhe von 900 Euro. Wie hoch ist die Restschuld am Ende des Jahres 2015?

Aufgabe 20.3

Hannes hat einen Kredit über 70.000 Euro aufgenommen. Das Darlehen hat eine Laufzeit von neun Jahren. In den ersten sieben Jahren hat Hannes insgesamt 40.000 Euro getilgt. Die Tilgung im letzten Jahr wird doppelt so hoch sein wie die Tilgung des vorherigen Jahres. Wie hoch ist die Tilgung im achten Jahr?

Aufgabe 20.4

Sascha und Anna haben ein kleines Darlehen aufgenommen. Die Restschuld Ende 2013 beträgt 33.333 Euro. Der Zinssatz liegt bei 6 %. Wie hoch ist die Zinszahlung im Jahr 2014?

Aufgabe 20.5

Will will ein Darlehen aufnehmen, um dem örtlichen Freischwimmerverein beizutreten. Die Bank unterbreitet ihm folgendes Angebot. Er soll das Darlehen durch drei Zahlungen am Jahresende der nächsten drei Jahre abbezahlen. Am Ende des ersten Jahres soll Will 1.000 Euro zahlen, am Ende des zweiten Jahres 600 Euro und schließlich 500 Euro im darauf folgenden Jahr. Der Darlehenszinssatz liegt konstant bei 5 %. Wie hoch ist der Kreditbetrag?

Ratentilgung

In diesem Abschnitt lernen Sie zwei Arten von Darlehen kennen:

✔ Bei der **Ratentilgung** sind die Tilgungszahlungen über die Laufzeit konstant.

✔ Bei der **Annuitätentilgung** sind die Annuitäten über die Laufzeit konstant.

Die Ratentilgung ist charakterisiert durch in jeder Periode gleich hohe Tilgungszahlungen. Es gilt

$$T_1 = T_2 = \ldots = T_n = T.$$

Folglich kann der anfängliche Kreditbetrag vereinfacht dargestellt werden als $K_0 = n \cdot T$. Die benötigte Tilgungszahlung pro Jahr bei gegebener Laufzeit ergibt sich zu $T = K_0/n$.

Beispiel

Sie nehmen einen Kredit über 90.000 Euro auf. Der vereinbarte Zins liegt bei 10 %. Sie vereinbaren eine Ratentilgung mit einer dreijährigen Laufzeit. Berechnen Sie die jährliche Tilgung und stellen Sie einen Tilgungsplan auf.

Lösung

Die jährliche Tilgung ist über die Jahre konstant und entspricht

$$T = \frac{K_0}{n} = \frac{90.000}{3} = 30.000.$$

Tabelle 20.1 stellt den Tilgungsplan für den Kredit dar. Ein Tilgungsplan ist eine anschauliche Darstellung der zeitlichen Entwicklung der Komponenten des Darlehens.

Die erste Zinszahlung Z_1 berechnet sich aus dem Kreditbetrag K_0 und dem Zinssatz i zu $Z_1 = 10\% \cdot 90.000 = 9.000$. Im ersten Jahr müssen Sie somit 30.000 Euro Tilgung und 9.000 Euro Zinsen an die Bank zahlen. Die Summe 39.000 Euro entspricht der Annuität im ersten Jahr. Die Restschuld verringert sich um

t	Restschuld der Vorperiode $K_t - 1$	Zinsen Z_t	Tilgung T_t	Annuität A_t	Restschuld K_t
1	90.000 (Kreditsumme K_0)	9.000	30.000	39.000	60.000
2	60.000	6.000	30.000	36.000	30.000
3	30.000	3.000	30.000	33.000	0
Summe		**18.000**	**90.000**	**108.000**	

Tabelle 20.1: Tilgungsplan bei Ratentilgung

die geleistete Tilgung auf $K_1 = 90.000 - 30.000 = 60.000$. Wie erwartet haben Sie am Ende der ersten Periode ein Drittel Ihrer Schulden getilgt, zwei Drittel verbleiben für die nächsten beiden Perioden.

Die Restschuld am Ende der ersten Periode entspricht der Restschuld am Anfang der zweiten Periode. Im zweiten Jahr berechnen sich die zu zahlenden Zinsen auf Basis von einer Restschuld von 60.000 Euro zu $Z_2 = 10\% \cdot 60.000 = 6.000$. Die Zahlung A_2 an die Bank ist wiederum die Summe aus Zins- und Tilgungszahlung. Nach diesem Schema können Sie den Tilgungsplan vervollständigen.

Die Restschuld am Ende der letzten Periode muss null sein. Sollte dies nicht der Fall sein, haben Sie sich irgendwo auf dem Weg verrechnet. Nutzen Sie diese Zahl zur Kontrolle.

Die Summe aller Tilgungszahlungen ist ebenfalls eine gute Kontrollzahl. Sie muss der Anfangsschuld entsprechen.

Aufgabe 20.6

Christina ist 33 Jahre. Sie hat nun lang genug hart gearbeitet und beschließt ein wenig für die Zukunft vorzusorgen. Dazu kauft sie eine schnieke Eigentumswohnung mit Garten, roten Markisen und einer großen Garage für den Dauerflohmarkt der Nachbarschaft. Zur Finanzierung nimmt sie ein Darlehen über 100.000 Euro auf. Der Zinssatz liegt bei 4 %. Christina vereinbart, das Kapital innerhalb von fünf Jahren bei Ratentilgung zurückzuzahlen. Stellen Sie einen Tilgungsplan auf.

Annuitätentilgung

Bei der Annuitätentilgung sind die zu zahlenden Annuitäten in jeder Periode gleich hoch. Es gilt

$$A_1 = A_2 = \ldots = A_n = A.$$

Beispiel

Betrachten Sie das gleiche Beispiel wie bei der Ratentilgung. Sie nehmen einen Kredit über 90.000 Euro bei einem Zinssatz von 10 % und einer Laufzeit von drei Jahren auf. Diesmal vereinbaren Sie mit Ihrer Bank allerdings eine Annuitätentilgung. Welchen Betrag A müssen Sie jedes Jahr am Jahresende an die Bank zahlen, damit das Darlehen nach drei Jahren zurückgezahlt ist?

Lösung

Ein Annuitätendarlehen ist aus Ihrer Sicht eine negative Rente mit gleich hohen Zahlungen. Anstatt die Zahlungen zu erhalten, müssen Sie diese an die Bank überweisen. Aus Sicht der Bank entspricht das Annuitätendarlehen einer Rente mit konstanten Zahlungen. Sie nehmen sich daher Überlegungen der Rentenrechnung aus Kapitel 19 zu Hilfe. Gemäß der vorhin vorgestellten Formel

$$K_0 = \sum_{t=1}^{n} \frac{A_t}{(1 + i)^t}$$

entspricht der Kreditbetrag K_0 dem Barwert der Annuitäten. Bei gleich hohen Zahlungen A jede Periode wird dieser Wert über die Rentenbarwertformel aus Kapitel 19 wiedergegeben. Im Kontext der Annuitätentilgung wird die gleiche Formel nur mit anderen Variablen verwendet:

$$K_o = A \cdot q^{-n} \cdot \frac{q^n - 1}{q - 1}$$

Die benötigte regelmäßige Zahlung, um das Darlehen zurückzuzahlen, ergibt sich durch Umstellen der Formel zu

$$A = K_0 \cdot q^n \cdot \frac{q - 1}{q^n - 1}.$$

Somit berechnet sich für das Beispiel eine jährliche Annuität von

$$A = 90.000 \cdot (1 + 0{,}1)^3 \cdot \frac{0{,}1}{1{,}1^3 - 1} = 36.190{,}33.$$

Der zugehörige Tilgungsplan ist in Tabelle 20.2 gegeben.

t	Restschuld der Vorperiode $K_t - 1$	Zinsen Z_t	Tilgung T_t	Annuität A_t	Restschuld K_t
1	90.000,00 (Kreditsumme K_0)	9.000	27.190,33	36.190,33	62.809,67
2	62.809,67	6.280,97	29.909,37	36.190,33	32.900,30
3	32.900,30	3.290,03	32.900,30	36.190,33	0
Summe		**18.571,00**	**90.000,00**	**108.571,00**	

Tabelle 20.2: Tilgungsplan bei Annuitätentilgung

Die Annuitäten haben Sie soeben berechnet. Die Zinszahlung im ersten Jahr ergibt sich erneut aus Zinssatz und Anfangsschuld. Der Anteil der Annuität, der nicht für die Zinszahlung verwendet wird, wird zur Tilgung herangezogen. Der Tilgungsbetrag im ersten Jahr ergibt sich somit zu $36.190{,}33 - 9.000 = 27.190{,}33$. Der anfängliche Kreditbetrag in Höhe von 90,000 Euro wird um diesen Tilgungsbetrag verringert und ergibt die Restschuld am Ende der ersten Periode: $90.000{,}00 - 27.190{,}33 = 62.809{,}67$.

Wie bei der Ratentilgung nimmt die zu zahlende Zinszahlung über die Laufzeit ab, da auch die Restschuld über die Laufzeit kleiner wird. Die Tilgungszahlungen wachsen über die Laufzeit an, da die Zahlungen an die Bank konstant sind und über die Zeit weniger Zinsen zu zahlen sind. Somit bleibt mehr für die Tilgung übrig.

Aufgabe 20.7

Betrachten Sie erneut das Darlehen aus Aufgabe 20.6. Nun vereinbaren Sie allerdings eine Annuitätentilgung. Stellen Sie einen Tilgungsplan auf.

Laufzeit des Darlehens

Eine wichtige Fragestellung der Tilgungsrechnung ist die Frage nach der benötigten Laufzeit, um ein Darlehen zurückzuzahlen.

Bei der Ratentilgung ist diese Frage relativ leicht zu beantworten. Da jedes Jahr gleich viel getilgt wird, werden $n = K_0/T$ Jahre benötigt. Bei einem Kreditbetrag in Höhe von 1.200 Euro und einer jährlichen Tilgung in Höhe von 200 Euro dauert es bei einer Ratentilgung somit $1.200/200 = 6$ Jahre, das Darlehen zurückzuzahlen.

Bei der Annuitätentilgung ist die Herleitung der benötigten Laufzeit etwas schwieriger. Sie ergibt sich erneut aus der umgestellten Barwertformel einer nachschüssigen Rente durch Auflösen nach der Laufzeit n:

$$K_o = A \cdot q^{-n} \cdot \frac{q^n - 1}{q - 1} \qquad | \text{ ausmultiplizieren}$$

$$K_o = A \cdot \frac{q^{-n} \cdot q^n - q^{-n} \cdot 1}{q - 1} \qquad | \text{ vereinfachen}$$

$$K_o = A \cdot \frac{1 - q^{-n}}{q - 1} \qquad | \cdot \frac{q - 1}{A}$$

$$\frac{K_0}{A} \cdot (q - 1) = 1 - q^{-n} \qquad | + q^{-n}$$

$$q^{-n} = 1 - \frac{K_o}{A} \cdot i \qquad | \ln$$

$$-n \cdot \ln(q) = \ln\left(1 - \frac{K_o}{A} \cdot i\right) \qquad | : -\ln(q)$$

$$n = -\frac{\ln\left(1 - \frac{K_o}{A} \cdot i\right)}{\ln(q)}$$

Es lohnt sich, diese Formel auswendig zu lernen, um sie nicht jedes Mal herleiten zu müssen. Alternative Darstellungen dieser Formel ergeben sich durch Umformen mithilfe der Logarithmus-Regeln aus Kapitel 1 zu

$$n = \frac{\ln(A) - \ln(A - K_o \cdot i)}{\ln(q)}$$

oder

$$n = \frac{\ln\left(\dfrac{A}{A - K_o \cdot i}\right)}{\ln(q)}.$$

Wählen Sie einfach die Variante, die Sie sich am besten merken können.

Aufgabe 20.8

Sie leihen sich 300.000 Euro zu einem Zinssatz von 3 % und vereinbaren eine Annuitätentilgung. Sie können sich jährliche Annuitäten in Höhe von 24.000 Euro leisten. Wie lange dauert es, das Kapital zurückzuzahlen?

Aufgabe 20.9

Falls Sie bei dem Darlehen aus der vorherigen Aufgabe eine Ratentilgung mit einer jährlichen Tilgung in Höhe von 24.000 Euro vereinbaren würden, wie viele Jahre würde es dauern, das Darlehen zurückzuzahlen?

Lösungen

Lösung zu Aufgabe 20.1

Der Betrag, den Rüdiger überweist, entspricht der Annuität im Jahr 2017. Somit ist $A_{2017} = 24.500$. Die Annuität setzt sich zusammen aus der Zinszahlung und aus der Tilgungszahlung. Da die Zinszahlung im Jahr 2017 10.000 Euro entspricht, bleiben 14.500 Euro übrig, um das Darlehen zu tilgen.

Alternativ: Aus $A_t = Z_t + T_t$ folgt $T_t = A_t - Z_t = 24.500 - 10.000 = 14.500$.

Lösung zu Aufgabe 20.2

Die Tilgung im Jahr 2014 beläuft sich auf 10 % der ausstehenden Restschuld. Die ausstehende Restschuld entspricht der Restschuld am Ende des vorherigen Jahres: $K_{2013} = 8.000$. Somit tilgt Sina im Jahr 2014 $T_{2014} = 8.000 \cdot 10\% = 800$. Die Restschuld am Ende des Jahres 2014 beläuft sich somit auf

$$K_{2014} = K_{2013} - T_{2014} = 8.000 - 800 = 7.200.$$

Im darauf folgenden Jahr tilgt Sina $T_{2015} = 900$. Als Restschuld am Ende des Jahres 2015 verbleiben

$$K_{2015} = K_{2014} - T_{2015} = 7.200 - 900 = 6.300.$$

Lösung zu Aufgabe 20.3

Die Summe aller Tilgungszahlungen muss dem Kreditbetrag entsprechen. Es gilt $K_o = T_1 + \ldots + T_n$. Bisher wurden 40.000 getilgt, somit verbleibt für die letzten beiden Jahre eine Restschuld in Höhe von 30.000 Euro. Dies lässt sich wie folgt formalisieren

$$K_o = T_1 + \ldots + T_9.$$

Hier also:

$$70.000 = 40.000 + T_8 + T_9$$
$$T_8 + T_9 = 30.000$$

Zudem wissen Sie, dass die Tilgung im neunten Jahr doppelt so hoch ist wie die Tilgung im achten Jahr. Somit ist

$$T_9 = 2 \cdot T_8.$$

Durch Einsetzen folgt

$$T_8 + 2 \cdot T_8 = 30.000$$

und daher

$$T_8 = 10.000.$$

Lösung zu Aufgabe 20.4

Die Zinszahlung berechnet sich aus der Restschuld am Ende des vergangenen Jahres. Somit folgt für die Zinszahlung im Jahr 2014

$$Z_{2014} = i \cdot K_{2013} = 6\% \cdot 33.333 = 2.000.$$

Lösung zu Aufgabe 20.5

Der Kreditbetrag entspricht dem Barwert der Annuitäten. Die Annuitäten sind die Zahlungen, die Will an die Bank zahlen muss. Somit gilt $A_1 = 1.000$, $A_2 = 600$ und $A_3 = 500$. Der Barwert dieser Zahlungen und somit der Kreditbetrag ist

$$
\begin{aligned}
K_0 &= \frac{A_1}{(1+i)^1} + \frac{A_2}{(1+i)^2} + \frac{A_3}{(1+i)^3} \\
&= \frac{1.000}{1,05} + \frac{600}{1,05^2} + \frac{500}{1,05^3} \\
&= 1.928,52.
\end{aligned}
$$

Lösung zu Aufgabe 20.6

t	Restschuld der Vorperiode $K_t - 1$	Zinsen Z_t	Tilgung T_t	Annuität A_t	Restschuld K_t
1	100.000	4.000	20.000	24.000	80.000
2	80.000	3.200	20.000	23.200	60.000
3	60.000	2.400	20.000	22.400	40.000
4	40.000	1.600	20.000	21.600	20.000
5	20.000	800	20.000	20.800	0
Summe		**12.000**	**100.000**	**112.000**	

Tabelle 20.3: Tilgungsplan bei Ratentilgung

Lösung zu Aufgabe 20.7

$$A = K_0 \cdot q^n \cdot \frac{q - 1}{q^n - 1}$$

$$= 100.000 \cdot 1,04^5 \cdot \frac{0,04}{1,04^5 - 1}$$

$$= 22.462,71$$

t	Restschuld der Vorperiode $K_t - 1$	Zinsen Z_t	Tilgung T_t	Annuität A_t	Restschuld K_t
1	100.000,00	4.000,00	18.462,71	22.462,71	81.537,29
2	81.537,29	3.261,49	19.201,22	22.462,71	62.336,07
3	62.336,07	2.493,44	19.969,27	22.462,71	42.366,80
4	42.366,80	1.694,67	20.768,04	22.462,71	25.198,76
5	21.598,76	863,95	21.598,76	22.462,71	0,00
Summe		**12.313,56**	**100.000,00**	**112.313,56**	

Tabelle 20.4: Tilgungsplan bei Annuitätentilgung

Lösung zu Aufgabe 20.8

Unter Verwendung der hergeleiteten Formel ergibt sich:

$$n = \frac{\ln(A) - \ln(A - K_o \cdot i)}{\ln(q)}$$

$$= \frac{\ln(24.000) - \ln(24.000 - 300.000 \cdot 0,04)}{\ln(1,04)}$$

$$= 17,67$$

Somit müssen Sie 17-mal die volle Annuität in Höhe von 24.000 Euro zahlen. Die verbleibende Restschuld am Ende des vierten Jahres und die Zinsen darauf für das nächste Jahr werden am Ende des fünften Jahres beglichen.

Lösung zu Aufgabe 20.9

Bei einem Kreditbetrag in Höhe von 300.000 Euro und einer jährlichen Tilgung in Höhe von 24.000 Euro dauert es bei einer Ratentilgung 300.000/24.000 = 12,5 Jahre, das Darlehen zurückzuzahlen. Beachten Sie im Vergleich zur vorstehenden Aufgabe, dass in den 24.000 Euro noch keine Zinszahlungen enthalten sind. Diese fallen zusätzlich an, darum ist die Laufzeit deutlich kürzer als in der vorstehenden Aufgabe.

Das Anleihen-Einmaleins

In diesem Kapitel

▶ Ausgabekurs, Rückzahlungskurs, Nominalzinssatz, Laufzeit – Welche Faktoren den Wert einer Anleihe wie beeinflussen

▶ Bestimmen Sie den fairen Kurs einer Anleihe

▶ Abseits der Fairness? – Wie ist die Rendite von angeboteten Anleihen?

A nleihen sind ein bedeutendes Instrument am Kapitalmarkt. Einerseits bieten sie Investoren die Möglichkeit, Geld zu im Voraus festgelegten Rückflüssen anzulegen. Andererseits können beispielsweise Unternehmen oder Staaten durch Anleihen große Mengen an Kapital beschaffen. In diesem Kapitel meistern Sie die Grundzüge von Anleihen und verschaffen sich ein eigenes Bild über den angemessenen Wert.

Mit Anleihen Geld an andere leihen

Viele Menschen haben Ideen, mit denen sie gerne Geld verdienen wollen. Manche Ideen sind aussichtsreich, andere weniger. Bei all diesen Geschäftsideen wird jedoch zumeist ein gewisses Startkapital benötigt. Und weil die Menschen mit den Ideen oftmals nicht genug Kapital für ihre Ideen haben, leihen sie sich Geld von anderen.

Die Kapitalnehmer, also die kreativen Köpfe hinter den Ideen, versprechen natürlich die Rückzahlung des Kapitals nach einem festgelegten Zeitraum und leisten als Gebühr eine regelmäßige Zinszahlung. Das Recht auf den Erhalt von Zinsen und die Kapitalrückzahlung werden verbrieft, das heißt beispielsweise auf Papier niedergeschrieben. Dieses verbriefte Recht wird *Anleihe* (englisch *Bond*) oder manchmal auch *Pfandbrief, Schuldverschreibung, Rentenpapier* oder *Obligation* genannt.

Die Anleihe, die der Kapitalnehmer herausgibt, kann beliebig oft weiterverkauft werden. Der Weiterverkauf erfolgt beispielsweise an einer Börse.

Eine neu ausgegebene Anleihe wird durch folgende Größen charakterisiert:

✔ *Ausgabekurs* K_0, beispielsweise 96 Euro oder 96 Prozent. Der Ausgabekurs ist der Preis, den ein Anleger zahlt, wenn er die Anleihe erwirbt.

✔ *Rückzahlungskurs* K_n, beispielsweise 100 Euro oder 100 Prozent. Am Ende der Laufzeit erhält der Anleger diesen Betrag zurück.

✔ *Nennwert* oder Nominalwert N, beispielsweise 100 Euro. Auf diesen Wert bezieht sich die Zinszahlung. Oftmals ist der Nennwert identisch mit dem Rückzahlungskurs.

✔ *Nominalzinssatz i*, beispielsweise 3 % *p.a.* = 0,03. So viele Zinsen werden bezogen auf den Nennwert jedes Jahr gezahlt.

✔ *Laufzeit n*, beispielsweise fünf Jahre. Am Ende der Laufzeit wird der Rückzahlungskurs gezahlt und die letzte Zinszahlung ist fällig.

Wenn die Anleihe schon vor einiger Zeit ausgegeben wurde und am Markt verfügbar ist, heißt der Ausgabekurs allgemein *Anschaffungskurs* und die Laufzeit ist dann die *Restlaufzeit* der Anleihe.

Ausgabekurs und Rückzahlungskurs werden oft in Prozent des Nominalwerts angegeben. Für die Rechnung hat das keinen Einfluss. In den folgenden Aufgaben sehen Sie die Werte in Euro, da dies für den Einstieg leichter nachvollziehbar ist.

Vielleicht denken Sie bei den »kreativen Köpfen« an junge, durchtrainierte Menschen mit rosa Designerhemd, teurer Sonnenbrille und edler Armbanduhr. Oder auch an blasshäutige, dickbäuchige Computermenschen mit Rauschebart und dicker Brille. Ein großer Anteil der Anleihen wird aber von klassischen Großunternehmen oder vom Bund, von den Bundesländern oder den Kommunen ausgegeben.

Aufgabe 21.1

Veranschaulichen Sie grafisch die Zahlungen einer 5-jährigen Anleihe mit einem Ausgabekurs von 96 Euro, einem Rückzahlungskurs und Nennwert von 100 Euro und jährlichen Zinszahlungen mit einem Nominalzinssatz von 3 % p.a.

Jetzt fragen Sie sich sicher, wie es sein kann, dass man heute etwas für 96 Euro kaufen kann, was doch am Ende 100 Euro bringt – und zwischendurch auch noch Zinsen. Das hört sich erst mal wie ein richtig gutes Geschäft an. Der Grund dafür ist, dass das *Marktzinsniveau*, also der Zinssatz, den Sie bei einer alternativen Geldanlage mit gleichem Risiko erzielen würden, in diesem Beispiel höher als 3 % liegt. Und damit es überhaupt jemanden gibt, der eine 3 %ige Anleihe kauft, gibt es sozusagen einen »Rabatt« auf den Ausgabepreis.

Aufgabe 21.2

Gehen Sie von einem Marktzinsniveau von 5 % p.a. aus. Sollte der Ausgabepreis einer Anleihe mit nachfolgenden Charakteristika über oder unter 100 Euro liegen?

a) Laufzeit 4 Jahre, Rückzahlungskurs und Nennwert 100 Euro, Nominalzinssatz 4 % p.a.

b) Laufzeit 8 Jahre, Rückzahlungskurs und Nennwert 100 Euro, Nominalzinssatz 9 % p.a.

c) Laufzeit 6 Jahre, Rückzahlungskurs 98 Euro, Nennwert 100 Euro, Nominalzinssatz 3 % p.a.

d) Laufzeit 5 Jahre, Rückzahlungskurs 102 Euro, Nennwert 100 Euro, Nominalzinssatz 7 % p.a.

e) Laufzeit 7 Jahre, Rückzahlungskurs 102 Euro, Nennwert 100 Euro, Nominalzinssatz 4 % p.a.

f) Laufzeit 3 Jahre, Rückzahlungskurs 96 Euro, Nennwert 100 Euro, Nominalzinssatz 8 % p.a.

Aufgabe 21.3

a) Eine Anleihe mit einer Laufzeit von 4 Jahren kostet heute 102 Euro und zahlt jährlich 5 Euro Zinsen. Zudem zahlt die Anleihe am Laufzeitende 100 Euro zurück. Den Zahlungsstrom können Sie in Abbildung 21.1 ablesen. Was können Sie über das Marktzinsniveau sagen?

Abbildung 21.1: Eine vierjährige Anleihe

b) Welche Einschätzung haben Sie zum Marktzinsniveau, falls Sie den in Abbildung 21.2 dargestellten Zahlungsstrom einer 6-jährigen Anleihe beobachten?

Abbildung 21.2: Eine sechsjährige Anleihe

 Wenn der heutige Kurs einer Anleihe über dem Nennwert liegt, sagt man, die Anleihe notiert *über pari*. Wenn der aktuelle Preis geringer als der Nennwert ist, notiert sie *unter pari*.

Immer schön fair bleiben – gerade beim Kurs einer Anleihe

Sie haben jetzt ein ungefähres Gefühl, wie der Kurs einer Anleihe bei einem gegebenen Marktzinsniveau sein sollte. Aber wo genau liegt der faire Kurs?

Der heutige Kurs sollte dem heutigen Wert aller künftigen Rückzahlungen entsprechen – das ist fair, nicht wahr? Den heutigen Wert der Rückzahlungen erhalten Sie durch Abzinsen der künftigen Rückzahlungen mit dem Marktzins. Eine Anleihe, die in den nächsten drei Jahren jeweils 8 Euro Zinsen auszahlt und in drei Jahren dann mit 100 Euro zurückgezahlt wird, hat demnach bei einem Marktzinssatz von 6 % p.a. einen heutigen fairen Wert von K_0.

$$K_0 = \frac{8}{1{,}06} + \frac{8}{1{,}06^2} + \frac{8}{1{,}06^3} + \frac{100}{1{,}06^3} = 105{,}35$$

Der heutige Kurs dieser Anleihe wird bei 105,35 Euro liegen, dies entspricht dem Barwert der künftigen Rückzahlungen.

Die Zinszahlungen fallen gleichmäßig an – jedes Jahr am Jahresende. Dadurch können Sie für den heutigen Wert der Zinszahlungen die Formel für den Barwert einer nachschüssigen Rente verwenden. Sie erhalten jährlich Zinsen in Höhe von $N \cdot i$.

$$\text{heutiger Wert Zinszahlungen} = N \cdot i \cdot q^{-n} \cdot \frac{q^n - 1}{q - 1}$$

Sie erinnern sich bestimmt, dass $q^{-n} = 1/q^n$. Achten Sie auch darauf, dass Sie »i« in der richtigen Form einsetzen. Wenn die Anleihe beispielsweise einen Nennwert von 100 Euro und einen Nominalzinssatz von 3 % hat, dann ist $i = 0,03$ und somit $N \cdot i = 3$.

Am Schluss addieren Sie dazu noch den heutigen Wert der Tilgung, das ist $K_n \cdot q^{-n}$ und schon haben Sie den heutigen Gesamtwert.

$$K_0 = \frac{N \cdot i}{q^n} \cdot \frac{q^n - 1}{q - 1} + \frac{K_n}{q^n}$$

In der Formel für den fairen Kurs steckt sowohl ein »i« als auch ein »q«. Achten Sie unbedingt darauf, dass das »i« für den Nominalzinssatz der Anleihe steht, es ist also genau genommen ein »$i_{Anleihe}$«. Im Zinsfaktor »q« steckt zwar auch ein Zinssatz, aber das ist der Marktzinssatz, also ein »i_{Markt}«. Deswegen ist $q = 1 + i_{Markt}$, aber $q \neq 1 + i_{Anleihe}$, weil Marktzinssatz und Anleihenzinssatz in der Regel verschieden sind.

Eine Anleihe mit einem Rückzahlungskurs von 102 Euro, einem Nennwert von 100 Euro und einem Nominalzinssatz von 6 % p.a. hat bei einer Restlaufzeit von 5 Jahren und einem Marktzinssatz von 4 % p.a. einen fairen Wert von 110,55 Euro.

$$K_0 = \frac{100 \cdot 0,06}{1,04^5} \cdot \frac{1,04^5 - 1}{1,04 - 1} + \frac{102}{1,04^5} = 26,71 + 83,84 = 110,55$$

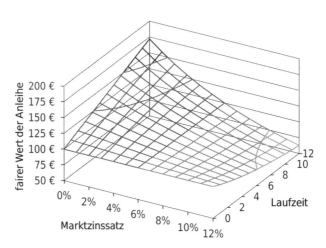

Abbildung 21.3: Fairer Wert einer Anleihe mit einem Nominalzinssatz von 6 % p.a. sowie einem Rückzahlungskurs und Nennwert von 100 Euro

Je höher der Marktzinssatz, desto geringer ist der faire Wert einer Anleihe. Dieser Effekt ist umso größer, je größer die Restlaufzeit ist.

Wenn der Marktzinssatz unter dem Nominalzinssatz liegt, profitiert der Anleger von einer im Vergleich zum Markt hoch verzinsten Anleihe. Je größer die Restlaufzeit ist, umso länger profitiert der Anleger. Dadurch führt eine größere Restlaufzeit zu einem höheren fairen Wert der Anleihe.

Liegt der Marktzinssatz hingegen über dem Nominalzinssatz, ist die Anleihe für den Anleger schlechter als eine Alternative zum Marktzinssatz. Eine größere Restlaufzeit führt zu einem geringeren fairen Wert der Anleihe.

Abbildung 21.3 veranschaulicht diese Zusammenhänge.

Aufgabe 21.4

Wie ist der faire Kurs der folgenden Anleihen?

a) Laufzeit 4 Jahre, Rückzahlungskurs und Nennwert 100 Euro, Nominalzinssatz 4 % p.a., Marktzinssatz 6 % p.a.

b) Laufzeit 6 Jahre, Rückzahlungskurs 98 Euro, Nennwert 100 Euro, Nominalzinssatz 8 % p.a., Marktzinssatz 4 % p.a.

c) Laufzeit 8 Jahre, Rückzahlungskurs 103 Euro, Nennwert 100 Euro, Nominalzinssatz 6 % p.a., Marktzinssatz 6,3 % p.a.

d) Laufzeit 25 Jahre, Rückzahlungskurs und Nennwert 100 Euro, Nominalzinssatz 7 % p.a., Marktzinssatz 3 % p.a.

e) Laufzeit 3 Jahre, Rückzahlung zu 100 %, Nominalzinssatz 4 % p.a., Marktzinssatz 5 % p.a.

f) Laufzeit 10 Jahre, Rückzahlung zu 105 %, Nominalzinssatz 6 % p.a., Marktzinssatz 2 % p.a.

Aufgabe 21.5

Die Forscher der Schokolag Schokoladen AG haben eine zucker- und fettfreie, zart- und feinschmelzende, bissfest-leichtweiche, süßlich-herbe, vollmundig-geschmacksbetonte Schokolade entwickelt. Das Unternehmen möchte für diese Sorte eine neue Großproduktionsanlage bauen und benötigt dafür Kapital. Die Schokolag hat sich entschieden, eine Anleihe auszugeben, um das benötigte Geld aufzutreiben. Der Nominalwert einer Anleihe (eines Stückes) liegt bei 1.000 Euro. Genau diesen Betrag erhalten die Anleihekäufer auch am Ende der Laufzeit zurück. Die Schokolag emittiert 10.000 Stücke. Die Anleihe hat eine Laufzeit von 10 Jahren, das Marktzinsniveau beträgt 5 % p.a.

a) Wie viel Kapital wird die Schokolag vereinnahmen, wenn sie einen Nominalzinssatz von 3 % p.a. bezahlt?

b) Welchen Nominalzinssatz muss die Schokolag zahlen, wenn sie 12 Mio. Euro für den Aufbau der Produktionsanlagen benötigt?

Aufgabe 21.6

Das Marktzinsniveau liegt bei 4 % p.a.

a) Wie ist der faire Kurs K_0 einer Anleihe mit dem in Abbildung 21.4 dargestellten Zahlungsstrom?

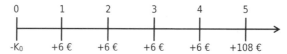

Abbildung 21.4: Zahlungsstrom einer 5-jährigen Anleihe

b) Welcher Preis ist für eine Anleihe mit dem Zahlungsstrom aus Abbildung 21.5 angemessen?

Abbildung 21.5: Zahlungsstrom einer 6-jährigen Anleihe

Renditen ermitteln

Im bisherigen Teil dieses Kapitels haben Sie den Kurs einer Anleihe bestimmt. Wenn Sie sich für den Kauf einer Anleihe interessieren, ist der Kurs aber meist eine vorgegebene Größe, die Sie nicht beeinflussen können. Eine Anleihe, die an der Börse für 98 Euro gehandelt wird, hat nun mal diesen Kurs und keinen anderen. Auch mit allergrößtem Charme werden Sie es nicht schaffen, die Anleihe unterhalb des Börsenpreises zu kaufen.

Bei einem Nominalzinssatz von beispielsweise 4 % p.a. bezogen auf den Nennwert 100 Euro und einer Laufzeit von 5 Jahren erhalten Sie Zahlungen gemäß Abbildung 21.6.

Abbildung 21.6: Zahlungsstrom einer am Markt notierten Anleihe

Wenn Ihnen alle Zahlungen bekannt sind, können Sie die Rendite der Anleihe bestimmen. Die Rendite ist die Verzinsung des eingesetzten Kapitals und entspricht dem *internen Zinsfuß*. Die Rendite wird auch *effektiver Zinssatz*, *Effektivzinssatz* oder *Effektivverzinsung* genannt. Um den Effektivzinssatz zu erhalten, müssten Sie die bekannte Formel nach i_{eff} auflösen.

$$K_0 = \frac{N \cdot i}{q^n} \cdot \frac{q^n - 1}{q - 1} + \frac{K_n}{q^n} K_0$$

$$= \frac{N \cdot i}{(1 + i_{eff})^n} \cdot \frac{(1 + i_{eff})^n - 1}{(1 + i_{eff}) - 1} + \frac{K_n}{(1 + i_{eff})^n}$$

Beachten Sie wieder, dass hier zwei Zinssätze auftauchen. Der Nominalzinssatz i und der Effektivzinssatz i_{eff}. Der Nominalzinssatz ist durch die Anleihebedingungen vorgegeben, der Effektivzinssatz ist die Größe, die aus den anderen resultiert.

Bei Laufzeiten von mehr als zwei Jahren ist Auflösen nach der Rendite i_{eff} jedoch sehr schwierig oder gar nicht möglich.

Einen groben Näherungswert erhalten Sie, indem Sie die Zinsen ins Verhältnis setzen zum aktuellen Kurs. Dazu addieren Sie den Kursgewinn oder Kursverlust, den Sie über die Laufzeit erhalten, also die Differenz zwischen Rückzahlungsbetrag und aktuellem Kurs.

$$i_{eff}^{Praktiker} = \frac{N \cdot i}{K_0} + \frac{K_n - K_0}{n \cdot N}$$

Für obige Anleihe kommen Sie mit dieser Praktikerformel zu einem Schätzwert für die Rendite von 4,48 % p.a.

$$i_{eff}^{Praktiker} = \frac{100 \cdot 0{,}04}{98} + \frac{100 - 98}{5 \cdot 100} = 4{,}48\,\%$$

Dank des computerisierten Zeitalters, in dem Charme völlig nutzlos ist, haben Sie vielleicht auch einen Taschenrechner, der die richtige Effektivverzinsung auf Knopfdruck ausrechnen kann.

$$98 = \frac{100 \cdot 0{,}04}{(1 + i_{eff})^5} \cdot \frac{(1 + i_{eff})^5 - 1}{(1 + i_{eff}) - 1} + \frac{100}{(1 + i_{eff})^5}$$

Die Lösung der Gleichung ist:

$$i_{eff} = 4{,}46\,\%$$

Die tatsächliche Effektivverzinsung ist mit 4,46 % p.a. nicht weit von der Näherung entfernt. Je größer die Differenz von K_n und K_0 ist, desto ungenauer ist die Näherung.

Ein *Zero-Bond* oder eine *Nullcouponanleihe* ist dadurch gekennzeichnet, dass nur am Laufzeitende eine Rückzahlung anfällt. Zwischendurch gibt es keine Zinsen. Die Rendite eines Zero-Bonds können Sie – ohne Näherung – direkt berechnen.

$$i_{eff} = \sqrt[n]{K_n/K_0} - 1$$

Aufgabe 21.7

Wie ist die ungefähre Rendite

a) einer Anleihe mit 7 Jahren Restlaufzeit, einem Rückzahlungskurs und Nennwert von 100 Euro, einem Ausgabekurs von 96 Euro bei einem Nominalzinssatz von 5 % p.a.?

b) einer 4-jährigen Anleihe, die jährlich 3 Euro Zinsen bringt, heute 104 Euro kostet und am Ende (ohne Zinsen) den Nominalwert 100 Euro zurückzahlt?

c) einer 25-jährigen Anleihe mit einem Nominalzinssatz von 7 % p.a. bezogen auf den Nennwert 1.000 Euro bei einer Rückzahlung in Höhe von 102 % des Nennwertes und einem aktuellen Kurs in Höhe von 80 % des Nennwertes?

d) einer Anleihe, die zu 110 % notiert, zu 96 % zurückgezahlt wird, 4 % p.a. Zinsen bringt und noch 8 Jahre läuft?

Aufgabe 21.8

Wie hoch genau ist die Rendite eines Zero-Bonds

a) mit 9-jähriger Restlaufzeit und 100 Euro Rückzahlungskurs, der heute 50 Euro kostet?

b) der heute zu 80 % notiert und in 5 Jahren zu 100 % zurückgezahlt wird?

Aufgabe 21.9

Sie haben 10.000 Euro angespart und möchten das Geld fünf Jahre lang anlegen. Ihr bärtiger Bankberater Balduin bietet Ihnen die Anlage auf einem Sparkonto der Bank zu einem Zinssatz von 2 % p.a. an. Alternativ hat er noch einen 5-jährigen Zero-Bond im Angebot. Dieser kostet heute 500 Euro pro Stück, in 5 Jahren werden 600 Euro pro Stück zurückgezahlt. Zinsen gibt es beim Zero-Bond nicht. Die dritte Alternative ist eine Bundesanleihe mit einem Nominalzinssatz von 5 % p.a. und einem Rückzahlungskurs von 100 %. Diese notiert heute bei 104 %. Welche Alternative bringt Ihnen die höchste Rendite?

 Es gibt viele Ursachen, weshalb Anleihen verschiedene Renditen haben können. Ein wichtiger Grund ist die Ausfallwahrscheinlichkeit des Emittenten. Stellen Sie sich zwei Anleihen mit gleicher Laufzeit, gleichem Nominalzinssatz, gleichem Nennwert und Rückzahlungsbetrag vor. Die eine Anleihe von einem großen, lange bekannten, soliden Unternehmen und die andere von einem Unternehmen, das gerade gegründet wurde und über dessen Erfolgszahlen noch wenig bekannt ist – welche Anleihe würden Sie eher kaufen? Vermutlich die des soliden Unternehmens, weil Sie stärker darauf vertrauen, dass Sie die versprochenen Zinsen und die Rückzahlung auch wirklich erhalten. Weil alle so denken, wird der Kurs der »soliden« Anleihe über dem Kurs der »unsicheren« Anleihe liegen. Und damit ist die Rendite der soliden Anleihe geringer als die Rendite der unsicheren Anleihe. Fragen Sie sich, wo in diesem Abschnitt der Marktzinssatz geblieben ist? Die Rendite, die Sie in diesem Abschnitt ermitteln, tritt an dessen Stelle. Das liegt daran, dass es im Grunde keinen einheitlichen Marktzinssatz gibt. Denn es gibt beispielsweise einen Markt für solide Anleihen und einen Markt für unsichere Anleihen. Mit jeweils verschiedenem Zinssatz.

Lösungen

Lösung zu Aufgabe 21.1

Zu Beginn zahlen Sie den Ausgabekurs, danach erhalten Sie jährlich die Zinsen bezogen auf den Nennwert und im letzten Jahr gibt es zusätzlich zu den Zinsen noch die Rückzahlung des Nennwertes. Abbildung 21.7 veranschaulicht den Zahlungsstrom.

Abbildung 21.7: Grafische Veranschaulichung des Zahlungsstroms einer Anleihe

Lösung zu Aufgabe 21.2

a) Die Anleihe bringt geringere Zinsen als eine andere Alternative am Markt, damit sich Käufer finden, muss der Ausgabekurs unter 100 Euro liegen.

b) Mit 9 % bezogen auf den Nennwert von 100 Euro bringt die Anleihe jedes Jahr 9 Euro Zinsen. Die Rückzahlung sind 100 Euro. Vergleichbare Alternativen am Markt bringen nur 5 %. Für solch eine Anleihe sind Anleger gerne bereit, einen Ausgabekurs von mehr als 100 Euro zu zahlen.

c) Weniger Zinsen als Marktniveau, und dann auch noch nur 98 Euro Rückzahlung? Ganz klar: Der Ausgabekurs muss unter 100 Euro liegen.

d) Das ist das attraktive Gegenteil der vorstehenden Aufgabe. Hier gibt es am Ende mehr als 100 Euro zurück und während der Laufzeit mehr Zinsen als bei anderen Anlagen am Markt. Also ist ein Ausgabekurs über 100 Euro gerechtfertigt.

e) Jetzt wird es aufwendig: Ein Rückzahlungskurs von 102 Euro spricht einerseits für einen Ausgabekurs, der ebenfalls über 100 Euro liegt. Da der Zinssatz aber unterhalb des Marktzinsniveaus liegt, ist auf Anhieb keine klare Aussage zum angemessenen Ausgabekurs möglich.

f) Hoher Nominalzinssatz, aber geringer Rückzahlungskurs. Hier ist auch nicht auf den ersten Blick erkennbar, ob ein Ausgabekurs über oder unter 100 Euro gerechtfertigt ist.

 Bei einem Rückzahlungskurs in Höhe des Nennwertes gilt immer: Falls der Nominalzinssatz über dem Marktzinssatz liegt, liegt der Ausgabekurs über dem Nennwert. Und umgekehrt. Die Laufzeit ist dabei zunächst egal. Sie ist nur ausschlaggebend dafür, wie weit der Ausgabekurs über oder unter dem Nennwert liegt.

Lösung zu Aufgabe 21.3

a) Die Anleihe bringt jedes Jahr 5 Euro Zinsen und am Ende zusätzlich eine Rückzahlung von 100 Euro. Der Ausgabekurs liegt mit 102 Euro höher als 100 Euro. Offensichtlich müssen Sie einen Aufschlag zahlen, damit Sie diese 5 %ige Anleihe erhalten. Die 5 %ige Anleihe ist folglich attraktiver als andere Angebote am Markt. Damit liegt das Marktzinsniveau unter 5 % p.a.

b) Diese Anleihe bringt sechs Jahre lang 7 % Zinsen, bis sie mit 100 Euro zurückgezahlt wird. Dennoch können Sie die Anleihe für weniger als 100 Euro kaufen. Das heißt, es gibt einen Rabatt beim Kauf der Anleihe. Das bedeutet, dass andere Angebote am Markt attraktiver sind und eine höhere Verzinsung als 7 % p.a. bieten.

Lösung zu Aufgabe 21.4

a) Rückzahlungskurs K_n und Nennwert N sind 100 Euro. Da der Nominalzinssatz $i = 0{,}04$ unter dem Marktzinssatz von $i_{Markt} = 0{,}06$ liegt, ist der faire Kurs geringer als 100 Euro.

$$K_0 = \frac{N \cdot i}{q^n} \cdot \frac{q^n - 1}{q - 1} + \frac{K_n}{q^n} = \frac{100 \cdot 0{,}04}{1{,}06^4} \cdot \frac{1{,}06^4 - 1}{1{,}06 - 1} + \frac{100}{1{,}06^4} = 13{,}86 + 79{,}21 = 93{,}07$$

Die Zinszahlungen haben einen heutigen Wert von 13,86 €, die in vier Jahren erfolgende Rückzahlung von 100 € hat einen heutigen Wert von 79,21 €. Die Anleihe sollte heute 93,07 € kosten.

b) Der Rückzahlungskurs ist zwar geringer als der Nominalwert, aber der im Vergleich zum Marktzinssatz hohe Nominalzinssatz macht dies mehr als wett.

$$K_0 = \frac{100 \cdot 0{,}08}{1{,}04^6} \cdot \frac{1{,}04^6 - 1}{1{,}04 - 1} + \frac{98}{1{,}04^6} = 41{,}94 + 77{,}45 = 119{,}39$$

Ein Preis von 119,39 € für eine Anleihe, die am Ende 98 € zurückzahlt, erscheint Ihnen vielleicht zunächst recht viel, aber die im Vergleich zum Marktniveau von 4 % p.a. recht hohen Zinsen von 8 % p.a. während der Laufzeit entschädigen Sie für diese Differenz.

c) Und manchmal entsteht ein kleines Mathe-Wunder beim Ergebnis. Mit $N = 100\,€$, $K_n = 103$, $i = 0{,}06$, $i_{Markt} = 0{,}063$ sowie $n = 8$ Jahre folgt:

$$K_0 = \frac{100 \cdot 0{,}06}{1{,}063^8} \cdot \frac{1{,}063^8 - 1}{1{,}063 - 1} + \frac{103}{1{,}063^8} = 36{,}82 + 63{,}18 = 100{,}00$$

Sie erhalten einen Wert von ziemlich genau 100 Euro – so schöne Zahlen gibt es bestimmt nur in den *für Dummies*-Büchern.

d) Eine Anleihe mit sehr großer Laufzeit, wie hier mit $n = 25$ Jahren, nennt man auch *Langläufer*. Bei einer langen Laufzeit macht sich besonders stark bemerkbar, wenn sich Nominalzinssatz und Marktzinssatz unterscheiden. Hier ist des Weiteren $N = K_n = 100\,€$, $i = 0{,}07$, $i_{Markt} = 0{,}03$ und somit:

$$K_0 = \frac{100 \cdot 0{,}07}{1{,}03^{25}} \cdot \frac{1{,}03^{25} - 1}{1{,}03 - 1} + \frac{100}{1{,}03^{25}} = 121{,}89 + 47{,}76 = 169{,}65$$

Sie profitieren bei dieser Anleihe 25 Jahre lang davon, dass Sie 7 % p.a. Zinsen bekommen, während der Markt ansonsten nur 3 % p.a. bietet. Allein die Zinszahlungen haben hier einen heutigen Wert von 121,89 €. Der heutige Wert des Rückzahlungsbetrages ist mit 47,76 € dagegen deutlich geringer, weil das Geld erst in 25 Jahren zurückgezahlt wird.

e) Jetzt sind Ihnen keine Angaben in Euro gegeben. Die Formel passt trotzdem. Der Nominalwert ist immer 100 %. Beim Rechnen mit Prozenten ersetzen Sie 100 % durch 1 und beispielsweise 105 % durch 1,05. Mit $i = 0{,}04$, $i_{Markt} = 0{,}05$ sowie $n = 3$ Jahre erhalten Sie:

$$K_0 = \frac{100\,\% \cdot 0{,}04}{1{,}05^3} \cdot \frac{1{,}05^3 - 1}{1{,}05 - 1} + \frac{100\,\%}{1{,}05^3} = 0{,}9728 = 97{,}28\,\%$$

Der aktuelle faire Kurs sollte bei 97,28 % des Nennwertes liegen.

f) Jetzt eine Anleihe, die $n = 10$ Jahre lang mehr bringt als der Markt ($i = 0{,}06$ und $i_{Markt} = 0{,}02$). Und zudem noch mehr als 100 % zurückzahlt. Schon vor dem Rechnen wissen Sie: Der Kurs wird deutlich über 100 % liegen.

$$K_0 = \frac{100\,\% \cdot 0{,}06}{1{,}02^{10}} \cdot \frac{1{,}02^{10} - 1}{1{,}02 - 1} + \frac{105\,\%}{1{,}02^{10}} = 1{,}4003 = 140{,}03\,\%$$

Ihre Vorüberlegung war richtig: Mit 140,03 % notiert die Anleihe ganz klar über pari.

Lösung zu Aufgabe 21.5

a) Die Schokolag findet für ihre Anleihen nur dann Käufer, wenn sie bei der Ausgabe nicht mehr als den fairen Wert für die Anleihen verlangt. Ansonsten suchen sich die Anleger eine andere Anlagemöglichkeit für ihr Geld, die mehr Zinsen bringt. Den fairen Preis bestimmen Sie mit der bekannten Formel – lassen Sie sich nicht davon schrecken, dass der Nominalwert 1.000 Euro ist.

$$K_0 = \frac{1.000 \cdot 0{,}03}{1{,}05^{10}} \cdot \frac{1{,}05^{10} - 1}{1{,}05 - 1} + \frac{1.000}{1{,}05^{10}} = 231{,}65 + 613{,}91 = 845{,}57$$

Eine Anleihe hat einen Wert von 845,57 €, 10.000 Stücke liegen somit bei etwa 8,46 Mio. €. Die Schokolag wird in etwa diesen Betrag vereinnahmen.

b) 12 Mio. Euro für 10.000 Stücke entsprechen 1.200 Euro pro Stück. Die Schokolag muss den Nominalzinssatz so wählen, dass der faire Kurs bei 1.200 Euro liegt. Stellen Sie dafür die Formel um.

$$K_0 = \frac{N \cdot i}{q^n} \cdot \frac{q^n - 1}{q - 1} + \frac{K_n}{q^n}$$

Lösen Sie nach i auf:

$$i = \left(K_0 - \frac{K_n}{q^n}\right) \cdot \frac{q^n}{N} \cdot \frac{q - 1}{q^n - 1} \quad i = \left(1.200 - \frac{1.000}{1{,}05^{10}}\right) \cdot \frac{1{,}05^{10}}{1.000} \cdot \frac{1{,}05 - 1}{1{,}05^{10} - 1} = 7{,}59\,\%$$

Wenn die 10-jährige Anleihe mit einem Nennwert und Rückzahlungsbetrag von 1.000 Euro pro Stück einen Nominalzinssatz von 7,59 % p.a. bietet, sind die Anleger bereit, 1.200 Euro pro Stück zu zahlen.

Lösung zu Aufgabe 21.6

a) Die Anleihe bringt jährlich Rückzahlungen von 6 Euro. Im letzten Jahr zahlt sie 108 Euro. Am Zahlungsstrom können Sie leicht ablesen, wie hoch der Nominalzinssatz und der Rückzahlungsbetrag sind. Sie wissen, dass die Anleihe einen jährlich gleichen Zins erbringt. Also entfallen 6 Euro von der Zahlung über 108 Euro im letzten Jahr auf den Zinsanteil. Somit verbleiben 102 Euro als Rückzahlungsbetrag. Sie bestimmen den fairen Kurs der 5-jährigen Anleihe mit einem Nennwert von 100 Euro, einem Zinssatz von 6 % p.a. und einem Rückzahlungsbetrag von 102 Euro.

$$K_0 = \frac{100 \cdot 0{,}06}{1{,}04^5} \cdot \frac{1{,}04^5 - 1}{1{,}04 - 1} + \frac{102}{1{,}04^5} = 26{,}71 + 83{,}84 = 110{,}55$$

Greifen Sie zu, falls Sie solch eine Anleihe für weniger als 110,55 € erwerben können!

b) Ihre Überlegung läuft hier genauso wie zuvor. Regelmäßige Zahlungen von 5 Euro bedeuten einen Zinsanteil von eben diesen 5 Euro im letzten Jahr und einen Rückzahlungsbetrag von 97 Euro.

$$K_0 = \frac{100 \cdot 0{,}05}{1{,}04^6} \cdot \frac{1{,}04^6 - 1}{1{,}04 - 1} + \frac{97}{1{,}04^6} = 26{,}21 + 76{,}66 = 102{,}87$$

Damit hat die Anleihe einen fairen Kurs von 102,87 €.

Lösung zu Aufgabe 21.7

a) Mit der Praktikerformel bestimmen Sie die Rendite schnell.

$$i_{eff}^{Praktiker} = \frac{N \cdot i}{K_0} + \frac{K_n - K_0}{n \cdot N} = \frac{100 \cdot 0{,}05}{96} + \frac{100 - 96}{7 \cdot 100} = 5{,}78\,\%$$

Der Kursgewinn von 4 Euro während der Laufzeit erhöht die Rendite der Anleihe vom Nominalzinssatz 5 % auf 5,78 % p.a.

b) Mit der Angabe »3 Euro Zinsen« kennen Sie schon den Ausdruck $N \cdot i$.

$$i_{eff}^{Praktiker} = \frac{3}{104} + \frac{100 - 104}{4 \cdot 100} = 1{,}88\,\%$$

Bei dieser Anleihe reduziert der Kursverlust während der Laufzeit die Rendite auf 1,88 % p.a.

c) Bei dieser Aufgabe sind Sie mit gemischten Angaben konfrontiert, einmal in Euro, einmal in Prozent. Aber keine Angst – die Formel passt immer. Sie müssen nur darauf achten, dass Sie überall Euro oder überall Prozente einsetzen. Wenn Sie sich für die Euro-Variante entscheiden, rechnen Sie zuerst die Prozentangaben in Euro um. Die Rückzahlung sind 102 % des Nennwertes, also 1.020 Euro. Der aktuelle Kurs beträgt 80 % des Nennwertes, das sind 800 Euro.

$$i_{eff}^{Praktiker} = \frac{1.000 \cdot 0{,}07}{800} + \frac{1.020 - 800}{25 \cdot 1.000} = 9{,}63\,\%$$

Oder Sie entscheiden sich für die Rechnung in Prozenten. Der Nennwert ist dann einfach 100 %.

$$i_{eff}^{Praktiker} = \frac{100\,\% \cdot 0{,}07}{80\,\%} + \frac{102\,\% - 80\,\%}{25 \cdot 100\,\%} = 8{,}75\,\% + 0{,}88\,\% = 9{,}63\,\%$$

Die Rendite beträgt 9,63 % p.a. – ganz gleich, wie Sie rechnen.

d) Und jetzt das Ganze komplett ohne Euros. Der Nennwert ist immer 100 %, die Angaben zum aktuellen Kurs und Rückzahlungskurs sind bezogen auf den Nennwert.

$$i_{eff}^{Praktiker} = \frac{100\,\% \cdot 0{,}04}{110\,\%} + \frac{96\,\% - 110\,\%}{8 \cdot 100\,\%} = \frac{1 \cdot 0{,}04}{1{,}1} + \frac{0{,}96 - 1{,}1}{8 \cdot 1} = 1{,}89\,\%$$

Bei dieser Anleihe schätzen Sie die Rendite auf 1,89 % p.a.

Lösung zu Aufgabe 21.8

a) Bei einem Zero-Bond brauchen Sie keine Näherung. Dessen Rendite berechnen Sie ganz exakt mit einer einfachen Formel.

$$i_{eff} = \sqrt[n]{K_n/K_0} - 1 = \sqrt[9]{100/50} - 1 = 8{,}01\,\%$$

Eine Kursverdopplung innerhalb von 9 Jahren, das entspricht einer Rendite von 8,01 % p.a.

b) Die Formel passt immer, auch wenn die Kurse in Prozent angegeben sind.

$$i_{eff} = \sqrt[5]{100\,\%/80\,\%} - 1 = 4{,}56\,\%$$

Dieser Zero-Bond bringt 4,56 % p.a. Rendite.

Lösung zu Aufgabe 21.9

Zum Vergleich der Anlagealternativen bestimmen Sie die Renditen. Beim Sparkonto ist die Sache mit 2 % p.a. sofort transparent. Die Rendite des Zero-Bonds bestimmen Sie genau.

$$i_{eff} = \sqrt[n]{K_n/K_0} - 1 = \sqrt[5]{600/500} - 1 = 3{,}71\,\%$$

Mit 3,71 % p.a. bringt dieser eine deutlich bessere Rendite. Und was bringt die Bundesanleihe?

$$i_{eff}^{Praktiker} = \frac{100\,\% \cdot 0{,}05}{104\,\%} + \frac{100\,\% - 104\,\%}{5 \cdot 100\,\%} = \frac{1 \cdot 0{,}05}{1{,}05} + \frac{1 - 1{,}05}{5 \cdot 1} = 4{,}01\,\%$$

Mit geschätzten 4,01 % p.a. hat die Bundesanleihe die beste Rendite – Sie sollten diese kaufen.

To invest or not to invest – das ist hier die Frage

22

In diesem Kapitel

▷ Bestimmen Sie den Wert einer Investition und wählen Sie die beste Alternative

▷ Treffen Sie eine genaue Aussage zur Rendite einer Investition

▷ Ermitteln Sie, nach wie vielen Jahren sich eine Investition lohnt

*W*ohin mit Ihrem Geld? Draußen im Garten vergraben, wo es niemand findet und Ihnen wegnehmen kann? Keine gute Idee – es könnte verrotten oder Sie finden es selbst nicht mehr. Zu Hause in den Sparstrumpf stecken? Oder sollten Sie Ihr Geld vielleicht in die Sparstrumpfproduktion investieren? In diesem Kapitel ermitteln Sie, ob sich eine Investition lohnt und wo Ihr Kapital am meisten wert ist. Mit dem Kapitalwert bestimmen Sie den Wert einer Investition in Euro, mit dem internen Zinsfuß finden Sie die Rendite einer Investition heraus.

Zahlungsströme aufstellen und verstehen

Ein *Zahlungsstrom* ist eine Aneinanderreihung von Einzahlungen und/oder Auszahlungen, die zu verschiedenen Zeitpunkten erfolgen. Ein anderes Wort für Zahlungsstrom ist *Zahlungsreihe*. Zur genauen Charakterisierung eignen sich folgende Bezeichnungen:

✔ *Auszahlungen* im Zeitpunkt j: A_j

✔ *Einzahlungen* im Zeitpunkt j: E_j

✔ *Periodenüberschuss* im Zeitpunkt j: $P_j = E_j - A_j$

Stellen Sie sich vor, Sie arbeiten für einen Sommer als Eisverkäufer. Sie kaufen am 01. Juni eine erstklassige Erdbeereismaschine für 2.000 Euro. Von Juni bis September verkaufen Sie selbst produziertes Eis. Sie notieren immer am Monatsende die Einzahlungen und Auszahlungen für den jeweils abgelaufenen Monat. Für den Erdbeergeschmack verwenden Sie ausschließlich einheimische Erdbeeren – keine Aromen. Im Juni sind die Erdbeeren noch recht teuer, zudem verschätzen Sie sich etwas im Einkauf und kaufen Zutaten für 500 Euro ein. Außerdem investieren Sie 200 Euro in Werbeflyer, da Ihr Eisstand noch nicht so bekannt ist. Mit dem verkauften Eis erreichen Sie nur einen Erlös von 400 Euro. Im Juli steigt die Eisnachfrage. Sie verkaufen Eis für 800 Euro und geben 450 Euro für die Zutaten aus. Der August ist Ihr persönlicher Glücksmonat. Eine lang anhaltende Hitzewelle sorgt für einen Rekordumsatz von 3.000 Euro. Zudem sind die Erdbeeren billig und durch den Riesenabsatz erhalten Sie vom Erdbeerbauern einen Großabnehmerrabatt. Für die Zutaten geben Sie im August insgesamt 1.100 Euro aus. Im September ist der Absatz durch den herannahenden Herbst und schlechteres Wetter rückläufig, aber Sie verkaufen immer noch Eis für 1.000 Euro bei Kosten von 500 Euro. Zum Ende des Monats September verkaufen Sie die gebrauchte Erdbeereismaschine für 800 Euro. Zur besseren Übersicht sollten Sie solche Geschäftszahlen immer zusammenfassen, wie in Tabelle 22.1.

Zeitpunkt	01. Juni (0)	30. Juni (1)	31. Juli (2)	31. August (3)	30. September (4)
Einzahlung		400 €	800 €	3.000 €	1.800 €
Auszahlung	2.000 €	700 €	450 €	1.100 €	500 €
Periodenüberschuss	−2.000 €	−300 €	+350 €	+1.900 €	+1.300 €

Tabelle 22.1: Zahlungsstrom der Erdbeereisproduktion

Alternativ können Sie den Zahlungsstrom auch wie in Abbildung 22.1 grafisch veranschaulichen.

Abbildung 22.1: Grafische Veranschaulichung des Zahlungsstroms der Erdbeereisproduktion

Der Zeitpunkt null ist immer der Anfangszeitpunkt der Investition. Die weiteren Zeitpunkte folgen bei diesem Beispiel der Erdbeereisproduktion im monatlichen Abstand. Der Abstand zwischen den Zeitpunkten kann auch anders sein und ist oft ein Jahr. Wichtig ist nur, dass alle Abstände gleich sind. Wenn zu einem Zeitpunkt keine Zahlung anfällt, dann ist der Periodenüberschuss zu diesem Zeitpunkt null.

Aufgabe 22.1

Sie kaufen für 170.000 Euro eine Maschine zur Produktion von Textmarkern. Sie betreiben die Maschine fünf Jahre lang und verkaufen Sie dann zu einem Restwert von 60.000 Euro. Im ersten Jahr verkaufen Sie 80.000 Textmarker zu je 50 Cent. In den Folgejahren wächst die Absatzmenge jährlich um zehn Prozent und der Verkaufspreis steigt um drei Cent pro Jahr. Die variablen Kosten für die Textmarker-Herstellung betragen in allen Jahren 20 Cent pro Stück. Stellen Sie den Zahlungsstrom der Einzahlungen, Auszahlungen und Periodenüberschüsse tabellarisch dar.

Aufgabe 22.2

An Silvester – einem kalten verschneiten Wintertag – gehen Sie zu Ihrem Kleiderschrank und suchen sich einen besonders schönen Strumpf aus. Dann kramen Sie ganz tief in den Erinnerungen an den Handarbeitsunterricht in der Grundschule und sticken das Wort »Sparstrumpf« darauf. Nach getaner Arbeit erfreuen Sie sich so sehr an Ihrem Werk, dass Sie es nicht wieder nutzlos in den Schrank legen wollen. Ihnen kommt vielmehr eine geniale Idee: Sie könnten in diesem Stück Stoff künftig Geld sammeln – und bei Bedarf welches daraus entnehmen.

Sie setzen die Idee sofort in die Tat um und stecken 300 Euro hinein, die Ihnen Ihre liebe Tante zu Weihnachten geschenkt hat. In den folgenden Monaten von Januar bis einschließlich Dezember stecken Sie immer am Monatsende Geld in den Sparstrumpf. In Monaten, deren Monatsbeginn im Winter liegt, sparen Sie jeweils 100 Euro, in Frühjahrsmonaten 150 Euro, in Sommermonaten 80 Euro und in Herbstmonaten 120 Euro. Mit dem Geld in Ihrem Sparstrumpf finanzieren Sie ein schönes Muschelessen zu je 30 Euro zum Ende aller Monate, die ein »R« im Namen enthalten. Nach einem Jahr entnehmen Sie das gesamte Geld, was sich im Sparstrumpf befindet und belegen einen Strickkurs, weil Sie groß in die Sparstrumpfproduktion einsteigen wollen.

a) Stellen Sie die Einzahlungen, Auszahlungen und den Periodenüberschuss der Kapitalanlage im Sparstrumpf tabellarisch dar.

b) Wie viel Geld können Sie nach einem Jahr für den Besuch des Strickkurses entnehmen?

Die Kapitalwertmethode verstehen und anwenden

Der *Kapitalwert* ist der Wert des Zahlungsstroms einer Investition zu einem vorgegebenen Zeitpunkt t. In der Regel wird der Wert zum Zeitpunkt $t = 0$ dargestellt. Durch Aufzinsen beziehungsweise Abzinsen auf den Zeitpunkt t wird der Wert von Zahlungen bestimmt, die zu einem früheren beziehungsweise späteren Zeitpunkt als t anfallen.

$$K_0 = \sum_{j=0}^{n} \frac{P_j}{(1 + i)^j} = \sum_{j=0}^{n} \frac{E_j}{(1 + i)^j} - \sum_{j=0}^{n} \frac{A_j}{(1 + i)^j}$$

✔ Der Kapitalwert zum Zeitpunkt $t = 0$ wird auch *Barwert* genannt.

✔ Der Kapitalwert zum Ende des Betrachtungszeitraums, also in $t = n$, wird auch *Endwert* genannt.

Der *Nettokapitalwert* oder *Net Present Value* bewertet alle anfallenden Zahlungen einer Investition. Der *Bruttokapitalwert* berücksichtigt nur die Zahlungen nach der anfänglichen Auszahlung. Wird nur der Begriff Kapitalwert verwendet, ist der Nettokapitalwert gemeint.

Stellen Sie sich vor, ein befreundetes Paar schickt Ihnen eine Hochzeitseinladung. Die Einladungskarte ist aufwendig verziert und raffiniert gefaltet. Das bringt Sie auf eine Idee: Sie könnten Ihre Kreativität ausleben und selbst ins Hochzeitseinladungskartengeschäft einsteigen. Eine Druck-und-Falt-Maschine kostet 20.000 Euro. Im ersten Jahr könnten Sie 5.000 Euro verdienen, im zweiten Jahr noch mal 5.000 Euro, im dritten Jahr 8.000 Euro, im vierten Jahr würden Sie noch mal 5.000 Euro durch den Kartenverkauf verdienen und die gebrauchte Maschine für 2.000 Euro verkaufen. Sie kalkulieren mit einem Zinssatz von 5 % p.a. und nehmen vereinfachend an, dass Ihre Jahresverdienste immer am Jahresende zur Verfügung stehen. Der

Kapitalwert in $t = 0$, also der Barwert, Ihrer Investition in die Hochzeitseinladungskarten-Druck-und-Falt-Maschine ist:

$$K_0^{Karten} = -20.000\,€ + \frac{5.000\,€}{1,05} + \frac{5.000\,€}{1,05^2} + \frac{8.000\,€}{1,05^3} + \frac{5.000\,€ + 2.000\,€}{1,05^4}$$

$$= -20.000\,€ + 4.761,90\,€ + 4.535,15\,€ + 6.910,70\,€ + 5.758,92\,€$$

$$= 1.966,67\,€$$

Zum heutigen Zeitpunkt betrachtet wäre der Wert aller Einzahlungen aus Ihrer Investition 1.966,67 € höher als der Wert aller Auszahlungen. Damit lohnt sich die Investition und Sie sollten eine Beschäftigung auf diesem kreativen Gebiet und die Anschaffung der Maschine in Erwägung ziehen.

Wie Sie wissen, ist Geld umso mehr wert, je früher Sie es besitzen. Schließlich können Sie Geld, das Sie früher besitzen, bis zu einem späteren Zeitpunkt anlegen und dadurch Zinsen erhalten. Für die obige Investition können Sie auch den Kapitalwert zu einem beliebigen anderen Zeitpunkt berechnen. Dazu zinsen Sie den Kapitalwert einfach auf. Der Kapitalwert am Ende des Investitionsprojektes, also der Endwert, ist:

$$K_n = K_0 \cdot (1 + i)^n$$

Hier also:

$$K_4 = 1.966,67\,€ \cdot 1,05^4 = 2.390,50\,€$$

 Eine Investition lohnt sich, wenn der Kapitalwert positiv ist. Der Betrachtungszeitpunkt ist dabei egal. Ein positiver Kapitalwert in $t = 0$ führt automatisch zu einem positiven Kapitalwert in jedem anderen Zeitpunkt. Und umgekehrt.

Aufgabe 22.3

a) Alternativ zum Engagement im Hochzeitskartengeschäft könnten Sie auch Hochzeitstorten backen. Die notwendige Ausrüstung dafür kostet 10.000 Euro. Nach zwei Jahren sind die Utensilien unbrauchbar und können nicht mehr verwendet oder verkauft werden. Der Verkauf der Hochzeitstorten würde einen Gewinn von 6.000 Euro jährlich bringen. Sollten Sie bei einem Zinssatz von 5 % p.a. lieber Torten backen oder Karten gestalten?

b) Aber gibt es vielleicht noch mehr Alternativen? Was wäre, wenn Sie sich einfach noch mal eine neue Ausrüstung zum Kuchenbacken kaufen würden, wenn die erste nicht mehr brauchbar ist?

c) Und was wäre, wenn Sie gleich richtig viel Geld in die Hand nehmen und ein auf Hochzeitsfeiern spezialisiertes Hotel bauen? Die Baukosten wären 400.000 Euro, Ihr Gewinn in den folgenden vier Jahren wäre jeweils 45.000 Euro und nach vier Jahren würden Sie das Hotel für 300.000 Euro verkaufen können.

Aufgabe 22.4

Die Abteilung Forschung und Entwicklung eines Mischwarenkonzerns hat auf einigen Segmenten neue Ideen entwickelt. Die Finanzabteilung hat für drei mögliche neue Produktlinien je einen Zahlungsstrom der erwarteten Periodenüberschüsse erstellt und in Tabelle 22.2 zusammengefasst.

Jahr	0	1	2	3	4
Himbeer-Apfelsaft	− 250.000 €	+ 75.000 €	+ 80.000 €	+ 85.000 €	+ 90.000 €
Transparentpapier	− 300.000 €	+ 50.000 €	+ 60.000 €	+ 90.000 €	+ 130.000 €
Kompostierbare Mülltüten	− 300.000 €	− 100.000 €	+ 170.000 €	+ 170.000 €	+ 170.000 €

Tabelle 22.2: Zahlungsstrom verschiedener Investitionsalternativen

Wie ist der Kapitalwert der drei Alternativen bei einem Zinssatz von 7 % p.a.?

Aufgabe 22.5

Sie kaufen sich einen geringelten Sparstrumpf für 5 Euro und stecken gleich 50 Euro hinein. Nach einem Jahr entnehmen Sie 30 Euro. Nach zwei Jahren stecken Sie noch mal 40 Euro in den Sparstrumpf und nach drei Jahren entnehmen Sie 60 Euro. Ihr Sparstrumpf ist jetzt leer. Als Kalkulationszinssatz verwenden Sie 3 % p.a.

a) Wie ist der Barwert der Investition in den Sparstrumpf?

b) Wie wäre der Barwert der Investition, wenn Sie den Sparstrumpf als Werbegeschenk kostenlos erhalten hätten?

Aufgabe 22.6

Die Immoflexbau AG erwägt den Kauf eines Grundstücks in attraktiver Lage. Sie möchte darauf einen Wohnblock mit 100 Wohneinheiten bauen. Der Kaufpreis des Grundstücks liegt bei 5 Mio. Euro, die Baukosten schlagen mit 10 Mio. Euro zu Buche. In den ersten beiden Jahren würde das Unternehmen jeweils 1 Mio. Euro Miete vereinnahmen, im dritten, vierten und fünften Jahr jeweils 1,5 Mio. Euro. Nach fünf Jahren würde der Wohnblock für 12 Mio. Euro verkauft. Kaufpreis und Baukosten fallen zu Beginn der Investition an, die übrigen Zahlungen jeweils am Ende des Jahres. Wie ist der Barwert der Investition

a) bei einem Kalkulationszinssatz von 2 % p.a.?

b) bei einem Kalkulationszinssatz von 5 % p.a.?

c) bei einem Kalkulationszinssatz von 8 % p.a.?

Aufgabe 22.7

Die Schreibwaren AG hat ein Angebot für eine neue Anlage zur Produktion von holzummantelten Grafitzylindern erhalten. Mit der Anlage würde sie im ersten Jahr einen Mehrumsatz von 10.000 Euro generieren. Dieser würde jährlich um 1.000 Euro steigen. Die zusätzlichen

Kosten durch den Einsatz der Anlage lägen bei konstant 3.000 Euro jährlich. Nach 5 Jahren wäre die Maschine nicht mehr nutzbar und wertlos. Wie teuer darf die Maschine bei einem Kalkulationszinssatz von 10 % p.a. maximal sein, damit sich die Investition lohnt?

Interne Zinssätze berechnen

Der *interne Zinssatz* entspricht der *Rendite* einer Investition. Der Kapitalwert der Investition ist bei Verwendung des internen Zinssatzes als Kalkulationszinssatz genau null. Ein anderer Name ist *interner Zinsfuß* oder *Effektivverzinsung*. Eine Investition lohnt sich dann, wenn Sie sich zu einem Zinssatz unterhalb des internen Zinssatzes finanzieren können.

$$\sum_{j=0}^{n} \frac{P_j}{(1 + i_{IZF})^j} = 0$$

Zur Bestimmung des internen Zinssatzes lösen Sie diese Gleichung nach i_{IZF} auf.

Inspiriert vom goldgelben Einband dieses Buches beschließen Sie, unter die Goldschürfer zu gehen. Eine Minengesellschaft bietet Ihnen für die Dauer von zwei Jahren die Schürfrechte für eine Goldmine an. Der Preis liegt bei einer Million Euro. Sie gehen davon aus, dass Sie im ersten Jahr Gold für 700.000 Euro und im zweiten Jahr Gold im Wert von 500.000 Euro fördern.

$$-1.000.000 \, € + \frac{700.000 \, €}{1 + i_{IZF}} + \frac{500.000 \, €}{(1 + i_{IZF})^2} = 0$$

Zur Bestimmung des internen Zinssatzes i_{IZF} lösen Sie die quadratische Gleichung auf.

$$-1.000.000 \, € \cdot (1 + i_{IZF})^2 + 700.000 \, € \cdot (1 + i_{IZF}) + 500.000 \, € = 0$$

Die Anwendung der abc-Formel zum Lösen einer quadratischen Gleichung aus Kapitel 2 ergibt:

$$(1 + i_{IZF}) = \frac{-700.000 \, € \pm \sqrt{(-700.000 \, €)^2 - 4 \cdot (-1.000.000 \, €) \cdot 500.000 \, €}}{2 \cdot (-1.000.000 \, €)}$$

Daraus bestimmen Sie die einzige positive Lösung

$$i_{IZF} = 13{,}90 \, \%.$$

Mit der einzigen positiven Lösung von 13,90 % kennen Sie die Rendite Ihrer Investition in die Goldschürfrechte.

Bei einer *Normalinvestition* mit einer anfänglichen Auszahlung und anschließenden Rückflüssen können Sie den internen Zinssatz eindeutig bestimmen. Falls es aber zu einem mehrfachen Wechsel zwischen negativen und positiven Periodenüberschüssen kommt, gibt es mehrere interne Zinssätze. Das liegt daran, dass der interne Zinssatz die Lösung eines Polynoms ist. Der interne Zinssatz ist dann nicht klar interpretierbar. Zudem ist das Auflösen nach dem internen Zinssatz bei einer Investition über mehr als zwei Jahre nur mit der Hilfe eines Computers oder geeigneten Taschenrechners möglich.

Aufgabe 22.8

Alternativ zum Engagement als Goldschürfer erwägen Sie, karierte Pullover zu stricken. Sie könnten die benötigten Materialien heute für 3.000 Euro einkaufen. Im ersten Jahr würden Sie 2.000 Euro verdienen, im zweiten Jahr sogar 2.500 Euro. Wie hoch ist der interne Zinssatz?

Aufgabe 22.9

Sie stecken an Weihnachten dieses Jahres 1.000 Euro in Ihren Sparstrumpf. Ein Jahr später entnehmen Sie 250 Euro zur Finanzierung der Weihnachtsgeschenke. Zwei Jahre später 350 Euro und drei Jahre später 400 Euro. Ihr Sparstrumpf ist dann leer. Wie ist der interne Zinsfuß der Kapitalanlage im Sparstrumpf?

Aufgabe 22.10

Ihre Freundin Carmen hat eine besonders schmackhafte Quarkkeulchen-Rezeptur entwickelt und macht sich selbstständig als Quarkkeulchen-Verkäuferin. Sie erwirbt ein Ladengeschäft in bester Lage für 200.000 Euro. Im ersten Jahr macht sie aufgrund hoher Werbeinvestitionen noch einen Verlust von 30.000 Euro. Der hohe Bekanntheitsgrad und das einzigartige Geschmackserlebnis bescheren im zweiten Jahr einen Gewinn von 350.000 Euro. Welche Rendite hat Ihre Freundin erzielt?

Aufgabe 22.11

Sie möchten mit Ihren risikofreien Finanzanlagen eine Rendite von mindestens 4 % p.a. erzielen. Ihr Bankberater hat ein Produkt im Angebot, bei dem Sie nach einer anfänglichen Investition von 10.000 Euro nach einem Jahr 4.700 Euro und nach zwei Jahren 5.900 Euro zurückerhalten. Sollten Sie in das Produkt investieren?

Aufgabe 22.12

Eine Druckerei könnte einen großen Auftrag an Land ziehen. Sie müsste dafür aber ihre Kapazitäten erweitern.

a) Mit einer Anlage für 3 Mio. Euro könnte die Druckerei eine kurzlebige, aber sehr leistungsfähige Maschine vom Typ »Gepard« kaufen. Sie würde im ersten Jahr einen Rückfluss von 3,6 Mio. Euro erhalten. Die Maschine wäre danach nicht mehr nutzbar. Wie ist der interne Zinssatz?

b) Alternativ könnte die Druckerei eine stabilere Druckmaschine vom Typ »Wolf« mit einer Lebensdauer von 5 Jahren für 6 Mio. Euro anschaffen. Damit könnte sie zumindest einen Teil des Auftrages erhalten. Zudem wäre diese Anlage auch in den folgenden Jahren nutzbar. Die Druckerei hat den Zahlungsstrom bei Anschaffung in Tabelle 22.3 erfasst. Welchen internen Zinssatz bringt die Maschine »Wolf«? *Bevor Sie verzweifeln: Um diese Teilaufgabe zu lösen, benötigen Sie einen Computer oder geeigneten Taschenrechner.*

Jahr	0	1	2	3	4	5
Periodenüberschuss	− 6 Mio. €	+ 2,2 Mio. €	+ 1,2 Mio. €	+ 1,2 Mio. €	+ 1,5 Mio. €	+ 1,8 Mio. €

Tabelle 22.3: Zahlungsstrom der neuen Druckmaschine

Amortisationsdauern bestimmen

 Die *Amortisationsdauer* ist die Zeit, die vergeht, bis sich eine Investition lohnt. Man sagt dann auch, die Investition hat sich amortisiert. Die Amortisationsdauer sollte geringer sein als die Laufzeit einer Investition. Denn nur dann lohnt sich die Investition auch. Falls die Amortisationsdauer größer ist als die Laufzeit der Investition, sollten Sie gar nicht erst investieren.

Ein Straßenbauunternehmen prüft die Anschaffung einer neuen Asphaltiermaschine mit einer Lebensdauer von 8 Jahren für 11 Mio. Euro. Mit dieser Maschine könnte das Unternehmen die Arbeiten schneller erledigen und somit mehr Aufträge pro Jahr ausführen. Der Gewinn des Unternehmens würde um 4 Mio. Euro jährlich steigen. Die notwendigen finanziellen Mittel kann das Unternehmen für 10 % p.a. am Kapitalmarkt beschaffen, es verwendet diesen Zinssatz als Kalkulationszinssatz.

Die neue Maschine hat sich amortisiert, sobald der diskontierte Wert der Rückflüsse die anfängliche Auszahlung übersteigt. Sie berechnen den Kapitalwert im Zeitpunkt $t = 0$ zunächst für die Rückflüsse bis zum Jahr 1, dann bis zum Jahr 2 und so weiter. Das bedeutet allgemein:

$$K_0^{\text{Jahre } 0 \text{ bis } T} = P_0 + \frac{P_1}{1+i} + \frac{P_2}{(1+i)^2} + \cdots + \frac{P_{T-1}}{(1+i)^{T-1}} + \frac{P_T}{(1+i)^T}$$

Setzen Sie die Daten der Asphaltiermaschine ein:

$$K_0^{\text{Jahre } 0 \text{ bis } 1} = -11 \,\text{Mio.}\, € + \frac{4 \,\text{Mio.}\, €}{1,1} = -7,36 \,\text{Mio.}\, €$$

$$K_0^{\text{Jahre } 0 \text{ bis } 2} = -11 \,\text{Mio.}\, € + \frac{4 \,\text{Mio.}\, €}{1,1} + \frac{4 \,\text{Mio.}\, €}{1,1^2} = -4,06 \,\text{Mio.}\, €$$

$$K_0^{\text{Jahre } 0 \text{ bis } 3} = -11 \,\text{Mio.}\, € + \frac{4 \,\text{Mio.}\, €}{1,1} + \frac{4 \,\text{Mio.}\, €}{1,1^2} + \frac{4 \,\text{Mio.}\, €}{1,1^3} = -1,05 \,\text{Mio.}\, €$$

$$K_0^{\text{Jahre } 0 \text{ bis } 4} = -11 \,\text{Mio.}\, € + \frac{4 \,\text{Mio.}\, €}{1,1} + \frac{4 \,\text{Mio.}\, €}{1,1^2} + \frac{4 \,\text{Mio.}\, €}{1,1^3} + \frac{4 \,\text{Mio.}\, €}{1,1^4} = 1,68 \,\text{Mio.}\, €$$

Nach 4 Jahren übersteigt der Wert der Rückflüsse den Wert der anfänglichen Auszahlung. Die Asphaltiermaschine hat sich dann amortisiert. Da die Amortisationsdauer geringer ist als die Lebensdauer der Maschine, lohnt sich die Anschaffung.

Aufgabe 22.13

Sie haben einen Business-Plan für einen Waffelstand entwickelt. Die Investitionskosten für die Anschaffung einer überdachten, voll klimatisierten Verkaufshütte, mehrerer Waffeleisen und sonstiger Utensilien belaufen sich auf 40.000 Euro. Ihre erwarteten Gewinne haben Sie in Tabelle 22.4 notiert.

Jahr	0	1	2	3	4	5
Perioden-überschuss	– 40.000 €	15.000 €	18.000 €	12.000 €	20.000 €	14.000 €

Tabelle 22.4: Zahlungsstrom Ihrer Investition in einen Waffelstand

a) Wann hat sich die Investition bei einem Zinssatz von 8 % p.a. amortisiert?

b) Wie ist die Amortisationsdauer bei einem Zinssatz von 4 % p.a.?

Aufgabe 22.14

Ein Energieversorger prüft den Bau eines Laufwasserkraftwerkes. Das Kraftwerk würde einen jährlichen Gewinn von 100 Mio. Euro liefern. Der Bau des Kraftwerks kostet 700 Mio. Euro. Wie ist die Amortisationsdauer bei einem Kalkulationszinssatz von 7 % p.a.?

Lösungen

Lösung zu Aufgabe 22.1

Vereinfachen Sie sich diese Aufgabe, indem Sie zwei zusätzliche Zeilen in Ihre Tabelle aufnehmen. Notieren Sie die Absatzmenge und den Verkaufspreis für jedes Jahr. Die Einzahlung ist das Produkt aus Absatzmenge und Verkaufspreis. Im letzten Jahr bekommen Sie zudem den Erlös aus dem Verkauf der Maschine in Höhe von 60.000 Euro. Die Auszahlungen sind, neben der Anfangsinvestition von 170.000 Euro, 20 Cent pro Textmarker. Damit erhalten Sie insgesamt Tabelle 22.5.

Jahr	0	1	2	3	4	5
Absatzmenge		80.000	88.000	96.800	106.480	117.128
Verkaufspreis		50 Cent	53 Cent	56 Cent	59 Cent	62 Cent
Einzahlung		40.000 €	46.640 €	54.208 €	62.823,20 €	132.619,36 €
Auszahlung	– 170.000 €	16.000 €	17.600 €	19.360 €	21.296 €	23.425,60 €
Periodenüberschuss	– 170.000 €	24.000 €	29.040 €	34.848 €	41.527,20 €	109.193,76 €

Tabelle 22.5: Zahlungsstrom der Textmarkerproduktion in Tabellenansicht

Lösung zu Aufgabe 22.2

a) Zu Beginn, das heißt im Zeitpunkt null, stecken Sie 300 Euro in den Sparstrumpf. Für Sie ist das eine Auszahlung, schließlich haben Sie das Geld erst mal nicht mehr zur Verfügung. Aus Sicht des Sparstrumpfs ist es eine Einzahlung, aber das interessiert Sie nicht. Dementsprechend verbuchen Sie das Geld, das Sie in den Folgemonaten in den Sparstrumpf stecken, auch als Auszahlung.

Sie überlegen sich, zu welchen Jahreszeiten die Monate gehören. Monate, deren Monatsanfang im Winter liegt, sind Januar bis März. Die Frühjahrsmonate sind April bis Juni, die

Sommermonate Juli bis September und die Herbstmonate Oktober bis Dezember. Damit füllen Sie die Zeile »Auszahlung«.

Entnahmen aus dem Sparstrumpf sind zunächst eine Einzahlung für Sie. Sie geben das Geld zwar gleich wieder aus für ein Muschelessen, aber das ist ein anderes Thema. Die »Muschelmonate« sind Januar, Februar, März, April, September, Oktober, November, Dezember. Zudem entnehmen Sie am Ende alles, was im Sparstrumpf enthalten ist. Notieren Sie diesen Entnahmebetrag für den Strickkurs zunächst als x. Wie viel das ist, ermitteln Sie im zweiten Teil der Aufgabe. Jetzt haben Sie erst mal Tabelle 22.6.

Jahr	0	1	2	3	4	5	6	7	8	9	10	11	12
Einzahlung		30	30	30	30					30	30	30	30+x
Auszahlung	300	100	100	100	150	150	150	80	80	80	120	120	120
Periodenüberschuss	−300	−70	−70	−70	−120	−150	−150	−80	−80	−50	−90	−90	−90+x

Tabelle 22.6: Tabellarische Übersicht der Kapitalanlage im Sparstrumpf

b) Die Kapitalanlage im Sparstrumpf bringt Ihnen keine Zinsen. Sie können genau das entnehmen, was Sie nach und nach hineingesteckt haben. Bereinigt um zwischenzeitliche Entnahmen. Mit anderen Worten: Die Summe aller Einzahlungen und Auszahlungen und damit auch die Summe aller Periodenüberschüsse muss genau null ergeben.

$$- 300 - 70 - 70 - 70 - 120 - 150 - 150 - 80 - 80 - 50 - 90 - 90 - 90 + x = 0$$
$$x = 1.410$$

Sie können 1.410 Euro für Ihre anstehende Ausbildung im Strickkurs investieren. Die Einzahlung aus der Kapitalanlage in den Sparstrumpf liegt im Monat 12 somit insgesamt bei 1.440 Euro und der Periodenüberschuss im letzten Monat beträgt 1.320 Euro.

Lösung zu Aufgabe 22.3

Denken Sie beim Lösen der Aufgaben an die Kapitalwertformel:

$$K_0 = \sum_{j=0}^{n} \frac{P_j}{(1+i)^j} = \sum_{j=0}^{n} \frac{E_j}{(1+i)^j} - \sum_{j=0}^{n} \frac{A_j}{(1+i)^j}$$

a) Sie bestimmen den Kapitalwert auf die gewohnte Weise.

$$K_0^{\text{Kuchen}} = -10.000\,€ + \frac{6.000\,€}{1,05} + \frac{6.000\,€}{1,05^2} = 1.156,46\,€$$

Ganz klar – wenn Sie sich zwischen dem einmaligen Engagement als Hochzeitstortenkonditor und Einladungskartenbastler entscheiden müssten, sollten Sie mit den Einladungskarten loslegen, denn dort erzielen Sie den höchsten Kapitalwert.

Wenn Sie die Wahl haben zwischen zwei Investitionen, wählen Sie grundsätzlich diejenige mit dem höchsten Kapitalwert.

b) Stellen Sie zuerst Tabelle 22.7 auf mit dem Zahlungsstrom für ein vierjähriges Kuchenbacken.

Jahr	0	1	2	3	4
Periodenüberschuss mit erster Ausrüstung	−10.000 €	+6.000 €	+6.000 €		
Periodenüberschuss mit zweiter Ausrüstung			−10.000 €	+6.000 €	+6.000 €
Periodenüberschuss gesamt	−10.000 €	+6.000 €	−4.000 €	+6.000 €	+6.000 €

Tabelle 22.7: Zahlungsstrom beim zweimaligen Kuchenbacken

Der Kapitalwert der zweimaligen, aufeinanderfolgenden Investition ins Kuchenbacken ist:

$$K_0^{2x\text{ Kuchen}} = -10.000\,€ + \frac{6.000\,€}{1,05} - \frac{4.000\,€}{1,05^2} + \frac{6.000\,€}{1,05^3} + \frac{6.000\,€}{1,05^4} = 2.205,41\,€$$

Wenn Sie den Zeitraum vergleichbar machen, indem Sie zweimal hintereinander ins Hochzeitskuchenbacken investieren, erzielen Sie also einen höheren Wert als mit dem Hochzeitskarten. Damit ist diese Variante die beste Alternative.

c) Damit hätten Sie einen Kapitalwert von:

$$K_0^{Hotel} = -400.000\,€ + \frac{45.000\,€}{1,05} + \frac{45.000\,€}{1,05^2} + \frac{45.000\,€}{1,05^3} + \frac{345.000\,€}{1,05^4} = 6.378,52\,€$$

Mit 6.378,52 € ist der Kapitalwert höher als bei den anderen Alternativen. Aber ist das besser? Schließlich müssen Sie auch deutlich mehr investieren.

Der Kapitalwert vernachlässigt die Höhe des Kapitaleinsatzes und die Investitionsdauer. Beachten Sie bei einer Entscheidung zwischen mehreren Alternativen auch diese beiden Größen.

Lösung zu Aufgabe 22.4

Ohne Umschweife direkt losgelegt:

$$K_0^{Saft} = -250.000\,€ + \frac{75.000\,€}{1,07} + \frac{80.000\,€}{1,07^2} + \frac{85.000\,€}{1,07^3} + \frac{90.000\,€}{1,07^4} = 28.014,44\,€$$

$$K_0^{Papier} = -300.000\,€ + \frac{50.000\,€}{1,07} + \frac{60.000\,€}{1,07^2} + \frac{90.000\,€}{1,07^3} + \frac{130.000\,€}{1,07^4} = -28.221,52\,€$$

$$K_0^{Mülltüten} = -300.000\,€ - \frac{100.000\,€}{1,07} + \frac{170.000\,€}{1,07^2} + \frac{170.000\,€}{1,07^3} + \frac{170.000\,€}{1,07^4} = 23.489,47\,€$$

Eine Investition in die Herstellung von Transparentpapier lohnt aufgrund des negativen Kapitalwerts nicht. Die beiden anderen Alternativen bringen einen positiven Kapitalwert und könnten daher durchgeführt werden. Dabei lohnt die Investition in die Himbeer-Apfelsaftproduktion mehr als die Investition in die Mülltütenherstellung.

Lösung zu Aufgabe 22.5

a) Der Barwert ist der Kapitalwert zum Zeitpunkt $t = 0$.

$$K_0 = -5\,€ - 50\,€ + \frac{30\,€}{1{,}03} - \frac{40\,€}{1{,}03^2} + \frac{60\,€}{1{,}03^3} = -8{,}67\,€$$

Mit -8,67 € ist der Barwert negativ – eine Investition in den Sparstrumpf lohnt sich also nicht.

b) Sie hätten am Anfang keine Auszahlung in Höhe von 5 Euro, der Rest ist unverändert.

$$K_0 = -50\,€ + \frac{30\,€}{1{,}03} - \frac{40\,€}{1{,}03^2} + \frac{60\,€}{1{,}03^3} = -3{,}67\,€$$

Auch wenn Sie den Sparstrumpf kostenlos erhalten, lohnt sich die Investition nicht. Die Ursache ist ganz klar: Ihr Geld bringt keine Zinsen. Mit dem Kalkulationszinssatz von 3 % p.a. unterstellen Sie, dass Sie mit einer anderen Anlage jährlich 3 % erzielen würden. Der Sparstrumpf bringt aber genau 0 % – also gar nichts. Das sind 3,67 € weniger als 3 % p.a.

Lösung zu Aufgabe 22.6

a) Bei einem Zinssatz von 2 % p.a. werden spätere Zahlungen mit einem recht geringen Faktor abgezinst, der heutige Wert von künftigen Einzahlungen ist damit eher hoch.

$$K_0^{2\,\%} = -15\,\text{Mio.}\,€ + \frac{1\,\text{Mio.}\,€}{1{,}02} + \frac{1\,\text{Mio.}\,€}{1{,}02^2} + \frac{1{,}5\,\text{Mio.}\,€}{1{,}02^3} + \frac{1{,}5\,\text{Mio.}\,€}{1{,}02^4} + \frac{13{,}5\,\text{Mio.}\,€}{1{,}02^5}$$
$$= 1{,}97\,\text{Mio.}\,€$$

Bei einem Kalkulationszinssatz von 2 % p.a. lohnt sich die Investition. Sie hat einen Barwert von 1,97 Mio. Euro.

b) Wenn Sie künftige Zahlungen mit 5 % p.a. abzinsen, haben die späteren Einzahlungen einen geringeren heutigen Wert, als wenn Sie die Einzahlungen mit nur 2 % p.a. abzinsen.

$$K_0^{5\,\%} = -15\,\text{Mio.}\,€ + \frac{1\,\text{Mio.}\,€}{1{,}05} + \frac{1\,\text{Mio.}\,€}{1{,}05^2} + \frac{1{,}5\,\text{Mio.}\,€}{1{,}05^3} + \frac{1{,}5\,\text{Mio.}\,€}{1{,}05^4} + \frac{13{,}5\,\text{Mio.}\,€}{1{,}05^5}$$
$$= -0{,}03\,\text{Mio.}\,€$$

Mit -0,03 Mio. Euro lohnt sich die Investition nicht, auch wenn es knapp ist. Beim Kalkulationszinssatz 5 % sollte die Immoflexbau AG das Grundstück nicht kaufen.

c) Der noch höhere Zinssatz von 8 % p.a. führt bei dieser Investition zu einem noch geringeren Kapitalwert.

$$K_0^{8\%} = -15\,\text{Mio.}\,€ + \frac{1\,\text{Mio.}\,€}{1{,}08} + \frac{1\,\text{Mio.}\,€}{1{,}08^2} + \frac{1{,}5\,\text{Mio.}\,€}{1{,}08^3} + \frac{1{,}5\,\text{Mio.}\,€}{1{,}08^4} + \frac{13{,}5\,\text{Mio.}\,€}{1{,}08^5}$$

$$= -1{,}74\,\text{Mio.}\,€$$

Mit −1,74 Mio. Euro würde das Unternehmen ein deutliches Minus machen.

 Eine *Normalinvestition* ist eine Investition, bei der auf eine anfängliche Auszahlung nur Einzahlungen folgen. Bei solch einer Investition sinkt der Kapitalwert mit steigendem Kalkulationszinssatz.

Lösung zu Aufgabe 22.7

Sie ahnen es bestimmt schon: Sie bestimmen den Barwert der künftigen Periodenüberschüsse. Wenn der anfängliche Kaufpreis der Maschine geringer ist als der Barwert der Periodenüberschüsse, lohnt sich die Anschaffung.

$$A_0 < \frac{10.000\,€ - 3.000\,€}{1{,}1} + \frac{11.000\,€ - 3.000\,€}{1{,}1^2} + \frac{12.000\,€ - 3.000\,€}{1{,}1^3}$$

$$+ \frac{13.000\,€ - 3.000\,€}{1{,}1^4} + \frac{14.000\,€ - 3.000\,€}{1{,}1^5}$$

$$A_0 < 33.397{,}31$$

Bei einem Kaufpreis von weniger als 33.397,31 € sollte die Schreibwaren AG die Anlage kaufen.

Lösung zu Aufgabe 22.8

Den internen Zinssatz bestimmen Sie wieder durch das Lösen einer quadratischen Gleichung.

$$-3.000\,€ + \frac{2.000\,€}{1 + i_{IZF}} + \frac{2.500\,€}{(1 + i_{IZF})^2} = 0$$

Formen Sie die Gleichung zunächst so um, dass Sie die abc-Formel nutzen können:

$$-3.000\,€ \cdot (1 + i_{IZF})^2 + 2.000\,€ \cdot (1 + i_{IZF}) + 2.500\,€ = 0$$

Die Lösung erhalten Sie durch:

$$(1 + i_{IZF}) = \frac{-2.000\,€ \pm \sqrt{(-2.000\,€)^2 - 4 \cdot (-3.000\,€) \cdot 2.500\,€}}{2 \cdot (-3.000\,€)}$$

Damit ist $i_{IZF} = 30{,}52\,\%$, da die andere Lösung negativ ist. Mit 30,52 % haben Sie durch das Wollpullistricken eine deutliche höhere Rendite als beim Goldschürfen!

Der interne Zinssatz berücksichtigt den Kapitaleinsatz. Einerseits werden Investitionen mit verschiedenem Kapitaleinsatz so besser vergleichbar. Andererseits wird die absolute Gewinnhöhe dadurch vernachlässigt.

Lösung zu Aufgabe 22.9

Bestimmt ahnen Sie das Ergebnis schon.

$$-1.000\,€ + \frac{250\,€}{1 + i_{IZF}} + \frac{350\,€}{(1 + i_{IZF})^2} + \frac{400\,€}{(1 + i_{IZF})^3} = 0$$

Die Gleichung ist erfüllt für:

$$i_{IZF} = 0\,\%$$

Die einzige Lösung der Gleichung ist ein interner Zinsfuß von 0 %. Die Kapitalanlage im Sparstrumpf bringt erwartungsgemäß keine Rendite.

Lösung zu Aufgabe 22.10

Auch bei zwei Auszahlungen zu Beginn können Sie die bekannte Formel leicht anwenden.

$$-200.000\,€ - \frac{30.000\,€}{1 + i_{IZF}} + \frac{350.000\,€}{(1 + i_{IZF})^2} = 0$$

Formen Sie die Gleichung wieder so um, dass Sie die abc-Formel nutzen können:

$$-200.000\,€ \cdot (1 + i_{IZF})^2 - 30.000\,€ \cdot (1 + i_{IZF}) + 350.000\,€ = 0$$

Jetzt wenden Sie die abc-Formel an:

$$(1 + i_{IZF}) = \frac{30.000\,€ \pm \sqrt{(30.000\,€)^2 - 4 \cdot (-200.000\,€) \cdot 350.000\,€}}{2 \cdot (-200.000\,€)}$$

$$i_{IZF} = 25\,\%$$

Die Rendite von 25 % unterstreicht die Qualität der Quarkkeulchen.

Lösung zu Aufgabe 22.11

Wie gewohnt berechnen Sie den internen Zinssatz.

$$-10.000\,€ + \frac{4.700\,€}{1 + i_{IZF}} + \frac{5.900\,€}{(1 + i_{IZF})^2} = 0$$

Durch das Umformen der Gleichung und die Anwendung der abc-Formel aus Kapitel 2 erhalten Sie die einzige positive Lösung:

$$i_{IZF} = 3,83\,\%$$

Der interne Zinsfuß des angebotenen Produkts liegt mit 3,83 % p.a. unterhalb Ihrer Zielvorgabe. Sie sollten daher nicht investieren.

Lösung zu Aufgabe 22.12

a) Bei einer einjährigen Investition fällt Ihnen das Ermitteln des internen Zinssatzes sehr leicht.

$$-3 \text{ Mio.} € + \frac{3,6 \text{ Mio.} €}{1 + i_{IZF}} = 0$$

$i_{IZF} = 20\,\%$

Die Maschine »Gepard« hat einen internen Zinsfuß von 20 % p.a.

b) Diese Aufgabe führt zu einem Polynom fünften Grades. Da es sich um eine Normalinvestition handelt, gibt es nur eine Lösung. Mit einem Computer oder geeigneten Taschenrechner bestimmen Sie die Lösung leicht.

$$-6 \text{ Mio.} € + \frac{2,2 \text{ Mio.} €}{1 + i_{IZF}} + \frac{1,2 \text{ Mio.} €}{(1 + i_{IZF})^2} + \frac{1,2 \text{ Mio.} €}{(1 + i_{IZF})^3} + \frac{1,5 \text{ Mio.} €}{(1 + i_{IZF})^4} + \frac{1,8 \text{ Mio.} €}{(1 + i_{IZF})^5} = 0$$

Die Gleichung ist erfüllt für:

$i_{IZF} = 10,24\,\%$

Mit der Druckmaschine »Wolf« erzielt die Druckerei eine interne Rendite von 10,24 % p.a. Die Maschine »Wolf« bringt zwar eine geringere Rendite als die »Gepard«, aber dafür über einen längeren Zeitraum. Achten Sie darauf, dass Sie die Wahl der Alternative nicht nur vom internen Zinsfuß abhängig machen. Dieser ist nur *ein* Hilfsmittel.

Beim internen Zinssatz gilt die *Wiederanlageprämisse*. Das heißt, es wird implizit unterstellt, dass zwischenzeitliche Rückflüsse zum internen Zinssatz angelegt werden können. Dies ist jedoch wenig realistisch und sollte bei der Investitionsentscheidung berücksichtigt werden.

Lösung zu Aufgabe 22.13

a) Sie diskontieren alle Rückflüsse mit 8 % p.a.

$$K_0^{0 \text{ bis } 1} = -40.000 € + \frac{15.000 €}{1,08} = -26.111,11 €$$

$$K_0^{0 \text{ bis } 2} = -40.000 € + \frac{15.000 €}{1,08} + \frac{18.000 €}{1,08^2} = -10.679,01 €$$

$$K_0^{0 \text{ bis } 3} = -40.000 € + \frac{15.000 €}{1,08} + \frac{18.000 €}{1,08^2} + \frac{12.000 €}{1,08^3} = -1.153,03 €$$

$$K_0^{0 \text{ bis } 4} = -40.000 € + \frac{15.000 €}{1,08} + \frac{18.000 €}{1,08^2} + \frac{12.000 €}{1,08^3} + \frac{20.000 €}{1,08^4} = 13.547,57 €$$

Nach vier Jahren haben Sie die Investitionskosten für den Waffelstand zurück.

b) Jetzt noch mal das Ganze, aber mit einem niedrigeren Zinssatz.

$$K_0^{0 \text{ bis } 1} = -40.000\,€ + \frac{15.000\,€}{1,04} = -25.576,92\,€$$

$$K_0^{0 \text{ bis } 2} = -40.000\,€ + \frac{15.000\,€}{1,04} + \frac{18.000\,€}{1,04^2} = -8.934,91\,€$$

$$K_0^{0 \text{ bis } 3} = -40.000\,€ + \frac{15.000\,€}{1,04} + \frac{18.000\,€}{1,04^2} + \frac{12.000\,€}{1,04^3} = 1.733,05\,€$$

Bei einem Zinssatz von 4 % p.a. lohnt sich die Waffelbude schon nach drei Jahren.

Lösung zu Aufgabe 22.14

Das Kraftwerk benötigt einige Zeit, bis es sich amortisiert. Aber nicht aufgeben! Sie schaffen das!

$$K_0^{0 \text{ bis } 1} = -700\,\text{Mio.}\,€ + \frac{100\,\text{Mio.}\,€}{1,07} = -606,54\,\text{Mio.}\,€$$

$$K_0^{0 \text{ bis } 2} = -606,54\,\text{Mio.}\,€ + \frac{100\,\text{Mio.}\,€}{1,07^2} = -519,20\,\text{Mio.}\,€$$

$$K_0^{0 \text{ bis } 3} = -519,20\,\text{Mio.}\,€ + \frac{100\,\text{Mio.}\,€}{1,07^3} = -437,57\,\text{Mio.}\,€$$

$$\ldots$$

$$K_0^{0 \text{ bis } 10} = -700\,\text{Mio.}\,€ + \frac{100\,\text{Mio.}\,€}{1,07} + \frac{100\,\text{Mio.}\,€}{1,07^2} + \ldots + \frac{100\,\text{Mio.}\,€}{1,07^{10}} = 2,36\,\text{Mio.}\,€$$

Nach 10 Jahren ist der Kapitalwert der anfänglichen Auszahlung und der folgenden Rückflüsse mit 2,36 Mio. Euro erstmals positiv. Das Kraftwerk hat sich dann amortisiert.

Teil VI

Der Top-Ten-Teil

Besuchen Sie uns auf www.facebook.de/fuerdummies!

In diesem Teil ...

Wenn Sie schon einmal ein ... für Dummies-Buch gelesen haben, wissen Sie bereits, was jetzt kommt: die Top-Ten-Listen. In diesem Teil lernen Sie zehn hilfreiche Excel-Funktionen kennen, die Ihnen nicht nur in der Wirtschaftsmathematik weiterhelfen werden. Zum Schluss finden Sie noch zehn Vorschläge für tolle Orte, an die Sie sich zum mehr oder weniger effektiven Mathelernen zurückziehen können.

Zehn Excel-Funktionen, die Ihnen das Leben leichter machen

In diesem Kapitel

✔ Arbeiten Sie schneller und eleganter mit Excel.

✔ Beeindrucken Sie Ihren Professor oder Vorgesetzten.

✔ Verwenden Sie Pivot-Tabellen. Das spart Zeit. Viel Zeit.

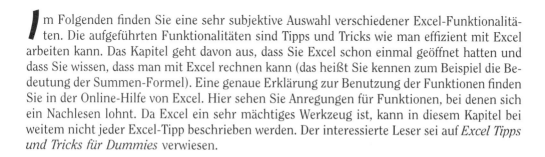

Im Folgenden finden Sie eine sehr subjektive Auswahl verschiedener Excel-Funktionalitäten. Die aufgeführten Funktionalitäten sind Tipps und Tricks wie man effizient mit Excel arbeiten kann. Das Kapitel geht davon aus, dass Sie Excel schon einmal geöffnet hatten und dass Sie wissen, dass man mit Excel rechnen kann (das heißt Sie kennen zum Beispiel die Bedeutung der Summen-Formel). Eine genaue Erklärung zur Benutzung der Funktionen finden Sie in der Online-Hilfe von Excel. Hier sehen Sie Anregungen für Funktionen, bei denen sich ein Nachlesen lohnt. Da Excel ein sehr mächtiges Werkzeug ist, kann in diesem Kapitel bei weitem nicht jeder Excel-Tipp beschrieben werden. Der interessierte Leser sei auf *Excel Tipps und Tricks für Dummies* verwiesen.

Pivot-Tabelle

Sie haben bisher noch nicht mit Pivot-Tabellen gearbeitet? Freuen Sie sich. Dieses Werkzeug wird Ihnen sehr viel Zeit einsparen. Pivot-Tabellen sind eine einfache Möglichkeit sehr große Datensätze auszuwerten. Denken Sie beispielsweise an eine Liste mit 500 Wertpapieren eines Kapitalanlageportfolios. Pro Zeile ist ein Wertpapier mit den folgenden Informationen aufgeführt: Marktwert, Rating, Anlageklasse, Laufzeit und Emittent. Ihr Vorgesetzter bittet Sie um eine Auswertung der festverzinslichen Wertpapiere im Portfolio. Er möchte die Marktwerte der Titel als Matrix aufgeführt haben. In den Zeilen der Matrix soll das Rating stehen, in den Spalten die Laufzeiten. Wenn Sie eine Pivot-Tabelle verwenden, benötigen Sie für diese Auswertung keine zehn Sekunden. Wirklich.

Wenn Sie weitere zehn Sekunden investieren, können Sie sich die Marktwerte auch in Prozent anzeigen lassen oder sich die Anzahl an Titeln im Portfolio mit einer bestimmten Rating-Laufzeit-Kombination ausgeben lassen. Pivot-Tabellen sind ein umfassendes und vielseitig einsetzbares Instrument. Recherchieren Sie einfach ein bisschen im Internet. Wenn Sie das nächste Mal einen Datensatz mit über 10.000 Einträgen bearbeiten sollen, ist dies eine dankbare Aufgabe.

Daten filtern

Die Filterfunktion verwenden Sie ebenfalls zum Verarbeiten und Strukturieren von großen Datensätzen. Es ist die einfachste Möglichkeit, um sich bestimmte Zeilen in einer Tabelle anzeigen zu lassen und andere auszublenden. Bleiben Sie bei dem Beispiel mit den 500 Titeln eines Kapitalanlageportfolios. Durch die Filterfunktion können Sie sich auf Knopfdruck ausschließlich die Titel im Portfolio anzeigen lassen, die ein *AAA*-Rating (die Bestnote) haben. Alle anderen Datensätze werden ausgeblendet. Oder Sie wollen sich nur Titel anzeigen lassen, die von *Deutschland* oder *Frankreich* emittiert wurden. Oder alle Titel außer *Aktien*. Die kursiv gedruckten Kriterien müssen dabei natürlich in der Tabelle hinterlegt sein.

Weiße Hintergrundfarbe

Falls Sie eine Tabelle an Ihren Prof oder an einen Arbeitskollegen schicken wollen, lohnt es sich das Excel-Sheet vorher optisch aufzupeppen. Durch zwei einfache Klicks ist dies möglich. Markieren Sie alle Zellen der Tabelle und stellen Sie die weiße Hintergrundfarbe ein. Dadurch verschwinden die Gitternetzlinien. Schon sieht die Tabelle sauber und aufgeräumt aus. Sie können nun weitere Hintergrundfarben und Rahmen hinzufügen, um grafische Akzente zu setzen.

Bedingte Formatierung

Die bedingte Formatierung ist eine sehr nützliche Funktion, sowohl um Tabellen optisch zu verschönern als auch um Muster in einer Datenmenge kenntlich zu machen. So werden beispielsweise automatisch negative Werte rot hinterlegt, die zehn größten und kleinsten Werte einer Stichprobe durchgestrichen oder Werte über 0,5 in blau geschrieben. Es ist auch möglich einen Farbverlauf vom kleinsten zum größten Wert hinzuzufügen oder den größten Wert einer Spalte fett zu drucken. Sie können sogar Symbole wie Balken, Pfeile, Haken etc. automatisch einfügen; beispielsweise einen grünen Pfeil nach oben, wenn sich der Umsatz im Vergleich zum Vormonat gesteigert hat. Ihren gestalterischen Möglichkeiten sind keine Grenzen gesetzt.

Umbruchvorschau

Hatten Sie schon einmal das Problem, dass Ihre Excel-Tabelle auf dem Bildschirm zwar schön aussieht, aber es beim Druck zu unschönen Umbrüchen kommt? Die Umbruchvorschau zeigt an, welcher Inhalt auf welche Seite gedruckt wird. Sie können die Umbrüche in der Umbruchvorschau flexibel anpassen und so Ihren Ausdruck optimieren.

Der S-Verweis

Ein S-Verweis hilft Ihnen aus einer großen Datenmenge einzelne Werte herauszulesen. Denken Sie sich eine Notenliste einer Klausur in Wirtschaftsmathematik. Die Klausur wurde von 1600 Studenten geschrieben. Die Liste enthält die Matrikelnummer der Studenten und ihre Note. In einer zweiten Tabelle stehen die Matrikelnummern und die Namen von 200 Studenten, welche die Klausur geschrieben haben. In dieser zweiten Tabelle wollen Sie nun eine dritte Spalte ergänzen und die Note der jeweiligen Studenten hinzufügen. Dies ist sehr elegant mit Hilfe des S-Verweis realisierbar.

 Es gibt übrigens auch den W-Verweis. Dieser bezieht sich nicht auf Spalten, sondern auf Zeilen.

Absoluter Verweis

Sie wollen eine Formel kopieren und möchten, dass sich die Formel immer auf eine bestimmte Zelle bezieht ohne dass sich der Bezug ändert? Kein Problem. Schreiben Sie vor den Buchstaben und die Zahl dieser Zelle jeweils ein $-Zeichen, etwa C3. Wenn Sie die Formel nun kopieren, bezieht sich die Formel immer auf die Zelle C3.

Sie wollen nicht die Zelle fixieren, sondern nur die Zeile? Schreiben Sie C$3. Wenn Sie die Formel jetzt kopieren, wird sie sich immer auf die dritte Zeile beziehen. Der Spaltenbezug ändert sich hingegen. Kopieren Sie die Formel beispielsweise zwei Spalten nach rechts, bezieht sich die Formel auf Zelle E3.

Durch $C3 fixieren Sie schließlich den Spaltenbezug.

 Anstatt die $-Zeichen händisch einzufügen, können Sie auch die F4-Taste verwenden. Entweder einmal, zweimal oder dreimal drücken. Je nachdem, ob Sie die Zelle, die Zeile oder die Spalte fixieren wollen.

Doppelklick zum Kopieren von Formeln

Sie wollen eine Formel oder einen Wert in einer Spalte nach unten kopieren? In der Spalte links davon stehen bereits Werte? Durch einen einfachen Doppelklick kopieren Sie die Formel bis zum letzten Wert der Spalte links daneben. Dazu müssen Sie die Zelle, die kopiert werden soll, markieren und mit dem Cursor auf die rechte untere Ecke dieser Zelle fahren. Der Cursor ändert sich dabei von einem ausgefüllten Kreuz in ein einfaches Kreuz. Jetzt der Doppelklick und schon ist die Spalte befüllt.

Spur zum Nachfolger

Sie wollen eine bestimmte Zelle löschen, wissen aber nicht ob diese Zelle für eine Berechnung verwendet wird? Klicken Sie »Spur zum Nachfolger«. Sollte die Zelle in einer Funktion verwendet werden, zeigt Excel einen entsprechenden Pfeil von der einen zur anderen Zelle und führt Sie so direkt zur Berechnung. Sollte die Zelle mehrmals verwendet werden, werden mehrere Pfeile angezeigt.

 Die Funktion »Spur zum Vorgänger« ist genauso hilfreich.

Makro aufzeichnen

Makros aufzuzeichnen ist eine einfache Möglichkeit, um individuelle Tastenkombinationen zu vergeben. Sie wollen Zahlenwerte beispielsweise oftmals mit Tausenderpunkt ohne Nachkommastelle anzeigen? Natürlich können Sie dies durch mehrere Klicks über »Zellen formatieren« einstellen. Es ist möglich, all diese Formatierungsschritte einmal durchzuführen und unter einer Tastenkombination abzuspeichern. Dazu verwenden Sie »Makro aufzeichnen«.

Zehn Orte zum mehr oder weniger effektiven Mathelernen

24

In diesem Kapitel

▷ Den besten Ort finden, um entspannt (Wirtschafts-)Mathematik zu lernen

▷ Immer die passende Ausrede parat haben

M anchmal muss es einfach sein. Die Prüfung steht bevor und Sie müssen sich hinsetzen und lernen. Aber häufig lässt sich das Nützliche ja auch mit dem Angenehmen verbinden. An einem schönen Ort kann das Lernen gleich viel leichter fallen – oder eben auch nicht ...

Ablenkung beim Lernen schadet von Zeit zu Zeit nicht und ist sogar wichtig, um einen klaren Kopf zu bewahren. Sie sollten aber immer ehrlich zu sich selbst sein und wissen, wann Sie eine Pause brauchen und wann Sie sich nur drücken. Für beide Fälle finden Sie hier ein paar Anregungen.

In den eigenen vier Wänden

Ob im Elternhaus, im WG-Zimmer oder in der eigenen Wohnung – zu Hause ist es doch am schönsten! Genau deshalb sind viele der Meinung, dass es sich dort auch am besten lernen lässt. Ist Ihnen eigentlich schon mal aufgefallen, dass die Wohnung vor Prüfungen immer besonders ordentlich ist?! Denn ausgerechnet dann fallen Ihnen so viele Dinge ein, die Sie schon die ganze Zeit erledigen wollten: staubsaugen, abspülen, die Pflanzen umtopfen oder vielleicht auch mal ein ganzes Zimmer neu streichen – all das muss ganz dringend erledigt werden und kann auf gar keinen Fall bis nach der Prüfung warten. Oder?

Im Café

Im Lieblingscafé fühlt es sich fast so vertraut an wie im eigenen Wohnzimmer. Hier verstecken sich allerdings nicht so viele wichtige Aufgaben, die Sie unbedingt noch schnell erledigen müssen, bevor Sie mit dem Lernen beginnen können. Stattdessen können Sie sich gleich kopfüber in die Welt der Mathematik stürzen – allerdings nicht, bevor Sie sich mit einer Tasse Tee und einem leckeren Stück Kuchen gestärkt haben. Und wer hätte das gedacht: Da vorne sitzt ja Ihr Kumpel, der hier fast jeden Tag um die gleiche Uhrzeit seinen Cappuccino schlürft. Also damit hätten Sie nun wirklich nicht rechnen können! Sie wollen doch jetzt nicht unhöflich wirken und Ihre Nase in einem Buch verstecken, oder?

Im Garten

Noch schöner als in den eigenen vier Wänden ist es draußen an der frischen Luft, sofern das Wetter mitspielt. Die Sonne scheint, die Vögel zwitschern, Ihnen weht eine leichte Brise um die Nase und vor Ihnen liegt das aufgeschlagene Mathebuch. Mathe?! Ach ja, da war ja was ... Wenn Sie keinen eigenen Garten und keinen Balkon haben, tut es auch ein Park. Allerdings können Sie sich dann nicht vor dem Mathelernen drücken, weil Ihnen auffällt, dass Sie mal wieder dringend das Unkraut aus dem Beet rupfen müssten.

In der Bibliothek

Der Klassiker! Vor Prüfungen sind die Bibliotheken an Universitäten und Hochschulen immer brechend voll. Klar, dass Sie auch den ganzen Tag in der »Bib« verbringen. Wie sollen Ihre Kommilitoninnen und Kommilitonen denn sonst wissen, dass Sie den ganzen Tag fleißig am Lernen sind? Und weil das alles so anstrengend ist, müssen Sie morgens erstmal im Café um die Ecke Frühstück besorgen – schließlich die wichtigste Mahlzeit am Tag. Eine halbe Stunde später besorgen Sie sich einen Kaffee am Automaten, damit die Zeit bis zur Mittagspause nicht so lange ist. Nach dem Mittagessen sind Sie sowieso zu nichts zu gebrauchen, daher bietet sich eine kurze Pause in der Sonne zum Energietanken an. Anschließend muss erstmal wieder ein Kaffee her, um das Mittagstief endgültig zu überwinden. Haben Sie eigentlich auch schon davon gehört, dass es eine neue Sorte Schokoriegel in der Cafeteria gibt? Die sollten Sie gleich mal testen, um mitreden zu können. Was gibt es eigentlich sonst noch neues in der Welt? Schauen Sie doch mal auf den gängigen Nachrichtenseiten nach. Und vergessen Sie die Social Networks nicht, schließlich muss das soziale Leben ja nicht stillstehen, nur weil eine Prüfung ansteht. Huch, schon 18 Uhr? Zeit, nach Hause zu gehen. Wirklich stressig, so ein ganzer Tag in der Bibliothek ...

 Sie studieren (noch) nicht, möchten aber auch mal ein bisschen Uni-Luft schnuppern? Kein Problem: Die Bibliotheken an Universitäten und Hochschulen sind nicht nur für Studierende da, sondern stehen allen interessierten Bürgerinnen und Bürgern offen.

Am Strand

Noch schöner als im Garten oder im Park ist es am Strand. Wenn Sie es hier schaffen, einen kühlen Kopf zu bewahren und sich auf die Mathematik zu konzentrieren, sind Sie ein wahrer Profi! Falls nicht – stecken Sie den Kopf nicht in den Sand. Ein bisschen Entspannung muss ja auch mal sein und schließlich bleibt noch genug Zeit am Abend, um sich mit Gleichungen, Formeln und Matrizen auseinander zu setzen. Oder am nächsten Tag. Oder in der nächsten Woche ...

Am Küchentisch

Der ist schön groß, sodass Sie Ihre gesamten Unterlagen zum Lernen darauf verteilen können. Wenn dann jemand vorbei kommt, sehen Sie ganz schön wichtig aus. Ein weiterer Vorteil des Küchentischs: Der Weg zum Kühlschrank ist nicht so weit. Die ganze Lernerei ist verdammt anstrengend, da sollte der Kühlschrank immer gut gefüllt sein. Aber auch falls er es nicht ist – ein Gang zum Kühlschrank schadet nie. Tür auf. Licht an. Was wollte ich hier nochmal? Lecker, eine Tube Senf und ein erst seit fünf Monaten geöffnetes Glas Marmelade. Tür zu. Licht aus.

Im Keller

... sind Sie garantiert ungestört. Mal abgesehen von der fiesen Spinne, die in der Ecke sitzt. Das Fahrrad, das in der anderen Ecke steht, könnten Sie auch mal wieder auf Vordermann bringen. Und was ist eigentlich in der Kiste am anderen Ende des Raumes? Was auch immer es sein mag, es ist bestimmt viel wichtiger als die Matheunterlagen. Und noch dazu bestimmt mit einer Aufgabe verbunden, die dringendst erledigt werden muss – und zwar vor der nächsten Prüfung.

In der U-Bahn

Ihnen ist Ihre Freizeit zu lieb, um sie mit Renditerechnung, geometrischen Folgen oder linearen Gleichungssystemen zu verbringen? Dann nutzen Sie hierfür doch die Zeit, in der Sie sowieso nur rumsitzen – in der U-Bahn, im Zug oder im Bus. So können Sie jeden Tag Schritt für Schritt eine Aufgabe lösen oder ein Kapitel lesen. Andererseits brauchen Sie dafür zunächst mal einen Sitzplatz, einen Stift und ein Blatt Papier. Sie müssen den Kaffeebecher irgendwo abstellen, den Sie sich noch schnell am Bahnhof gekauft haben, weil Sie mal wieder zu spät aufgestanden sind. Und am Ende sind Sie vielleicht so begeistert von den grenzenlosen Möglichkeiten der Mathematik, dass Sie Ihre Haltestelle verpassen. Klingt irgendwie alles ganz schön kompliziert am frühen Morgen.

Am Schreibtisch

Wo auch sonst? So ein Schreibtisch ist doch wirklich eine tolle Sache. Bietet immer dann, wenn nicht gerade eine Prüfung unmittelbar bevorsteht, eine Ablagefläche für alles, was Ihnen in die Hände fällt und irgendwie wichtig erscheint. Also heißt es erstmal Aufräumen, um Platz für das Mathebuch zu schaffen. Interessant, was dabei alles zum Vorschein kommt: Eine Postkarte von der besten Freundin, eine unleserliche Notiz vom letzten Telefonat mit dem Versicherungsmann, die seit Wochen verschollene Einladung für die Hochzeit der Cousine und vieles mehr. Haben Sie der Freundin eigentlich schon für die Karte gedankt? Schreiben Sie ihr doch einen Brief, darüber freut sie sich bestimmt. Was wollte der Versicherungsmann nochmal? Am besten gleich mal anrufen und nachfragen. Und um das Hochzeitsgeschenk müssen Sie sich ja auch noch kümmern. Nur eben ein bisschen Platz frei räumen, damit Sie sich diesen Aufgaben widmen können. Warum liegt eigentlich das Mathebuch mitten auf dem Tisch?

Im Baumhaus

Warum? Weil ein Baumhaus einfach toll ist! Denn seien Sie mal ehrlich: Es gab in Ihrem Leben mindestens einen Moment, in dem Sie sich ein Baumhaus gewünscht haben. Mitten in der Natur, über den Köpfen aller anderen mit einem herrlichen Ausblick auf die Welt, umgeben von saftigem, grünem Laub, das nicht zu laut und nicht zu leise im Wind raschelt, mit einer netten Vogelfamilie als Nachbarn und dem blauen Himmel über der Baumkrone – wer denkt da nicht sofort ans Mathelernen?! Wenn Sie die Strickleiter hochziehen, die Ihre Oase der Ruhe mit der Außenwelt verbindet, können Sie noch ungestörter das Leben genießen ... ähm... lernen.

Tabelle für die Normalverteilung

z	0,00	0,01	0,02	0,03	0,04	0,05	0,06	0,07	0,08	0,09
−3,6	0,0002	0,0002	0,0001	0,0001	0,0001	0,0001	0,0001	0,0001	0,0001	0,0001
−3,5	0,0002	0,0002	0,0002	0,0002	0,0002	0,0002	0,0002	0,0002	0,0002	0,0002
−3,4	0,0003	0,0003	0,0003	0,0003	0,0003	0,0003	0,0003	0,0003	0,0003	0,0002
−3,3	0,0005	0,0005	0,0005	0,0004	0,0004	0,0004	0,0004	0,0004	0,0004	0,0003
−3,2	0,0007	0,0007	0,0006	0,0006	0,0006	0,0006	0,0006	0,0005	0,0005	0,0005
−3,1	0,0010	0,0009	0,0009	0,0009	0,0008	0,0008	0,0008	0,0008	0,0007	0,0007
−3,0	0,0013	0,0013	0,0013	0,0012	0,0012	0,0011	0,0011	0,0011	0,0010	0,0010
−2,9	0,0019	0,0018	0,0018	0,0017	0,0016	0,0016	0,0015	0,0015	0,0014	0,0014
−2,8	0,0026	0,0025	0,0024	0,0023	0,0023	0,0022	0,0021	0,0021	0,0020	0,0019
−2,7	0,0035	0,0034	0,0033	0,0032	0,0031	0,0030	0,0029	0,0028	0,0027	0,0026
−2,6	0,0047	0,0045	0,0044	0,0043	0,0041	0,0040	0,0039	0,0038	0,0037	0,0036
−2,5	0,0062	0,0060	0,0059	0,0057	0,0055	0,0054	0,0052	0,0051	0,0049	0,0048
−2,4	0,0082	0,0080	0,0078	0,0075	0,0073	0,0071	0,0069	0,0068	0,0066	0,0064
−2,3	0,0107	0,0104	0,0102	0,0099	0,0096	0,0094	0,0091	0,0089	0,0087	0,0084
−2,2	0,0139	0,0136	0,0132	0,0129	0,0125	0,0122	0,0119	0,0116	0,0113	0,0110
−2,1	0,0179	0,0174	0,0170	0,0166	0,0162	0,0158	0,0154	0,0150	0,0146	0,0143
−2,0	0,0228	0,0222	0,0217	0,0212	0,0207	0,0202	0,0197	0,0192	0,0188	0,0183
−1,9	0,0287	0,0281	0,0274	0,0268	0,0262	0,0256	0,0250	0,0244	0,0239	0,0233
−1,8	0,0359	0,0351	0,0344	0,0336	0,0329	0,0322	0,0314	0,0307	0,0301	0,0294
−1,7	0,0446	0,0436	0,0427	0,0418	0,0409	0,0401	0,0392	0,0384	0,0375	0,0367
−1,6	0,0548	0,0537	0,0526	0,0516	0,0505	0,0495	0,0485	0,0475	0,0465	0,0455
−1,5	0,0668	0,0655	0,0643	0,0630	0,0618	0,0606	0,0594	0,0582	0,0571	0,0559
−1,4	0,0808	0,0793	0,0778	0,0764	0,0749	0,0735	0,0721	0,0708	0,0694	0,0681
−1,3	0,0968	0,0951	0,0934	0,0918	0,0901	0,0885	0,0869	0,0853	0,0838	0,0823
−1,2	0,1151	0,1131	0,1112	0,1093	0,1075	0,1056	0,1038	0,1020	0,1003	0,0985
−1,1	0,1357	0,1335	0,1314	0,1292	0,1271	0,1251	0,1230	0,1210	0,1190	0,1170
−1,0	0,1587	0,1562	0,1539	0,1515	0,1492	0,1469	0,1446	0,1423	0,1401	0,1379
−0,9	0,1841	0,1814	0,1788	0,1762	0,1736	0,1711	0,1685	0,1660	0,1635	0,1611
−0,8	0,2119	0,2090	0,2061	0,2033	0,2005	0,1977	0,1949	0,1922	0,1894	0,1867
−0,7	0,2420	0,2389	0,2358	0,2327	0,2296	0,2266	0,2236	0,2206	0,2177	0,2148
−0,6	0,2743	0,2709	0,2676	0,2643	0,2611	0,2578	0,2546	0,2514	0,2483	0,2451
−0,5	0,3085	0,3050	0,3015	0,2981	0,2946	0,2912	0,2877	0,2843	0,2810	0,2776
−0,4	0,3446	0,3409	0,3372	0,3336	0,3300	0,3264	0,3228	0,3192	0,3156	0,3121
−0,3	0,3821	0,3783	0,3745	0,3707	0,3669	0,3632	0,3594	0,3557	0,3520	0,3483
−0,2	0,4207	0,4168	0,4129	0,4090	0,4052	0,4013	0,3974	0,3936	0,3897	0,3859
−0,1	0,4602	0,4562	0,4522	0,4483	0,4443	0,4404	0,4364	0,4325	0,4286	0,4247
0,0	0,5000	0,4960	0,4920	0,4880	0,4840	0,4801	0,4761	0,4721	0,4681	0,4641

z	0,00	0,01	0,02	0,03	0,04	0,05	0,06	0,07	0,08	0,09
0,0	0,5000	0,5040	0,5080	0,5120	0,5160	0,5199	0,5239	0,5279	0,5319	0,5359
0,1	0,5398	0,5438	0,5478	0,5517	0,5557	0,5596	0,5636	0,5675	0,5714	0,5753
0,2	0,5793	0,5832	0,5871	0,5910	0,5948	0,5987	0,6026	0,6064	0,6103	0,6141
0,3	0,6179	0,6217	0,6255	0,6293	0,6331	0,6368	0,6406	0,6443	0,6480	0,6517
0,4	0,6554	0,6591	0,6628	0,6664	0,6700	0,6736	0,6772	0,6808	0,6844	0,6879
0,5	0,6915	0,6950	0,6985	0,7019	0,7054	0,7088	0,7123	0,7157	0,7190	0,7224
0,6	0,7257	0,7291	0,7324	0,7357	0,7389	0,7422	0,7454	0,7486	0,7517	0,7549
0,7	0,7580	0,7611	0,7642	0,7673	0,7704	0,7734	0,7764	0,7794	0,7823	0,7852
0,8	0,7881	0,7910	0,7939	0,7967	0,7995	0,8023	0,8051	0,8078	0,8106	0,8133
0,9	0,8159	0,8186	0,8212	0,8238	0,8264	0,8289	0,8315	0,8340	0,8365	0,8389
1,0	0,8413	0,8438	0,8461	0,8485	0,8508	0,8531	0,8554	0,8577	0,8599	0,8621
1,1	0,8643	0,8665	0,8686	0,8708	0,8729	0,8749	0,8770	0,8790	0,8810	0,8830
1,2	0,8849	0,8869	0,8888	0,8907	0,8925	0,8944	0,8962	0,8980	0,8997	0,9015
1,3	0,9032	0,9049	0,9066	0,9082	0,9099	0,9115	0,9131	0,9147	0,9162	0,9177
1,4	0,9192	0,9207	0,9222	0,9236	0,9251	0,9265	0,9279	0,9292	0,9306	0,9319
1,5	0,9332	0,9345	0,9357	0,9370	0,9382	0,9394	0,9406	0,9418	0,9429	0,9441
1,6	0,9452	0,9463	0,9474	0,9484	0,9495	0,9505	0,9515	0,9525	0,9535	0,9545
1,7	0,9554	0,9564	0,9573	0,9582	0,9591	0,9599	0,9608	0,9616	0,9625	0,9633
1,8	0,9641	0,9649	0,9656	0,9664	0,9671	0,9678	0,9686	0,9693	0,9699	0,9706
1,9	0,9713	0,9719	0,9726	0,9732	0,9738	0,9744	0,9750	0,9756	0,9761	0,9767
2,0	0,9772	0,9778	0,9783	0,9788	0,9793	0,9798	0,9803	0,9808	0,9812	0,9817
2,1	0,9821	0,9826	0,9830	0,9834	0,9838	0,9842	0,9846	0,9850	0,9854	0,9857
2,2	0,9861	0,9864	0,9868	0,9871	0,9875	0,9878	0,9881	0,9884	0,9887	0,9890
2,3	0,9893	0,9896	0,9898	0,9901	0,9904	0,9906	0,9909	0,9911	0,9913	0,9916
2,4	0,9918	0,9920	0,9922	0,9925	0,9927	0,9929	0,9931	0,9932	0,9934	0,9936
2,5	0,9938	0,9940	0,9941	0,9943	0,9945	0,9946	0,9948	0,9949	0,9951	0,9952
2,6	0,9953	0,9955	0,9956	0,9957	0,9959	0,9960	0,9961	0,9962	0,9963	0,9964
2,7	0,9965	0,9966	0,9967	0,9968	0,9969	0,9970	0,9971	0,9972	0,9973	0,9974
2,8	0,9974	0,9975	0,9976	0,9977	0,9977	0,9978	0,9979	0,9979	0,9980	0,9981
2,9	0,9981	0,9982	0,9982	0,9983	0,9984	0,9984	0,9985	0,9985	0,9986	0,9986
3,0	0,9987	0,9987	0,9987	0,9988	0,9988	0,9989	0,9989	0,9989	0,9990	0,9990
3,1	0,9990	0,9991	0,9991	0,9991	0,9992	0,9992	0,9992	0,9992	0,9993	0,9993
3,2	0,9993	0,9993	0,9994	0,9994	0,9994	0,9994	0,9994	0,9995	0,9995	0,9995
3,3	0,9995	0,9995	0,9995	0,9996	0,9996	0,9996	0,9996	0,9996	0,9996	0,9997
3,4	0,9997	0,9997	0,9997	0,9997	0,9997	0,9997	0,9997	0,9997	0,9997	0,9998
3,5	0,9998	0,9998	0,9998	0,9998	0,9998	0,9998	0,9998	0,9998	0,9998	0,9998
3,6	0,9998	0,9998	0,9999	0,9999	0,9999	0,9999	0,9999	0,9999	0,9999	0,9999

Stichwortverzeichnis

FÜR DUMMIES

DIE BETRIEBSWIRTSCHAFTSLEHRE VERSTEHEN

Arbeitsrecht für Dummies
ISBN 978-3-527-70802-4

BGB für Dummies
ISBN 978-3-527-71032-4

Buchführung und Bilanzierung
für Dummies
ISBN 978-3-527-70946-5

Business Englisch für Dummies
ISBN 978-3-527-70675-4

BWL für Dummies
ISBN 978-3-527-70912-0

BWL-Formeln für Dummies
ISBN 978-3-527-70643-3

Controlling für Dummies
ISBN 978-3-527-70648-8

Handels- und Gesellschaftsrecht
für Dummies
ISBN 978-3-527-70885-7

Kosten- und Leistungsrechnung
für Dummies
ISBN 978-3-527-70538-2

Wirtschaft für Dummies
ISBN 978-3-527-70820-8

Wirtschaftsinformatik für Dummies
ISBN 978-3-527-70962-2

Wirtschaftspsychologie für Dummies
ISBN 978-3-527-70915-1

WERKZEUGE FÜR ZAHLENMENSCHEN

Balanced Scorecard für Dummies
ISBN 978-3-527-70450-7

Bilanzen erstellen und lesen für Dummies
ISBN 978-3-527-70922-9

Buchführung im Verein für Dummies
ISBN 978-3-527-70889-5

Buchführung und Bilanzierung
für Dummies
ISBN 978-3-527-70946-5

Controlling für Dummies
ISBN 978-3-527-70648-8

Crystal Reports für Dummies
ISBN 978-3-527-70482-8

IFRS für Dummies
ISBN 978-3-527-71013-2

Kosten- und Leistungsrechnung
für Dummies
ISBN 978-3-527-70538-2

Strategische Planung für Dummies
ISBN 978-3-527-70365-4

Übungsbuch Bilanzen erstellen und lesen
für Dummies
ISBN 978-3-527-70907-6

Übungsbuch Buchführung für Dummies
ISBN 978-3-527-71068-3

Wirtschaftsmathematik für Dummies
ISBN 978-3-527-70375-3